高等学校"十二五"规划教材
市政与环境工程系列丛书

可持续发展概论

主　编　李永峰　乔丽娜　张　洪　张　楠
主　审　郑国香

哈爾濱工業大學出版社

内 容 简 介

本书以可持续发展的定量研究为中心，介绍了可持续发展研究的基本原理、相关概念及其评估指标，包括综合性指标（绿色 GDP、人文发展指标、真实储蓄率等）和指标体系；本书重点介绍了定量可持续发展的典型方法与模型，特别是生态足迹理论模型、中国可持续发展能力指标体系及其他国内外典型的可持续发展定量评估指标体系等，以定量研究为基础，分别讨论了水资源、森林资源、环境保护、生态建设与可持续发展的关系。

本书可作为高等学校的环境工程、环境科学、市政工程以及其他相关专业的本科生的教学用书，同时也可作为研究生和博士生的研究参考资料，还可供其他从事环境事业的科技、生产和管理人员参考使用。

图书在版编目（CIP）数据

可持续发展概论／李永峰等主编.
—哈尔滨：哈尔滨工业大学出版社，2013.3
（市政与环境工程系列丛书）
ISBN 978－7－5603－3946－7

Ⅰ.① 可…　Ⅱ.①李…Ⅲ.①可持续
发展-概论　Ⅳ.①X22

中国版本图书馆 CIP 数据核字（2012）第 000929 号

策划编辑　王桂芝　贾学斌
责任编辑　苗金英
出版发行　哈尔滨工业大学出版社
社　　址　哈尔滨市南岗区复华四道街 10 号　邮编 150006
传　　真　0451－86414749
网　　址　http://hitpress.hit.edu.cn
印　　刷　哈尔滨工业大学印刷厂
开　　本　787mm×1092mm　1/16　印张 22　字数 534 千字
版　　次　2013 年 3 月第 1 版　2013 年 3 月第 1 次印刷
书　　号　ISBN 978－7－5603－3946－7
定　　价　48.00 元

《可持续发展概论》编写人员名单与分工

主　　编　李永峰　乔丽娜　张　洪　张　楠

主　　审　郑国香

编写人员　李永峰：第1章、第6章～第8章；第11章～第14章；第18章；
张　楠：第2章～第3章；
乔丽娜：第4章～第5章；
朴金星：第9章～第10章；
张　洪：第15章～第16章；
姚　杨、杨倩胜辉、李传哲：第17章；
林欣欣：第19章。

文字整理和图表制作：赵震、乔丽娜、谢静怡、郑阳、平措玉珍、曹莉、邝柳枝、崔晓娟

前　言

可持续发展已成为世界很多国家发展的战略，环境污染、粮食危机以及自然灾害的不断发生引起全球的关注。对可持续发展的研究是环境保护工作的重要组成部分，其研究正由最初的定性探讨阶段逐步进入定量评估的阶段，可持续发展的定量研究将经济、社会、环境的发展状态数量化，使得其发展状态更加直观，更加具有可比性与研究性。环境保护工作的开展需要每一个人的参与，更需要环境保护意识的提高，定量化地展示当前人类所处的发展状态，是可持续发展还是不可持续发展，从量化的角度来唤醒人们的环境保护意识和可持续发展意识。

本书主要介绍了可持续发展的相关概念，以及国内外研究现状及常用的定量研究可持续发展的指标体系或模型，其中着重介绍了生态足迹理论模型和中国可持续发展能力建设指标体系的基本理论、概念、模型指标的含义及其研究发展现状，并分别应用生态足迹理论模型和中国可持续发展能力建设指标体系对黑龙江省可持续发展进行分析。介绍了其发展现状以及典型的可持续发展评估指标，将可持续发展与实际公众参与相结合。本书注重可持续发展指标的实际应用，旨在为定量研究可持续发展提供参考依据，可作为研究区域可持续发展模型指标选取的参考书籍，依据其研究结果抓住可持续发展的关键点，依据实际情况实事求是地为区域可持续发展政策的提出提供科学依据，同时希望此书的出版能够引领更多的读者参与到环境保护的行动中来，为地球的可持续发展尽自己的一份力量。

本书共有19章，由以下内容组成：第1章，绪论；第2章，国内外可持续发展指标体系比较；第3章，可持续发展综合性指标评估及应用；第4章，可持续发展的生态足迹理论；第5章，生态足迹理论的应用；第6章，中国可持续发展能力建设指标体系介绍；第7章，生存支持系统研究；第8章，生存支持系统在黑龙江省的应用；第9章，发展支持系统的概念与核算；第10章，发展支持系统在黑龙江省的应用；第11章，环境支持系统的概念与核算；第12章，环境支持系统在黑龙江省的应用；第13章，社会支持系统的概念与核算；第14章，社会支持系统在黑龙江省的应用；第15章，智力支持系统的概念与核算；第16章，智力支持系统在黑龙江省的应用；第17章，其他国外具有代表性的可持续发展指标体系研究；第18章，其他国内具有代表性的可持续发展指标体系研究；第19章，可持续发展的经济学考虑。

本书的出版得到东北林业大学主持的“溪水林场生态公园的生态规划与建设(No. 43209029)”项目的技术成果和资金的支持,特此感谢!本书由东北林业大学、哈尔滨工程大学、东北农业大学、上海工程技术大学、中国计量学院和美国俄勒冈大学的专家们撰写。使用本教材的学校可免费获取电子课件,需要者可与李永峰教授联系(mr_lyf@ 163. com)。由于编者业务水平和编写经验有限,书中难免存在不足之处,希望有关专家、老师及同学们随时提出宝贵意见,使之更臻完善。

谨以本书献给李永峰教授的父亲李兆孟先生(1929 年 7 月 11 日—1982 年 5 月 2 日)。

编　者

2012 年 9 月

目　录

第1章　绪　　论

1.1　可持续发展的相关概念介绍

1.1.1　发展的概念

发展是一个含义十分丰富的综合性概念。这一概念最初是由经济学家定义的,经过不断的研究与探索,现在它不仅指经济方面的发展,而且有了更多、更深刻的含义,包括政治、社会等方面的积极进步的变化。如:就一个国家而言,国民生产总值的增长,人均国民收入的提高,能带来生产力水平提高的政治改革和制度变迁,国民生活的各种社会条件(就业、医疗、交通)的改善,社会安全程度的提高等,这些都是发展的内容,都说明了"发展"一词已经从单一的经济领域的含义,延伸至关注人类需求、社会进步的更加促进人类进步的领域。发展包含一定的价值判断,对于什么是政治、社会方面的"积极的"、"进步的"变化,各个国家、不同文化背景的民族因价值观的差异会有不同的理解。尽管如此,人们对发展的内涵还是取得了一定的共识,认为发展是改善人民生活条件、提高人民生活质量的过程,既指人们物质需求满足程度的提高,也包括人们心理需求的满足。从动力学的角度来看,发展是在满足人类生存进步的需求中,生态环境与社会经济系统的动态的平衡。

对于发展的思考有很多,举一个微观的例子,对于一个小型的团体来讲,它的发展可以在不同层次上展开,从数量上来看,发展在某种程度上说明了该小型团体人员规模的扩大,或者说其连锁开展的分公司开始遍布各地;从质量上来看,发展在某种程度上说明了该团体的人员综合教育水平有了提高,人文底蕴得到了提升,或者说其整体人员综合素质在上升,整体实力在攀升;从其拥有的设备以及技术支持来看,发展意味着该小型团体设备先进,技术领先;从其产品角度而言,发展则意味着其产品质量过关,科技含量提高,得到了消费者的认同……从这个事例我们可以看出发展所具有的几点特征:发展是整体的发展,某一区域或国家的发展可以在不同层次、不同角度上展开,该区域或国家的发展又是这不同层次、不同方位、不同角度的综合的发展,它包含着各个方面的协调促进;发展是自身的发展,这是说某一区域或国家发展的动力来自于自身,发展过程中遇到不协调、不畅通的环节需要自身的内部对发生状况的环节参数进行调整从而反馈到整体的行为结果中来。发展的丰富内涵也使得可持续发展有了更加广阔的研究领域,有了更加丰富、更加深刻的内涵。

1.1.2　可持续性的概念

可持续性是一种状态,"可持续性"就是要保持人类以及地球上其他生物赖以生存的整个生命支持系统不会随着时间的推移,特别是不会因为人类的行为而遭到破坏或削弱,以使后代人及其他生物拥有同当代人相同的生存和发展基础。一些研究者从不同方面对此作了探讨。如:世界银行副行长伊斯梅尔·萨拉格丁认为:“可持续性指留给后代人不少于当代人所拥有的机会。”在他看来,“机会”表现为四种资本:人造资本、自然资本、人力资本以及社会资本。因此,可持续性意味着“我们留给后代人的上述四种资本量的总和不少于我们这一代人所拥有的资本总和”。摩翰·穆纳辛格认为,可持续性意味着生态系统保持一种稳定状态,不随时间推移而衰减退化。

在充分认识与理解环境的基础上,可以将人类社会经济发展的过程大致分为三个阶段,或者说人类的社会经济发展方式可简单地分为三种:第一种称为传统模式,在人类经济发展的传统模式中不考虑环境承受能力(环境承载力,或者称为环境容量),只是一味地强调人类对自然资源的索取、改造与征服,同样是保护环境意识的不足而导致了过度地开发而未能采取有效的环境保护措施,这是一种从资源到产品,生产过程中产生的污染去直接排放的单向线性经济过程,也是最不可持续发展的一种社会经济发展方式。第二种可称之为“污染过程末端治理”的模式,在该模式运行的条件下,人类开始逐步注意生态环境问题,此模式对于环境问题采取的主要措施为“先污染,后治理”,没有注重在生产过程中寻找减少环境污染的方法、科技等,仅仅是在生产过程末端对其所产生的废物进行污染治理或者净化处置。

1.1.3 可持续发展概念产生的背景

可持续发展概念所涵盖的思想在20世纪60年代或者更早些的时候就已经产生。最先感知到环境问题严重性的学者们,以其敏锐的预见性以及对人类未来所表示的担忧,引起了同仁强烈的呼应。从《寂静的春天》到罗马俱乐部的《增长的极限》,70年代,很多国际机构连续出版过各种各样有关环境方面的报告,并引起了国际社会的强烈关注。80年代后,可持续发展的基本思想已被国际社会广泛接受,并逐步向社会各个领域渗透。可持续发展概念的提出是人类对共同的生存环境所作出的某种反映以及对未来发展的良好愿望。

从人类在地球上诞生以来,一直延续到20世纪50年代产业急速发展时期的开始,虽然这一历史时期从社会发展的角度横跨几个社会发展阶段,但是从环境与发展的关系上来看,都有一个基本的特征:发展就是经济增长,没有把环境问题排在人类的议事日程上,也就是说环境没有得到重视。其中,可分为三个历史时期:

(1)前发展时期

农业、畜牧业出现以前的漫长岁月里,人类主要是本能地利用环境,采集和捕食人类所必需的生活物质,并且以生理代谢过程与环境进行物质和能量交换。人类的经济水平融于天然食物链之中。人类对环境的影响主要是由于人口自然增长和乱捕乱采而引起的局部物种减少以及物质资料的短缺。人与环境处于原始的协调状态。

(2)农业革命时期

农业和牧畜业的出现,使人类由简单地利用环境进入自觉改造环境的时代。这种改造主要是进一步向大自然索取,农牧业本身具有一定的天然生态性,也就是说农牧业产品一般都具有可再生性,所以容易实现生产-生态之间的循环。虽然简单的生产工具和自给型经济也对局部环境造成一定的污染和破坏,如出现水土流失、人口聚集区和土壤盐渍化的环境问题等,但从全局来看,人与自然、环境与发展的关系基本上还是协调的。

(3)工业时代

随着科学技术和商品经济的发展,人类社会生产力有了极大的提高。尤其是第二次世界大战以后,出于战后重建家园的强烈渴望,一味追求高速增长,出现一股从未有过的"增长热"。在最近一个世纪矿物燃料的使用量增加了约30倍,工业生产增加50倍以上。在这些增长总量中,矿物燃料中的3/4左右,工业生产的4/5以上都是50年代以后出现的。经济发展把一个受战争创伤的世界,在短短的20~30年时间里推向了一个崭新的高度发达的电子时代,创造了前所未有的经济和工业奇迹。与此同时,工业时代对环境的挑战也是前所未有的。

第一,大量矿藏的开发和利用,使得地圈与大气圈之间产生了物质流和能量流之间的强烈流动。

第二,工业生产中大量物料的消耗,产生大量废物进入环境,打破了上亿年来地球表面形成的生态平衡。

第三,几十万种人工合成化学物质进入水圈与气圈。

20世纪50年代西方著名经济学家W·罗斯托在他的《经济成长阶段论》中,把人类社会的发展分为:传统阶段、"起飞"准备阶段、"起飞"阶段和成熟阶段、群众高额消费阶段、追求生活质量阶段。这一划分仍然是从经济增长的角度来解释发展,没有把环境问题纳入发展的内涵之中。

从20世纪50年代末到70年代初(1972年),在经济增长、城市化和人口激增的巨大压力下,人们对"发展"的认识开始深化。1962年,美国出版了莱切尔·卡逊的《寂静的春天》一书,这是一部很好的环保启蒙著作。书中列举了大量污染事实,轰动了欧美各国。"人类一方面在创造高度文明,另一方面又在毁灭自己的文明"。环境问题如果不解决,人类将"生活在幸福的坟墓之中"。"发展"不仅是追求经济增长,还包括经济结构的变化,并且要解决由于发展而引起的一系列环境污染问题。60年代末以来,美国、日本等一些国家相继成立了中央政府级环保机构,以工业污染控制为中心的环境管理活动也被列为一项重要的日程。我国的环境保护就是从工业污染控制起步的。20世纪60年代末和70年代初,我国一些城市成立了"三废"办公室,开始进行工业污染源的调查和治理工作。当时人们的认识是,如果工业污染问题控制住了,环境与发展就可以协调起来了,对环保有了一点点意识;但没有把污染与生态紧密联系起来,也没有把环境问题与社会问题联系起来,因此还不能称其为完整意义上的环境保护。直到1972年,联合国召开了人类环境会议,人类对环境与发展的认识才升华到新的阶段。

从1972年到1992年,也就是从70年代初开始,在"发展"的观念中开始强调社会因素和政治因素的作用,把发展问题同人的基本需求结合起来,把发展的概念逐步由经济推向社会;把环境问题由工业污染控制推向全方位的环境保护。1972年在斯德哥尔摩召开的人类环境会议提出了人类面临的多方面的环境污染和广泛的生态破坏问题,并且提出了它们之间的相互关系。《人类环境宣言》(以下简称《宣言》)中声明:"在地球上许多地区,我们可以看到周围有越来越多的人为的损害迹象:水、空气、土壤以及生物中,污染已达到危险的程度;一些无法取代的资源受到破坏和陷于枯竭;生物界的生态平衡受到重大和不适当的扰乱;人为的环境,特别是生活和工作环境里存在着有害于人类身体、精神和社会健康的严重缺陷。"这里明确指出了环境问题不仅表现在对水、空气、土壤等的污染已达到危险程度，而且表现在对生态的破坏和资源的枯竭。另外，《宣言》还指出："在发展中国家，环境问题大多是由发展不足造成的。千百万人的生活仍然远远低于像样的生活所需要的最低水平，他们无法取得充足的食物和衣服、住房，以及教育、保健和卫生设施。因此，发展中国家必须致力于发展工作，牢记它们的优先任务和保护及改善环境的必要性。在工业化国家里，环境问题一般是同工业化和技术发展相关的。"这是联合国组织第一次把环境问题与社会因素联系起来的庄严宣言，指出一部分环境问题是由于贫穷造成的；明确提出发展中国家要在发展中解决环境问题。《宣言》的最后提出26条人类在环境问题上的共同原则和信念，提出为了这一代和将来的世世代代的利益，必须保护地球上的自然资源，要支持各国人民为满足基本需求和反对污染而进行的正义斗争，必须谴责和消除殖民主义和其他形式的压迫，要采取一切可能的措施防止环境问题对人类健康产生的危害。人类环境会议既提出了防治环境污染的技术方向，又提出了改革的措施。所以，它是人类对环境问题认识的一个转折点。

环境与发展密不可分，即环境是发展自身要素之一。1992年至今，以联合国环境与发展大会为标志，人类对环境与发展的认识进入了一个新阶段，即环境与发展密不可分的阶段。要从根本上解决环境问题，必须转变发展模式和消费模式，即依靠科技进步，节约资源与能源，减少废物排放，实施清洁生产和文明消费，建立经济、社会、资源与环境协调、可持续发展的新模式。

1.1.4 可持续发展概念的提出及进展

现代可持续发展的思想主要源于20世纪70年代初关于《增长的极限》的讨论。《增长的极限》是罗马俱乐部于1968年成立以后提出的第一个研究报告，这一报告于1972年公开发表后迅速在世界各地传播，一时间引起国际社会的普遍关注和广泛讨论。这些讨论是围绕着这份报告中提出的观点展开的，即经济的不断增长是否会不可避免地导致全球性的环境退化和社会解体。马世骏先生根据他多年从事生态学研究的实践和对人类社会所面临的人口、粮食、资源、能源、环境等重大生态和经济问题的深入思考，于70年代提出了将自然系统、经济系统和社会系统复合到一起的构思。他认为，从任何单一学科和单方面的角度都不可能透彻地分析以上问题，当然也就更不可能有效地解决这些问题。他多次提出复合生态系统的思想，如社会-经济-生态复合系统，社会-经济-自然复合生态系统等，并从复合生态系统的角度提出了可持续发展的思想。他认为，社会系统、经济系统和自然系统是三个性质各异的系统，有着各自的结构、功能、存在条件和发展规律，但它们各自的存在和发展又受其他系统结构与功能的制约。70年代后期，经过进一步广泛地讨论，人们基本上得出了一个比较一致的结论，即经济发展是可以不断地持续下去的，但必须对发展加以调整，即必须考虑发展对自然资源的最终依赖性。因此，必须将它们视为一个统一的整体，即对社会-经济-自然复合生态系统加以分析和研究。分析人类社会的可持续发展，就是要分析复合生态系统的发生、发展和变化规律以及复合生态系统中的物质、能量、价值、信息的传递和交换等各种作用关系。所以从某种意义上可以说，复合生态系统理论本质上就是一种研究人类社会可持续发展的理论。

1.1.5 对可持续发展概念的各种不同解释

可持续发展是人类经过了全面、深刻地对传统发展模式进行反思和长期探索而提出的,其内涵极其丰富,涉及几乎所有的物质和精神领域。所以,各学科专家学者、应用研究人员、各界人士均从不同方面、不同角度理解和研究可持续发展问题,从而出现了不同角度的多种定义。据介绍,有关可持续发展的定义多达百余种。以下是一些具有代表性的可持续发展的定义。

1. 从生态、资源和环保角度定义可持续发展

可持续发展的思想源于生态平衡和环境保护,可持续发展的核心也正是研究人类发展和生态环境系统之间的一种规范或模式。因此,有相当一部分的可持续发展定义偏重于生态持续及环境和资源保护。

1991 年,国际生态学联合会(INTECOL)和国际生物科学联合会(IUBS)联合举办的关于可持续发展问题的专题研讨会,将可持续发展定义为:“保护和加强环境系统的生产和更新能力,即可持续发展是不超越环境系统的再生能力的发展。”

美国生态学家 R. T. Forman 认为,可持续发展是“寻找一种最佳的生态系统和土地利用的空间构形以支持生态的完整性和人类愿望的实现,使一个环境的持续性达到最大”。

2. 从社会属性角度定义可持续发展

1991 年,世界自然保护同盟、联合国环境署和世界野生生物基金会共同发表的《保护地球——可持续生存战略》中提出的可持续发展的定义是:“在生存于不超过维持生态系统蕴涵能力的情况下,改善人类的生活品质。”它着重论述了可持续发展的最终落脚点是人类社会,也就是要改善人类生活品质,创造美好的生活环境。

3. 从经济学角度定义可持续发展

可持续发展的提出是人们对传统发展模式(主要是经济发展模式)的深刻反思的结果,它给经济学带来了很大的冲击,因此也是目前经济学家研究的热点。经济学家对可持续发展的定义主要有以下几种。

①1993 年,英国环境经济学家皮尔斯和沃福德在《世界无末日》一书中提出了以经济学语言表达的可持续发展的定义:“当发展能够保证当代人的福利增加时,也不应使后代人的福利减少。”

②Edward B. Barbier 在其著作《经济、自然资源、不足和发展》一书中,把可持续发展定义为:“在保持自然资源的质量和其所提供服务的前提下,使经济发展的净利益增加到最大限度。”

③还有的应用经济优化原则将之定义为:“在环境资产不致减少的前提下,资源利用的效益达最大化。”

此外,经济学家对可持续发展的解释还有如下表述:“持续经济增长或社会福利水平的持续提高”;“今天的资源使用不应减少未来的实际收入”;“不降低环境质量和不破坏世界自然资源基础的经济发展”;“社会总资产(包括自然资产和人造资本,如技术、机器等)不随时间变化而降低的一种状态”等。

4. 从技术性角度定义可持续发展

世界资源研究所于1992年提出的可持续发展的定义是:“可持续发展就是建立极少产生废料和污染物的工艺或技术系统。”

有的学者还从技术选择角度扩展了可持续发展的定义,认为“可持续发展是转向更清洁、更有效的技术——尽可能采用‘零排放’或‘密闭式’工艺方法——尽可能减少能源和其他自然资源的消耗”。

此外,还有的定义是从地理学角度解释可持续发展的内涵的。

5. 我国学者对可持续发展的解释

①我国学者杨开忠认为,可持续发展既要反映全球、区域和部门的相对独立性,又要反映他们之间的相互作用,空间维是其质的规定,定义应该体现这一规定。他认为可持续发展可定义为:“既满足当代人需要又不危害后代人满足需要能力、既符合局部人口利益又符合全球人口利益的发展。”它包括四个相互联系的重要方面:一般持续发展、部门持续发展、区域持续发展和全球持续发展。

②北京大学可持续发展研究中心叶文虎认为,可持续发展的定义是:可持续发展是“不断提高人均生活质量环境承载力的、满足当代人需求又不损害子孙后代满足其需求能力的、满足一个地区或一个国家人群需求又不损害别的地区和国家满足其需求能力的发展”。

③中国科学院地理所的龚建华认为,可持续发展的内涵极其丰富,外延包括了人类所有的物质和精神领域,是一个非常综合的概念,应从三个不同层次,即高层次、中层次和低层次来理解。从高层次理解,可持续发展就是要保持人与自然的共同协调进化,达到人和自然的共同繁荣,着重于人类和整个大自然的关系。从中层次理解,可持续发展既满足当代需求,又不危及后代满足其需求的能力,着眼于地球和人类的关系。从低层次理解,可持续发展是资源、环境、经济和社会的协调发展,重点在于区域的,在于人与人之间的关系。

④还有学者这样定义可持续发展:“可持续发展是一个变化的过程,在该过程中,资源开发、直接投资、技术发展方向和组织变革等十分和谐,满足人类需求的现在和未来的发展潜力都可以得到提高。”

⑤我国学者还从三维结构复合系统定义可持续发展:“能动地调控自然、经济、社会的复合系统,使人类在不突破资源和环境承载能力的条件下,促进经济发展,保持资源永续利用和提高生活质量。”

6. 对以上定义的简单评述和对可持续发展的理解

从某种意义上说,这种多方面的理解对于研究可持续发展问题是有益的,可以从多种思维角度去把握可持续发展的内涵及其理论体系,以得出更深刻的研究成果。学者们最早提出可持续发展的概念正是针对某些可再生资源而言的,意为要保护它们在长时间里不断可以收获,或者说收割。后来生态学家们把它的范围扩大了,以表达他们对保护整个生态系统的状态和功能的关注。因此,“可持续”一词常用来评价人类活动对自然资源、环境和生态的影响。从另一方面说,经济学家的解释又侧重于经济发展,他们强调的是,要不断保持和提高人类的生活水平,认为自然环境虽然重要,但也只不过是这个过程中的一部分,无论是人类需求的满足,还是技术和社会组织的改进,都依赖于经济发展。应该说,这两种解释都蕴含了一定的道理,但又都有其片面性。事实上,经济发展源于自然资源和环境又反作用于自然环境,经济发展不等于征服自然,也不能保证环境持续。提高生活品质,实现社会可持续发展可以认为是发展的最终目标。而作为最终目标的社会持续发展的实现正是要以资源、环境和生态的可持续性为基础,以经济发展为条件。因此,在可持续发展概念中,三者互相关联不可分割,可持续发展实践中正是要理顺三者关系,使之和谐并协调发展。从科技属性出发的可持续发展定义则只强调了实现可持续发展的途径和手段。这些定义均带有一定的片面性和局限性,这种片面性和局限性不利于我们从大尺度上把握可持续发展的深刻内涵,尤其不利于可持续发展的综合性研究和系统性研究。

本书对可持续发展的基本含义的理解可概括成以下三点:

①可持续发展是标志人类文明史进入一个新阶段的发展观念和发展模式,它的前提是发展,但这是一种与传统发展观(强调经济增长)截然不同的新的发展观。

②可持续发展强调社会、经济、资源、环境多因素间的协调发展。

③可持续发展强调资源占用和财富分配的"时空公平",要求较好地把眼前利益和长远利益以及局部利益和全局利益有机统一起来。

结合以上要点,本书将可持续发展定义为:可持续发展是一种人类发展的理想模式,它既要求经济系统、社会系统和自然生态系统之间和谐发展,又要求在满足人类需求的资源占用和财富分配上,把眼前利益和长远利益以及局部利益和全局利益有机统一起来。

1.1.6　弱可持续性发展与强可持续性发展

1. 弱可持续性的概念

本书引述赵景柱等的分析,将可持续能力理解为"效用不减"(Non-Declining Utility)。哈威克(Hartwick)在研究可持续性与资本存量之间的关系时指出:"可持续性,即效用不减,要求人们应当把从非再生资源利用中获得的收益用于再投资。"这一规则被称为Hartwick规则。后来,索洛(Solow)进一步证明,Hartwick规则要求保证资本存量不变(Constant Capital);资本存量不变规则在可持续发展研究中被称为弱可持续性(Weak Sustainability)。弱可持续性要求我们留给下一代的资本总量不能少于现有的资本总量,即各种资本的价值总和随着时间的推移而不减少,即自然资本的消耗应当以其他形式的同量资本的投资得到补偿。显然,弱可持续性意味着各种资本可以互相替代。

2. 强可持续性的概念

由于某些关键的自然资本是人类生存所必需的,它的损失将会威胁生命系统的基本生存支持功能,所以它的作用是不可以为其他资本所替代的。针对这种情况,人们提出了强可持续性(Strong Sustainability)的概念。它是指在总资本存量不减这个一般条件下,要求一些关键自然资本的存量不随时间的推移而减少。从实践观点分析,强可持续性要求:对于关键的可再生资源而言,资本存量必须保持在这样的一个水平上,即至少应保证能够持续地提供目前水平的供给量,且其再生机制或再生过程必须得到维持;环境污染和废弃物绝对不能超过环境容量;非再生资源的开发利用必须保证其存量至少能够满足一个预定时间段,这个时间段是根据科技进步等因素而预先设定的。

1.1.7 可持续发展的内涵与准则

1. 可持续发展的内涵

1992年6月,在巴西里约热内卢召开的联合国环境与发展大会通过了具有重要意义的《21世纪议程》;我国政府根据《21世纪议程》的要求,自1992年7月开始组织编制《中国21世纪议程》;1994年3月,国务院通过了这一议程并将其正式公布。不论是联合国提出的《21世纪议程》,还是我国政府提出的《中国21世纪议程》,都充分体现出被普遍接受的"可持续发展"的战略思想,"可持续发展"就是"可持续与发展",即"既满足当代人需要,又不对后代人满足其需要构成危害的发展"。联合国教科文组织编写《可持续发展与资源利用》一书,把可持续发展明确为"必须保持环境完善,必须追求经济效益,必须追求公正"。将这三个"必须"稍加拓展,可持续发展即可表示为:能动地调控自然-经济-社会复合系统,使人类在不超越资源和环境承载能力的条件下,促进经济发展,保持经济永续,提高生活质量。

一方面,我们要通过各种途径尽可能地提高现有的经济发展水平,全面提高当代人的生活质量;另一方面,在寻求这种发展之时,我们不能使现有的生存基础,特别是自然资源与环境遭到破坏,以使后代人和其他生物的机会至少不会少于我们当代人。如果用对地球上整个生命支持系统的破坏为代价来寻求发展,这种发展将是不可持续的。

不能简单地认为可持续发展是一个理论概念,它是在面对人口增长过快、贫困加深、资源有限、环境退化等诸多共同危机和挑战时,人类社会对一种新的发展道路和模式的选择。其根本实质是要解决人口增长、经济发展与资源有限、环境退化之间的矛盾,寻求当代人与后代人之间的公平,促进经济增长与人类进步两者的协调。

第一,可持续发展这一概念形成于环境问题成为学术界和公众关注以及政治辩论的中心话题之时。人们在意识到人类可获得的自然资源是有限的、难以满足人口的急剧增长和经济发展的需要,以及第二次世界大战后发展中国家人口的增长使有限的资源退化、发达国家的经济增长导致环境恶化等事实的基础上,开始寻求解决人口、经济与资源、环境之间矛盾的方法的进程中,经过两次环境革命,才最终提出可持续发展这种新的发展模式。

在很长的一段时间内,人们没有充分看到自然资源和环境对人类社会的生存与发展所具有的多种功能,对之重视不够。后来,随着环境问题的出现,人们又将环境保护与经济发展对立起来,认为要保护环境便必须限制经济增长,故而希望通过限制经济增长来保护环境。到了第二次环境革命之时,人们开始意识到环境对于经济发展的重要性,正如《我们共同的未来》一书所写的那样:"过去我们一直关心经济增长对环境的影响,现在我们被迫关心生态紧张——大地、水体、大气和森林退化——对我们经济前景的影响。"于是人们开始寻求一种既能保护环境又能保持经济增长的途径。

第二,可持续发展是要寻求当代人与后代人之间的公平,即代际公平。这从布伦特兰委员会关于可持续发展的界定中可以看出。由于地球上的自然资源和环境的容纳能力是有限的,如果当代人为满足自身发展的需要而掠夺性地过度消耗自然资源和污染环境,那么,在可以预见的不久的将来,地球上现有的许多资源将消耗殆尽或非常稀缺,人类生存的环境和整个生命支持系统将严重恶化,未来人类将面对一种十分恶劣的生存环境,因而无法满足其自身发展的需要,这会导致整个人类的继续生存受到威胁。为了使后代人能够有能力满足其发展的需要,使他们的福利水平能逐步提高或至少不低于当代人,当代人在满足自我发展的需要之时,就必须保证至少不损害后代人改善福利水平的能力,即实现代际公平,这正是可持续发展寻求的目标。

第三,可持续发展也是对过去长期片面追求经济增长,忽视人的其他许多方面需要的一种纠正。片面追求经济增长,将经济增长(往往以国民生产总值或国内生产总值为指标)等同于人类社会的发展和进步,这一方面导致了不惜代价地过度攫取自然资源,以不计价或低价的自然投入为代价实现经济指标的上升;另一方面,不计后果地向环境中排放远远超过了环境的纳污容量和净化能力的废物、污物,忽视由此对人体健康造成的危害。虽然在可持续发展的界定中,“需要”一词的含义并不确切,不同的文化和价值观所要满足的“需要”不完全相同。但毫无疑问,它指的不单是经济的增长和人均收入的提高,而是兼指人的多个方面的需求。一个社会只有提高了人的多个方面需要的满足程度,才能说是取得了发展。就全世界而言,只有所有人的福利水平和生活质量都得到提高,包括平等、公正等多方面的指标都有所改善,并能保证后代人满足多方面需要的能力,才是人类社会的真正进步。

在可持续发展社会中,并不单纯地追求能源消耗强度的增大,也不单纯追求生活的过分奢侈与物质的超限丰富。其能源消耗在与能源的供给(包括能源的发现、能源的代替、能源的储备等)相均衡的前提下,通过技术进步及集约化方式,以内部的节约协调与优化为主导,实现能源的适度消耗;且其增长速率随着人口总量趋近“零增长”而逐渐减小,逐步达到罗吉斯谛曲线位于“成熟部分”消耗速率趋于“零增长”所表达的态势。

2. 可持续发展认识中的几个问题

(1)可持续发展的目标

可持续发展理论形成和发展的过程表明,可持续发展起初主要是一种政治口号,而非实在的理论概念,是布伦特兰定义的强烈的政治色彩引发了人们对需求和发展概念的思考,并由此触及可持续发展的目标,使可持续发展成为实在的理论概念。需求,特别是世界上贫穷人的需求,是压倒一切的,要满足这一代人的需求就必须发展,要不损害未来一代人的需求就要限制过度地开发利用资源和环境的行为。而增长指的是用以维持商品的生产和消费的经济活动的物质和能量流在物理规模上的增加,即 GNP(国民生产总值)在数量上的增加。增长是一种物理上的数量性扩展,发展则是一种质量上、功能上的改善,因而可持续发展就是一种超越增长的发展。从上述对可持续发展的理解出发,可持续发展的目标必然是多维的,同时在不同的发展阶段,亦应有所区别。可持续发展的终极目标应是社会-经济-自然(生态)复合系统的协调,即实现经济繁荣,社会公平,生态稳健。可持续发展系统是动态的,系统内部的子系统之间互为依存、协同演化。社会-经济-自然(生态)复合系统的协调不能自动地进行,需要人来控制和管理,因此,在使系统协调、可持续发展目标实现的同时,必然使人得到全面的发展。这三者相互依存、紧密相连,反映出社会-经济-自然复合系统的共生性。经济系统离开资源和环境的支撑,将走向衰退;社会系统离开经济系统的支撑,将走向原始;同样,资源环境系统离开发展的经济和公平的社会,也将不能体现自身的价值,并且当环境和生态稳定性被破坏时,也将没有经济能力和科学的机制使生态环境得到恢复和改善。从这个意义上来讲,人的全面发展才是可持续发展的终极目标。社会-经济-自然(生态)复合系统的发展并不均处于同一发展阶段,对处于低层次发展的系统(社会、经济处于贫困阶段)来说,可持续发展的目标是努力发展经济,消除贫困;当社会温饱问题解决之后,系统发展的主要目标应是发展,同时应注意保护环境,合理利用资源;当社会经济达到小康水平时,系统发展的主要目标,一是发展,二是对妨碍系统协调发展的因素进行全面限制;当社会经济达到富裕阶段时,系统发展的主要目标是持续发展,以实现可持续发展的终极目标。综上所述,可持续发展目标的多维性和阶段性特征对于可持续发展实践具有重要的指导作用。

(2)可持续发展与科学技术

人类社会的历史表明,科学技术的进步和应用是推动历史前进的动力,科学技术是第一生产力。但是对于社会-经济-自然(生态)系统的可持续发展来讲,科学技术是一把双刃剑。

科学技术在促进社会-经济-自然复合系统的发展方面,尤其是在促进经济系统的发展方面曾起到了决定性的作用,正是由于科学技术革命的推动,经济总量才大大增加。但是,工业革命以来,科学技术的滥用,造成了自然(生态)系统的严重破坏和退化,从而危及整个社会-经济-自然复合系统的发展。环境学家总结导致环境恶化的原因时,得出一个被称为IPAT的公式,即"影响=人口×富裕×技术",由此可见技术因素对自然环境的影响。人类要能动地协调社会-经济-自然复合系统,实现可持续发展,仍然要靠科学技术的创新及运用和经济系统的发展,自然系统中有毒、有害物质的消除,生态功能的改善,资源利用效益的提高等均有赖于高新技术的应用。综上所述,科学技术本身是中性的,它既可以对社会-经济-自然复合系统的可持续发展起负效应,也可以具有巨大的促进作用,关键在于人类如何利用科学技术。科学技术是人类调控可持续发展的重要手段和工具,因此在正确的思想指导下,依靠科技创新,积极发展高新技术并将其产业化,将是可持续发展重要的方法和途径之一。

(3)可持续发展与环境伦理学

可持续发展理论和战略的提出,不仅是当代人有感于环境与资源问题的日益恶化且严重地威胁到人类的生存和发展而做出的一种生存选择,而且标志着人类价值观念与生活方式的一场深刻变革。这种价值观与生活方式的变化,是同人类对人与自然关系的重新认识和思考分不开的。因此,我们可以说,环境伦理构成了可持续发展理论和战略的基础。环境伦理学和可持续发展理论的提出均酝酿于20世纪60至70年代的第一次环境革命,发展于20世纪80年代末90年代初的第二次环境革命,他们具有相同的历史背景,为解决人类社会面临的共同问题———环境问题而相继产生,它们肩负着共同的历史使命,在理论上相互呼应,又互为补充和支持。我们可以说,可持续发展不仅需要环境伦理学作为其伦理基础,而且推动了环境伦理学的整合与超越,促进了环境伦理学的提高和发展。从环境伦理学来看,可持续发展就是要构建一整套有利于人与自然的关系协调的伦理道德,克服人类中心主义的观念,建立起人与自然和谐统一以及承认自然不仅具有工具价值,也具有内在价值的观念,负起对自然应尽的道德义务。符合可持续发展理论和战略的环境伦理学应包括尊重与善待自然、关心个人并关心人类以及着眼当前并思虑未来等基本原则。只有在这些原则的指导下,才能形成正确的个人、企业和组织行为中的环境伦理,才能有利于可持续发展,即有利于人类对社会－经济－自然(生态)复合系统的调控。

(4)可持续发展与公众参与

可持续发展的终极目标,简单地说就是人的全面发展,人既是社会－经济－自然复合系统的调控者,又是这个复合系统的组成要素,因此,广大民众的可持续发展意识、觉悟和参与是可持续发展的真正动力。可持续发展的三个目标,即经济繁荣、社会公平和生态稳健,都是为了人,为了当代人和后代人的永续美好的生存,因此,我们可以说,广大民众无疑是可持续发展的主体。国内外众多的经验和教训表明,没有民众广泛参与的计划、规划,其成功率较低,而且从长期来看奏效的也较少。可持续发展理论和战略的实施是一项巨大的系统工程,若没有广大民众的热情和积极参与,绝难成功。与此同时,可持续发展需要克服和打破部门和条块分割,要求公众的广泛参与和监督以维护长远利益和全局利益,如不可持续的消费方式的改变、保护环境的行动等。

3. 可持续发展的准则

概括可持续发展概念的内涵和本质特征,理解可持续发展的含义,建立适合某一区域或国家的可持续发展评价指标体系,应注意考虑和遵循可持续发展的以下几个准则。

(1)协调性

可持续发展是建立在社会、经济、人口及环境等各个方面协调发展基础上的更高层次的发展,既要协调人与自然的关系,也要协调经济发展与生态环境的关系,还要协调人口、经济发展与生态环境的关系,它也体现着全球范围内的协调,不同领域、不同区域的协调,是在世界范围内的协调统一。

(2)公平性

这是可持续发展的最基本准则,它强调了人际之间与代际之间的公平性。可持续发展的公平性准则既包含全球范围内的当代人之间的公平和平等,也包含当代人与后代人之间的公平与平等;同时也是区际之间的公平性,即不同区域之间的公平与平等。

(3)持续性

可持续发展的核心在于其可持续性,全球是一个协调统一的整体,其可持续性表现为人口、资源、环境以及发展之间的动态的交替的平衡变化,因此要充分注意到发展的环境、资源限制,不能为了当前的发展破坏未来发展或进一步发展的条件。

(4)内在性

一个系统能否持续发展,主要是由系统内部结构和功能决定的,外部因素只能在一定程度上起催化作用,发展的驱动力若不是来自系统内部,而是依靠外部输入,则这种发展不是持续发展。

(5)共同性

共同性是持续发展的又一大特征,现代经济是市场全球化、竞争全球化的经济,国与国之间、地区与地区之间的依赖程度不断提高。在开放条件下,可持续发展必须是共同发展。

1.2 定量分析可持续发展的研究背景及意义

1.2.1 定量分析可持续发展的意义

实现可持续发展理念转变为具有可操作性的可持续发展管理;定量分析某一区域或国家的可持续发展状态;了解该区域或国家正处于怎样的发展状态;要实现可持续发展还将需要做出多少努力,这些对于可持续发展的研究越来越重要。定量分析可持续发展状态正逐步成为可持续发展研究的重要内容,监测与定量评估可持续发展状态以及研究某一区域或国家的可持续发展进程是可持续发展研究的热点与前沿领域。

定量分析可持续发展的指标体系与方法的不断深入以及应用检验、定量分析某一区域或国家的可持续发展状态的指标体系不断完善,并有新的定量评估指标体系不断提出,这些指标体系涉及当前社会、环境、经济以及制度的方方面面,有些侧重于经济指标,有些侧重于社会发展指标,还有些侧重于生态环境类的指标分析。国际上各类指标的建立对我国相关领域定量分析研究都具有重要的理论和现实意义。

1.2.2 定量研究可持续发展的复杂性及目前研究的不足之处

可持续发展定量化研究是一个百家争鸣的研究领域,不同学者对于可持续发展的定量化研究有着不同的见解和研究方法,这取决于可持续发展本身的特性和学者们研究的不同领域。可持续发展并不是保持一个状态无限重复着原有的过程,而是事物本身的自我发展、自我进化、自我完善的过程,它是以目前人类所生存的生态环境、人类社会、当代经济和信息科技为基础的动态发展,它复杂多变,有许多不确定因素,这使得对于某一区域或国家的可持续发展研究遇到诸多困难。

难点一:某一区域可持续发展定量研究指标的选择。由于区域系统发展是一个动态、变化的过程,如果仅仅选择几个少量的静态的定量分析指标往往并不能很好地反映区域系统发展的全部过程,这样必然会使区域可持续发展很难进行下去,同时也会使定量分析该区域的可持续研究的结果可信度与认可度大大降低。因此,如何从众多的评价指标中选择出适合研究区域发展现状的,并且能很好地表现该区域系统状态的指标因子,是定量研究区域可持续发展中较难把握的问题。

难点二:在研究某一区域或国家的可持续发展定量分析中,某些评估指标并不能通过数学符号来表达,在定量测定可持续发展的指标体系中,如何将我们选择的评估指标运用数学模型加以表达是研究的重点,也是难点之一。面对这一难题,需要我们针对研究区域具体的实际的发展状态深入研究,并将某些评估指标进行转化,使得这些研究指标数字化,模型化,同时也为统计计算带来方便。

难点三:选择可持续发展定量评估指标后,在统计计算所需要的定量评估指标之前要确保统计计算运用数据的可获性与可靠性,在选择较小的研究区域时,该难点所带来的问题并不明显,如果选择的研究区域较大,如某一国家、亚洲等,必须考虑我们所选用的指标计算时的数据是否能够获得,获得数据的难易程度如何,以及所获得的数据的可信度如何等。

难点四:采用何种方法对区域发展各个因素进行模拟是目前研究区域可持续发展遇到的难点之一。当前,在处理定量研究区域可持续发展的问题时,采用某一模型或指标体系进行探讨的较多,因此,探索建立适用性与实用性强的模型成为我们努力的方向。

1.3 可持续发展定量研究的国内外进展

1.3.1 国外研究概述

20世纪70年代,人们开始关注环境危机、能源危机等环境生态问题,提出了可持续发展问题,一场关于是否能可持续发展的争论在全球范围内展开,国内外对于可持续发展的定义有上百种,可持续发展的研究有着丰富的内涵、宽广的领域,对于可持续发展的研究仍处于起步阶段。国内外的可持续发展研究大多围绕着环境与生态方面展开,多以定性研究为主。定性研究是定量研究的基础,定量研究是更加精确化的定性分析,没有定性分析的定量研究是没有逻辑推理的研究,定量研究区域可持续发展的方法大致可以分为四类,即生态学方法、社会经济方法、系统学方法以及新方法,它们相互渗透、相互交叉、相互融合。

1.3.2 国内研究概述

随着人们对可持续发展认识和研究的不断深入,自20世纪90年代以来,国内可持续发展的定量研究得到了科学界的广泛关注,并成为科学家们研究的热点领域。在国内,可持续发展的定量研究在不同尺度上展开,主要涉及自然和社会经济领域,学者们通过各种方法及学科之间方法的交叉运用,拓展了可持续发展定量研究的指标体系,丰富了可持续发展定量研究理论体系的内涵。在不断地探索和改进中,许多定量研究可持续发展的指标体系得到了完善与升级,延展了其深度与广度,也使得这些方法模型及指标体系得到了推广与认可。对众多的定量研究区域可持续发展的方法与指标体系研究发现,运用统计学原理与指标体系定量分析某一区域或国家的可持续发展状态及其动态变化过程、趋势得到了广泛的接受,是一种科学有效的研究途径。21世纪以来,我国学者更加重视可持续发展的评估工作,中国科学院可持续发展研究组依据我国国情建立了适合我国区域可持续发展的定量评价指标体系"中国可持续发展指标体系",推动了我国定量研究区域可持续发展的浪潮。2005年后,运用生态足迹理论模型、能值分析等生态学方法定量分析区域可持续发展的范例越来越多,定量研究区域可持续发展已成为新的研究热点,其定量研究结论所提供的决策指导也越来越受到政府和科学界的重视。

1.4 可持续发展的评估指标及方法

可持续发展的评估指标及方法是研究某一区域或国家的可持续发展的定量评估的基础,是可持续发展的管理依据、前沿领域及热点问题。可持续发展状态是人类理想的生存发展模式,在对可持续发展如何实施的研究中,关键的问题在于我们如何运用可持续发展理论，并使其更加具有可操作性，从而使得目前仍处于不可持续发展状态的区域与国家逐步调整至可持续发展的轨道上来。在探讨某一区域或国家是否处于可持续发展状态时，我们需要运用可持续发展指标来帮助人们更好地认识该地区所处的可持续发展状态。通过可持续发展指标的数值范围来告诉人们当前所处的生态环境能否可持续发展，有怎样的变化趋势，从而指导政策战略的发布与实施，使得人们避免不可持续发展的运行模式，逐步进入可持续发展的模式中来。

1.4.1 可持续发展定量评估指标概念

在可持续发展的研究中，人们发现其定量评估指标能够帮助国家对于自身可持续发展状态进行指导与战略调整，在区域可持续发展决策方面发挥重要的作用，是各层次决策的基础。定量评估指标作为一种可持续发展系统的信号，指标的特征说明的便是整个体系的特征与变化，指标是变量，也是函数，这种变量可以对研究区域的可持续发展状态进行定性描述，也可以进一步对其进行定量描述，为该可持续发展研究提供现象描述及发展趋势预测。可持续发展定量评估指标能够为区域研究提供大量的信息，从而使得复杂现象得到较好的简化，转化为能够对比运算的量化的指标运算。

1.4.2 可持续发展定量评估指标功能特性

可持续发展定量评估指标对于区域可持续发展研究以及决策导向有着重要的指导意义。

①定量评估指标能够描述和反映某一区域或国家在一段时间内，各个方面的可持续发展状态和发展水平，它能够将自然社会知识转化为能够定量研究便于计算的信息元。

②定量评估指标能够监测某一区域或国家在一段时间内的各个方面可持续发展的趋势和发展速度，可以衡量研究区域或国家的可持续发展状态并推动其向着可持续发展的目标迈进。

③定量评估指标能够综合衡量评估研究区域整体的可持续发展协调程度，为可持续发展提供预警，防止出现经济、社会环境的损失。

第2章　国内外可持续发展指标体系比较

2.1　可持续发展指标的制定原则

通过构建指标体系来评价可持续发展的目标、现状、水平和发展趋势，其本质就在于寻求一组具有典型代表意义，同时能全面反映可持续发展各方面要求的特征指标，这些指标体系及其组合要能够最方便人们对可持续发展目标的定量判断。可持续发展指标体系的设置一般应遵循以下原则。

1. 科学性原则

可持续发展指标体系必须要能够反映可持续发展的各个方面，符合可持续发展的目标要求，具体指标的选取要有科学依据，指标界定规范准确，而不能模棱两可、含糊不清。同时，所选用的模型及计算方法也必须科学规范，这样才能保证评价结果的真实、有效。

2. 整体性原则

可持续发展系统是一个具有高度复杂性、不确定性和多层次性的开放系统，某一特定区域的可持续发展又从属于一个范围更广、层次更高的可持续发展系统。因此一个区域的可持续发展指标体系必须和一个区域的总体发展目标相一致。因此在构建不同城市和不同区域的评价指标体系，或者构建同一城市和同一区域不同发展阶段的评价指标体系时，就必须有所侧重，因地制宜地进行指标体系的构建工作。

3. 简明性原则

目前，许多可持续发展指标体系的构建，只为了追求对现实状态的完整描述，指标设置过多、过滥。从理论上讲，指标设置得越多越细，就越能准确反映客观现实。但是，随着指标数量的增加，数据收集和加工处理的工作量也成倍增长，而且，指标分得过细，也难免会产生指标与指标重叠，甚至相互对立的现象，这反而影响了综合评价的效果。

4. 稳定性原则

可持续发展评价指标体系有着相对的稳定性，而区域发展或城市发展是阶段性的，因此在构建区域或城市某一特定发展阶段的评价指标体系时，就必须考虑指标体系的稳定性问题，具体指标设置必须具有一定的前瞻性，即作为客观描述、评价和总体调控区域可持续发展的指标体系，在特定城市或区域的某一发展阶段，其侧重点、结构及具体的评价内容就要有相对的稳定性。指标体系的这种稳定性不随区域发展过程中一些非经济因素的变化而发生改变，但要随着区域或城市所处的发展阶段而作适当的调整。正是由于指标体系具有这种相对的稳定性，我们才有可能在特定的阶段对区域发展进行可持续的衡量、评价和调控,从而有利于区域朝向更符合可持续发展标准的方向发展,避免出现区域发展中的短期行为。

5. 动态性原则

可持续发展是一个动态变化的过程,是一个城市或区域的社会经济与资源环境在一定时间内相互作用、相互影响的过程。对于同一个区域的不同发展阶段,城市发展的目标、模式以及为达到目标而采取的手段都不相同,因此,构建评价指标体系的具体侧重点自然也不相同。对于处在不同时期的不同城市或者不同区域来说,二者在可持续能力的建设上所采取的方法更是千差万别,对它们所构建的评价指标体系也应有所侧重。这也要求用于评价城市可持续发展内涵和可持续发展程度的指标体系,不仅能够客观地描述一个城市或许多描述系统状态的可持续发展指标体系,往往是较难操作的定性指标,而可操作性强的定量指标却较少,即使有一些定量指标,其精确计算或数据取得也较为困难。这样就使得评价指标体系的可操作性不强甚至不具备可操作性。因此,在构建评价指标体系时,应在尽可能简明的前提下,挑选一些易于计算、数据容易取得且能够很好地反映区域系统实际情况的指标,以使所构建的指标体系具有较强的可操作性,从而也使我们能够在信息不完备的情况下对区域可持续发展水平和能力做出最真实客观的衡量和评价。

2.2 指标选取的原则

2.2.1 联合国可持续发展委员会(UNCSD)可持续发展指标选择原则

联合国可持续发展委员会的《可持续发展指标工作计划(1995—2000)》确定的可持续发展指标选择原则是,指标应当:①在尺度和范围上是国家级的;②与评价可持续发展进程的主要目标相关;③可以理解的、清楚的、简单的、含义明确的;④在国家政府可发展的能力范围内;⑤概念上是合理的;⑥数量上是有限的,但应保持开放并可根据未来的需要修改;⑦全面反映《21世纪议程》和可持续发展的各个方面;⑧具有国际一致的代表性;⑨基于已知质量和恰当建档的现有数据,或者以合理成本可获得的(有效成本)数据,并且可以定期更新。

2.2.2 经济合作与发展组织(OECD)可持续发展指标选择原则

OECD可持续发展指标的选择遵循以下三条基本原则。

(1)政策的相关性

①指标要提供环境状况、环境压力或社会响应的代表性情况。

②简单、易于解释并能够揭示其随时间的变化趋势。

③对环境和相关人类活动的变化敏感。

④提供国际比较的基础。

⑤或者是国家尺度的或者能够应用于具有国家重要性的区域环境问题。

⑥具有一个可与之相比较的阈值或参照值,据此使用者可以评估其数值所表达的重要意义。

(2)分析的合理性

①在理论上应当是用技术或科学术语严格定义。

②基于国际标准和国际共识的基础上。

③可以与经济模型、预测、信息系统相联系。

(3)指标的可测量性

指标所需要的数据应当是：

①已经具备或者能够以合理的成本/效益比取得。

②适当地建档并知道其质量。

③可以依据可靠的程序定期更新。

2.2.3　国际可持续发展研究所(IISD)可持续发展指标体系选择原则

加拿大国际可持续发展研究所1996年在意大利Bellagio会议上提出了可持续发展评价的原则——Bellagio原则(Bellagio Principle)。Bellagio原则是关于可持续发展进程评价的指导原则,其中涵盖了可持续发展评价的指标体系选择原则,包括指导前景与目标、整体的观点、关键的要素、适当的尺度、实际的焦点、公开性、有效的信息交流、广泛的参与、进行中的评价、制度能力。从可持续发展评估的内在要求及国际上可持续发展评估指标体系发展的实践来看,可持续发展指标的选择应当考虑:与可持续发展目标的密切相关性;内涵和概念的准确性;可测量性和数据的易获得性;可理解性和简明性;适当的时空尺度;区域的可比性;代表性和数量的有限性;预测性和预警性;测量方法的科学性;与政策的相关性等。

2.3　可持续发展指标体系框架模式

指标体系框架是指标体系组织的概念模式,它有助于选择和管理指标所要测量的问题,即使它没有抓住现实世界的本质,它也提供了一种便于研究真实世界的机制。不同的指标体系框架之间的区别在于它们鉴别可以测量的问题以及选择并组织要测量的问题的方法和途径,以及它们证明这种鉴别和选择程序的概念不同。

目前,可持续发展指标体系框架模式可以归为:压力-响应模式(Stress-Response Model)、基于经济的模式(Economics-Based Model)、社会-经济-环境三分量模式或主题模式(Three-Component or Theme Model)和人类-生态系统福利模式(Linked Human-Ecosystem Well-Being Model)。

2.3.1　压力-响应指标体系框架模式

压力-响应指标体系框架模式的典型例子是OECD的压力-状态-响应(PSR)指标框架模式。PSR指标框架模式的结构是,人类活动对环境施以"压力",影响到环境的质量和自然资源的数量("状态"),社会通过环境政策、一般经济政策和部门政策,以及通过意识和行为的变化而对这些变化做出反映("社会响应")。PSR框架模式是在构建环境指标时发展起来的,对于环境类指标,它能突出环境受到的压力和环境退化之间的因果联系,从而通过政策手段(如减轻环境受到的压力的措施)来维持环境质量,因而与可持续的环境目标密切相关。但对社会和经济类指标,压力指标和状态指标之间没有本质的联系。依据PSR框架模式使用的目的不同,它可以很容易被调整以反映更多的细节或针对专门的特征。PSR框架模式的调整版本的例子,如UNCSD的驱动力-状态-响应(DFSR)框架模式、OECD部门指标体系使用的指标体系框架模式、欧洲环境局(EEA)使用的驱动力-压力-状态-影响-响应(DPSIR)框架模式。

2.3.2 基于经济的指标体系框架模式

基于经济的指标体系框架模式反映的是投入-产出模式,这种模式一直主导着当代的思维方式。真实进步指数、联合国统计局的综合环境经济核算体系等是这种指标体系框架模式的典型代表。这种模式也为生态足迹指数的计算提供了基础。德国Wuppertal气候、环境与能源研究所提出的物质与能源平衡模式——单位服务物质输入(Material Input Per Service Unit,MIPS)框架也属于这种模式。

2.3.3 社会-经济-环境三分量模式或主题框架模式

社会-经济-环境三分量指标体系框架模式或主题指标体系框架模式在可持续发展研究文献中也占有相当分量。在三分量指标体系框架模式中,社会、经济、环境领域也常常存在变化和不一致性。例如,就社会主题而言,可能涉及社会、文化、社区、健康或公平的某些方面或所有方面;在环境主题方面,可以只涉及严格限定的环境问题,也可以涉及生态、自然资源和环境发展。许多社区可持续发展指标体系采用的是主题指标体系框架模式,这些模式中的指标一般并非相互关联但却是构成反映社区关注的不同问题(主题)的一组指标。这种模式的典型例子,如Alberta可持续性指数、Oregon Bench Marks指标体系、可持续的Seattle指标体系等。

2.3.4 人类-生态系统福利指标体系框架模式

人类-生态系统福利指标体系框架模式的提出是为了将系统思想应用于维持和改善人类和生态系统的福利的目标。这种模式有四类指标:生态系统指标(用于评估生态系统的福利);相互作用指标(用于评估人类和生态系统界面处产生的效益和压力流);人口指标(用于评估人类的福利);综合指标(用于评估系统特征,以及为当前和预测分析提供综合观点)。这种模式的原型是加拿大国家环境与经济圆桌会议(NRTEE)的可持续发展指标体系。可持续性晴雨表(Barometer of Sustainability)指数是应用这种模式的典型例子。

2.4 可持续发展指标体系实测方法

大量研究运用生态环境综合评价指标体系来分析城市生态环境质量。该方法较为全面地考虑了生态环境的各个方面。

(1)评价的指标选择问题

选取的指标不同,评价结果可能存在较大差异。在选择评价指标时,必须把城市基本条件指标纳入指标体系,评价结果才会更为可靠。

(2)评价指标权重制定问题

对于指标体系来说,同一套指标,选取不同的权重,取得的效果可能完全不同。因此,评价结果常常带有很强的主观性。

(3)评价深度问题

对同一个问题进行研究,选择的指标深度不同,也会产生很大差异。因此,运用综合指标体系进行评价时也是较复杂的。不同研究的横向可比性较差,在解释计算结果时需要注意。

2.5　可持续发展综合评价方法

可持续发展综合评价方法包括层次分析法、主成分分析法、因子分析法、灰色关联度分析法和模糊综合评判法等。

2.5.1　层次分析法

层次分析法(AHP)是美国运筹学家萨迪(T. L. Saaty)于 20 世纪 70 年代中期提出来的一种定性、定量相结合的,系统化、层次化的分析方法。这种方法将决策者的经验给予量化,特别适用于目标结构复杂且缺乏数据的情况,是一种定性与定量分析相结合的多目标决策分析方法。虽然层次分析法较好地考虑和集成了综合评价过程中的各种定性与定量信息,但是在应用中仍摆脱不了评价过程中的随机性和评价专家主观上的不确定性及认识上的模糊性。判断矩阵易出现严重的不一致现象。当同一层次的元素很多时,除了使上述问题更加突出外,还容易使决策者做出矛盾和混乱的判断。在可持续发展指标体系的计算中,层次分析法是使用频率最高的方法。针对可持续发展研究中定量分析指标体系中指标众多,并且多数的指标体系都会依据不同的条件分成几个不同的层次,采用层次分析法对某一区域或国家进行可持续发展研究主要源于以下两点。

①AHP 方法能有效地体现人的决策思维的基本特征,是一种把定量和定性相结合,将人的主观判断数量化的数学方法。

②AHP 方法不仅可以对某一区域或国家、省、市进行现状评价,还可利用已有的历史资源进行回顾评价和预断评价。

1. 层次分析法的分析步骤

(1)建立层次结构,将评价指标层次化

根据对问题的分析,将所包含的因素分组,每一组作为一个层次,按照最高层、中间层、最低层的形式排列起来。

①最高层:表示评价所要达到的目标,即对项目整体或某一个方面的综合评价。

②中间层:表示评价项整体综合评价的几个并列构成要素。

③最低层:表示构成中间层每个评价要素的基本评价点。

(2)构造判断矩阵

判断矩阵表示针对上一层次某元素,本层次有关元素之间相对重要性的状况,假定 A 层次中元素 ak,与下一层次 $B_1,B_2,\cdots B_n$ 有联系。

ak	B_1	B_2	$\cdots$	B_n
B_1	b_{11}	b_{12}	$\cdots$	b_{1n}
B_2	b_{21}	b_{22}	$\cdots$	b_{2n}
$\vdots$	$\vdots$	$\vdots$		$\vdots$
B_n	b_{n1}	b_{n2}	$\cdots$	b_{nn}

其中,b_{ij}表示对 ak 而言,B_i 对 B_j 相对重要性的数值表现形式,通常 b_{ij}可取 1 ~9 标度法表示。

(3)层次单排序

所谓层次单排序是指根据判断矩阵计算对于上一层次某元素而言本层次与之联系的元素重要性次序的权值。层次单排序可以归结为计算判断矩阵的特征根和特征向量问题,即对判断矩阵 $\boldsymbol{B}$,计算满足 $\boldsymbol{BW}=\lambda_{\max}\boldsymbol{W}$ 的特征根与特征向量。式中,$\lambda_{\max}$ 为 $\boldsymbol{B}$ 的最大特征根,$\boldsymbol{W}$ 为对应于 $\lambda_{\max}$ 的正规化特征向量,我们把 $\boldsymbol{W}$ 的分量 $\boldsymbol{W}_i$ 作为对应元素单排序的权值。

可以证明以下内容:

对于 n 阶判断矩阵,其最大特征根为单根,且 $\lambda_{\max}\geqslant n$。

$\lambda_{\max}$所对应的特征向量均由正数组成,特别地,易判断矩阵具有完全一致性,$\lambda_{\max}=n$,除 $\lambda_{\max}$外,其余特征根均为零。

为检核判断矩阵一致性,就需要计算它的一致性指标 CI。为此首先我们要计算:

$$CI=(\lambda_{\max}-n)/(n-1) \tag{2.1}$$

式中,n 为判断矩阵的阶数,然后计算一致性比例 CR

$$CR=CI/RI \tag{2.2}$$

当 $CR<0.1$ 时,则认为判断矩阵有满意的一致性,否则需要调整判断矩阵,使之具有满意的一致性。

(4)层次总排序

利用同一层次所有层次单排序的结果,就可以计算针对上一层次而言本层次所有元素重要性的权值,这就是层次总排序。层次总排序需要从上到下逐层顺序进行,对于最高层,其层次单排序即为总排序。

假定上一层次所有元素 $A_1,A_2,\cdots,A_m$ 的层次总排序已完成,得到的权值分别为 a_1,$a_2,\cdots,a_m$,与 a_i 对应的本层次元素 B_1,B_2,B_n 单排序的结果为$(b'_1,b'_2,\cdots,b'_n)T$。

若 B_j 与 A_i 之间没有联系,则 $b'_n=0$,其总体层次排序如下:

层次 A					
层次 B	A_1	A_2	$\cdots$	A_m	B 层次
	a_1	a_2	$\cdots$	a_m	总排序
B_1	b_{11}	b_{21}	$\cdots$	b_{m1}	$\sum t=1maibi1$
B_2	b_{12}	b_{22}	$\cdots$	b_{m2}	$\sum t=1maibi2$
$\vdots$	$\vdots$	$\vdots$	$\vdots$	$\vdots$	$\vdots$
B_n	b_{1m}	b_{2m}	$\cdots$	b_{mn}	$\sum t=1maibin$

(5)一致性检验

为评价层次总排序的计算结果一致性如何,需要计算与层次单排序类似的检验量:CI 为层次总排序一致性指标;RI 为层次总排序随机一致性指标;CR 为层次总排序随机一致性

比例。其公式分别为

$$CI = \sum t = 1mai\ CI \tag{2.3}$$

$$RI = \sum t = 1mai\ RI \tag{2.4}$$

2.5.2　主成分分析法

主成分分析法是利用降维的思想,把多指标转化为几个综合指标的多元统计分析方法。在大多数情况下,不同指标之间是有一定的相关性。主成分分析法正是根据评价指标中存在着一定相关性的特点,用较少的指标来代替原来较多的指标,并使这些较少的指标尽可能地反映原来指标的信息,从根本上解决了指标间的信息重叠问题,又大大简化了原指标体系的指标结构,因而在社会经济统计中,也是应用较多、效果较好的方法。其综合因子的权重不是人为确定的,而是由贡献率大小决定的。这就克服了一些方法中人为确定权数的缺陷,使得综合评价结果唯一,而且客观合理。其缺点是要求样本量较大,过程较烦琐。主成分分析法假设指标之间的关系都为线性关系,但在实际应用中,若指标之间的关系并非线性关系,那么就有可能导致评价结果出现偏差。

2.5.3　因子分析法

因子分析法是把一些具有错综复杂关系的变量归结为少数几个无关的新的综合因子的一种多变量统计分析方法。其基本思想是根据相关性大小对变量进行分组,使得同组内的变量之间相关性较高,不同组的变量之间相关性较低。因子分析法在多元统计中属于降维思想中的一种,其中一个前提条件是评价指标之间应该有较强的相关性。如果指标之间的相关程度很小,指标不可能共享公共因子,公共因子对于指标的综合能力就偏低。

2.5.4　灰色关联度分析法

灰色关联度分析法是针对数据少且不明确的情况,利用既有数据所潜在的信息进行白化处理,并进行预测或决策的方法,主要研究信息不完全的对象、外延确定而内涵不确定的概念以及关系不明确的机制。灰色关联度综合评价法计算简单,通俗易懂,数据不必进行归一化处理,可用原始数据进行直接计算。但该方法与数据统计的相关分析在计算结果上常常有一定的差异,故应用灰色关联度量化模型时必须持谨慎的态度。

2.5.5　模糊综合评判法

模糊综合评判法就是以模糊数学为基础,应用模糊关系合成的原理,将一些边界不清、不易定量的因素定量化,进行综合评价的一种方法。模糊综合评判法的优点是,隶属函数和模糊统计方法为定性指标定量化提供了有效的方法,实现了定性和定量方法的有效集合,在客观事物中,一些问题往往不是绝对的肯定或绝对的否定,涉及模糊因素,而模糊综合评判法则很好地解决了判断的模糊性和不确定性问题;所得结果为一向量,即评语集在其论域上的子集,克服了传统数学方法结果单一性的缺陷,结果包含的信息量丰富。缺点是不能解决评价指标间相关造成的评价信息重复问题;各因素权重的确定带有一定的主观性。在某些情况下,隶属函数的确定有一定的困难。尤其是多目标评价模型,要对每个目标、每个因素确定隶属度函数,过于烦琐,实用性不强。

可见,可以用作综合评价的数学方法很多,但是每种方法考虑问题的侧重点不尽相同。选择方法不同,有可能导致评价结果的不同,因而在进行多目标综合评价时,应具体问题具体分析,根据被评价对象本身的特性,在遵循客观性、可操作性和有效性原则的基础上选择合适的评价方法。需要指出的是,综合评价方法只是数据的综合处理方法,通过这些方法所得到的综合性指标是否有意义或有效,最终还要取决于指标体系本身的设计得当与否。总之,相对成熟的城市生态评估指标体系的确立是一项既紧迫又长期的任务。它需要加强对城市生态环境理论的研究,进而达成对城市可持续发展的共识,需要不断增强的技术支持,更需要在实践中加以改进和完善,摆脱低水平重复的现象,并在实践中不断完善。

2.6 国外可持续发展指标体系

2.6.1 英国:可持续发展指标

从2004年起,英国国家统计局和环境、食品与农村事务部联合推出可持续发展指标体系,并在每年7月更新。2009年7月,英国政府最新发布的可持续发展指标共有68个,分别属于四大类:可持续的生产和消费,气候转变和能源,自然资源和环境保护,可持续发展的社区与世界平等。这些指标的内容包括:二氧化碳排放,电能(包括可再生能源),资源使用(能源供给与水资源),垃圾,自然资源(生物多样化、农业、畜牧业、土地使用、生态、河流),社会经济(经济增长、生产率、人口),社会指标(社区参与程度、犯罪率),就业和贫穷,教育,医疗健康,交通,社会公正与环境公平,社会财富等。每年出版的可持续发展指标口袋书中均有详细的指标说明,以及与往年相比各项指标的变化规律等。与1999年的情况相比,在英国范围内这68个指标当中的50项显示出有改善的迹象。其中改善效果比较明显的有再生资源的利用、有害气体的排放、制造业的排放、垃圾回收、犯罪率、死亡率、交通事故、居住条件等指标。而以下指标则有恶化的倾向:火力发电量,服务业,私家车,交通运输等的二氧化碳排放,农场中鸟的种群,寿命期望,走路和骑自行车的人数,城市臭氧污染等。这套指标有助于回顾可持续发展进程,确定未来的可持续性发展的挑战,让民众认识到可持续发展在全球、全国和地方等各层面的意义。同时,这套指标的推行被认为是监督政府在可持续发展方面政策实施的有效机制。

2.6.2 美国:可持续发展社区指标指南

1995年由美国国家环保局可持续生态系统和社区部(OSEC)联合马萨诸塞大学可持续发展中心推出一套综合指标体系,该指标体系1999年更新,以后经常修订出版,介绍了包括经济、教育、环境、政府、健康、居住、人口、公共安全等12类104项指标。经济类包括:商业指标,儿童指标,人种多样性指标,就业多样性指标,财政指标,收入指标,资源利用指标,零售指标,旅游指标,交通运输指标10项;环境类包括空气指标,公众环保意识指标,生物多样性指标,鱼类指标,全球指标,地下水指标,人类指标,土地利用指标,土壤指标,地表水指标,湿地指标11项;社会类包括滥用指标,儿童指标,沟通指标,文化指标,多样性指标,识字指标,心理健康指标,怀孕/出生指标,志愿者指标9项。

由于美国的人口大多分布在小集镇上,其可持续发展指标的尺度主要是研究社区水平,此指标体系有详细的说明,每个项目又由许多小的分指标组成,比如环境类的空气指标包括:交通工具二氧化碳排放,空气污染物高于健康水平的天数,空气质量一氧化碳、二氧化硫等的值,二氧化碳和其他温室气体的排放,每年空气质量超标的天数,每年空气污染投诉量等14小项;地表水质量指标又包括:可直接饮用溪流百分比,用于钓鱼和游泳的河流或湖泊面积,地表水粪大肠菌计数,水体透明度,溶解氧达标率,水体重金属达标率,小溪流的磷含量,小溪流的生化需氧量等16分项。各项指标均有设定的权重赋值,比如可直接饮用溪流百分比的权重为7,小溪流的生化需氧量的权重为3。由于这套指标体系逐级细分,涵盖了经济、环境、社会的方方面面,因此在该网站有详细的指标说明,比如经济类商业指标说明为:以本地生产的商品取代来自国内和国际地区的商品;对该商品对自然环境的影响做出评估;不以获取外在的资源为代价来发展和壮大;生产过程必须是人道的、有价值的、有品味的和本质上令人满意的;商品必须是长期使用的,而且其最终的处置对下一代无害;通过教育把消费者变成顾客。该体系成功用于西雅图等美国多个城市以及加拿大、新西兰等国家。其中最成功的例子是生态西雅图,西雅图自1994年采用了成长管理规划:面向一个可持续发展的西雅图（1994—2014)的综合规划,该规划创造性地提出了城市村庄战略,西雅图的城市可持续主要通过以下四个方面来实现:

①整体性,经济发展,居民能负担得起的住宅、公共安全、环境保护和灵活性等必须相互联系,且必须从历史的角度解决。

②综合考虑并均衡各方面的利益,实现共同价值和目标。

③考虑城市发展的长远目标和结果,考虑过去每年的财政预算以及今后换届选举所带来的不连续性。

④可持续的城市不仅仅是数量的多样性,还体现在质量的多样性上。在该战略的指导下,西雅图的社区形成了自己的特色,成为生态城市的典范。

2.6.3　联合国可持续发展指标体系

1995年由联合国可持续发展委员会(UNCSD)及联合国政策协调与可持续发展部(DPCSD)牵头,联合国统计局(UNSTAT)、联合国开发计划署(UNDP)、联合国环境规划署(UNEP)、联合国儿童基金会(UNICEF)和亚太经社理事会(ESCAP)参加,提出了一个初步的可持续发展核心指标框架。该体系由驱动力指标－状态指标－响应指标(Drive－State－Response,DSR)构成。驱动力指标主要包括就业率,人口净增长率,成人识字率,可安全饮用水的人口占总人口比率,人均实际GDP增长率,GDP用于投资额,矿藏储量的消耗,人均能源消费量,人均水消费量,排入海域的氮、磷量,土地利用的变化,农药和化肥的使用,人均可耕地面积,温室气体等大气污染排放量等;状态指标包括贫困度,人均密度,人均居住面积,已探明矿产资源储量,原材料使用强度,水中的BOD和COD含量,土地条件的变化,植被指数,受荒漠化、盐碱和洪涝灾害影响的土地面积,森林面积,濒危物种占全国全部物种的比率,二氧化硫等主要大气污染物浓度,人均垃圾处理量,每百万人中拥有的科学家和工程师人数,每百户居民拥有电话数等;响应指标包括人口出生率,教育投资占GDP的比率,再生能源的消费量与非再生能源的消费量比率,环境投资占GDP的比率,污染处理范围,垃圾处理的支出,科学研究费用占GDP的比率等。

2.7 中国可持续发展指标体系

2.7.1 中国可持续发展指标体系的基本框架

自以可持续发展思想为核心内容的《中国21世纪议程》颁布以来,衡量区域可持续发展水平的可持续发展指标体系日益受到社会的重视。这一指标体系不仅是分析观察一个区域的可持续发展程度和状态的有效工具,而且是描绘该地区可持续发展质量、评价可持续发展能力的基本水准。建立一套不同于传统的经济社会发展统计指标,按照联合国所要求的切实体现该世纪议程建立在严格的法律法规保护下的指标系统,吸引更大范围的公众参与可持续发展,对于转变社会观念、普及可持续发展知识、促进可持续发展战略的实施意义重大。

我国在可持续发展指标体系方面的研究十分活跃。研究者分布于高等院校、研究所和一些政府职能部门,这里仅对一些有代表性的研究成果加以评述。

建立中国的可持续发展指标体系,关键是要解决好两个问题。一是要确立统驭整个指标体系的概念框架;二是要根据需要和可能,构造出可持续发展各个方面的具体指标。联合国可持续发展委员会建立的可持续发展指标体系,其概念框架是“驱动力 - 状态 - 反应”(DSR)。DSR框架是由一个在环境统计领域中获得广泛认同的框架——“压力 - 状态 - 反应”(PSR)框架改造而来的,即用“驱动力”的概念取代“PSR ”中“压力”的概念。引入了“驱动力”概念,目的在于更好地说明社会、经济、制度等方面的特有内容,同时把“状态”概念和“反应”概念扩展到社会、经济、环境、制度等各个方面。所谓“驱动力”是指人类活动的过程和方式,“状态”指可持续发展的状态,“反应”则指根据可持续发展的状态所作的政策选择或其他种种反应措施。这些联合国的指标体系给中国的指标以启迪。

在“DSR”框架下,根据“驱动力”概念建立驱动力指标度量人类活动的过程和行为模式对可持续发展的影响;根据“状态”概念建立状态指标度量可持续发展的状态;根据“反应”概念建立反应指标度量人们根据可持续发展的状态所作的政策选择及其他种种反应。这套指标体系覆盖了社会、经济、环境、制度各方面以及《中国21世纪议程》的每一章,其全面性是不容置疑的,但人们也不难从中发现其局限性。例如,为了反映人口动态与可持续能力,设置的驱动力指标是人口增长率、人口净迁移率,状态指标是人口密度,反应指标是总人口增长率。通过这组指标,我们大致可以看出,人口动态与可持续发展之间究竟是什么关系并不是很清楚,驱动力指标、状态指标、反应指标之间的关系也比较模糊;另外,按照“DSR”框架建立可持续发展指标存在的另一个问题是,要对涉及可持续发展的每个方面都设置相应的驱动力指标、状态指标、反应指标,这在实践中可能还存在技术上的困难,也可能出现重复或遗漏。如联合国指标体系中“制度”大类就没有设置驱动力指标。

类似的情况还有很多,有些是非指标,如是否成立国家级的可持续发展组织、国家级可持续发展组织中有无地方代表等,对于评价一国的发展是不是可持续的,其作用并不显著。而英国可持续发展指标体系的建立采取目标分解的方法,即把可持续发展作为总目标,在总目标之下分解出4个二级目标,即经济的健康发展既要有利于继续提高所有人的生活质量,也要有利于保护人类健康和赖以生存的环境;合理利用非再生资源;可持续地利用再生资源;把经济活动对人类健康的危害和对环境承载力的破坏减少到最低限度,建立可持续发展指标,并把这些指标最终统一在一个按"PSR"框架建立起来的指标模型之中。这种方法的好处是:由于所有的指标都是根据预先设定或期望的目标来构造的,因而更能够反映可持续发展的进程和状况。

同样,这种方法也有其自身难以克服的缺陷。首先,设置哪些指标以及这些指标的科学性和合理性如何,在很大程度上取决于人们对可持续发展目标的认识水平和界定的科学性,因为在进行目标分解时一个隐含的前提是所设定的二级目标和三级目标都是科学的、符合可持续发展要求的;其次,在建立指标模型时,要求把全部指标划分为压力指标、状态指标和反应指标三类,这在操作上是相当困难的,尤其是压力指标和反应指标在很多场合甚至无法截然分清。例如"环境保护支出"指标,既可以看成是对环境压力的反应,也可以看成是经济活动导致的环境压力。因为不断增加环境保护支出意味着环境质量的不断改善,同时也可能意味着面对越来越大的环境压力。又如"资源价格"指标,在市场经济条件下,资源价格上升,或许是因为资源存量减少,或许是由于相对一定资源存量的需求增加,也可能是因为人们为了控制某些资源被过度利用而采取的积极反应。可持续发展强调人与自然的和谐关系,更进一步说是要协调社会、经济、环境三大系统之间的关系。中国是一个发展中的大国,要消除贫困、提高社会生产力、增强综合国力、不断提高人民的生活水平和生活质量,就必须坚定不移地把发展国民经济放在第一位,这是由中国的基本国情决定的。当然,以经济建设为中心,并不意味着只追求当前的经济增长,而不顾及子孙后代的利益,相反,要在以经济建设为中心的同时,更加理性地协调经济与环境、经济与社会之间的相互关系。建立中国的可持续发展指标体系必须服从这个中心思想。

可持续发展指标应重点提供反映社会、经济、环境状况以及经济与社会、经济与环境、社会与环境之间相互关系的指标。基于这种认识,并根据建立科学的指标体系的原则,建立中国的可持续发展指标体系,可以考虑按"状态－关系"这个框架(技术路线)进行。所谓"状态"是指社会、经济、环境各系统在观察时期(时点)的状态,而"关系"则是指各系统之间的物质流量和相互影响。按"状态－关系"框架建立可持续发展指标的好处是:

①可持续发展是一种崭新的发展思想,而目前我们对这种发展思想的认识还是相当肤浅的,因此一开始就希望确立一个完善的技术路线是不切实际的,也是一种不科学的态度。

②"状态－关系"框架符合我国"以经济建设为中心,同时注意协调经济与社会、经济与环境之间的关系"的战略思想。按"状态－关系"建立的指标体系能够提供社会、经济和环境各系统的状态以及相互作用、相互影响的量化信息,而且符合当前的认识水平和建立指标的简捷原则。

③"状态－关系"框架具有较强的弹性。首先,对可持续发展的深入研究有利于对这一框架进行改造和完善。其次,"状态－关系"框架具有较好的兼容性,即把"DSR"或"PSR"框架下的指标加以处理,可以生成"状态－关系"框架下的指标;反之,"状态－关系"框架下的指标也可以生成"DSR"或"PSR"框架下的指标,因为驱动力指标和反应指标本质上都是要说明社会、经济、环境三大系统之间的相互关系。

④由于"状态－关系"框架清楚地描述了系统的存量和相互之间的流量关系,所以它比较好地解决了因划分过细而造成的交叉、重复、遗漏和某些指标不可量化等问题,为进一步

地分析和评价奠定了基础。在划分具体的系统时,我们没有采用通常所说的人口、社会、经济、资源和环境这五大系统,而是把人口并入社会系统,把资源并入环境系统,这样处理的目的是使问题尽可能变得简单一些,另外,状态指标用来度量各系统的状态,如反映经济状态的指标(如GDP增长率等)、反映环境状态的指标(如森林覆盖率等)、反映社会状态的指标(如人口增长率等)。关系指标则用来测度各系统之间的相互关系和相互影响,反映的是系统之间的物质流量,如单位经济生产消耗的自然资源,单位经济生产排放的有害废物量,经济增长率与环境保护支出增长率等。

对于如何构造反映可持续发展各个方面的具体指标这个问题,笔者认为应从两个方面加以考虑:从动态的角度看,应努力探索一个能把可持续发展的各个方面综合在一起的、类似于GDP的指标,以便把问题高度简化,使信息得到充分传播和发挥指标在实际工作中的考核作用,这是建立可持续发展指标的长期努力方向;从现实需要的角度出发,应按照可持续发展思想对现行的社会指标、经济指标进行认真的审视,剔除那些不适用的指标,改造某些传统指标的计算范围和计算方法,适当增设一些新指标,以便尽快建立起可持续发展指标体系,为决策提供科学的依据。具体来说,除环境状态指标尚不完善外,反映社会状态和经济状态的指标都可以在现行指标体系的基础上经适当调整得到满足,而关系指标则需要认真进行研究。

充分开展实质性的跨学科研究经济学、生态学和统计学的基本概念和理论都有必要进一步扩展,彼此间相互调整其研究的重点和方法,对于经济学家来说,应有效扩大资源价值分析的范围,把生态系统作为一个整体看待,将其功能和价值纳入分析之中,在分析过程中更多地利用生态学信息。生态学家则应努力寻求更直接和有说服力的形式来提供关于生态条件的信息,以便进行经济评价。统计学家在选取统计指标时也应更多地采用经济和生态学研究的成果。例如,现有的许多可持续发展指标体系在考虑经济因素时仍然沿用过去的国民经济核算指标,在考虑资源环境因素时所使用的指标大多为三废处理率、资源利用率、每万元能耗。而这些指标实质上反映的是人类进行物质转化效率的高低即科技进步的一些侧面,其目光只局限于人类自身活动而忽视了自然资源环境阈值即生态学家提出的最低安全标准问题。

(1)制定国家层次的指标体系

我们应加紧制定国家层次的可持续发展指标体系,为区域发展的资源环境阈值及目标要求确定标准范式。同时,各区域也应结合自身发展背景和发展阶段,研究、完善能用于区域开发的可持续发展指标。

(2)经济发展指标是重点

在建立中国的可持续发展指标体系过程中,应将经济发展指标的设置和选择作为重点。不同区域,指标的侧重点也应有所不同。如对于西部地区,现阶段的首要目标是谋求区域经济的较高速增长,缩小与东、中部地区的整体发展差距。因而选取评价指标时,应更注重经济发展方面的指标项,赋予较高的权重并考虑添加区域发展差距指标;而对于相对发达的沿海地区应更关注区域发展建设中的社会效益、生态环境效益和经济效益的有机统一,应对资源环境承载力和社会发展指标给予更大的权重。

我们应研究确立一些能反映系统的某些实质性变化和潜在发展趋势的长期性或阶段性指标,如生物多样性、水体污染物浓度、资源量、人均维持基本生活的收入水平。应用这些单项指标对系统是否持续先做出判断,避免由于综合指标的使用掩盖单项指标的指示作用。直接从现有的各种统计年鉴中选取指标,同时将研究的重点过多地放在多指标综合评价上,这是指标研究的一种误导,没有在指标的创新与合作研究上下功夫。由于评价方法上无法"突破",因此,不同的人、不同的课题所做的研究都很相似,都是可持续发展水平的多指标综合评价,而非可持续发展的综合评价。我们今后应全面考察各个子系统的相互关系,探索出一些能解析可持续发展本质特征的创新指标、综合指标和系统指标。

20世纪80年代以来,特别是90年代初以来,我国的专家学者也开展了对可持续发展指标体系的系列研究,并构建出了几十种指标体系。本书仅列举了几种国内比较有影响的可持续发展指标体系,由于篇幅所限,还有许多新颖、实用、针对性强的可持续发展指标体系无法在本书中一一进行述评。尽管这些指标的单一评价性较好,但这些指标仅以描述性的环境指标为主,不能全面评估社会的可持续发展程度,难以满足综合决策和公众参与的要求。通过文献调研发现,无论是在理论上还是在方法学上,目前我国可持续发展指标体系研究的水平与国际上尚有差距。

2.7.2　我国城市可持续发展指标体系研究评述

(1)目前我国城市可持续发展指标体系的研究现状

对于城市未来发展定位问题,我国许多研究组织和学者分别从不同角度提出了自己的构想,并为此拟定了相应的评价指标。虽取得了一定的成就,但同发达国家相比,还需要进行更深入的研究和探讨。由于可持续发展指标体系的构建涉及内容繁多,因此许多国家都在努力构建适应本地特点的指标体系,但到目前为止所构建的这些指标体系还没有一组能得到世界的一致公认,而且这些指标大部分是用于国家级可持续发展评价的,针对区域级的,尤其是城市级的评价指标设置较少。因此,目前就亟须建立一套指标体系,以能够综合、完整地评价城市经济、社会、环境和制度诸方面的可持续发展情况,这是一项极具挑战意义的工作。我国城市可持续发展指标体系见表2.1。

(2)存在的问题

目前我国城市可持续发展指标体系的构建还存在如下问题。

①指标过于庞杂且不均衡。为了反映出可持续发展的丰富内涵,有些研究者详细列出了各种可能的指标,数量巨大,有的达到了200个,而其中能够反映可持续发展变化的动态指标却较少。

②过于强调评价方法与模型的普适性。很多研究者试图建立一套既适应过去、现在和将来的发展变化情况,也适应不同范围、不同发展程度和不同社会制度特征的指标体系。贪大求全和追求完备性,使得指标种类和数目不断增大。

③过于强调评价方法与模型的精细性。很多研究者试图把可持续发展过程中的细微变化都详细地刻画出来,总想建立一个包含变量更多、计算方法更复杂的精细模型,这就导致指标构建过于繁杂,又不能突出评价重点。

④实用性不强。由于研究者看法不一,再加上资金缺乏,很多指标体系难于投入实际应用。因此,需要国家与地方政府、高等院校、研究部门和统计部门等联合起来,共同推动可持续发展指标的研究,并积极指导这场全新的社会实践工程。

表 2.1 我国城市可持续发展指标体系

类型	组织单位	基本情况
可持续发展城市	山东	包括城市经济支持系统、城市环境支持系统、基础设施支持系统、社会发展支持系统等共 31 个指标
	上海	由 3 个层次、30 项指标组成。其中,最高综合指标,城市可持续发展综合指数(亦称城市生态综合指数);一级指标包括结构、功能、协调度 3 个方面的指标,是对最高综合指标的分解;二级指标是对一级指标的再分解,包括人口结构、基础设施、城市环境、可持续性等 10 项具体的指标;三级指标是对二级指标的再分解
	昆明和玉溪	包括发展度、承载力、环境容量等共 18 个指标
	哈尔滨	结合区域系统的要素构成,设计出由 3 个层次、4 个系统、27 个指标组成的可持续发展指标体系。其中,最高综合指标为区域可持续发展综合能力、可持续发展综合指数
	南阳	包括人口、资源支持、资源利用、环境、经济、社会、科技 7 个项目,每个项目分为三级,共 59 个指标
园林城市	国家建设部	不仅包括城市绿化的组织管理、规划设计与建设,同时还涉及景观保护、生态建设与市政建设等方面,考核指标针对不同地区和城市规模给出了不同的标准
环保模范城市	国家环境保护局	国家环保模范城市考核指标,包括 27 项考核条件和指标,其中基本条件 3 项,考核指标 24 项(社会经济 5 项、环境质量 5 项、环境建设 10 项、环境管理 4 项);全国环境优美乡镇考核验收规定,包括 26 项考核指标(社会经济发展 6 项、城镇建成区环境 11 项、乡镇辖区生态环境 9 项)
生态城市	国家环保总局	生态县、生态市、生态省建设指标,包括经济发展、社会进步、环境保护三大类,其中生态县 38 个指标、生态市 30 个指标、生态省 22 个指标

中国关于生态环境的评价于 20 世纪 80 年代末期开始引起人们的重视,对城市环境质量评价指标体系的研究也应运而生。但由于评价目的不同,以及所评价区域环境条件的差异,评价的方法也是多种多样的,至今没有一个统一的方法和评价指标体系。

国家统计局统计科学研究所和中国 21 世纪议程管理中心联合提出了中国可持续发展指标体系。该体系分为经济、资源、环境、社会、人口、科教 6 个子系统,共选入 83 个评价指标。其中经济子系统包含 7 个指标,分别描述规模、结构、效益和能力 4 个主题;资源子系统包含 19 个指标,概括水、土地、森林、海洋、草地、矿产、能源和资源综合利用的状况;环境子系统包含 17 个指标,涉及水、土地、大气、废物、噪声、自然灾害与生物多样性及环境保护的内容;社会子系统包含 16 个指标,综合反映贫困、就业、人民生活、卫生健康和社会保障;人口子系统包含 7 个指标,分别描述人口规模、人口结构和人口素质状况;科技与教育子系统包含 7 个指标,分属科教投入和科教发展程度两个主题。2002 年国家环保总局编制了生态市建设指标(试行),该方案中包含了经济发展、环境保护、社会进步三个方面,突出了城市的生态、经济、环境和社会协调发展,而不仅仅是生态环境的保护与发展。因此,对于一个城市生态环境质量的判断,也应从经济、环境和社会三个方面出发,充分考虑其结构、功能和协调度,并通过这三个层次来构建其层次模型。虽然对城市生态化和生态环境质量指标已经有了一定的规定以及较多的研究,但在不同的指标体系研究中,对不同评价因子之间的内在联系研究较少,对因子的变化以及生态现代化进程的预测更为少见。国内学者所建立的可持续发展指标体系,多采用层次分析法。如刘国等构建了城市可持续发展综合评价模型,提出了水平指数、持续指数、协调指数,对成都 1995 ~ 2003 年城市可持续发展的状况进行了综合评估。

重庆大学黄光宇教授提出,包括文明的社会生态、高效的经济生态、和谐的自然生态共 64 个指标,清华大学、中国人大民大学等提出了城市生态可持续发展指标体系设计方案,包括资源支持、经济发展能力、社会支持系统、环境支持、体制和管理五大系统,共 37 个指标。

赵旭等将所选 16 项指标分为经济发展、人口发展、生活质量、设施环境 4 个子系统,构建城镇化可持续发展评价指标体系,得出 2003 年山东、上海、广东、江苏、河南 5 个省(市)的城镇化可持续发展水平分为 3 个层次(上海和广东为第一层次,江苏和山东省属第二层次,河南为第三层次)的结论。

刘海清根据海南的实际情况及参照相关研究成果,把海南省分为经济、社会和资源环境系统 3 个层次,共 77 个指标,建立了海南省可持续发展指标体系。通过计算发现,海南省仅比云南省强一些,处于可持续发展能力较弱的状态。

杨冕等基于可持续发展理论三维模型,构建了经济 - 社会 - 生态系统为第一层次,第二层次共包括 15 个指标的可持续发展指标体系,提出了测算区域可持续发展度、协调度及可持续性的评价模型。运用该模型,对中国西北地区 2007 年的可持续发展状况进行了实证研究。2007 年西北五省区可持续发展程度由高到低依次为:陕西、新疆、宁夏、甘肃、青海。

李养兵等运用可持续发展理论构建了重庆市可持续发展指标体系,运用层次分析方法对重庆直辖后的可持续发展状况进行了动态分析和评价。通过评价结果的纵向对比分析,发现重庆市在 2001 年以前可持续发展保持较好;而 2001 年以后经济虽然保持较快发展,但环境和资源的承载能力未能和社会、经济的发展保持同步增长,可持续发展表现出不和谐。结果表明,福州市环境可持续发展能力 2000 年较差,2001 ~ 2002 年一般,2003 ~ 2007 年较好。

李健斌等选出涵盖生态资源、环境污染、社会压力、经济压力、制度响应、都市可持续发展 6 个领域 42 项指标,构建出中国台湾可持续发展指标体系。

还有学者采用较先进的全排列多边形综合图示法以及基于神经网络的方法评价城市可持续发展。

第3章　可持续发展综合性指标评估及应用

3.1　国内生产总值

GDP(国内生产总值)作为我国国民经济核算体系中的中心指标,反映了我国社会生产的综合能力,在国民经济发展规模、水平、机构等方面具有重要的地位和作用。作为衡量经济福祉的指标之一,它在衡量可持续发展程度方面存在一定程度的缺点,主要是忽略了由环境污染导致的环境恶化以及环境对人类健康和财富的影响。因而,我们应该客观地看待国内生产总值,对其进行更加全面的了解,以便为可持续发展测定指标奠定一定的理论基础。

3.1.1　传统 GDP 账户分析

1. 传统 GDP 的三种核算方法

(1)生产法

$$GDP = \sum(\text{各部门总产出} - \text{中间消耗})$$

(2)收入法

$$GDP = \sum(\text{各部分劳动报酬} + \text{营业盈余} + \text{固定资产折旧} + \text{生产税净额})$$

(3)支出法

$$GDP = \text{总消费} + \text{总投资} + \text{进出口净额}$$

2. 传统 GDP 账户分析的缺点

传统 GDP 账户分析指标具有很强的代表性,运用很广泛,但是随着我国经济的不断发展,它的核算方法所存在的弊端也越来越明显,主要表现在以下几方面。

(1)未反映自然资源对经济发展的作用

自然资源对经济发展具有巨大的价值,而传统的 GDP 账户分析没有反映出自然资源对经济发展的促进作用。国民经济核算体系是在世界经济正处于大萧条时期形成的,是在特定的历史条件下产生的。当时人们认为自然资源是“取之不尽、用之不竭”的,其所拥有的价值为零,没有得到人们的认识。因此在国民经济体系核算中,以自然资源为基础的商品就不被包括在核算指标内,比如说:空气、涵养、原始森林、动物等都不在核算范围内,但事实上,在人们的生产生活中,特别是对那些耗竭性自然资产来说,耗用就意味着资产的绝对减少,而对于那些可重复使用的自然资源(如土地)来说,虽然耗用并没有使其数量上减少,但其生产潜力却降低了。因此,仅在核算国内生产总值时扣除自然资源的开采成本,不计其资源成本,虽然会使当期的增加值偏高,造成人们对经济形势的乐观估计,但是在相当长的一段时期内,由于经济的发展比较缓慢,自然资源的利用率也不是很高,因此,国内生产总值的核算与实际值之间的差距并不是很大。然而,一旦经济发展迅速,资源使用过度,国内生产总值的核算值就会与实际值相差甚大。

(2)未反映生态环境恶化带来的经济损失

生态环境主要指人类和生物赖以生存的自然环境,主要包括水体、大气、空间、土地等环境。自然生态系统是一个开发的系统,而以人为主体、环境为客体的社会活动都是以自然生态系统为基础,换句话说就是经济的可持续发展必须以生态的可持续为基础。然而,当人类经济活动中排放的有毒有害物质超过环境的自我净化能力时,环境状况就会持续恶化。同时,自然资源的过度开发利用除了造成资源枯竭外,还往往使生态平衡受到破坏。这些结果不但对经济造成损失,还严重威胁人类的生存环境和可持续发展。生态安全是一种生存安全,与其他安全问题相比它的后果更严重、恢复时间更长、难度更大,而所有这些在传统 GDP 账户分析中都没有得到体现。也就是说,现行以 GDP 为主要指标的国民经济核算体系只反映了经济增长的正面效应,反映了它造福的一面,却隐瞒了它的巨大负效应,掩盖了其造祸的一面,从而对人们的经济活动产生严重的误导。

(3)未反映自然资源的耗减与折旧

按现行国民经济核算办法,厂房、机器、设备等生产性固定资产不仅有标价,而且按照一定的折旧年限和折旧率进行折旧,然后从产品销售收入中提取折旧费对其价值损耗进行补偿。同理,自然资源的消耗也需要补偿,只有自然资源的消耗得到合理的补偿,完成资源的良性循环过程,人类才能实现可持续发展。但是对于自然资源由于没有给予计价,因而也就谈不上计算其折旧或损耗,它们的价值损失在国民收入中没有得到反映。这也是传统国民经济核算体系的一个重大缺陷。

(4)未反应环境保护费用的支出

为了防止或消除自身对环境可能或已经产生的不利影响,但实际上,这并没有带来社会福利实际水平的提高,是一种"防护性费用"。而在传统的 GDP 账户体系中,各部门投入到环境保护活动中的费用被归为部门总产值及增加值中,其结果是部门的环境保护费用的增长将引起 GDP 的增长,尽管这是一种虚的增长。

(5)生产成果核算的不完全

传统 GDP 账户体系计算的主要是价格化的劳动,并未包括无工资或无现金收入的劳动,如人们普遍从事的家务劳动、照顾老人和儿童、自己进行的各种修理、自己生产的蔬菜和粮食以及自己盖房和装修。

3.1.2　绿色 GDP 账户分析

1993 年联合国首次以账户的方式将环境资源核算列入国民经济核算体系中,对原有的国民经济体系中没有关于环境和资源的核算进行了弥补,而在我国国内这种意识才刚刚被认识,在科研工作者的不懈努力下提出了绿色 GDP 的概念。绿色 GDP 与环境资源账户的区别在于,环境资源账户核算既包括存量部分也包括流量部分,而绿色 GDP 主要是对当期流量的核算。

1. 绿色 GDP 核算是对国民经济核算的重要补充

(1)国内生产总值核算没有体现出自然资源的重要性

GDP 的核算是以市场交易为基础的一种核算方式,即以市场的产出来衡量经济的发展情况,而传统的经济理论认为,没有劳动参与的市场交易本身是没有价值的,因此自然资源是自然形成的,未经过劳动生产,从而国民经济核算体系中就不包括自然资源。

(2)没有反应自然资源和生态环境对经济活动的影响

自然资源可以促进经济的发展,比如我国的水、矿产等资源在经济的发展中具有不可忽略的作用;又如良好的生态环境还可以促进我国农业等的发展。如果出现自然资源的匮乏,将严重影响人类的正常生活,甚至影响人类的生存。

(3)现行国民经济核算体系造成 GDP 高估

这主要是由于人类的活动所造成的环境资源的减少没有从 GDP 中扣除,反而将用于环境污染治理等费用计入了国民生产总值中。这不仅没有反映出真实的自然资源的减少,反而使人们只看到了经济的繁荣,看不到其背后所隐藏的巨大损失以及对人类生存的威胁。绿色 GDP 核算就是要把自然资源和生态环境的内容补充到国民经济核算中,完善国民经济核算。

2. 绿色 GDP 的概念

绿色 GDP 是指一个国家里所有的活动单位,在一定的时间内生产的总值,减去资源消耗与环境污染、资源恢复及治理污染所消耗的费用后所得出的最终结果。

绿色 GDP 的含义主要有两个方面,一方面是必须为产品的生产和经济的发展提供一个良好的环境,要合理地开发利用自然资源。另一方面是产品的生产和经济的发展在满足人类需求的同时,要保证生存环境的良好循环和生活质量的不断提高。绿色 GDP 在国民生产总值中的比例越大,表明国民经济增长效果越好;比例越小,表明国民经济增长效果越不明显。

3. 绿色 GDP 计算公式

绿色 GDP = 国内生产总值 - 生产中使用的非生产自然资源

其中:

生产中使用的非生产自然资源 = 经济资产中的非生产自然资源损耗 + 环境中非生产自然资源降级

4. 绿色 GDP 核算时的指标意义

(1)经济资产

经济资产指其所有者在一定时间内对其进行有效利用,并从中获得一定程度的经济利益的经济资源。经济资产主要分为生产性经济资产和非生产性经济资产。生产性经济资产主要是指通过此资产使其拥有者可以在一定的时间内获得一定程度的经济利益;非生产性经济资产主要是指没有经过生产活动而具有经济价值的资产。

(2)自然资源

自然资源主要包括土地资源、森林资源、矿产资源等。自然资源根据其性质可以分为资产性自然资源和非资产性自然资源。资产性自然资源与非资产性自然资源的主要区别在于所有权的界定。资产性自然资源的所有权已经被界定,所有者能够通过有效的控制而为自己带来一定的经济效益。而非资产性自然资源的所有权没有被界定,它不具有经济利益的性质。

(3)自然资源消耗

自然资源消耗主要是指由于人们在生产活动过程中,不断地使用和消耗自然资源,使得自然资源不断减少。

(4)环境

环境指人类赖以生存、发展的空间环境及构成要素,包括附着在地球表面上的陆地与海洋上的大气、水、海洋等。环境中的自然资产降级是指由于人类活动使得空气污染、水污染和固体废弃物的污染造成环境比原有的环境质量恶劣,并达到一定的极限。

3.2　城市发展指标

可持续发展的研究现在正处于方兴未艾的时期,城市作为特殊的区域,探讨其可持续发展更加具有现实性和深远的意义。由于可持续发展过程中具有诸多可变性和不可控制性,因此如何建立合理的城市发展评价指标就成为很多学者研究的重要课题,从近几年的研究中可以发现,从系统角度以城市为对象的研究还相对较少,而且现有的城市发展指标还过于简单,不能够真实地反映城市发展的现状。

3.2.1　城市可持续发展指标制定原则

(1)针对性原则

所建立的指标体系要针对城市系统,反映城市系统的各个方面之间的相互关系,同时还能够反映出城市的性质和环境、经济、社会特点等,能够使该体系具有一定的可行性,在一定的范围内使得其具有很强的代表性。

(2)科学性原则

所建立的指标体系要能够客观地反映可持续发展水平和发展的趋势,使指标体系目标比较明确,统计数据的计算方法具有可行性和可操作性,各个指标能够反映出真实的情况,具有可比性、可查性和可定量性。

(3)动态性原则

所建立的指标体系是一组能够随时变动的参数,能够将城市系统的变化包括在其中,因此,系统指标要能够较好地反映出动态发展的趋势。

(4)层次性原则

城市系统不是一个单一的指标,它是由若干个互相关联的指标所组成的系统,具有一定的层次性,一般情况下有 3 ~4 层。

3.2.2　城市可持续发展指标内容

城市发展要做到以人为本,全面地、协调地、可持续地发展。以人为本的城市发展是可持续发展的根本要求,也是全面推进经济、政治文化建设的基础。因此城市发展体系指标的建立应该包括以下几个方面的内容:

(1)经济发展指标

城市发展的基础是经济的发展,而反应经济发展的常用指标是 GDP 总量和人均 GDP 等。经济发展主要从发展的数量、质量、结构和市场化程度等几个方面来进行评价。而经济发展数量指标主要有 GDP 总量、人均 GDP;反映经济发展质量的指标有百元固定资产产值;反映经济发展结构的指标有第一、第三产业在整个产业中的比重;以非国有经济投资额占投资总额的比重作为经济发展市场化程度的衡量指标。

(2)社会发展指标

一个国家的发展除了和经济发展有关外,还与社会的结构、人口数量以及人口素质有关。因此社会发展指标要从四个方面进行考虑,主要是社会结构、人口素质、生活质量和社会秩序。社会结构指经济、城乡以及社会阶层之间的结构;人口素质主要指地区拥有万人大学生数;生活质量主要指人均居住面积和人均拥有机动车辆;社会秩序主要指城镇最低的生活保障覆盖面积。

(3)科教文化指标

科教文化指标分为两部分,一部分为科教,另一部分为文化。衡量科学指标主要是看当地的万人专业技术人才的数量;而衡量文化的指标主要是看人均娱乐教育文化消费在居民家庭收入中的比重;衡量教育的指标主要是采用公共教育支出占 GDP 的比重;卫生方面主要是以人均预期的寿命以及千人拥有医生的数量为指标。

(4)生态环境指标

生态保护和环境治理方面的指标很多,只采用污水处理率以及固体废弃物的处置率来进行表示,有的还使用人均绿地面积以及环保投资占 GDP 的比重和大气污染指数等相关指标。

城市发展水平综合评价指标体系见表 3.1。

表 3.1 城市发展水平综合评价指标体系

总体层	准则层	指标层
城市发展水平综合评价指标体系	经济发展指标	GDP 总量
		人均 GDP 总量
		百元固定资产产值
		第二产业占总 GDP 的比例
		第三产业占总 GDP 的比例
		非国有经济投资占总投资的比例
	社会发展指标	城市化率
		基尼系数
		万人拥有大学生数
		恩格尔系数
		人均居住面积
		人居拥有机动车辆
		城镇最低保障覆盖率
	科教文化发展指标	万人专业技术人员数
		公共教育支出占 GDP 的比重
		人均娱乐教育文化消费支出比例
		居民家庭计算机普及率
		千人拥有医生数
	生态环境指标	污水处理率
		固体废弃物处置率
		人均绿地面积
		环保投资占 GDP 的比例
		大气污染指数

从表3.1我们可以看出,想要确定城市发展水平,我们首先要确定表中的各个指标在总指标体系中的比例,本书主要是利用主成分方法确定指标的比例,进而得到城市发展水平综合评估模型。主成分分析法就是把多个指标化为几个综合指标的一种通常使用的统计分析方法。我们设定其综合指标的形式为原始数据指标的线性组合,将维数较高的各相关指标变量通过线性变化为位数较低的而且相互之间互不相关的指标变量,也就是我们所说的主成分变量。同时要求主成分变量所包含的指标信息量占原始指标信息量的85%以上。这就是主成分分析的主要思想,也是我们利用其进行分析并用来评价的主要手段。具体计算步骤如下所示。

设有 n 个样品,每个样品观测 p 个指标,分别为:$X_1,X_2,\cdots,X_P$,得到原始数据矩阵

$$\boldsymbol{X}=\begin{pmatrix} X_{11} & X_{12} & \cdots & X_{1p} \\ X_{21} & X_{22} & \cdots & X_{2p} \\ \vdots & \vdots & \vdots & \vdots \\ X_{n1} & X_{n2} & \cdots & X_{np} \end{pmatrix}=(X_1,X_2,\cdots,X_p)$$

然后对原始数据矩阵进行无量纲化处理,采用标准化处理,$X_{ij}^{*}=(X_{ij}-X_j)/S_j$,其中 $i=1,2,3\cdots n$,n 为样本数;$j=1,2,3\cdots p$,p 为样本原变量数。

用数据矩阵 $\boldsymbol{X}$ 的 p 个列向量做线性组合为

$$\begin{cases} F_1=a_{11}X_1+a_{21}X_2+\cdots+a_{p1}X_p \\ F_2=a_{12}X_1+a_{22}X_2+\cdots+a_{p2}X_p \\ \qquad\vdots \\ F_p=a_{1p}X_1+a_{2p}X_2+\cdots+a_{pp}X_p \end{cases}$$

上述方程要求:$a_{11}^2+a_{21}^2+\cdots+a_{p1}^2=1$

且系数 a_{ij} 由下列原则决定:

①F_i 与 $F_j(i\neq j;i,j=1,\cdots,p)$ 不相关。

②F 是互不相关的,且是 X 线性组合中方差最大的。

权重指标的确定:

①求出协差矩阵的特征值 λ 和特征向量 μ。

②计算第 k 个主成分的方差率及前几个主成分的累积方差贡献率,选择大于85%的前几个主成分。计算公式为

$$S_k=\lambda_k/(\sum_{i=1}^{p}\lambda_i)$$

③确定指标权重:计算各主成分权重公式为

$$W_i=\lambda_i/(\sum_{i=1}^{p}\lambda_i)\ (i=1,2,\cdots,m)$$

式中,W_i 表示第 i 个主成分的权重。

城市模型建立公式为

$$T_j=\sum_{i=1}^{m}W_iF_i$$

式中,T_j 表示第 i 个样品城市发展水平测度,T_j 越大,表示城市发展水平越高。

3.2.3 城市发展指标的评价

城市作为人类文明、社会进步的象征和生产力的空间载体，聚集了一定地域范围内的生产资料、资本、劳动力和科学技术，从而成为区域经济活动的中心、一定地域内经济集聚实体和纵横交错经济网络的枢纽。纵观全球经济态势，经济重心主要集中在城市集聚区，如美国东海岸波士顿－华盛顿城市集聚区、西海岸旧金山－洛杉矶城市集聚区；英国伦敦－曼彻斯特城市集聚区；法国巴黎－马赛城市集聚区；德国莱茵－鲁尔城市集聚区；日本东海道大城市集聚区等。我国目前也有以数个特大城市为中心的城市集聚区。因此，从这个意义上说，只有城市集聚区的持续发展，才会有区域的持续发展、国家的持续发展乃至全球的持续发展。

1. 城市可持续发展系统

城市可持续发展系统，是指城市居民与其生存环境相互作用的网络结构，也是人类经过对自然环境的适应、加工和改造而建设起来的特殊人工生态系统——城市复合生态系统。它占有一定的环境地段，有其特殊的生物组成要素和非生物组成要素，这些要素通过物质－能量的新陈代谢、生物地球化学循环以及物质供需和废物处理系统，形成一个内在联系的统一整体。城市可持续发展的结构是十分复杂的，它包括人类社会本身以及人类社会有关的各种基本要素、关系和行为。我们过去曾根据不同部门、不同目的需要，把这些基本要素、关系和行为分解为成百上千个部门、成千上万个单位要素，按照这种传统的分解规则，把这些分属不同领域的内容包括到一个大系统中显然是不合适的，因此，可以根据这些基本要素、关系和行为的特点，把城市可持续发展系统概括为经济、社会、环境（包括资源）、能力四个子系统。其中，经济增长子系统由经济规模、经济效益、集约化程度、产业结构等指数构成，其主要功能是保证物质产品的生产以满足人的各种需要；社会进步子系统由人口、生活质量、社会稳定、社会保障等指数构成，其主要功能是解决人的自身发展，提高人的生活质量和文明程度；环境子系统由环境污染、环境治理、生态建设等指数组成，其功能是满足人类日益增长的生态需要；而这一切又要通过管理者的规范来实现，这就是可持续发展能力。对城市可持续发展系统来说，环境可持续性是基础，经济可持续性是条件，社会可持续性是目的，可持续发展能力是保证，这四者的协调发展是可持续性的关键。

由此可见，可持续发展是指城市复合生态系统的发展过程在受到某种干扰时，具备的一种通过自身改造不断保持和改善其组织机制的优化能力，是以其稳定性和协调性为必要条件的动态过程。

2. 建立城市可持续发展指标体系的原则

依据城市可持续发展的结构和目标，可以建立城市可持续发展指标体系，建立该指标体系一般要遵循以下几项原则：

（1）整体完备性原则

指标体系作为一个有机整体，不但应该从各个不同角度反映出被评价系统的特征和状况，而且要反映系统的动态变化，并能体现出城市的可持续发展趋势。

（2）科学性原则

具体指标的选取应该建立在充分认识、研究系统的基础之上，并且能够反映城市可持续发展的内涵与目标的实现程度。

(3)可操作性原则

指标体系并不是越庞大越好,要考虑到指标的量化及数据取得的难易程度和可靠性,尽量选择那些有代表性的综合指标和主要指标。

(4)区域性原则

区域性原则也就是因地制宜原则。因为时空差异,不同地区的城市可持续发展系统有各自的特点,应根据城市的特点,设立具有地方特色的指标。

(5)层次性原则

指标体系应根据研究系统的结构分出层次,并在此基础上将指标分类,使指标体系结构清晰,便于利用。

3. 城市可持续发展指标体系的特点

(1)系统性特点

城市可持续发展系统是一个整体,其评估指标之间也必须存在有机的联系,能反映城市可持续发展的整体和内在、本质的特征。指标体系突出经济、社会和资源环境、人口之间的协调,可对现行经济社会的发展战略和规划进行反思和评估,形成城市可持续发展的战略、对策和方案。指标体系注重全面制定可持续发展的地方法规和政策体系,通过法规约束、政策引导调控,来实现可持续发展的目标,其中的门槛指标就属于法规约束的内容,一般指标也可以通过一些地方性政策来组织实施。指标体系强调资源持续利用的发展模式和生产方式的变革,提出确立资源的价值观和资产观,要求经济发展应该在提高资源利用率和资源综合利用水平的基础上进行。指标体系侧重于环境和发展,但又是社会、经济、生态系统各部分作为一个整体的发展,符合我国大城市的实际和国情。

(2)不可替代性特点

城市可持续发展的指标不同于单纯的经济或社会发展指标,它具有不可替代性的特点,若某一方面或领域的发展严重滞后,低于此方面或领域的阈值(门槛)则将严重影响到城市的可持续发展,特别是其中的调控开关不能以其他方面的发展来代替,这部分指标应作为预警指标,并建立报告上的红黄牌机制,诸如人口出生率、经济增长速度、产业结构、投资倾斜度、短缺性资源的分配以及三废排放量等指标都是城市可持续发展系统的主要调控开关。因此,指标体系不仅是一个要达到的目标,更是一项行动的过程,它具有监督和评估可持续发展状况的功能。

(3)代表性特点

在某一方面或领域内部,相类似的指标可以互相代替,而对可持续发展的总体评价不会有太大的影响,也就是可持续发展系统具有代表性特点。如评价生活质量时,可用"每千人拥有医生数"代表"每千人拥有病床数",反之亦然。由于可持续发展的涉及面广,考虑到指标体系的战略性和可操作性,指标不可能面面俱到,所以我们尽量用一些可操作性强、数据易取得且有代表性的指标来评价城市的总体状况,以避免指标体系因过于庞大而无法操作。

从最近几年的我国城市可持续发展指数的分析结果可以看出,部分城市正在向可持续发展逐步迈进,这不仅是政府执行能力的增强,而且是对工业结构的正确调整所取得的结果,通过良好的推动改善、组织监管和定位工作等,使得资源不断地被高效利用,创造出了高附加值的产品。

由于城市发展指数并未发现经济增长与可持续发展之间有确定的关系,这为其他城市提供了很好的借鉴学习的机会。中国城市在过去几十年吸取他人的经验教训正在不断地完善自己,这种学习能力对城市的发展模式具有重要的作用。

我们在城市可持续发展指数方面的研究工作并不深入,随着研究的不断深入,我们在逐渐地完善城市发展指标的制定方法,考虑的因素也越来越完善。我们可以很好地理解成本与经济之间的关系,尤其是那些实施后取得显著成效的地区。

发展中国家,特别是中国快速增长的城市面临的挑战非常之大,一些城市已经开始制订了解决的方案,城市可持续发展指数作为一个衡量城市发展的尺度,可以衡量中国及其他新兴国家城市的发展情况,有助于确定可行的举措,从而帮助这些城市实现可持续发展。

4. 评价方法

指标体系的综合评价方法有很多种,当前国内外通常采用权重加权法,即按不同指标所占的权重进行加权,最后得出评价可持续发展的综合指标。根据某市发展战略规划,我们采用功效系数法来对该市可持续发展进行综合评价。功效系数法的具体程序如下:

①确定评价指标体系 $X_i(i=1,2,\cdots,n)$。

②确定各项评价指标的满意值(X_{hi})和不允许值(X_{si})。满意值和不允许值的确定方法采用城市规划目标值和预警指标或国际国内标准值及警戒指标。

③对每个评价指标计算功效系数(d_i)进行无量纲化处理,计算公式为

$$d_i = X_i - X$$

$$X_{hi} - X_{si}$$

$$0 \leqslant d_i \leqslant 1$$

④确定各评价指标权重($\boldsymbol{w}_i$)。

⑤计算总功效系数 d,根据总功效系数对该市可持续发展水平进行评价。

5. 指标权重的确定

指标权重的确定方法很多,对于我们设计的指标体系,对不同层次的指标采用不同的方法来确定权重。分指标层的指标权重采用交叉影响分析法和 Delphi 法相结合的方法,而指标层、领域层的指标权重则采用层次分析(Analytical Hierachy Process,AHP)方法。用上述方法我们确定了各指标层的指标权重。

6. 综合评价计算模型

考虑到城市可持续发展系统的不可替代性及多层次性、有机结合性、协调性等特点,我们对指标层的指标采用加权求和计算模型

$$d = \sum_i w_i d_i$$

式中,d_i,w_i 分别为下一层指标 i 的评价值及其对应的权重。而在领域层、目标层都采用加权求积的计算模型。

$$d = \prod_i d_i^{w_i}$$

经过几次加权计算后,我们可得到城市可持续发展的综合功效系统 d,d 越接近 1,说明城市可持续发展协调度越大,可持续发展的水平越高。

3.3　人文发展指标

3.3.1　人文发展指标的由来

人文发展指标的使用是与人类发展文化息息相关、密不可分的。早在 20 世纪末,人们开始逐渐接受了人本主义的发展观,其主要强调的是人自身的发展,而经济的发展只是人文发展的实施条件和手段。随后科研工作者们又提出了一系列与人文发展有关的评价尺度指标,如生活水平指数、发展指数、物质生活质量指数等,而应用最广的当属由联合国开发的人文发展指数。

3.3.2　人文发展指标的概念

人文发展指标简称 HDI(Human Development Index),主要是将若干个人文发展标志的实际数据,通过一定的数据处理,使其成为一个介于 0 ~ 1 之间的数值,以这个数值的大小来判断一个国家或者一个地区的人文发展情况。

3.3.3　人文发展指标的计算

由于人文发展的标志很多,不可能一一列入进行计算,因此人们常常选择以下三个基本的方面来进行计算:长寿与健康、获得知识、提高生活水准。而联合国在进行人文发展指标计算时常常选择国民平均预期寿命、成人识字率和综合入学率、按购买价格计算的人均 GDP。人文发展指标的公式为

人文发展指标 = 寿命变量 + 知识变量 + 经济变量

具体的计算过程如下:

(1)对每个指标 x_{ij} 确定阈值,根据 60 年观测到或者预测到的极端值来确定最大值和最小值。

(2)计算出每个指标的比 d_{ij}

$$d_{ij} = \frac{\max jx_{ij} - x_{ij}}{\max jx_{ij} - \min jx_{ij}}$$

(3)求平均值

$$D_j = \frac{1}{3}\sum_{j_2}^{2}$$

人文指数的计算所需数据容易获得,模型和计算方法都比较简单,从建立开始已经进行了多次修正,但是基本上都没有什么变化。

3.3.4　人文发展指标的应用

根据人文发展指标的高低,可以对各个国家的人文发展情况进行比较,当 HDI > 0.8 时,属于高人文发展国家;当 0.5 < HDI < 0.8 时,属于中等人文发展国家;当 HDI < 0.5 时,属于低人文发展国家。

3.3.5 人文发展指标评价

联合国提出的人类发展比单纯的经济发展的内涵更加广泛，人文发展指标提供了一个更加清晰、容易比较的方法，使可持续发展的评价指标得到了更加广泛的应用，也使人们意识到可持续发展的重要性。

人文发展指标与经济发展指标相比主要有以下两方面的优点：一是能够反映出由于收入两极分化所带来的严重的负面影响；二是可以反映出由于财富的过剩给人们带来的负面影响，如肥胖、营养不良等。正是由于这些优点，人文发展指标在各国得到了广泛的应用，得到了国际社会的认可。

人文发展指标主要强调一个国家真正的财富值，强调国家的发展应该从以物为中心转变成以人为中心，人文发展指标还将经济发展与健康相结合，说明人类在健康、教育方面的不足之处，倡导各国努力改善民生，改善人们的生活质量，这些都是与人类和自然可持续发展相符合的。

但是人文发展指标也有一定的缺陷，主要就是没有考虑到那些对国家财富值有贡献的自然资源的力量，因此人文发展指标缺少了与自然系统相关的部分，忽略了人类与自然资源的开发以及环境的恶化之间的关系。从国际社会的情况来看，人文发展指标虽然取得了明显的效果，但是发展不一定是可持续的。另外，人类的健康、教育水平以及生活质量作为人文发展指标的三个基本选择，它们之间缺少固有的联系，很难用同一指标进行衡量，但是人文发展指标从人类的角度去设计可持续发展的测量指标是我们值得借鉴的地方。

3.4 世界银行真实储蓄指标

新国家财富指标体现了经济可持续性、生态可持续性、社会可持续性发展的核心思想，包含以下四种类型的计算范围和估算方法。

(1)生产资本

生产资本又称产品资本、人造资本，是人类过去生产活动积累起来的财富，是以机器、厂房、基础设施(公路、铁路、自来水系统、输油管道等)的形式体现的价值。生产资本采用永续盘存模型为基础进行估算。通过计算净积累量(期初资本+本期国内总投资-折旧)求得，也就是累计每年固定资产投资额，然后根据不同资产的使用年限扣除以往资产的折旧。估算机器和设备价值所使用的价格是传统的国家账户中未经调整的名义价格。建筑物和房屋价值估算是按购买力平价(PPP)汇率计算的。

(2)自然资本

自然资本又称自然资源、天然资源，是大自然赋予人类的财富，包括农业用地、牧场、森林、保护区、金属和矿产、煤、石油和天然气等。自然资源价值估算中，基本上都是采用世界市场价格，并用一个适当的比例进行调整，以代表贸易价格中的租金部分。

农业用地的价值基于每公顷土地上稻子、小麦和玉米三种主要谷物的平均收益(产量×世界商品价格)，其权重是每种谷物的种植面积。牧场用地的价值计算，肉类、皮毛、乳制品等都以国际市场的价格计算其价值，并使用一个适宜的租金率来计算牧场的收益。森林用地的价值,包括木材价值和非木材价值;计算木材价值的基础是根据木材租金(价格－成本)计算圆木产量。木材价值用森林面积的10%乘以每公顷森林的价值的估算结果。

①保护区价值的估算。保护区是用来保护生物多样性或者具有独特的文化、风景、历史遗迹的地区,保护区的旅游和娱乐价值比较容易估算,其他则很难计算,通常使用牧场价值来估算其价值。

②金属和矿产价值的估算。金属和矿产价值的估算主要是通过产量、储量、开采速率以及开采所得的经济租金等来计算的。产量即开采量;储量即探明储量;开采速率是指开采量与储量之比的变化率,若储量数据不可得,则假定使用年限为20年。经济租金是指世界市场价格计算和生产价值与总生产成本之间的差额。

(3)人力资源

人力资源是指一个国家的民众所具备的知识、经验和技能。许多国家主要通过增加对教育的投入来增加人力资本的存量。在国民经济核算账户中,只把教育投资中用于校舍等固定资产的部分确认为投资,而将用在教师工资、购买图书等方面的开支当成消费处理,事实上这一部分也应该作为人力资源的投入。另外,人们用于健康等方面的投资也应该作为人力资源的投入。

(4)社会资本

社会资本价值的估算还没有进行。

根据以上估算方法,世界银行以1990年的数据为基础,计算了全球192个国家的人均财富指标,全世界平均为86 000美元,其中澳大利亚为835 000美元,居第1位;日本为565 000美元,居第5位;美国为421 000美元,居第12位;中国为6 600美元,居第162位;埃塞俄比亚为1 400美元,居最后一位。

3.4.2　真实储蓄率的核算

真实储蓄的具体计算思路如下:利用国内生产总值减去人类的总消费,加上教育投资,世界银行认为教育是对人力资本的投资而不是消费,也就是研究区域内总储蓄。利用研究区域总体的总储蓄减去产品资本的折旧就是剩余的净储蓄,而净储蓄也就向着研究可持续发展指标又近了一步,但它只是较狭隘地关注了产品的资本,而根本没有涉及自然资源的损耗或者说环境污染的损失等情况,因此只有利用净储蓄减去自然资源的不断损耗以及环境污染等造成的损失后才能得到真实的储蓄,真实储蓄在国民生产总值中的比例即为真实储蓄率。

其中的污染损失主要针对大气污染与水污染所造成的健康影响,不考虑污染在国民经济核算中已经包括的农业产量的损失与设备的折旧等,否则将会出现重复计算。污染损失的分析中,大气污染物主要是针对二氧化硫、总悬浮颗粒等进行核算,相应选用我国的大气环境质量二级标准;对于生命价值,采用两种计算方法,分别作为生命价值的上、下限,其中下限采用人力资本法,通过人均收入来确定;其上限主要采用支付意愿法,可以根据美国的支付意愿研究结果,通过中美两国的人均GDP的比值进行核算来确定中国人的支付意愿。

世界银行1995年《监测环境进展》报告提出了真实储蓄指标及其估算方法。真实储蓄率是在考虑了自然资源的枯竭和环境污染的损害后的一个国家的真实的储蓄率。它是由传统的总储蓄指标演变而来的。总储蓄通过GDP减去公共的和私人的消费而求得,它表示可以作为未来向外借出的产品和向生产性资产投资的产品的总量。总储蓄不能说明发展的可持续性,因为生产性资产在其生产过程中会磨损贬值,如果贬值大于总储蓄,说明产品资产财富在减少,表明不可持续。净储蓄即为总储蓄减去产品资产的折旧,虽然向着研究区域发展的可持续性近了一步,但它仍然只是狭隘地关注了产品资产。真实储蓄率指标除了涉及产品资产外,还考虑了自然基础变化和环境质量的变化。

资源损耗是按开采和收获自然资源的租金来度量的。对于铝土矿、铜、铁矿石、铅、镍、银、煤、原油、天然气、磷酸盐矿石等各种资源,租金是以世界市场价格计算的生产价值同生产成本之间的差值,在成本中包括固定资产的折旧和资本的回报。森林资源损耗是按原木开采的租金值同原生林及人工林中自然增长量的价值的差值来计算的。

污染损失包括的方面很多:污染对产出的影响、谷物的减收、病虫害引起的减产等在国民经济核算中得到了反映,但没有单独地、明确地标明。污染对人类身体健康的影响表现在多方面,如污染引起过高的死亡率,引起各种疾病、残疾等,其损害价值的计算十分困难。有的研究得出结论,每排放一吨二氧化碳造成的全球的边际损失为 20 美元。各国、各地区是否一样,很难说清。真实储蓄的理论能够很好地处理资源或污染物质临界存量,真实储蓄的计算中包含了重要的自然资源和污染水平,但是实践起来还有许多问题需要进一步解决。具体核算见表 3.2。

表 3.2 真实储蓄的计算过程

计算项目	编号	计算过程
GDP	(1)	
总消费	(2)	
总储蓄	(3)	(3) = (1) - (2)
教育投资	(4)	
广义国内总储蓄	(5)	(5) = (3) + (4)
人造资本折旧	(6)	
净储蓄	(7)	(7) = (5) - (6)
自然资源损耗	(8)	
环境污染损失	(9)	
真实储蓄	(10)	(10) = (7) - (8) - (9)
真实储蓄率/%	(11)	(11) = (10) ÷ (1)

从表 3.2 中我们可以直观地看出真实储蓄率的计算过程,从某种意义上来说,真实储蓄率也是国民经济核算中对可持续发展进行修正后的指标之一。其主要表现为以下三方面的修正:①把教育的费用作为投资而不是作为最终的人类消费,因为教育投资被认为是人力资本的投资;②扣除了自然资源的损耗,考虑了自然对于经济发展的影响以及自然资源的逐渐耗竭对人类生存的威胁;③扣除了环境污染所造成的损失以及治理环境污染的费用。

将真实储蓄与 EDP 相比,真实储蓄扣除了环境污染部分的损失,还增加了教育投资部分,并且在此基础上计算了一个指标。

3.4.3 真实储蓄率的应用

真实储蓄是世界银行在 1995 年开始推行的一种核算可持续发展的指标,根据其含义我们可以知道,当总资本存量在时间上呈现非下降的时候,可获得弱可持续发展,但即便是自然资本是下降的,只要总的资本存量不下降,发展就是可持续的。当将资本存量不同要素间是否可以替代作为可持续发展的界定,我们可以十分有信心地说真实储蓄就是一个弱的可持续发展的货币化的指标。

由真实储蓄的修正指标我们可以看出它比 EDP 指标更加实用,但是真实储蓄在具体核算中所遇到的问题与 EDP 是差不多的,都是非经济流量的估价问题。其中对自然资源损耗可以用 EDP 的核算方式进行核算,但是在教育投资方面,已经不仅仅是环境与经济之间的问题,还包括社会核算的一些部分,因此真实储蓄在教育方面的核算有一定的困难。为了增加真实储蓄的可操作性和实用性,世界银行对环境污染损失以及人力资本的投资方面的核算进行了规定,以便更好地进行核算。

对环境污染损失的货币化度量为

$$C = \frac{W}{eS} gS\left(1 - \frac{S}{\max S}\right)$$

式中　C——可再生资源收获总成本

W——努力成本;

g——增长率;

e——收获常数;

S——增长量。

而人力资本的价值可以认为等于收入能力的限制或者说等于未来净收入的现值,即为:

$$V(Y) = \sum_{j=0}^{n} \frac{Y_j}{(1+i)j}$$

式中:$V(Y)$——人力资本现值;

Y_j——研究时间范围内的 j 的净收入;

i——贴现率;

n——年数。

3.4.4　真实储蓄的评价

从真实储蓄的含义中我们可以知道它具有描述和评价两种功能,可以满足可持续发展现状和以往的测度,具有重要的理论价值。从真实储蓄的计算过程来看,涉及宏观经济领域和环境领域,可以帮助决策者把宏观经济发展与自然资源开发利用、环境污染控制等环境保护的内容有效地结合起来,因此又具有很好的政策指导意义。

但是,对真实储蓄或真实储蓄率同可持续发展之间关系的确认还需要进行进一步的分析和探讨。真实储蓄也是一个不完全的,只是一个片面的测量可持续发展的单一指标,和其他单一测量指标一样,仅从真实储蓄或者真实储蓄率的高低和正负面影响情况对可持续发展进行评价,并不能直接得出可持续发展性强弱的结论。从真实储蓄的含义和计算过程中,我们可以得出即使在环境污染很严重和自然资源损耗很严重的情况下,只要具有较高的投资率、较高的储蓄率就能够使得真实储蓄表现出正面的影响,而掩盖了世界的环境污染和自然资源的损耗。另一方面,对真实储蓄或者真实储蓄率的变化趋势需要长期的检测才有可能对可持续发展做出比较准确的把握,因为经济结构的调整或者投资压缩等,即使从长远的角度来看对可持续发展的决策是有利的,但是在短期内却可能使得真实储蓄或者正式储蓄率表现出负面的影响,而使得我们误判可持续发展的可行性。

3.5 专题式指标

一些国家为了减少指标数量,根据环境方面的主要问题建立反映环境变化的小型指标体系,例如北欧国家(如丹麦、芬兰、冰岛、挪威和瑞典)的环境指标包括气候变化、臭氧层损耗、富营养化、酸化、有毒物质污染、城市环境质量、生物多样性、人文和自然景观、废物、人均生活垃圾、森林资源、渔业资源12个专题;荷兰的环境指标包括气候变化、臭氧层耗竭、富营养化、酸化、有毒物质的扩散、固体废物的处置、对地区环境的干扰、部门指标8个专题;加拿大的环境指标包括生命支持系统、人体保健和福利、自然资源可持续性、影响因素4个专题;在每个专题下选择了2~3个指标。加拿大的指标综合性很强,用集成度很高的系统方法来分类,例如生命支持系统;而其他国家的指标多是根据政策专题来制定的。

利用指标建立模型来评价可持续发展状况,荷兰国际城市环境研究所建立了包括环境健康、绿地、资源使用效率、开放空间与可入性、经济与社会文化活力、社区参与、社会公平性、居民生活福利的评价模型,用以评价城市的可持续发展。此外,一些国家的研究机构还开发了物质平衡法(物料平衡法)、营养物平衡法、物质流统计等指标,对于研究人类的经济活动与自然环境之间的相互联系也是很有价值的,限于篇幅,不作具体介绍。

3.6 可持续发展指标体系理论框架的构建与应用

可持续发展指标体系的综合科学特征能综合此类理论原则的认识和模拟,许多研究者也努力构建了很多有关可持续发展指标体系的框架模式,以期通过对可持续发展状态及其驱动力等进行科学解释,来评价当前或预测未来一段时间内区域可持续发展状况或趋势,为可持续发展提供基础资料和理论依据。然而,由于数据数量和质量问题以及对动力机制的认识尚不明朗,而且影响可持续发展的原因-驱动力的逻辑联系有着显著的区域差异和时间差异,使得可持续发展指标体系的实践应用面临重大挑战。再者,目前中国可持续发展指标体系庞杂繁复且不平衡、不易操作,有的指标难以综合与试验,无法用于不同城市和区域之间的比较。这些都为构建可持续发展指标体系普适性的理论与框架模型以及在实践中的推广应用带来了很大的困难,使得当前所建模型大多功能不足,距离完善可持续发展指标体系框架还有相当的差距。从当前的研究情况来看,要构建可持续发展指标体系的"普适"模型以及采取相应的"普适"对策都还不现实。因此,可持续发展指标体系理论框架的构建与应用将是当前和未来的可持续发展指标体系研究中所面临的一个难点问题。

3.6.1 可持续发展指标体系新方法论与计算科学的整合

在对其观测系统数据加速发展的情况下,面向可持续发展指标体系的研究和应用,将观测数据转换为指标体系相关的知识，核心工作是将可持续发展指标体系方法论与计算科学有机结合起来，在继承原有方法论的基础上，创造具有信息时代特点的指标体系新方法论，其内容主要包括以下几方面。

①可持续发展指标体系必要的各相关要素信息的提取方法和算法，如遥感与地面观测数据结合提取必要信息的方法。

②综合分析与主导因素相结合的原则在数据综合过程中的体现，包括权重分析法和综合分析法。

③统一指标法和不同指标法在不同区域选择的方法和算法。

④综合自然地理区域单位结构与功能分析计算方法与算法。

⑤综合自然地理区域界线过渡带与具体画线处理方法与算法。

⑥综合自然区域突发性变化与渐变数字化分析方法与算法。

⑦综合自然地理区域等级单位系统与数据尺度转化相关性处理办法与算法。

⑧数据质量检验问题等。

预计，2006～2020年，我国对地观测系统将会有一个大的发展。特别是中国减灾小卫星发射后，我国资源、环境、生态科学研究所需数据资源紧缺的矛盾将会进一步缓解。数据的提供将会有一个根本性的改善。随着我国科学数据共享工程和科技条件平台建设的深入，这些数据获取也将越来越容易和及时。小波分析（Waveeltnaalyssi）是在Fouder分析基础上发展起来的一种新的时频局部化分析方法，它对于分析一些多尺度、多层次、多分辨率的问题，往往能够得到令人满意的效果。随着地理科学信息化的深入，在信息和数据日益发展的时代，没有计算科学的介入，涉及领域广泛的可持续发展指标体系的工作将难以完成。

3.6.2 可持续发展指标体系要素结构与地域结构的整合

目前，国内外很多学者和研究机构等对可持续发展指标体系的研究做出了很大贡献，但是，普遍存在把区域作为一个均质对象来处理的倾向，缺少从点位角度考虑的思想，大多侧重于统计指标的选取，从而忽略区域内部的差异。他们的研究都基于一个普通的理论假设之上，即认为区域是完美均衡的。然而，事实上，这只是一种理想状态，真实中的区域并不是均质区域，而是非均衡的，存在区域梯度差异。并且，区域是有等级的，具有地域等级结构。

当前国内指标体系设计，往往将区域（或区域中的一部分）作为一个整体，忽略了环境条件下的点位差异性。而这种点位差异在社会经济发展与生态环境建设的关系中具有重要作用。对自然条件数据（如坡型、坡度、太阳辐射、高程、坡向、积温、降水、土壤湿度、土层厚度等）则很少有文献设计，而这些因素对区域可持续发展却起着不可忽视的作用。同时，对遥感数据（如植被指数等）则应从相应的TM（三维创新指令集）图像中获取，然而目前有相当一部分学者却忽略了这一点。针对这种情况，建议应从点位角度分析区域可持续发展状况，借用激光技术、遥感技术、全球定位系统等技术，来展示区域内部空间点位的具体差异程度。在实际的研究中，“区域”与“地域”往往是通用的，这里所指的“区域”是区域尺度的地域。对地球表层的非最末级的地域子系统而言，这个地域子系统的下一级地域单元，又可以称为“地域结构”，即某地域内次一级地域之间相互作用形成的一种空间结构。任何地域都是一定地域系统的地域。不同等级、不同类型的区域可以构成区域系统。相同的区域,它们可以根据一定的分类原则建立分类系统,以反映区域的类型。如R_1、R_2、R_3…R_n之间具有同级性、同从属性和地域性等特点。又如R_{11}、R_{12}、R_{13},R_{21}、R_{22}、R_{23},R_{31}、R_{32}、R_{33},…具有同级性(而不具有同从属性和地域性);再如,R_{21}和R_{12}之间具有同级性和同从属性,而不具有地域性。这些地域之间形成地域系统。不同层次的地域系统可以形成三种地域结构,即次级地域结构(如R_{11}、R_{12}、R_{13},R_{21}、R_{22}、R_{23},R_{31}、R_{32}、R_{33}…之间的结构关系)、背景地域结构(如R与R_1、R_2、R_3…之间的结构关系)和相关地域结构(如R_1、R_2、R_3…R_i之间的结构关系)。从区域的角度看,对于某一区域的研究,既要研究其整体功能与结构,又要研究其背景,还要研究与其等级相同的其他区域之间的关系。下面通过对"虚拟"实例的分析,来进一步说明区域可持续发展的内涵。"虚拟"实例:某地域R及其次级地域R_1、R_2、R_3经济总量随时间的变化有三种情况,M代表地域或次级地域的经济总量。不能用一套固定的"标准"方法去测度一个区域系统的可持续动态,而需要在明确的地域背景或在一定的社会、经济、资源与环境的约束条件下,从一定的层次水平和尺度范围来选择和做好相应的测度方法和测度指标。

此外,对测度方法的确立仍然是一个有待深入研究的问题,指标测度方法和整合测度方法的结合可能为探讨区域系统持续性测定体系提供一条更为科学的途径。再次,要使用原始数据,不要进行处理。然而在目前对区域可持续发展指标的处理中,大多采用标准化法、均值法、极值法等加以处理(其实质是使原始数列的无量纲化),这无疑改变了曲线的比例尺,从而导致曲线形状的改变。无量纲化处理的目的在于方便不同数据之间进行比较,但它不应该歪曲因素之间的内在联系,而掩盖事物的本来面目。同时,更小空间单元和更大时间跨度上的数据匹配问题、建模和分析技术问题。

第4章 可持续发展的生态足迹理论

4.1 生态足迹模型的基本概念

生态足迹，是由加拿大生态经济学家 William E Rees 及其学生 Mathis Wackernagel 于1992年最先提出的，因其计算方便，结果直观，生态足迹理论模型得到了很好的发展与普遍的认可，成为定量评估某一区域或国家可持续发展的代表理论模型。生态足迹理论模型，为人类索取自然能源准备了量化比较的平台，使得不同区域的人为消耗能够进行对比分析，将人类活动在海洋、陆地的痕迹，数字化为生态足迹模型，直观，科学，有着庞大的数据需求与运算量，统计资源丰富，其结果更加符合实际。在整个环境变化过程中，面对未来资源稀缺和气候变化过程，将自身的生态足迹值最小化，对每个国家至关重要。

4.1.1 生态足迹

生态足迹(Ecological Footprint)，简称EF，其英文定义为"The arregate land (and water) area in various categories required by the people in a defined region: a) to provide continuously all the resources and sercices they presently consume; b) to absorb all the water they presently discharge Using prevailing technology."随着生态足迹研究在不同层面上展开，对于生态足迹的概念理解也有了更多的解读，其中认可度较高的解释为"The corresponding area of productive land and aquatic ecosystems required to produce the resources used, and to assimilate the wastes produced, by a defined population at a specified material standard of living, wherever on Earth that land may be located."从定义中可知，生态足迹指在现有的生产力水平的条件下，能够持续地为一定数量的人口提供其所需要的资源，为其消纳吸收这些人口所产生的废物的具有一定生产能力的土地面积，包括陆地、海洋和水域。

生态足迹的概念在1999年引入中国，对其的翻译有以下几种：生态占用、生态脚丫、生态面积、生态印记、生态支撑点等。生态足迹既包含了人类对生态环境的索取与利用，同时又包含了生态环境对于人类消费产生废物的消纳作用，相比较而言，"生态足迹"既形象贴切又表现出了生态系统对于人类活动的支撑作用，同时说明了人类生存活动对生态环境的影响。生态足迹也是一种账户工具，它可以将各个区域或国家的人口动向、资源使用情况、资源有效利用率等转化为具有可比性的、便于操作的生态足迹账户，实现了不同区域或国家之间的比较。生态足迹既能够反映出个人、区域或国家的资源消耗强度，又能够反映出个人、区域或国家的资源供给能力以及相应的资源消耗总量，表征了人类持续生存、生活、生产的生态阈值或区间。生态足迹通过相同单位比较人类需求与环境生态供给能力，使可持续发展衡量具有区域可比性，生态足迹理论的定量评估结果能够清晰地表明在研究区域或国家每一个时空尺度上,人类对所生存的生态环境所产生的生态压力及其压力级别,可以看出生态足迹取决于研究区域或国家的人口规模、物质生活水平、技术条件和生态生产力水平等因素。一般来说,研究区域或国家的人口规模越大,物质生活水平越高,研究区域的生态足迹也就越大,相反则研究区域或国家的生态足迹较小。

中国2003年的生态足迹报告分析表明,目前中国人均生态足迹是1.6"全球公顷",即表明在中国平均每人需要1.6 hm^2 生态生产性土地,来满足目前人们对于其生活方式、生产方式、生态服务等的需要,当前1.6 hm^2 这个数字与全球平均生态足迹水平2.2 hm^2 相比低了0.6 hm^2,这一点说明了中国面临着重要挑战。

4.1.2 生态生产性土地

生态生产性土地,又称生态生产性面积或生物生产性面积,其英文为Ecologically Productive Area,是指发生能量物质更新的陆地或海洋等。它是生态足迹模型中最基本的概念,为生态足迹模型中各类自然资源的消耗提供了转化方法和统一度量的基础。生物生产的概念为生态系统中的生物从外界环境之中吸收其生命过程(如新陈代谢)中所必需的物质能量,并将所吸收的物质能量转化为新的物质能量,在此过程中实现物质与能量的转化积累,随后提出的生态生产的概念则囊括了生物生产的含义,同时生态生产又涵盖了生态系统中大气的净化过程以及自然环境与城市环境的美化工程等内容,故在生态足迹模型最初提出时多称其为生物生产性土地,而随着研究的深入,现多称其为生态生产性土地。在生态系统中,生态生产是自然资本产生自然收入的原因,通常运用生态生产力(Ecological Productivity)来衡量生态系统中自然资本产生自然收入的能力,生态生产能力越大,表明某一种自然资本的生命支持能力越强。在生态足迹理论模型中,生态环境为人类提供其需求的各类自然资源可作为生态生产力的一种,同时自然环境对于人类产生的各种污染物废弃物的消纳作用也为生态生产力的一种,生态生产力的大小则表明了自然资本的生命支持能力。在生态足迹模型中运用生态生产性土地来表示上述所讲的自然资本,也就是说在生态足迹模型中,生态生产性土地的生命支持能力的大小用生态生产力来表示。与此同时将各类自然资本在研究区域或国家之间上的比较,转化为不同类型的生态生产性土地在研究区域或国家之间的比较,简化了自然资本的统计,便于生态生产性土地的计算。

生态足迹模型将地球表面的生态生产性土地分为六大类,分别为耕地(Cropland)、草地(Pasture)、林地(Forest)、化石能源用地(Fossil Fuel Land)、建设用地(Built-up Area)以及水域(Water Area)(Wackernagel,1996)。

(1)耕地

人类需求的食物(如谷物、蔬菜等)大部分产自耕地,耕地也是六大类生态生产性土地中最具有生产力的土地类型,所以耕地的生态足迹主要包括粮食(如小麦、水稻等)的人类消耗量,聚集了人类所利用的大部分的生物量,耕地的生态生产力则用其单位面积上的产量来表示。联合国粮农组织(FAO)的调查数据显示,目前地球表面上几乎所有的良好状态的可耕地都处于耕种状态,随着耕种过程对土地肥力的不断消耗,每年有大约 10^6 hm^2 的耕地因其严重退化而失去耕种价值,地球表面人口数量迅速增长,世界人均可耕地面积已不足0.25 hm^2。因此耕地的生态足迹的变化趋势是研究区域可持续发展中值得关注的内容之一。

(2)草地

草类主要来自地球表面的草地,草地不仅仅为我们带来了宽广的视野,还为我们带来了大量的牧草、牛羊畜牧业等生态服务项目。草地的生态足迹的大小与草地上的食草动物(如牛、羊、马等)的数量和与之对应的奶类及肉类等息息相关,通过草地单位面积上食草动物(如牛、羊等)的数量和其对应的奶类肉类产量便可计算出草地的生态生产力,从而得到其生态支持能力大小。目前全球约有 3.35×10^9 hm^2 的草地,草地的生物量积累以及其生态服务功能较耕地小一些,依据生物链能量流动规律可知,牧草中能量流动到下一级生物链时生物能大部分损失了,仅有10%的生物能存留下来,因此草地的生态生产力远低于耕地的生态生产力。

(3)林地

在地球表面,林地可粗略地分为两类,分别为天然林地和人工林地。森林在生态环境中有着重要的作用,人类生活中的木制家具、桌椅等都来自林地,同时林地还是地球表面的天然氧吧,吸收二氧化碳净化空气,防风固沙,保持水土,调节气候,促进生态系统大循环,保护生物多样性。

(4)化石能源用地

化石能源用地在不同的资料中说法不一,有的认为化石能源用地指吸收化石燃料燃烧后排放出的二氧化碳所需的林地面积,故将化石燃料用地化为林地,这样则未能算出在地球表面储藏着的化石燃料用地。还有的认为化石能源不仅仅包括二氧化碳气体,还包括化石燃料及其在燃烧过程中释放出的其他有毒气体,并且认为生态足迹理论模型强调生态再生性,但是化石能源的再生十分漫长,不便于模型核算,考虑到人类对森林资源过度开发使得林地的生产能力大大降低,吸收二氧化碳的能力也降低了,二氧化碳主要来源于能源的消耗,机械、运输等的能源消耗源于化石能源,煤炭、汽油等能源的总和便是化石能源的生态足迹。

(5)建设用地

建设用地主要包括人居设施、道路、工矿设施以及水电站等占用的土地,地球表面人口数量的增长会推动建筑用地的增加,建筑用地面积与电的耗量呈正相关,则选用电力的消耗则代表了建设用地的生态足迹,人类建设用地也不断增大,侵占了许多耕地,这造成全球生态生产能力下降。

(6)水域

在地球表面,水域可分为淡水与非淡水两类,淡水主要包括地球表面的河流、淡水湖泊等,非淡水则主要包括地球表面上的海洋、咸水湖等。水域对人类的主要贡献是它为我们提供了鱼类等水产品及水域生态服务项目。地球又称为水球,顾名思义地球表面水域覆盖率远大于陆地,海洋中有着丰富的生物资源,同时淡水区域也为人类提供其所需要的水产品,因此在生态足迹模型中,用单位面积鱼类等水产品的产量来表示水域的生态生产力。

4.1.3　生态承载力

生态承载力,其英文有 Bio-Capacity、Ecological Capacity、Carrying Capacity 等,在早期研究中也将其称为生态容量,其定义为某一特定环境条件下,某种生物能够生存的最大数量值。这表明生态环境对于生物生存的支持服务能力是有限的,如果生物的数量超出了生态环境所能维持的最大阈值,那么生态环境系统的稳定性就会受到威胁,在生态环境自我修复能力的调节下,该种生物的群体数量会骤然减小到最大阈值以下,从而达到新的平衡状态。这一概念只强调了某种生物的群体数量,而忽略了不同物种、不同区域之间生产及消费方式的差异性,从而使得不同区域之间难以比较。随着生态足迹理论研究不断推进,生态承载力的概念综合了地理区域以及生物(特别是人类)两者的函数关系,如 Hardin 从生态系统的角度将其定义为:在不损害相关生态系统的生产力,保证生态系统功能完整的条件下,可持续利用的最大的资源量和废物消纳率。生态经济学家 P. R. Ehrlich 及 Roughgarden 认为生态承载力是生态环境的一种能力,是在一定区域内保持某种生物体数量不减少的能力,并能够通过生物有机体的数量来度量该区域环境内的可更新资源的量。在此基础上,生态足迹理论将生态承载力与生态足迹进行比较,生态承载力也用生态生产性面积来定义,即不对当地区域生产力造成危害,同时能够对人类活动提供可持续支持的生态生产性面积,生态环境的生态稳定性的维持,自净能力,能量平衡等的综合体现。

生态承载力对于研究区域的生态足迹来讲是一个限制尺度,清晰的自然生态系统的自我调节能力是有限的,在不受外界因素(特别是人为因素)的影响或者其影响大小在生态系统自我调节范围之内时,生态系统处于平衡稳定状态。在生态足迹理论模型中,生态足迹从人类消费角度描述了人类活动对于生态系统中自然资源的占用,与之相比较,生态承载力则是在自然环境的供给能力的角度来度量生态环境系统对于人类活动的支持能力。生态足迹理论模型主要探讨了人类要怎样调整目前的生产方式、消费方式、经济资源利用以及产业结构等内容,最终达到持续地、长久地保障人类生存环境的生态承载力,从而使人类能够在地球上可持续地生存发展下去。

在生态承载力的计算过程中,因为不同国家或地区的资源禀赋即生物资源有很大的不同,不仅仅表现在单位面积上的耕地、草地、林地、建筑用地、水域等的生态生产能力差异很大,还表现在单位面积同类型生物生产面积的生态生产力差异也很大,于是不同国家和地区同类生物生产土地的实际面积是不能进行直接对比的,需要对不同类型的生态生产性土地面积进行调整。

4.1.4 生态赤字与生态盈余

生态足迹的核算表征了研究区域或国家内的人口对于当地生态环境的影响,使得我们能够直观地看到人类对于生态环境的占用与印记;生态承载力的核算则向我们展示了研究区域或国家的生态环境所能够为人类提供的最大限度的自然资源以及生态支持,相比较而言,这两者分别告诉我们研究区域或国家的人类需求和自然供给能力,这两者相比较能够更好地看出生态环境与人类需求之间的平衡关系,从而便产生了生态赤字与生态盈余的概念。

生态赤字(Ecological Deficit)为生态足迹与生态承载力的差值。当两者的差值为正值时,其差值则成为研究区域或国家的生态赤字,也就是说当一个区域或国家的生态承载力不能够支持该区域内人类消费的生态足迹时,该区域便处于生态赤字状态,即该区域的人类产生的生态负荷已经超过了生态环境能够支撑的最大阈值,生态赤字的存在表明该研究区域经济、社会发展与其生态环境保护处于不协调发展状态,区域支持人类经济社会活动的生态基础不足,此时生态环境制约了研究区域的可持续发展;当生态足迹与生态承载力的差值为负值时,则称两者的差值为生态盈余(Ecological Remainder),即该区域或国家的生态承载力能够满足该区域人类消费的生态足迹，也就是该区域生态环境的生态支持能力足以支持人类活动产生的影响，在某种程度上能够定量地反映该区域的可持续发展状态。生态赤字与生态盈余两者综合了生态足迹与生态承载力的关系，更加综合地说明人类活动与生态的关系，代表了研究区域内生态压力的大小，也就是该区域的生态服务需求是否得到了满足，该区域生态环境内的物质能量循环是否需要区域外生态系统给予补充，即该区域内的生态系统是否依赖于区域外生态系统，这是判断该研究区域可持续发展程度的直接依据。

4.1.5　均衡因子与产量因子

1.均衡因子的确定

在利用生态足迹模型研究某一区域或国家的可持续发展状态时，需要计算上述六大类生态生产性土地的生态足迹。在计算区域总体生态足迹时，遇到一个难题，即该六大类生态生产性土地的生态生产力存在差异，因此提出了均衡因子的概念。均衡因子（Equivalence Factor）又称等价因子，它与生态生产力有关，其实质为一个能够使得不同类型的生态生产性土地转化为生态生产力等值的土地面积的系数，均衡因子的大小为给定年份的某类生态生产性土地的平均生态生产力与全球的该类生态生产性土地面积的平均生态生产力的比值，由于生态生产力有差异，则不同时间、不同区域、不同类型的土地所使用的均衡因子是不一样的，本书结合 Wackernagel 和 Monfreda（2004）总结的自 1961 年至 1999 年的六大类土地类型的均衡因子以及 2000 年至 2011 年的生态足迹模型中常用的均衡因子的数值（表4.1），发现均衡因子的变化非常微小，为了简化计算，本书在计算生态足迹时，不考虑均衡因子在时间跨度上的微量变化，而采用一组均衡因子的值。

表4.1　1961～2011 年各类生态生产性土地的均衡因子

年份	耕地	草地	林地	化石能源用地	建筑用地	水域
1961	2.23	2.23	0.50	0.50	2.23	0.35
1971	2.23	2.23	0.49	0.49	2.23	0.35
1981	2.23	2.23	0.48	0.48	2.23	0.35
1991	2.22	2.22	0.47	0.47	2.22	0.36
1999	2.17	2.17	0.47	0.47	2.17	0.35
2001	2.17	2.17	0.46	0.46	2.17	0.35
2011	2.18	2.18	0.46	0.46	2.18	0.36

本书汇总分析了世界生态足迹理论模型中常用的均衡因子（表4.2），均衡因子随着时间而波动，所以为了尽量减少均衡因子数值必定造成误差，本书将世界普遍采用的多组均衡因子的数值取平均值，作为本书所研究的黑龙江省 1987～2010 年六大类生态生产性土地的均衡因子，分别为耕地2.49，草地0.47，林地1.40，化石能源用地1.40，建设用地2.49，水域0.27。（详见第5章）

表 4.2 世界常用各类生态生产性土地的均衡因子汇总

年份	耕地	草地	林地	化石能源用地	建筑用地	水域	资料来源
1993	2.82	0.54	1.14	1.14	2.82	0.22	Wackernagel,1997
1996	3.16	0.39	1.78	1.78	3.16	0.06	LPR,2000
1999	2.11	0.47	1.35	1.35	2.11	0.35	LPR,2002
2001	2.19	0.48	1.38	1.38	2.19	0.36	LPR,2004
2003	2.17	0.47	1.35	1.35	2.17	0.35	Wackernagel,2003
2007	2.18	0.47	1.36	1.36	2.18	0.36	Wackernagel,2007
均值	2.49	0.47	1.40	1.40	2.49	0.27	本书使用

2. 产量因子的确定

产量因子(Yield Factor)是指将不同地区同类生态生产性土地转化为可比土地面积,即某一研究区域或国家某类生态生产性土地平均生态生产力与世界同类生态生产性土地的平均生态生产力的比值。例如,某个区域或国家的某类生态生产性土地的产量因子若为1.78,则说明该种生态生产性土地的产出率为当时的世界上的该种生态生产性土地的平均产出水平的1.78倍。产量因子的提出主要是为了使得各地的生态承载力能够有统一的标准进行对比分析,从而使研究区域或国家生态承载力的评估更能够具有说服力和可信度,将现有的耕地、牧地、林地、建筑用地、水域等物理空间的面积乘以相应的均衡因子和当地的产量因子,就可以得到带有世界平均产量的世界平均生态生产性土地面积——生态承载力,同时出于谨慎性考虑,在生态承载力计算时应扣除12%的生物多样性保护面积,最终通过均衡因子与产量因子的调整得到统一标准的生态承载力。

4.2 传统生态足迹理论模型

传统生态足迹理论的五个基本假定:

①对能源输入、产出可实施量化处理。

②量化后的各种能源的投入产出(如小麦耕作、施肥等),通过因子调整可用生产性土地量化。

③对各类量化后的生态土地预测,需将其同化为单位面积生产力等同的面积,可利用转换因子转变。

④生态足迹理论所划分的六大类土地类型之间是相互排斥的,因此在计算某一区域总的EF时可以对这六大类的生态生产性土地进行加和。

⑤加和后的总土地面积称为量化后可比较的生态足迹数值。

传统生态足迹理论模型中生物资源账户的核算是计算研究区域或国家生态足迹的基础,也是生态足迹模型中重要的组成部分,在研究区域或国家中生物资源种类比较丰富时,对于每一分类最好对每一细目进行生态足迹核算,但是细目繁多难以统计。下面的论述依据统计年鉴分类,选用生物资源有薯类、油料、羊绒、蜂蜜、猪肉、羊肉、牛奶、禽肉、禽蛋、水稻、小麦、玉米、甜菜等26小类,归属耕地生态足迹、林地生态足迹、水域生态足迹和草地生态足迹。

在生态足迹理论模型中能源消费账户则主要对应了传统生态足迹模型中的化石能源用地及建设用地,通过相关的文献和统计年鉴查得研究区域的原油、汽油、柴油、煤油等的消耗量,然后通过生态足迹模型中的计算公式得出研究区域或国家的能源消费账户。其能源消费账户主要包括化石能源地和建筑用地两大部分。本书在计算这两项的生态足迹时采用了煤油、电力等九项能耗,利用折算系数(表4.3)、能源密度(表4.4)等将其能耗换算为生态足迹所需的面积。

表4.3　各种能源转换参数表

能源种类	全球平均能源足迹/GJ/hm^2	折算系数/GJ/t
煤炭	55	20.934
焦炭	55	28.47
原油	71	41.868
燃料油	71	50.2
汽油	71	43.124
柴油	71	43.124
煤油	71	42.705
液化石油气	93	50.2
电力/kW·h	10^7	3.6×10^5 *

* 电力折算系数单位为 Gj/10^4 kWh

表4.4　世界平均能源密度

商品	能源密度/GJ/h	商品	能源密度/GJ/h	商品	能源密度/GJ/h
谷类	4	豆类	5	薯类	2
植物油	21	油类	7	糖料	1
果蔬	1	茶叶	5	禽蛋	65
肉类	80	奶类	80	水产品	100
烟草	10	皮革	10	金属	2
橡胶	20	钢铁	50	珠宝	300
纺织品	20	设备	100	纸张	35

4.2.1　生态足迹计算

依据生态足迹理论模型对研究区域或国家的生态足迹进行计算时,生态生产性土地面积主要考虑六大类,即耕地、草地、林地、化石能源用地、建筑用地、水域。不同类型的生态生产性土地具有不同的生态生产力,将资源能源消耗量以及产生的废弃物转化为生态生产性土地时使用世界平均生态生产力,将不同类型的土地转化为等价的生态生产性土地引入均衡因子,利用其互斥性可对其进行加和运算得到总的生态足迹。

计算各项资源的年消费总量,计算公式为

$$C_j = O_j + I_j - E_j \tag{4.1}$$

式中　C_j——第 i 种消费项目的消费量($i=1,2,3,\cdots n$),kg;

O_j——第 i 种消费项目的年生产量($i=1,2,3,\cdots n$),kg;

I_j——第 i 种消费项目年进口量($i=1,2,3,\cdots n$),kg;

E_j——第 i 种消费项目的年出口量($i=1,2,3,\cdots n$),kg。

利用全球平均产量,把研究区域或国家的全年消费量折合成生态生产性土地面积。利用其生产力数据,将研究区域或国家的各项消费资源或产品的消费折算为实际生态生产性土地的面积及实际生态足迹的各项组分,从而得到了各种资源所对应的生态足迹。

其计算公式如下

$$A_j = C_j/P_j = (O_j + I_j - E_j)/P_j \tag{4.2}$$

式中 A_j——生态生产性土地面积,其中 $j=0,1,2,3,4,5,6$ 分别代表可耕地、草地、林地、化石能源地,建设用地,水域六大类生态生产性土地类型;

P_j——相应的生态生产性土地生产第 i 项对应的消费项目的年平均生产力,kg/hm^2。

研究区域或国家总的生态足迹计算公式为

$$EF = \sum_{j=1}^{6} \gamma_j \times A_j = \sum_{j=1}^{6} \gamma_j \times C_j/P_j \tag{4.3}$$

式中 EF——研究区域或国家总的生态足迹,hm^2;

r_j——本书所用的均衡因子。

$$ef = EF/N = \sum_{j=1}^{6} \gamma_j \times A_j/N \tag{4.4}$$

式中 ef——研究区域或国家的人均生态足迹;

N——研究区域或国家的总人口数。

4.2.2 生态承载力计算

不同国家或地区同一类的生态生产性土地的生产力存在差异,所以各个国家或地区的同一类生态生产性土地面积不可以进行直接对比,因此引入产量因子。通过产量因子来将不同国家、不同地区的同一类生态生产性土地转化为可比的生态生产性土地面积。总的人均生态承载力(生态容量)计算公式为

$$BC = \sum_{j=1}^{6} (a_j \times r_j \times y_j) \quad (j=1,2,3\cdots,6) \tag{4.5}$$

式中 BC——研究区域或国家的生态承载力,hm^2;

a_j——第 j 种类型的实际生态生产性面积,hm^2;

r_j——均衡因子;

y_j——产量因子。

4.2.3 传统生态足迹的特点

传统生态足迹模型运用具有生态生产性土地面积表示人类生活生产行为对于自然环境的影响,其所产生的生态足迹越大,则说明其对当地生态环境的影响越大,该方法的特点主要在于把工业生产、人口压力、消费等因素分别加以考虑,能够反映出研究区域或国家的不同侧面对当地生态环境所造成的生态压力。

1. 生态足迹理论模型的优点

生态足迹理论模型在短短的十几年间,广泛应用于国内外的不同领域,得到了高度评价,说明该方法确实能在一定程度上很好地反映一个国家或地区的可持续发展状况,相对于其他可持续发展指标(体系)来讲,它有如下优点。

①生态足迹理论模型紧扣可持续发展理论，在研究区域或国家可持续发展状态的过程中充分体现了生态足迹模型的系统性、合理性及综合性。并且生态足迹理论模型在设计时充分发挥了其人性化的特点，与数学公式理论概念相比，人们对于感性特征和空间概念更容易理解，生态足迹理论模型正是抓住这一特点，运用地球表面的生态生产性土地面积来定义模型中的基本概念，使得生态足迹理论得到了广泛的认可，其他的可持续发展指标（体系）则可能需要更多的专业知识及数学功底才能够解释，故生态足迹理论模型被人们普遍接受，而在不同尺度、不同层面、不同领域得到应用。

②生态足迹理论模型是运用生态学理论与可持续发展理论相结合的成功案例，它实现了可持续发展研究对生态目标的测定。生态足迹理论模型首次提出了"全球平均生态生产性土地面积"的概念，实现了对于地球表面的各种不同自然资本的统一描述，这一概念简单直观，易于人们理解，同时生态足迹模型引入均衡因子、产量因子，从而使得研究区域或国家内的六大类生态生产性土地的生态足迹模型指数可以进行加和等运算，统一了不同生态生产力的土地之间的差异，使得可持续发展程度有了统一的量度，也使得模型结果更加明确和直观，通过数字便可得知研究区域的可持续发展程度，有助于监测研究区域可持续方案实施的效果。

③生态足迹理论模型具有广泛的应用范围和可比性。从生态足迹理论模型建立以来，它在空间和时间范围内都已进行深入研究，在空间范围内，生态足迹理论在全球范围内不同尺度（国家、城市或区域等）广泛应用；在时间范围内，能够研究某一区域或国家在时间尺度上的动态变化，从而利用时空两个角度判断该区域的可持续发展状态。

④生态足迹理论模型可操作性强，普适性高。生态足迹理论模型的基本概念清晰，研究计算所需的数据及资料相对容易获得，其模型指标的计算方法较简便，形象地反映了人类对生态服务的需求以及生态环境的供给能力两者之间的关系，同时便于不同区域或国家之间进行比较，更重要的是，生态足迹的计算方法可复制性强，使得其结果更有意义。生态足迹理论模型具有普遍适用性，其研究对象可以是全球或者某一大洲（大洋洲、亚洲、欧洲等），也可以是某一个区域或国家城市，还可以是某一个家庭或者个人。生态足迹的计算，对个人低碳生活绿色环保行为有指导作用；对某一行业自然资本的分配以及生态产业的建立都有促进作用；对某一国家或全球的经济、社会、环境等可持续发展政策有推动作用。

2. 生态足迹理论模型的缺点

随着生态足迹的广泛应用与深入研究，学者们发现生态足迹理论模型还存在着一些不足之处，同时其理论模型也处在不断的完善中。下面从多个角度探讨生态理论足迹模型的不足之处。

①传统生态足迹理论模型把人类各种活动消耗的资源逐一转化成为能够生产该资源的生态生产性土地，尽管生态足迹理论模型试图尽量准确地度量人类生产生活对地球表面生态系统的生态服务需求，然而，在模型指数中没有一个指标能够准确地获取人类生产生活活动和自然生态系统关系的各个方面，由于在模型中所建立的生物资源账户和能源资源账户中的项目有限，所以在生态足迹计算式中为有限项之和，而没有涵盖所有方面的自然资本消费也不能揭示特定的生态后果（如土地退化、水污染），虽然生态足迹理论模型研究中涉及了研究区域和全球的环境变化（如排放二氧化碳和土地利用），同时强调了研究区域的人类生产消费需求和实际土地面积需求与研究区域生态承载力之间的差距，该方法主要

是从自然资源(但没有考虑到地下资源和水资源等)的利用情况来评估研究区域的可持续发展状况,但是在研究过程中也较少提到社会经济的可持续发展,因此存在一定的缺陷。现在的生态足迹理论模型通常被认为有很多局限,意味着还需要其他附加指标才能做出更加完备的决策。

②传统生态足迹理论模型计算的是人类活动产生的资源消耗和资源生产之间的盈亏关系,即该模型计算的是人类活动所造成的消耗项目与生产活动的产出项目,在该模型中并没有计算人类针对环境污染等现有环境问题的治理项目,从某种程度上可以看出传统的生态足迹理论模型与人类生存的环境质量之间的关系并不是十分紧密。例如,许多城市生态足迹研究表明,在进行生态足迹模型指标核算时,一些生态赤字较大的城市,其生态环境并不一定很差;相反,一些生态赤字较小的城市,其生态环境不一定非常好。生态足迹理论模型主要是一种静态分析方法,反映的是某一时段研究区域或国家的可持续发展程度,虽然也能进行动态分析,但在社会发展的进程中,研究区域短时期的发展状况不能为我们提供足够的有效信息,一些问题必须通过长时间累积研究才能被人们认知。

③传统生态足迹理论模型应用于很多城市的研究中发现,大多数的省市均处于生态赤字状态,这一计算结果有时候倾向于保守,举个例子来说,对于一个高投入、高产出的研究区域来讲,在传统的生态足迹理论模型的核算中,我们把该研究区域的产出作为该区域对其生态环境所造成的生态压力,而实际上该区域的产出与其对于环境资源的消耗程度并不一定是正比关系。生态足迹理论模型并未考虑到各种土地类型的多种功能,例如一块土地现在是草地,但它可以被开垦成农田,也可以变成林地,如何计算其多功能性有待进一步研究。各类土地空间互斥性是生态足迹理论模型的重要假设之一,实际上土地同时具有不同的生态功能,在维护生态系统的过程中担当着多种职责。例如森林用地除了有提供木材、生产林副产品的功能外,还具有吸收二氧化碳、调节气候、维护生物多样性等功能,互斥性假设使生态足迹理论模型仅计算林地产出能力而忽略了其他生态供给能力,明显低估了生态系统的实际效益。

④对生态系统的资源供给能力和废弃物吸收消解能力描述不完整。由于生态足迹是一个历史性的生态足迹账户,生态足迹模型并没有将地球表面的环境污染、生态破坏纳入生态足迹模型指数的计算当中,一些常见的危害自然界并且在将来不断更新能力的活动没有考虑到现在的和过去的生态足迹账户之内。

尽管这些活动的影响会使将来的生态足迹账户里的生态承载力下降,生态足迹理论模型中没有引入风险评价模型来衡量这种将来使得生态系统承受危害的活动。同样,生态足迹账户也没有直接计算淡水利用及其可利用性,在人类生产生活的生态系统中,淡水资源是生态承载力的一个限制条件,然而淡水资源本身不具有生态生产性物品和服务,模型中在计算水域生态足迹时是以水域(海水、淡水)中的水产品来衡量的,生态承载力的减退与水资源的占用(或水质退化)在一定程度上能够反映为当年总生物承载力的下降。

⑤生态足迹理论模型中指标计算数据来源主要是统计资料,统计数据普遍存在一定的误差与缺陷,因此不能精确地核算出一个区域或国家的生态足迹并进行预测,由于现在可用的统计资源具有局限性,在核算某一区域或国家的生态足迹模型指数时,也使得因为不同国家之间的电力贸易产生的生态足迹并没有划入电力最终消费区域或国际的生态足迹账户之中。同时,不同国家之间的碳汇贸易使得因此而产生的碳排放量并没有划入最终碳排放的区域或

国家的生态足迹账户之中,再加上目前除二氧化碳之外的其他温室气体(氮氧化物、甲烷等)排放造成的研究区域生态承载力需求没有包括在现今的生态足迹账户之内,对除二氧化碳之外的其他温室气体认识尚且不足,使得对它和其他温室气体排放导致的气候变化所需生态承载力进行评价很困难。因人为干扰造成的土地利用(如刀耕火种的农业做法)变化导致排放到大气中的二氧化碳含量增加,还有同时排放出的除了二氧化碳之外的其他温室气体都没有被算入生态足迹账户之中,这些都是目前传统生态足迹的不足之处。

⑥偏重于生态系统研究,对社会、经济、科学技术等考虑不足。原有模型中着重考虑了各种土地的生态功能,但欠缺对社会进步、科技发展为生态系统带来正面作用的考虑。生态足迹模型中只在引入的产量因子中涉及科技对自然系统的积极影响(单位面积土地的生态生产能力),实际上人类社会发展、科技进步对生态经济系统的贡献是多方面的。除计算过程外,传统的生态足迹模型对研究区域可持续发展状况的评价指标也具有明显的生态偏向性,对人类社会、经济发展及消费模式是否处于可持续模式并没有充分考虑。人类生活水平提高、社会经济的永续性发展是可持续发展的主要目的,所以应补充对人类生活、社会经济发展状况进行评价的相关指标,并与自然生态发展状况评价指标相融合,完善可持续发展水平评价指标体系。

4.3　基于能值理论的生态足迹模型

生态足迹理论模型是一种基于生物物理量的可持续发展评价方法,该模型侧重于从生态系统的角度出发来阐述人类消费需求同生态系统供给能力的关系,从而研究某一区域或国家的可持续发展状态。可持续发展是全面的发展,人类生存在社会、经济、自然三者相互作用、相互联系、相互制约的复杂统一体系中,生态足迹从上述两个方面阐述人类生存区域的可持续发展状态时,人类生产消费活动对人类社会及经济活动的影响不能进行完整的描述,故需寻求生态足迹理论模型的改进方法,使得生态足迹模型更好地服务于可持续发展研究。生态系统中各类组分及相互作用、人类社会发展的各个过程都离不开能量的流动、转换与存储,即自然界和人类社会之间的相互关系可以通过能量来表示。基于能值理论的生态足迹模型是一种将能值理论分析方法与传统生态足迹理论模型相结合的改进方法,它以系统生态学、系统能量学、生态工程学和生态经济学等为基础,作为一种以环境经济系统为一体的综合方法,将人类社会中的能量流、物质流以及其他信息生态流等能量进行综合换算,定量分析人类生活和生产中所需要的各种自然资源(矿产资源、生物资源以及各种商业社会资源)。

能值生态足迹模型通过计算,将不同类型、不同性质、不同能级的能量转换为统一量度的能够相互比较的太阳能值,再通过能值密度将所得的各类消耗项的太阳能值转化成各类消耗项所对应的生态生产性土地面积,从而得到研究区域或国家的生态足迹和生态承载力以及生态赤字和生态盈余等指标,然后判断研究区域的可持续发展状态。基于能值分析的生态足迹分析方法,在我国也得到了很好的应用,张芳怡率先运用能值生态足迹模型将生态经济系统中的不同活动,转化为能量流,再将其转化为对应的生态生产性土地,并计算得出研究区域的生态足迹和生态承载力,衡量研究区域的可持续发展状态,随后能值生态足迹方法在不同省市得到应用和验证。

4.3.1 太阳能值核算

能值这一概念起源于20世纪80年代后期。美国生态学家H. T. Odum提出用来分析复杂动态的生态系统,逐步成为环境评估的工具之一,其定义为:某种流动或贮存的能量中所包含的另一种类别能量的数量,即为该种能量的能值,在产品或劳动服务形成的过程中,直接或者间接地投入应用的一种有效能的总量被定义为其所具有的能值,在可持续发展的能值研究中我们通常指的是太阳能值,对于能值本身的定义而言,是指某一种能量中所包含的另一种能量的数量。由自然科学可知,地球上所有形式的能量最终都是来源于太阳能,也就是说地球上万事万物(所有资源、产品或行为)在其形成的过程中,其所消耗的能量都是直接或间接地获得的太阳能量,也就是其中所含有的太阳能值(Solar Energy),在实际应用中,常常用"太阳能值"作为统一的标准来衡量各种能量的能值,即将其他类别的能量或物质相当于多少太阳能值换算得来的,其单位为太阳能焦耳(Solar Emjoules,SEJ)。在传统的能量分析中,不同类型、不同性质的能量在相互比较时,寻找合适的转化方式一直是一个难题,在能值理论中则将生态系统中各类能量均统一转化为太阳能值,便于不同性质的能量间的比较,实现了复杂生态系统中能量流、物质流、信息流之间的统一度量。

在复杂的生态系统之中无时无刻不在进行着物质交换与能量流动,在严格的能量金字塔中低质量能量由较低的级别逐级向高级别的高质量能量转化,在此能量传递过程中能量并没有完全等价传递,在传递过程中存在着能量的消耗与散失,不同能量的太阳能转化率是不同的。不同类别的能量之间存在质和价值的根本区别,不能够简单地相加或者进行对比,因此在进行运算和比较之前需要将不同类别的能力进行转化与统一。各种性质的能量或物质在转化为太阳能值时,需要转换系数的帮助,这一转换系数称为能量转换率(Energy Transformity)。能量转换率为每焦耳某种能量或每克某种物质相当于的太阳能值的量,其单位为太阳能焦耳/焦耳(克)太阳能值(SEJ/J或SEJ/g),其计算公式为

$$M = \tau \times B \tag{4.6}$$

式中 M——太阳能值;

τ——太阳能值转换率;

B——能量(可用能)。

依据能值生态足迹模型分析某一区域可持续发展状态时,一般将研究区域内的消费项目按照统计年鉴等进行分类划分,之后通过能量将各个消费项目折算成相应的能量,引入太阳能值转换率,带入式(4.6)将能值转换率乘以给定项目的能量,即将该消费项目的能量换算为太阳能值。

能值转换率能够作为衡量不同能量之间等级高低的尺度,是衡量能质(Energy Quality)等级的指标,能够将自然、社会、经济系统内流动或贮存的各种不同类别的能量转化为统一标准的能值,从而以能值角度来对不同类别的物质能量进行定量分析。如某种能量的太阳能值转换率高则说明该种能量在生态系统能量流中所处的能力等级较高,若其太阳能值转换率低则说明其能量等级较低,也就是说,能量等级越高,其太阳能值转换率也越大。几种主要能量类型的太阳能值转换率见表4.5。

表4.5　几种主要能量类型的太阳能值转换率

能值类型	能值转换率/($SEJ \cdot J^{-1}$)	能值类型	能值转换率/($SEJ \cdot J^{-1}$)
太阳能	1.000 0	风能	6.630 2
雨水势能	8.890 3	雨水化学	1.540 4
地球旋转能	2.900 4	农产品	2.470 4~3.820 6
工业产品	6.020 4	燃料	1.820 4~5.860 4
劳务	8.030 4~5.010 9		

能值转换率与系统能量等级密切相关,能量在生态环境与人类经济社会复杂网络系统中时时刻刻流动着,其流动特征与生态系统食物链中能量流动的特征相似,此处所讲的能量的流动方向也是单向的、不可逆转的,其能量金字塔同样为正金字塔,也就是说,处于较低等级的能量其数量较多,分布较为广泛;而处于较高等级的能量则其数量相对较少,空间分布也相对集中。能量的最终来源是太阳能,因此在自然、经济、社会三位一体的复杂系统中,太阳能的能值级别低,其数量丰富广泛分布在地球表面,这些太阳能首先被地球表面的绿色植被所吸收,而后经绿色植物的光合作用转化为自身的应用物质,在此过程中伴随着能量的散失(以热能或者其他形式),故最初的太阳能仅有少量被吸收为较高一级的能量,随着能量的逐级流动,能量被转化为人类活动(文化娱乐、科技创新、工业生产等)中较高能量级别中的高质能量,能量在传递的过程中始终遵循热力学第二定律,能量有较低级别传递至较高级别时有一部分能量转化形成新的物质,而一部分能量则以热量的形式散失在系统中。也就是说,要维持较高能量级别中生物生存的能量(如电能、生物质能等)需求则需要大量的较低等级的能量(如太阳能)的支持。

4.3.2　区域能值密度

在能值生态足迹模型中另一个重要概念为能值密度,其定义为:某一区域或国家总体能值利用量与该研究区域或国家的面积的比值,也就是说能值密度是既定时间范围内的某一区域或国家单位面积上多用的太阳能值,其单位为 $SEJ/(m^2 \cdot a)$。区域能值密度这一概念反映了研究区域的两个特征,分别为该研究区域的经济发展程度以及其经济发展等级在系统中的级别地位。研究区域的经济发展程度越发达,则该区域能值密度越大,在系统中的等级地位也就越高;若该研究区域的经济发展程度越不发达,则该区域能值密度也就越小,在系统中的等级地位也就越低。据有关研究显示,偏农业化的欠发达区域其区域能值密度一般为 $(1.3 \sim 4) \times 10^{11}$ $SEJ/(m^2 \cdot a)$,而较发达的城市化地区的区域能值密度一般为 $(7 \sim 100) \times 10^{11}$ $SEJ/(m^2 \cdot a)$。

能值密度的引入基于对全球生态资源的划分,能值密度对应了可再生资源的核算,本书中的可再生资源包括太阳辐射能、地热能、风能、雨水化学潜能、雨水势能以及地球旋转能等。为了避免重复计算,在研究某一区域或国家可持续发展状态时,一般以其中最大能值作为区域总能值。区域能值密度的计算公式为

$$区域能值密度 = 区域总体能值/区域土地面积 \tag{4.7}$$

4.3.3 能值生态足迹核算

1. 能值分析一般步骤简介

能值分析(Emergy Analysis,EMA)是以能值为基准的分析方法,它将生态、社会、经济系统中不同类型的能量转化为统一指标来衡量分析,从而来评价研究区域中不同能量在复杂系统中的功能作用。在复杂系统的能值分析中一般会得出一系列的能值综合指标,这些指标从不同角度反映了研究区域生态系统的结构、功能及其生态效率,常见的指标有能值交换率(EER)、能值投资率(EIR)、能值产出率(EYR)、能值货币比率(EMR)、能值自给率(ESR)、环境负载率(ELR)、能值使用强度(ED)等。能值分析法的步骤一般包括绘制能值系统模型图及能值综合图、制定能值分析表、能值计算与评价、能值转换率及能值分析指标的计算以及模拟系统等。其一般步骤如下:

(1)资料收集与整理

能值分析中资料收集与整理是保证后续模型建立指标核算的根基,在资料收集过程中,主要运用实地勘察、测量测定等方法,以及参考相关部门提供的统计年鉴和自然地理社会经济统计资料等,对研究区域的生态环境、社会经济、人文地理等信息进行全方位了解,然后对所收集资料进行分类整理。

(2)绘制能量系统图以及能值图

利用能量系统语言、图例绘制研究区域的能量系统图和能值图,主要包括系统范围边界的确定、研究区域系统能量的主要来源、研究区域系统的主要成分以及各成分之间的关系,从而将所收集测定的资料进行初步处理,将其详尽地呈现在研究区域能量图中。

研究区域能量图中表示了系统中主要成分的相互作用关系及其与系统中生态环境的关系等,还表示了系统中物质流、货币流、能量流的状态等。

(3)编制研究区域能值分析表

在此步骤中主要进行数据的计算以及研究区域能值分析表的编制,依据系统内不同资源类别的能量来确定研究区域系统中主要的能量来源以及能量去向,主要包括研究区域能源资源类别(有研究区域内的能源资源以及从其他区域流入的或者流向其他区域的不可再生能源等)、系统内资源流动量、太阳能值、太阳能值转换率以及经济评估等内容,将统计收集整理后的原始数据录入后,运用能量计算公式将物质流、经济流、能量流三类能流量的数值与其相应的能值转化率相乘,从而核算出各类项目的太阳能值,建立研究区域能值分析表,分析研究区域系统中各类项目的贡献率。

(4)复杂系统图整理

依据在步骤(2)中已绘制好的复杂区域系统图对其进行归类与总结,将区域系统图中性质相似的项目归为一类,将整个研究系统内的能量流动简化,更加简单明了地表现出研究区域内的各种资源能值结构以及其能量流动关系,从而对研究区域内复杂系统图进行综合整理评价。

(5)建立研究区域能值指标体系

以在步骤(3)和步骤(4)中编制的研究区域能值分析表和整理后复杂系统图进一步分析研究,依据研究目的的侧重点来选取、计算并推导出需要的能值分析指标,建立研究区域能值指标体系。该指标体系有三个简单的要求:一是该能值指标体系需要综合研究区域内的物质流、能量流、经济流以及区域人口流动情况等诸多方面;二是该能值指标体系要能够对研究区域内的社会、经济、自然三个方面进行统一的定量分析;三是该能值指标体系能够分析研究区域生态环境与其经济效益运行状态,以及能够对研究区域的自然环境和经济系统的相互作用给予评价。

(6)研究区域能值分析动态模拟

以编制的能值分析表与简化后的能量系统图为框架,以所收集测算的数据为内容,对研究区域建立能量系统模型,并对研究区域能值分析进行动态模拟。

(7)系统发展评价与策略分析

通过能值指标的计算与分析,以能值为依托模拟并评价研究区域系统结构域功能,即运用综合能值指标体系定量研究区域系统的结构域功能,为区域可持续发展道路上制定正确可行有效的系统管理措施以及区域经济可持续发展战略提供科学理论依据,促进区域内生态环境系统与人类经济社会和谐共处,为实现生态经济社会系统良性循环和可持续发展提供科学指导。

2. 能值生态足迹核算一般步骤简介

(1)区域内项目账户的建立

在运用能值生态足迹分析法研究区域可持续发展时,首先要依据所收集或核算的统计数据(可以来源于区域年鉴等)明确需要的消费项目。能值生态足迹一般分为两大账户,即生物资源账户和能源资源账户,其中生物资源账户又可细分为多个子账户,如农产品资源账户、林产品资源账户、草地产品资源账户、水产品资源账户等。根据研究区域的人类生活水平及其生产、消费水平现状等因素,其农产品资源账户一般包括小麦、谷物、豆类、瓜类、茶叶、高粱、烟草、蔬菜、耕地水果、玉米、油料、棉花、甜菜等;林产品资源账户主要指木材、林产水果、木质艺术品等;草地产品资源账户有牛肉、羊肉、猪肉、禽肉、禽蛋类、毛类、奶类等;水产品资源账户包括鱼类、虾蟹、贝类、藻类等天然及人工养殖的动植物水产品。将生产上述各类产品在地球表面的用地按生态足迹理论中生态生产性土地分类具体归类则依次属于耕地、林地、草地以及水域。能源资源账户主要包括原油、汽油、柴油、原煤、焦炭、燃料油、天然气、电力、热力等。上述能源资源账户中除电力、热力消费用于建筑用地外,其他燃料能源消费用地均属于化石能源用地。此处资源账户也可参照传统生态足迹资源账户的选择,不同区域、不同国家可依据实际情况应该调整账户目录。

在一些区域可持续发展研究中还增添了其他一些人类赖以生存的不可再生资源的研究,在账户划分中也就增加了金属矿产资源账户。目前在能值生态足迹模型的国内研究中,添加金属矿产资源账户的案例较少,一是因为矿产资源为不可再生资源,其在形成过程中经过了漫长的历史时期,在地壳运动和地质作用下逐渐形成,而在此之后一经人类开采利用则不可再生;二是因为我国国土面积大,矿产资源分布不均,而且种类多,不便于分类研究。在研究区域可持续发展状态时,可依据研究区域的实际发展状况进行调整,选择是否加入金属矿产资源账户,若研究区域矿产丰富,同时区域内对于矿产资源的开采利用程度也较大,可以在能值生态足迹模型中加入金属矿产资源账户,以便能够运用能值生态足迹模型更好地模拟出研究区域对于生态资源的需求状况。

(2)能值生态足迹的核算

能值生态足迹的核算主要涉及下面几个公式

$$能量=生产或消费量\times能量折算系数 \tag{4.8}$$

$$能值=有效能值\times能值转换率 \tag{4.9}$$

依据研究区域建立的生物资源账户、能源资源账户等项目,运用式(4.9)计算出研究区域主要生产消费项目的能量,再引入太阳能值转换率,运用式(4.10)将上述得出的能量转换成太阳能值,将计算出的各个项目太阳能值按其属性分别归到六大类生态生产性土地中,依据能值生态足迹模型中的互斥性原理,将同一生态生产性土地上各项太阳能值进行加和,之后得出各类生态生产性土地的人均太阳能值;运用各类生态生产性土地上的人均太阳能值除以研究区域能值密度(区域能值密度计算见式4.8)分别核算出研究区域六大类生态生产性土地各自的人均能值生态足迹,最后加总各类生态生产性土地人均能值生态足迹得到研究区域内总体人均能值生态足迹;再乘以研究区域内的人口总数即得研究区域总体能值生态足迹。

(3)能值生态承载力的核算

为了能够更好地理解生态承载力,本书将自然资源按其性质分为两类,分别为可再生资源和不可再生资源。考虑到不可再生资源的消耗速度快,远远大于其再生的速度,人类生产生活不断利用不可再生资源,使得地球上的不可再生资源日益减少,有些不可再生资源已日渐枯竭,为了保持生态环境的可持续发展,人类需要更多地去利用可再生资源,减少不可再生资源的利用与浪费,因此我们在计算生态承载力时,只考虑可再生资源所对应的能值。

能值生态承载力的计算公式为

$$EC = N \times e/p_2 \tag{4.10}$$

式中 EC——研究区域的生态承载力;

e——可更新资源的人均太阳能值;

P_2——全球平均能值密度。

其中某一消费项目的人均太阳能值的计算公式为

$$某一消费项目的人均太阳能值=该项目的有效能值\times能值转换率 \tag{4.11}$$

本书中采用区域平均能值密度。在计算研究区域的总体能值时,主要考虑了六种可更新资源的能值,包括太阳辐射能、雨水化学能、风能、地球旋转能、雨水势能、潮汐能(依据研究区域所在的地球表面的位置来选择是否加入潮汐能)。其计算公式如下

$$太阳辐射能=研究区域土地面积\times太阳光年平均辐射量 \tag{4.12}$$

$$雨水化学能=土地面积\times年降水量\times雨水密度\times吉布斯自由能 \tag{4.13}$$

$$风能=空气层高度\times空气密度\times涡流扩散系数\times风速梯度\times土地面积 \tag{4.14}$$

$$地球旋转能=土地面积\times热通量 \tag{4.15}$$

$$雨水势能=土地面积\times年降水量\times平均海拔高度\times雨水密度\times重力加速度 \tag{4.16}$$

$$潮汐能=土地面积\times年潮汐次数\times潮高\times水密度\times重力加速度 \tag{4.17}$$

在计算过程中为了避免重复,依据能值理论,同一种类的可更新资源能值投入只取其最大值。除潮汐能、地球旋转能外的四种能值均为太阳光的转化形式,所以只取其中的最大值和地球旋转能与潮汐能相加得到研究区域的可更新资源的总能值。研究区域的人均可更新资源太阳能值为总体能值除以该区域的总人口数。依据世界环境与发展委员会报

告,为了保护生物多样性需留12%的生态生产性土地面积,因此人均生态承载力需要扣除12%来进行修正。

4.3.4　能值生态足迹模型特点

能值生态足迹模型与传统生态足迹理论模型的不同在于,能值生态足迹模型在核算研究区域或国家的生态足迹时,首先核算的是研究区域的能量流,通过能量核算和能值分析,将这些消耗项目所对应的太阳能值转化为生态生产性土地;在传统的生态足迹模型核算探究区域的生态足迹时,首先核算研究区域的物质消耗量,即其开始于物质流,然后将这些消耗项转化为六大类生态生产性土地。

能值生态足迹模型中需要的转换因子不同,在能值生态足迹模型中需要的转换资源有能值转换率和能值密度,这两者的配合将不同性质的能量转换为太阳能值,又将其转换为生态生产性土地。在传统的生态足迹模型中需要均衡因子和产量因子,均衡因子说明了某种类型的土地在研究区域的生态系统中的生产能力;产量因子为研究区域某一类型的土地的生产能力与世界平均水平上的该种土地类型的生产能力。

4.4　基于熵值分析的生态足迹模型

4.4.1　熵值定律简介

熵值定律建立在热力学第一定律和第二定律的基础上,熵值变化过程主要是指生态环境中的各种资源的物理化学转化的过程,熵值可以作为度量资源或能量变化的工具,为了更好地理解熵值定律,首先要了解一些热力学第一定律和第二定律。热力学第一定律又称质量守恒定律,表明在我们生活的世界里,能量与物质既不会被创造,也不会消失,在复杂的生态－社会－经济系统中,能量与物质只能以一种形式转化为另一种形式,从一个物体转移到另一个物体。热力学第二定律又称熵增定律,表明在能量流动过程中是遵循一定的规律的,能量是沿着熵值增加的方向流动的,生态系统的发展是向着更加稳定的状态进行的,这就表明熵值越大,则系统越稳定。熵增过程存在于整个复杂体系中,无论是呼吸还是行走,无论是生产还是消费,生物圈内的生命体的任意一种生命活动都与熵增过程有着直接或间接的联系,即熵增过程始终贯穿于生态环境与人类社会经济等活动之中。熵值是对所研究的系统内部无序程度的量度,研究系统内部无序程度越大,则其熵值也就越大,而且在生态－社会－经济的复杂系统中,这种系统内部的无序程度的出现是由于系统发生了消耗,熵增过程也就是系统消耗的过程。

为了更好地理解熵的概念,让我们先来了解一下耗散结构系统。耗散结构系统的形成一般有几个条件,分别为:①耗散结构系统是一个开放的并不断与外界进行物质交换、能量交换和信息交换的系统;②耗散结构系统内含有大量的要素,同时在系统内要形成相应的非线性反馈;③外界要向系统内不断地输入能量,使该系统不断地超越其所处的平衡线性区间,并向着超越平衡态的非线性区间发展;④在外界能量的输入中,形成耗散结构的触发

器。依据耗散结构理论的数学模型可得

$$d_s = d_{es} + d_{is} \tag{4.18}$$

式中 d_s——研究系统的熵的变化量；

d_{es}——系统输入的熵（负熵）；

d_{is}——研究系统内部的熵变化或为系统与外界环境进行物质能量交换而输出的熵（正熵）。

对于一个复杂的系统，其内部结构与功能的发展状态都取决于该系统物质、能量输入输出的状况，人类生存的地球便是一个复杂系统，同样也是一个巨大的耗散结构系统。运用式（4.19）可以得出在系统发生的总的熵变化等于系统输入的熵与输出的熵的和，当式（4.19）中的 $d_s=0$，即系统的熵变化量为零时，则系统处于稳定的状态，系统将既不发生退化耗散现象，也不会向前发展；当 $|d_{es}|<|d_{is}|$ 时，则 $ds>0$，即系统发生的总熵变化量为正值，系统内输出的熵大于输入的熵，系统处于熵减小的状态，此时系统正不断地衰退耗散，若系统长期处于此状态则系统将会在某一天耗散殆尽；当 $|d_{es}|>|d_{is}|$ 时，则 $d_s<0$，即系统发生的总熵变化量为负数，系统内输出的熵小于输入的熵，系统处于熵增加的状态，此时系统输入的能量大于输出的能量，系统内部的能量不断增加则系统将向前发展。依据熵值定律可以看出，保持系统稳定、有序发展，需要保持系统处于熵增状态。系统存在并发展的同时社会经济体系也在运行，便会在地球表面形成生态足迹。

熵为系统内部无序程度的量度，熵与经济系统稳定可持续发展息息相关，经济系统的向前发展带动了社会科技、信息、技术的进步，同时人类消费水平也在增加，对于地球造成的生态足迹也随之扩大，为保持生态系统的可持续则需要使得生态系统的供给能力大于人类的生态需求，生态系统供给能力有限，则需要经济发展带动科技力量转化消费废物，从而形成经济-社会-生态系统内的一条循环能量流。

4.4.2 熵值生态足迹指标核算

利用熵值法进一步对生态足迹理论模型进行补充与完善，从而对生态足迹模型中的各项指标进行综合评价分析，能够更好地分析研究区域中哪项指标对于生态足迹评价的贡献率较大一些，在此小节对于研究区域可持续发展的综合评价中，运用信息熵与生态足迹理论相结合，能够得出生态足迹指标熵值的有效价值，可作为研究区域可持续发展的可信度的依据。在研究某一区域可持续发展状态时，一般会选定某一时间段。现将该时间段设定为 m 个年份，对于生态足迹模型中的 n 个指标进行综合分析，设定其原始数据的矩阵 $X=(x_{ij})m,n$，首先将生态足迹模型内的各指标进行同度量化，统一其贡献率度量标准，核算出每一项在研究时间段内的指标值的比重，如计算第 j 项指标下第 i 年份指标值的比重 $b_{ij}=x_j/\sum x_{ij}$，得出该项某年份的比重后，利用比重 b_{ij} 计算该项指标的熵值 e_j，其计算公式为：$e_j=-k\sum b_{ij}\ln b_{ij}$，其中的 k 值与研究的时间范围内的年份数 m 有关，$k=1/\ln m$，将 k 值代入到熵值求算公式中得到 $e_j=-1/\ln m\sum b_{ij}\ln b_{ij}$，然后进入核算该项指标的差异性系数 c_j，即核算模型中该指标的信息有效价值，其数值的大小与该指标对应的熵值和 1 有关，核算值对比中某项指标对应的熵值越小，则表明该指标与其他指标间差异性越大，指标就越重要，差异性系数的计算公式为 $c_j=1-e_j$，项指标的权重 a_j，$a_j=c_j/\sum c_j$；第 i 年份研究区域或国家可持续发展度 $RSDSi=\sum a_j\ b_{ij}$。

信息熵为研究系统内无序程度基于熵值生态足迹模型中某项指标 x_j，如果该项指标的不同年份的数值之间的差距越大，也就是说该指标不同年份的指标间的离散度越大，则表明该指标对应的信息熵相对越大，依据指标差异性系数与指标权重的计算公式（$c_j = 1 - e_j$；$a_j = c_j / \sum c_j$）可以得出该指标的权重也越大，为我们进行某一区域或国家的可持续发展提供更多的信息，则在熵值生态足迹模型中的贡献也就越大；相反，如果该项指标的不同年份的数值之间的差距越小，也就是该指标不同年份的指标间的离散度越小，则表明该指标对应的信息熵相对较小，同样依据指标差异系数与权重计算公式可得该指标的权重也越小，为我们进行可持续发展研究提供的信息越少，在模型中的贡献率也就越小，特别的，当我们所研究的模型指标的数值相同时，则表明研究区域内该指标的杂乱程度（或者称无序度）为零，则利用该指标来评价研究区域或国家可持续发展水平不存在价值。

4.4.3　熵值生态足迹模型特点

熵值生态足迹模型区域评价结果具有唯一性。熵值代表了研究区域内系统的无序度，当生态足迹与熵值法相结合时，运用生态足迹理论对研究区域内的生态足迹指标进行核算，则为熵值法的应用提供了平台，即为熵值法的运用提供了区域可持续发展的指标数值，在熵值法的运算过程中得到指标所对应的信息熵值与指标的权重，从而对研究区域或国家的可持续发展状态进行综合评价。

熵值法与生态足迹理论相结合能较好地运用于区域可持续发展能力评估的时间序列，但对区域可持续发展能力评估的空间差异尚缺乏一定的可操作性，虽然在研究中可以适当设置一定的空间指标（如发展均衡度）。在熵值生态足迹模型中涉及的熵值法计算过程中，我们运用到对数、熵等概念及其运算法则，则运算时必须遵守相应的规则约束，如在对数的运算过程中，负值不能直接参与到指标的计算过程，需要对相应的极值做相应的变动，对这类指标数据应进行一定的变换。据研究，对熵值法进行改进的方法有功效系数法、标准化法。运用功效系数法变换数据时，人为地增加了变量，而这些变量的大小又是人为决定的，因此导致评价结果的不确定性；后者则不需要增加任何主观信息，且有利于缩小极值对评价结果的不利影响，故一些学者认为，用标准化法对数据进行处理的熵值法更具有合理性。

4.5　万元 GDP 生态足迹模型

4.5.1　万元 GDP 生态足迹

万元 GDP 生态足迹是指产生每一万元 GDP 所占用的生态足迹，这个指标能较好地反映资源利用效率。万元 GDP 生态足迹越高说明资源利用率越小，反之，则资源的利用率越大。这一指标也可以表征各地在资源利用效率上的差异，万元 GDP 的生态足迹越大，表明其技术水平和生物生产性土地的产出率越低，反之则越高。万元 GDP 生态足迹的计算公式为

$$\text{万元 GDP 生态足迹} = \text{区域总人口生态足迹} / \text{区域 GDP} \tag{4.19}$$

在生态足迹理论模型的案例研究中，很多研究采取万元 GDP 指标对所研究区域进行

可持续发展能力的评估。本书利用黑龙江省万元 GDP 的生态足迹来对 1978 年以来的黑龙江省的可持续发展能力进行分析(详见第 5 章)。万元 GDP 的生态足迹指标表示研究区域总的生态足迹与研究区域的地区生产总值的比值。其数值说明了研究区域创造经济价值的同时,对当地环境资源的利用率。计算所得的数值越大说明利用率越低,反之利用率越高。

4.5.2 万元 GDP 生态赤字

万元 GDP 生态赤字(盈余)的研究将研究区域的经济与环境资源、环境容量等因素加以综合考虑,也是研究区域可持续发展的重要生态足迹理论模型指标之一,万元 GDP 生态赤字结合了万元 GDP 生态足迹的优点,同时综合考虑了环境承载能力等诸多方面的因素。万元 GDP 生态赤字越大,则表明研究区域的发展对于万元 GDP 生态足迹的需求越大,则其超过生态环境的承载能力范围和生态环境自我调节范围的程度也就越大。当出现万元 GDP 生态赤字时,我们应当思考在生产过程中存在哪些环节使得我们的万元 GDP 生态赤字逐渐拉大,同时考虑研究区域内生产这些产品所带来的经济效益、社会效益以及环境效益,找到引起万元 GDP 生态赤字增加的关键点,并提出相应的对策,逐步实现循环经济发展,提高资源的利用率,实现清洁生产,同时充分发挥生态环境所蕴含的能量。

4.5.3 生态足迹多样性指数

生态足迹多样性指数的提出表明影响生态足迹的因素有很多种,生态足迹模型中具有生态生产性的土地类型有六种,即耕地、草地、林地、化石能源用地、建设用地以及水域,这六种生态生产性土地对研究区域生态足迹的贡献率,依据不同区域或国家的实际情况的不同而有着不同的分配比例,每一项的大小都与生态足迹多样性指数息息相关。同样在每一种生态生产性土地内又包含着很多种类资源情况,依据这些资源的消耗使用情况,最终会发现大部分资源能源的消耗都来自于人类的活动,故人类的任意一项活动的发生,都会直接或间接地引起研究区域内的生态足迹多样性指数的变化。因此生态足迹多样性指数也是衡量区域可持续发展程度的重要指标之一。本书依据 Shanno - Wienner 公式计算出黑龙江省 1978 年至 2010 年生态足迹多样性指数,进而依据黑龙江省 Ulanowicz 的计算公式,计算出黑龙江省 1978 年至 2010 年发展能力指数(详见第 5 章)。研究区域内生态足迹多样性指数计算公式为

$$H = -\sum_{j=1}^{6} p_j \ln p_j \tag{4.20}$$

式中 H——研究区域生态足迹的多样性指数;

$j=1,2,3\cdots,6$;

P_j——研究区域内的第 j 种生态生产土地类型的生态足迹与研究区域内的生态足迹的比值。

从式(4.20)中计算得出的生态足迹多样性由两部分构成,一是丰裕度(不同土地类型利用的数量);二是公平度(测量生态足迹的分配状况)。它意味着生态经济系统中生态足迹的分配越接近平等,对给定系统组分的生态经济来说,生态多样性就越高。

4.5.4　区域发展能力指数

生态经济系统发展能力是由生态足迹乘以从系统组织角度推导出的生态足迹多样性指数得到的发展能力 C,其计算公式为

$$C = EF \times \left(-\sum_{j=1}^{6} P_j \ln P_j\right) \tag{4.21}$$

式中　C——研究区域的区域发展能力;

EF——研究区域的总生态足迹。

生态足迹的多样性指数越高则说明研究区域的区域发展能力也越强。对于区域可持续发展指数的应用,详见本书第5章。

4.5.5　生态压力指数

在生态足迹原理的基础上提出生态压力指数(EFI)的概念,该指数代表了区域生态环境的承压程度,生态压力指数越大,表明该研究区域内的生态足迹对生态环境的压力越大,则研究区域的可持续发展能力越弱;反之,生态压力指数越小,表明研究区域内的生态足迹对于该区域的生态环境造成的压力越小,同时在该区域生态环境的承载能力的范围之内,则研究区域的可持续发展能力越好。生态压力指数模型从生态容量和压力两个方面来分析当前的生态安全情况,反映区域社会生态环境的承压程度。

其模型为

$$EFI = ef/ec \tag{4.22}$$

式中　EFI——研究区域内的生态压力指数;

ef——研究区域范围内的人均生态足迹;

ec——研究区域内的人均生态承载力。

通过式(4.22)可以得出,生态压力指数的大小为人均生态足迹与人均生态承载力的比值,据资料分析总结出全球近150个区域或国家的生态压力指数计算结果,发现大部分区域或国家的生态压力指数的变化范围一般在0.04到4.00之间,通过对所获得的数据进行扫描、聚类分析,综合考虑世界各国的生态环境和社会经济发展状况,制定了新的生态安全评价指标与等级划分标准(表4.5)。

表4.5　生态压力指数等级划分标准

等级	生态压力指数	表征状态
1	<0.50	很安全
2	0.50~0.80	较安全
3	0.81~1.00	稍不安全
4	1.01~1.50	较不安全
5	1.51~2.00	很不安全
6	>2.00	极不安全

以生态足迹理论为基础提出的另一个概念为生态足迹指数(EOI),它代表了某一研究区域或国家的人均生态足迹与当代全球人均生态足迹的比值。该指数反映了某一区域或

国家在全球生态足迹中所占的份额，也就是其对于全球生态足迹的贡献率，代表了该区域社会经济发展的程度和人均消费水平。生态足迹指数一般在 0.14 到 4.5 之间，其计算公式为

$$EOI = ef/ef_1 \quad (4.23)$$

式中 EOI——研究区域的生态足迹指数；

ef——研究区域内的人均生态足迹；

ef_1——研究区域内的全球人均生态足迹（根据联合国粮农组织公布的数据可知）。

第 5 章　生态足迹理论的应用

5.1　生态足迹理论在空间尺度上的应用

1992 年环境发展大会后,可持续协调发展成为各国的发展方式,为强化对评价指标的管理,科学家提出了一系列等定量指标,各个指标有不同的侧重点,有的侧重于生态环境的保护,有的侧重于社会经济的发展。定量化测定某一区域或国家的可持续发展状态的不同方法及模型也同样各有侧重,生态足迹理论模型用量化评估的方法测定人类对陆地、海洋的消费需求。生态足迹形象地将人类活动对自然资源的索取和当下自然生态所能为我们提供的资源联系起来,从人类的消费需求和自然生态供给能力的角度,用数据具体说明研究地区的可持续发展状态。

5.1.1　全国和国家尺度的研究

生态足迹分析(EFAA),由加拿大 Pro. William E. R 首先提出,"EF 像一只担负着人类所有活动的巨脚踏在地球上留下的脚印"。国外生态足迹的研究已在不同尺度(全球尺度、国家尺度、区域或城市尺度)上展开,同时也涉及了很多个领域(国际贸易领域、能源交通、旅游、饮食结构等)。国家或区域的资源消耗总和的生态足迹代表了该范围的经济对土地需求的所有输入,包括生产、进口、股票交易以及能够看到的所有需求,本质上便是产消的差额要有生态承担。

1997 年 Wakemagel 在 *Ecological Footprint of Nations* 中,对世界上 52 个国家和地区的生态足迹进行了计算,Wackernagel 等成功计算了多个国家的人均生态足迹,Vuuren 等计算与分析了贝宁、不丹、哥斯达黎加和荷兰等国家的生态足迹。1999 年世界人均生态足迹大约为美国人均生态足迹的五分之一,对比六大类土地类型的生态足迹,在 *Living Plant Report* 2000 中对全球上超过 100 万人口的 150 多个国家和地区的生态足迹进行了测算和人口规模的类型分析,在国家尺度上,我国学者对中国自 1961 以来的人均生态足迹波动进行动态分析,随着人口增长,人们生活水平的提高,人均生态足迹也不断上涨,在 1999 年我国的人均生态足迹为 1.326 hm^2/人,比同年全球人均生态足迹低0.874 hm^2/人,比同年美国人均生态足迹低 9.574 hm^2/人;之后我国人均生态足迹逐步上涨,逐渐缩小与国际人均生态足迹的差距;近些年来化石能源生态足迹值增加较快,与工业进程同步,EEAA 的深入研究在各大城市内展开,GFN 与 WWF 在 2004 年运用货币投入产出理论,对 149 个国家进行了国家足迹账户(National Footprint Accounts,NFA)为基础的生态足迹模型底层分析,2010 年 Mohamed M. Mostafa 运用贝叶斯法建立了生态足迹贝叶斯回归预测模型,为计算人均生态足迹值提供了新指标。

5.1.2　区域和城市尺度的研究

1997 年 Folke 等以波罗的海流域的 29 个大城市为研究案例,运用生态足迹模型核算其生态足迹；同年，Kathryn B. Bicknell 运用经济学的方法与生态足迹理论相结合，计算新西兰的生态足迹。1999 年我国开始生态足迹理论模型研究，我国国内生态足迹模型在不同尺度（国家、省、地区等）上展开，在国内西部各省市区域生态赤字的比较中，分析结果表明，我国西部这 12 个省中有 83% 处于不可持续发展状态，均为生态赤字。近几年来，我国学者们依据各城市的统计年鉴，运用生态足迹理论对我国不同城市（包括上海、北京、天津、沈阳、重庆、青岛等）的可持续发展进行研究。我国国内运用生态足迹理论研究可持续发展涉及诸多领域（水资源领域、森林资源领域、交通旅游领域、土地资源领域等），2008 年王力等运用生态足迹模型研究重庆市土地资源可持续利用，并定量分析做出客观评价，研究结果表明，重庆市草地生态足迹、生态足迹值以及能源生态足迹都在逐年增加，其耕地生态承载力值在降低，其生态赤字拉大。综上所述，生态足迹理论模型正在全球范围内得到广泛关注，并在不同领域、不同尺度上得到应用与传播。

5.1.3 微观生态足迹的应用

生态足迹理论模型有着广泛的应用范围，生态足迹模型不仅可以应用于某一区域或国家，或者城市的可持续发展状态，它还可以核算某一工厂的生态足迹、某一家庭的生态足迹，甚至可以核算某个人的生态足迹。生态足迹不仅可以用作决策制定的参考工具，将不同的选项或政策提前预警，作为模型参数输入，在生态足迹理论模型中对其进行验证，比如一个社区所使用火力发电以及水力发电会有不同的生态足迹，从而依据研究社区的不同情况下生态足迹模型计算的结果，针对不同的实施方案进行客观的定量比较与数据分析。所以，生态足迹模型在一定程度上能够帮助工厂或家庭或个人探寻其减少生态足迹的决策关键点，也可以使人们了解个人的生活消费方式对生态环境的影响，减少个人的生态足迹也能够减少对生态环境造成的压力。

5.2 生态足迹理论在不同领域上的应用

Hunter Colin 等运用生态足迹法研究美国哥斯达黎加旅游，推动了当地生态旅游业的发展。2008 年 J. R. Siche 将生态足迹模型与环境发展指数、能值指数进行结合，使它们更符合实际的结合点。旅游活动的足迹一般归入旅游发生国，而不是归入旅游者所属国家。这就扭曲了一些国家的生态足迹，过高估计了旅游发生国的生态足迹，而又过低估计了旅游者所属国家的生态足迹。如 Holden 等将交通能源理论与生态足迹理论结合，拓展了生态足迹理论模型的应用领域。

5.3 生态足迹理论在黑龙江省的应用

5.3.1 黑龙江省简介

黑龙江省（43°26′ ~ 53°33′N，121°11′ ~ 135°05′E）位于我国最北部，是我国纬度最高的省份，与吉、蒙两省相邻。地域辽阔，全国排名第六；物资丰富，特别是森林资源，林区面积约占全省面积的二分之一，有 68 个市、地辖区，总面积为 4.54×10^5 hm^2，全省总人口

0.38亿。黑龙江省位于我国东北部,有水域、平原、台地以及山地等地形;位于温带和寒带之间,为大陆性季风气候,有着丰富的生物资源、矿产资源、森林资源、能源等。随着黑龙江省人口增长,森林石油天然气等资源勘探、开采、加工的进一步加深,黑龙江省的经济也得到了快速的发展,同时黑龙江省也面临着经济结构转型,省内区域经济发展不平衡,环境生态问题进一步恶化,有限的资源能源与增长的需求的不协调,经济可持续发展表现后劲不足等问题逐渐成为人们日益关注的问题。面对黑龙江省生态环境的不断衰弱,生态承载力不断下降,农村区域经济发展缓慢,则黑龙江可持续发展的定量研究十分值得研究。

1.黑龙江省自然环境状况

黑龙江省幅员辽阔,自2007年至2010年全省土地面积保持稳定为45.4 km^2,其土地总面积构成为:山地占24.7%,丘陵占35.8%,平原占37.0%,水面及其他土地占2.5%。黑龙江省有着丰富的森林资源(大、小兴安岭,完达山,张广才岭等山林),其森林面积自2008年至2010年保持稳定,为2.053×10^7 hm^2 万公顷,林区面积稳定,活立木总储量为1.65×10^9 m^3,与2008年相比储量不变;全省的森林储蓄量为1.55×10^9 m^3,也与2008年储量持平;居全国森林覆盖率和森林储蓄量首位,全省造林总面积在这三年内不断增加,至2010年造林面积达2.34×10^5 hm^2。黑龙江土壤以黑土、暗棕壤的比例大,土地肥沃;全省水资源处于波动变化,2009年和2010年水资源总量较前两年丰富;主要河流有汤旺河、呼玛河等,年径流量大。

黑龙江省位于中温带和寒温带,属湿润半湿润季风气候,年降水量为400~700 mm,年平均湿度约为63.1%,年平均气温比其他省偏低,为3.0 ℃~5.0 ℃,是最冷的省份。至2010年共有23个国家级自然保护区,其总面积至2010年约为6.36×10^6 hm^2。

全省人均耕地使用量高于全国平均水平;野生动物种类数量多,大于全国总数的五分之一;野生植物资源丰富,含有大量的矿产资源,产值较高,有39种已探明储量的矿产资源,包括煤矿2.178×10^{10} t(居东北三省之首)、镍矿20 319 t、锌矿1.801×10^6 t等;木材产量高。

2.黑龙江省社会经济状况

2010年黑龙江省工业总产值为8 138.2亿元,全省地区生产总值(GDP)为8 310亿元,比上年增长10.8%,比年初目标高0.7个百分点,连续5年保持10.6%以上的增幅,整体经济继续在较高增长平台运行。2010年人均地方财政收入为3 193元/人,地方财政收入相当于GDP的11.8%,比上年增长20.7%。全省全年地区生产总值为10 368.6亿元,比上年增长13.5%。其中第一产业为1 302.9亿元,增长148.7亿元;第二产业为5 204.1亿元,增长1 143.3亿元;第三产业为3 861.6亿元,增长469.6亿元。第一、二、三产业对GDP增长的贡献率分别为5.0%、62.9%和32.1%。2010年全省城镇居民人均可支配收入15 095.55元,比上年增长14%,增幅提高1.3个百分点;农村居民人均纯收入6 210.72元,比上年增长18.2%,增幅提高1.4个百分点。

5.3.2　技术路线

首先对所研究区域即黑龙江省进行相关资料的搜集,查阅相关文献,对研究数据进行整理、计算、分析,分别运用生态足迹理论方法对黑龙江省统计数据进行统计计算。用生态足迹分析方法核算黑龙江省1978年至2010年的生态足迹、生态承载力以及生态盈余(赤字)等对黑龙江省可持续发展的动态变化进行量化,从发展能力、万元 GDP 生态足迹等多方面对黑龙江省可持续发展进行考察;综上结果探讨黑龙江省现有的社会生产经济活动对黑龙江省生态可持续发展的影响,以及目前黑龙江省可持续发展现状和未来的发展趋势。

技术路线图如图 5.1 所示。

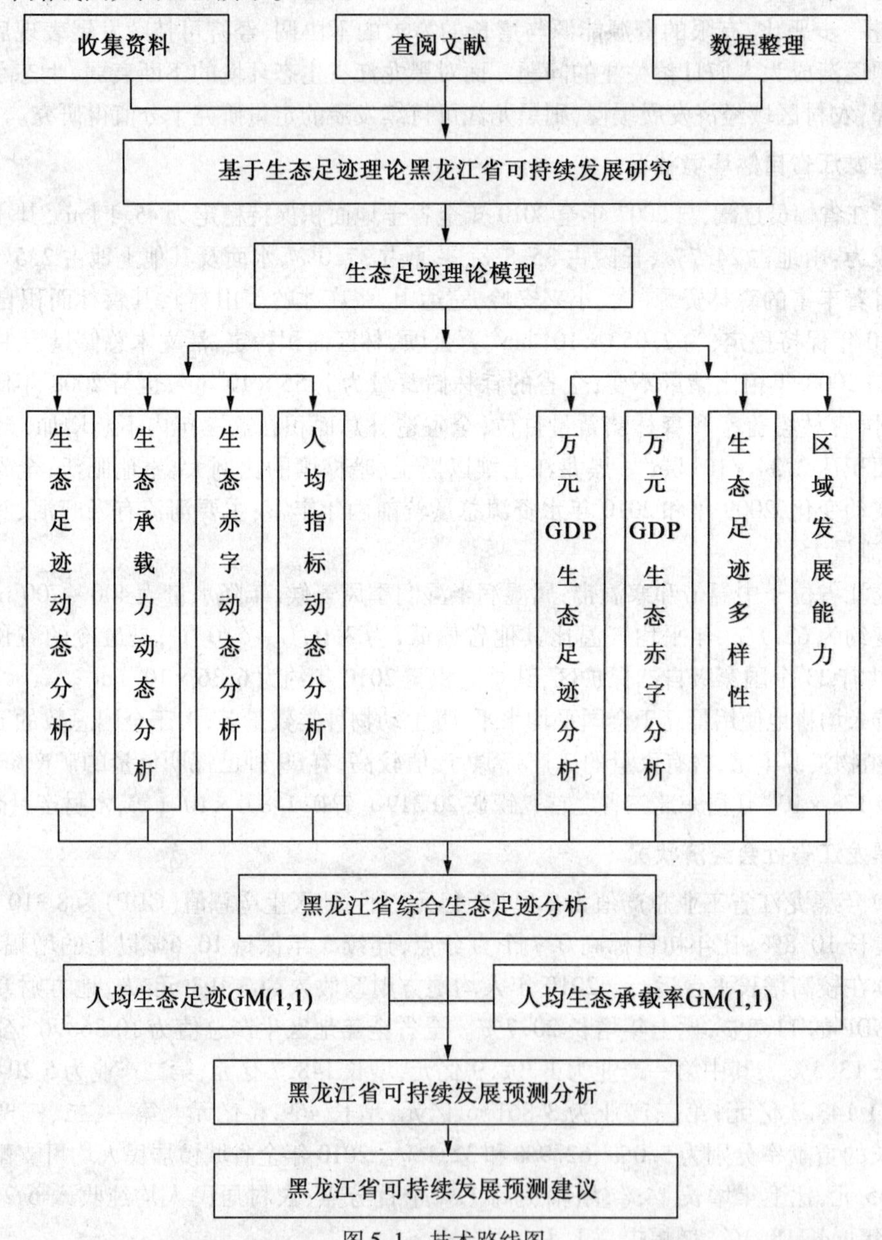

图 5.1 技术路线图

本书依据黑龙江省的特点,以生态足迹理论模型为核心,结合统计学、生态经济学等相关理论,认真阅读相关研究及文献,收集 2011 年黑龙江省统计年鉴,建立黑龙江省生态足迹模型,对 2011 年黑龙江省统计年鉴中的数据进行分类整理,运用统计计算方法借助 Excel 进行数据处理,再对所得结果进行统计分析,依据黑龙江省生态足迹理论研究方法,将黑龙江省 1978 ~2010 年作为研究的样本年份,用生态足迹理论模型分别计算该时间段内各年的生态足迹,对其进行定性定量分析。

本书借助Excel数据处理软件对统计数据进行计算,对比往年结果进行动态分析。对黑龙江省1978年至2010年的生态足迹、生态承载力、生态赤字(盈余)进行核算,建立黑龙江省生态足迹模型,从多角度对黑龙江省的生态足迹进行探讨,通过万元GDP理论的生态足迹模型、万元GDP理论的生态赤字模型对黑龙江省的实际情况探讨分析,并对黑龙江省生态多样性及黑龙江省区域发展能力展开研究;利用灰色关联理论对黑龙江省生态足迹系统内部指数进行关联度分析,找出影响全省生态足迹发展的关键因素,为促进全省可持续发展找到着力点。利用黑龙江省2001年至2010年的生态足迹数据,建立黑龙江省生态足迹GM(1,1)预测模型,并对未来十年的全省生态足迹进行预测。

5.3.3　黑龙江省生态足迹计算与分析

(1)黑龙江省生态足迹

如图5.2所示,自1978年至2010年黑龙江省生态足迹发生了较大的变化,自1978年4 642.05万hm^2上升至2010年18 963.32万hm^2,全省总的生态足迹增加了14 321.27万hm^2,增长了4.09倍。从图5.2能够看出,黑龙江全省的生态足迹总体趋势为波动上升,每年上升幅度变化基本不大,可以看出其平均每年的增长速度为440.2万hm^2。

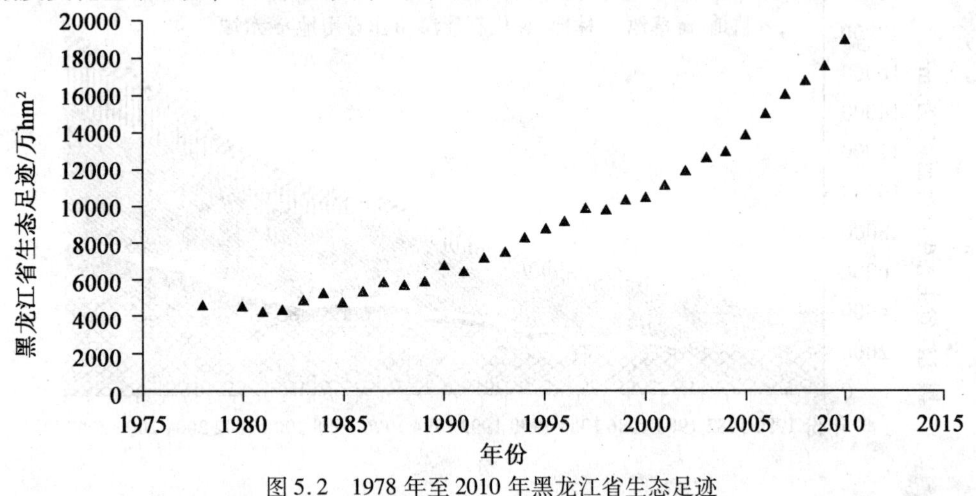

图5.2　1978年至2010年黑龙江省生态足迹

(2)黑龙江生态生产性土地生态足迹

如图5.3所示,黑龙江省生态足迹模型中各类土地的生态足迹与全省总体值走势基本相同,均处于逐年增加的状态,通过不同颜色区分各类生态生产性土地所占的百分比,2010年其中耕地和化石能源占据了较大的比例,化石能源从黑龙江省总的生态足迹值中的比例略大于耕地,分别为35.83%和34.33%,其他四种土地类型比例之和为29.84%。从黑龙江本省的时间跨度上看,1978年全省的耕地EF值为2 694.29万hm^2,远远大于其他四类土地;再次为化石能源用地生态足迹,为1 416.82万hm^2,林地在1978生态足迹贡献率占第三位,为272.83万hm^2;建设用地在第四位,此时黑龙江全省人口也较2010年少703.8万人,草地的贡献率次之,水域在1978年的贡献率最低;至2010年,黑龙江省总的生态足迹明显攀升为1978年的四倍,六大类土地对全省总的生态足迹的贡献率发生了变化,此时,耕地EF值排在第二位,为6 408.54万hm^2,略低于化石能源EF值6 487.48万hm^2,其余四类土地类型贡献率在提升，建筑用地 EF 值上升至第三位，为 2 709.71 万 hm^2，林地的生态足迹为第六位，水域草地的比例较 1978 年明显提高，特别是水域 EF 值对全省总的生态足迹的贡献比例由 1978 年的 0.6% 上升至 2010 年的 6.07%，草地的生态足迹为 1 067.93 万 hm^2，也有了很大的涨幅。从黑龙江省的这六大类生态生产性土地逐年的增长速率来看，化石能源 EF 值增长速度最为迅猛，其上涨速度为 162.2 万 hm^2/年，同时也表明近些年来黑龙江省对于石油、原油的需求与开发在不断深化；除在 1995 年、1996 年、2006 年、2007 年略有回落外，黑龙江省能源需求消费量处于持续上升阶段，到 2010 年黑龙江省化石能源的需求量达 6 487.48 万 hm^2，且 2010 年化石燃料的消费量已经超过了黑龙江省耕地的消费量，故在面对黑龙江省可持续发展的问题时，正确处理化石能源问题非常关键；黑龙江省的耕地需求量略低于化石能源的需求量，也是影响全省可持续发展的重要问题，耕地的生态足迹平均以 126.0 万 hm^2/年的速度上升。草地的生态足迹平均每年以 33.93 万 hm^2/年的速度上升，建筑用地的生态足迹平均以 74.14 万 hm^2/年的速度增加，增长速度也比较快。水域的生态足迹的增长速率为 40.03 万 hm^2/年，林地的生态足迹平均以 6.9 万 hm^2/的速度增加，纵观黑龙江省六大类土地类型的生态足迹，林地 EF 值的增长速率最小，可看出人们对林业产品的需求稳定增加，也需重点关注。

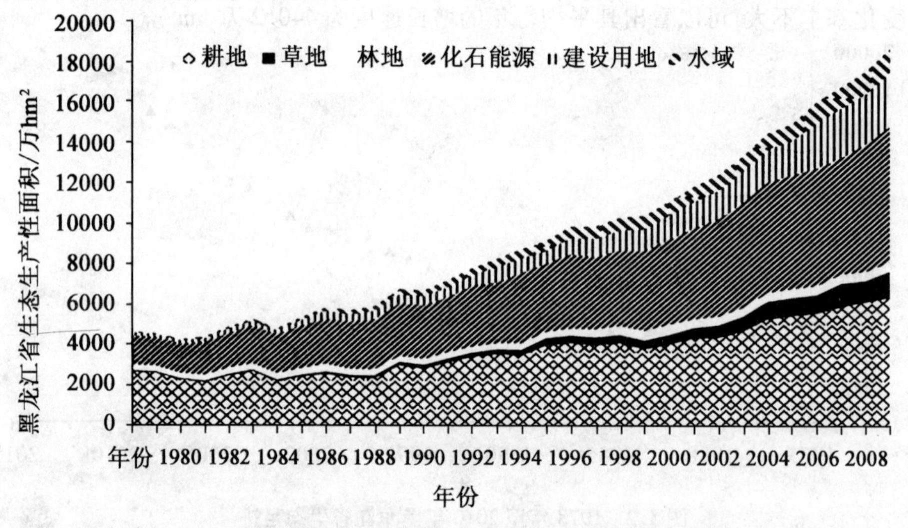

图 5.3 黑龙江省六大类生态生产性土地的生态足迹

(3)黑龙江人均生态足迹动态分析

如图 5.4 所示，黑龙江人口数自 1978 年至 2010 年稳步上升，其速度为 22.94 万人/年，如图 5.5 所示，从黑龙江省人均生态足迹 1978～2010 年的总体走势来看，其人均 EF 值的增长速率为 0.107 hm^2/年，按整体时间跨度可以分为三个阶段，1978 年至 1990 年为第一阶段，在此时间段内黑龙江省人均 EF 值由最初的 1.483 2 hm^2 波动起伏式上升到 1990 年的 1.905 7 hm^2，在这 12 年的时间内黑龙江省人均 EF 值上浮了 0.422 5 hm^2，此阶段的总体人均 EF 高于同时期广州省人均 EF 值，1990 年黑龙江省人均 EF 值比广州省(1.133 4 hm^2)高出 0.772 3 hm^2，从 1991 年至 1999 年为第二阶段，在此阶段中，黑龙江省人均生态足迹自 1991 年的 1.872 9 hm^2 几乎呈直线上升至 1999 年的 2.716 2 hm^2，在第二阶段，全省人均 EF 值比之前上浮了 0.843 3 hm^2，比第一阶段上浮的快一些；2000 年至 2010 年为第三阶段,在该阶段内全省人均生态足迹较前两个阶段上涨的都快,为人均 EF 增长速率为第一阶段的 5.24 倍,是第二阶段的 2.61 倍。

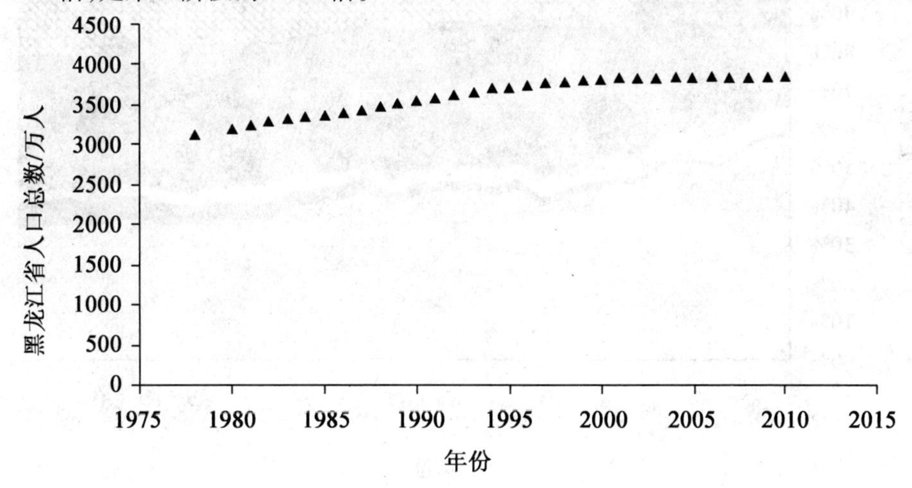

图 5.4　黑龙江省 1978 ~ 2010 年人口变化图

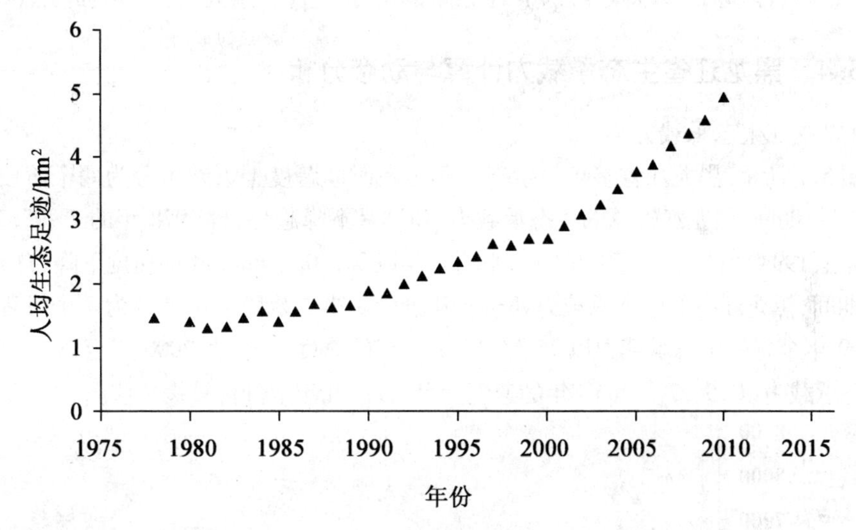

图 5.5　黑龙江省 1978 ~ 2010 年全省人均生态足迹

(4)人均生态足迹贡献率

如图 5.6 所示,黑龙江省六大类生态生产性土地的人均生态足迹在全省人均生态足迹的贡献率在 1978 年至 2010 年间波动变化,其中耕地的人均生态足迹由 1978 年的 58.04% 波动下降至 2010 年的 33.79%,化石能源的人均生态足迹由最初的 30.52% 上升至 34.21%,其对总体 EF 的贡献率基本保持稳定上升,而且随着全省总的生态足迹的增加,化石能源用地的总体数值也呈现上升趋势,由图 5.6 可以直观地看出,耕地和化石能源用地两者在总的人均生态足迹中的比例自 1978 年至 2010 年逐年波动下降,建设用地的人均生态足迹逐年上升,这说明黑龙江省在发展经济社会的时期,随着人口增长,经济攀升,将部分耕地占用作为建设用地。在这些年间耕地在生态足迹中的比重一直是 30% 以上,是生态足迹的重要部分,对于黑龙江省可持续发展具有重要的意义。

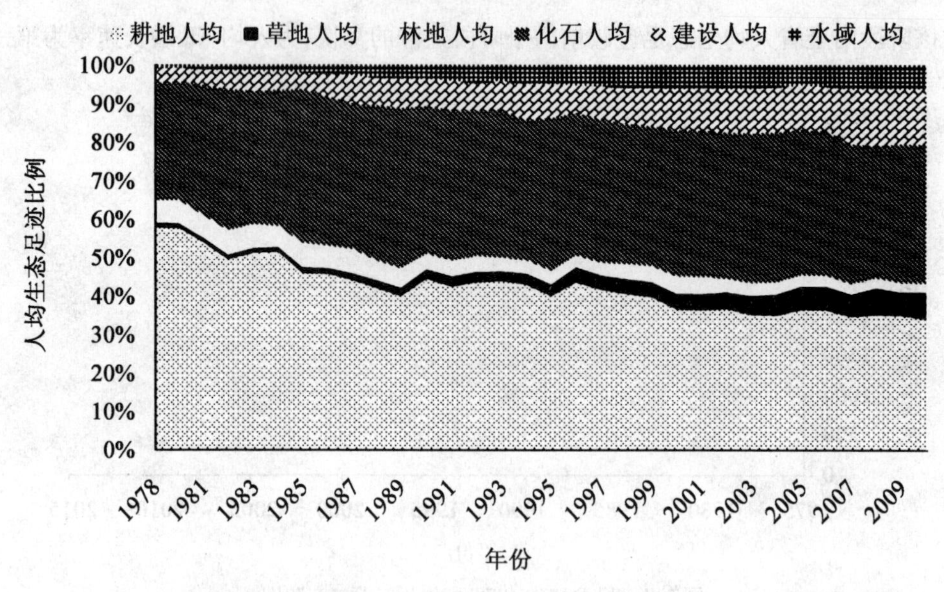

图 5.6 黑龙江省六大类生态生产性土地人均生态足迹在全省人均生态足迹的贡献率

5.3.4 黑龙江省生态承载力计算与动态分析

(1)黑龙江生态承载力

如图 5.7 所示,黑龙江省多年的生态承载力在时间跨度上大致可分为两个阶段:自 1978 年至 1994 年期间,黑龙江省总的生态承载力(BC)呈下降趋势,自 1978 年的 7 995.23 万 hm^2 波动下降至 1994 年的 7 457.79 万 hm^2,平均每年以 34.30 万 hm^2/年的速度下降;自 1995 年至 2010 年期间,黑龙江省的生态承载力处于上升阶段。第二阶段又可细分为两个过程,自 1995 年至 1999 年全省的生态承载力以 25.64 万 hm^2/年的速度上升,在 2000 年至 2010 年之间,全省的生态承载力以 15.27 万 hm^2/年的速度上升,较前几年上升得较缓一些。

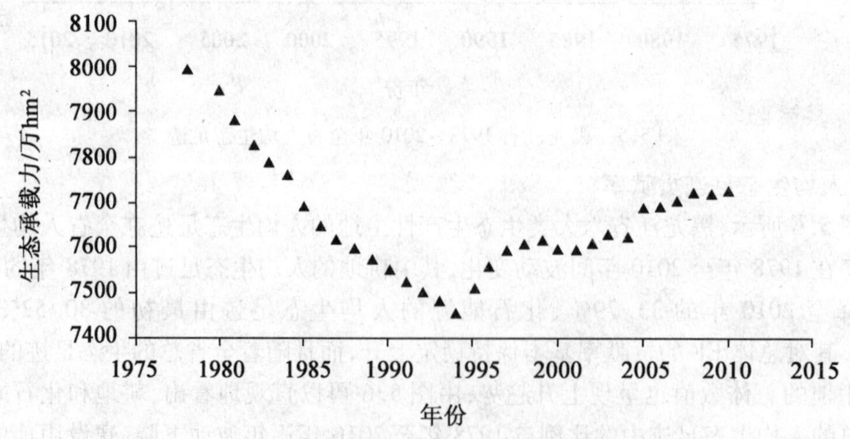

图 5.7 黑龙江省 1978 ~ 2010 年生态承载力

(2)生态承载力的分配

如图 5.8 所示,全省水域的生态承载力自 1978 年到 2010 年增加了 502.48 万 hm^2,比最初的生态承载力水平增加了 67.18%,表明在这些年期间黑龙江省的水域生态环境得到了很好的开发与保护。对应生态足迹可以得知,黑龙江省水产品的需求量也是逐年上涨的;图中全省化石能源的生态承载力在总的生态承载力的比例基本保持不变;整体略有下降;黑龙江省林地生态承载力对全省的生态承载力的贡献率较大,从1978年的3 223.64万 hm^2 减少至2010年的2 785.38万 hm^2,减少了561.74万 hm^2,与最初的值相比降低了17.43%;黑龙江省的建筑用地的生态承载力,在总的生态承载力中的比例较小,黑龙江省的耕地生态承载力,在整体生态承载力的贡献率在时间跨度上稳定波动。

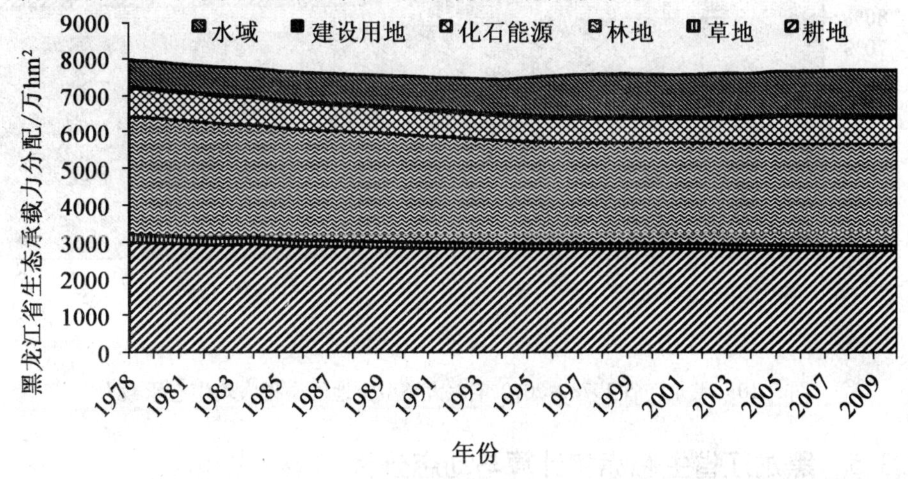

图5.8　黑龙江省六大类土地类型在生态承载力的分配

(3)生态足迹变化图

如图5.9所示,从1978年至1994年,黑龙江省人均生态承载能力呈下降趋势,平均以0.032万 hm^2/年的速度下降,1994年的全球人均生态承载力为1.5 hm^2,黑龙江省的人均BC值为2.03 hm^2,高于当年全球生态承载力1.53 hm^2,说明黑龙江省生态环境优于全球平均水平,自1994年之后黑龙江省的人均生态承载能力(BC)基本保持波动稳定;在近十年内,全省人均生态足迹呈缓慢上升趋势。

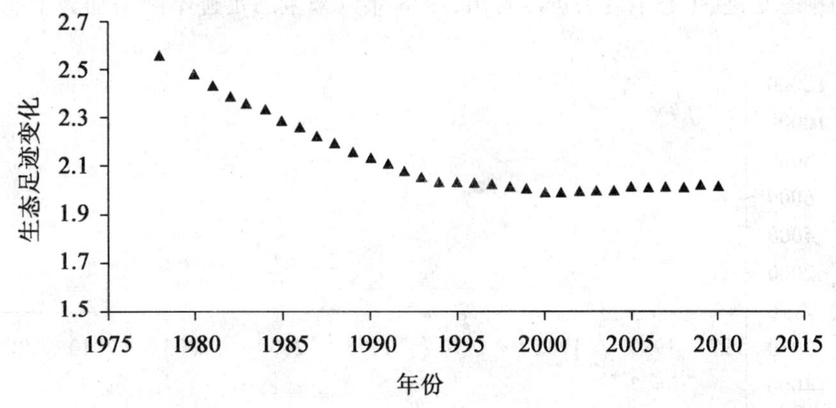

图5.9　黑龙江省1978年至2010年人均生态足迹变化图

(4)人均生态承载力

如图5.10所示,全省人均水域生态承载力由1978年的9.35%上升至2010年的16.18%,比最初的比例上升6.83个百分点。全省耕地的人均承载力由1978年的37.56%

变化到2010年的35.95%，耕地人均生态承载力所占的比例变化不大；化石燃料人均承载力在全省的人均承载力的比例呈下降趋势，由24.56%下降至2010年的18.92%。图中全省林地的人均生态承载力比例逐年下降；黑龙江省草地的人均生态承载力自1978年基本不变；耕地的人均生态承载能力对全省总的承载力比例贡献率较大。

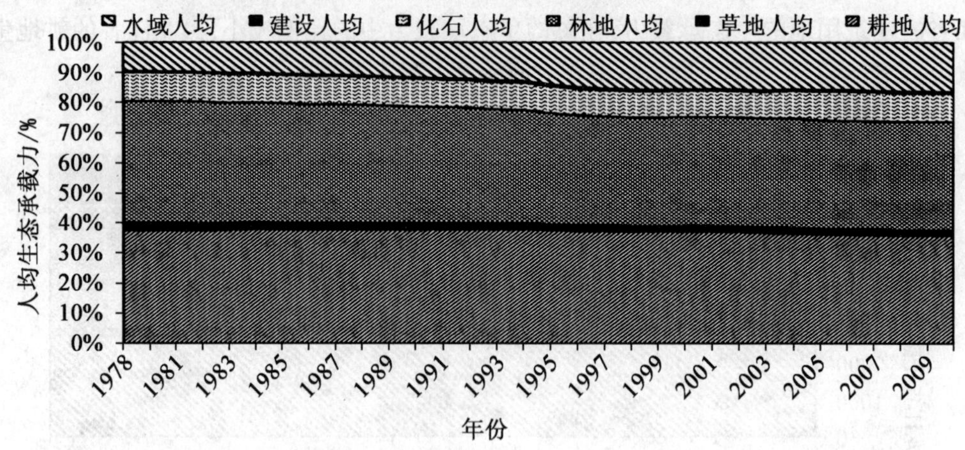

图5.10 黑龙江省1978～2010年六大类型土地的全省人均生态承载力

5.3.5 黑龙江省生态赤字计算与动态分析

(1)生态赤字

如图5.11所示，在1978年至1992年间黑龙江省处于生态盈余状态，但生态盈余数值不断地趋向于0，自1993年之后黑龙江省处于生态赤字状态，1993年至1997年间生态赤字的增长速度为465.90万hm^2/年，在2000年黑龙江省的总的生态赤字（BD）略有下降，1998年至2010年生态赤字的平均增长速度为753.90万hm^2/年，其增长速度与前些年相比增加了288万hm^2/年，上浮了68.18%，说明黑龙江省的生态负荷在急剧增加。对比黑龙江省的生态足迹、生态承载力可以看出，1978年以来生态足迹不断增加为生态赤字的主要原因。

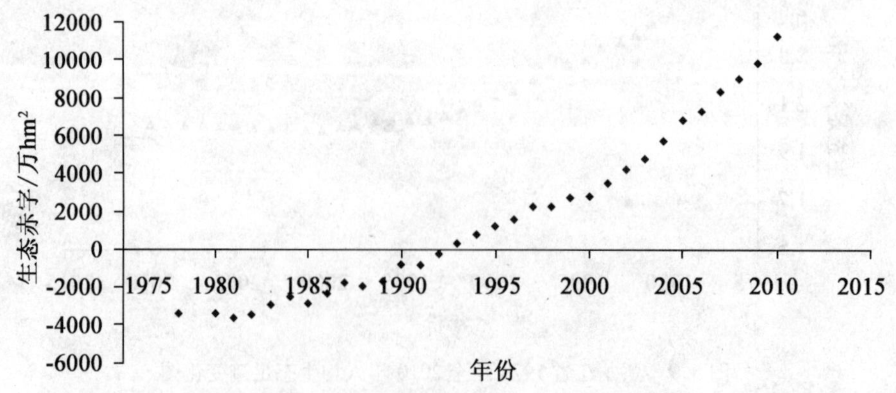

图5.11 黑龙江省1978～2010年的生态赤字（盈余）

(2)生态足迹指数比较

如图5.12所示，黑龙江省生态足迹、生态承载力和生态赤字的比较图，从图中可以看到黑龙江省生态承载力有缓慢的下降趋势，而生态赤字随着生态足迹的增加而不断加大，在1993年前为生态盈余，1993年后呈现生态赤字，环境压力也不断加大。

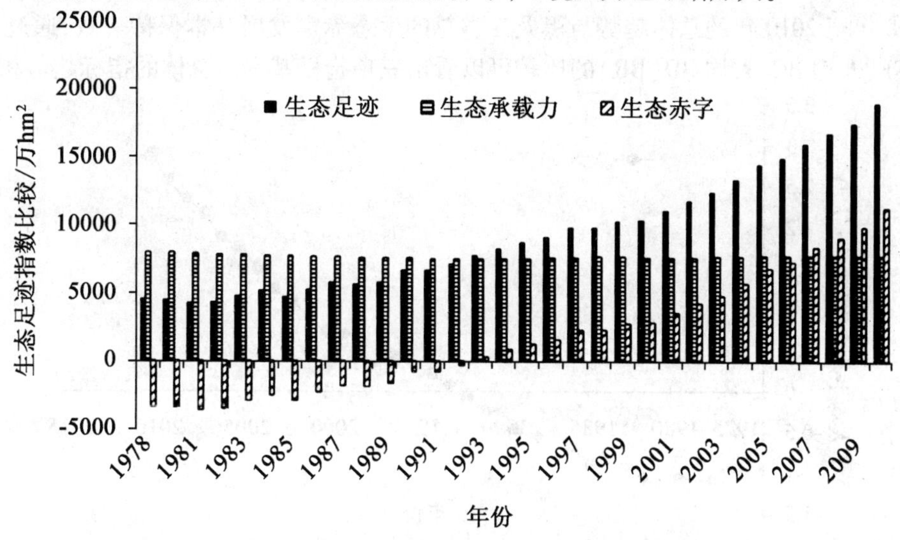

图5.12　黑龙江1978～2010年生态足迹指数比较

(3)生态赤字盈余

如图5.13所示，菱形部分代表耕地的生态赤字(盈余)，三角形代表草地的生态赤字，多角正方形代表林地的生态盈余，圆形代表化石能源的生态赤字，正方形部分代表建筑用地的生态赤字，椭圆形代表水域的生态盈余；在1978年至2010年间黑龙江省的林地和水域的生态足迹与生态承载力的差值为负值，属于生态盈余状态，分析其走势可得，林地的生态盈余数值向0值靠进，近十年林地的生态盈余基本保持稳定，可以看出制定的天保十年工程以及护林行动较有成效；全省各大水域生态盈余量在逐年减少，需要加强对水域环境的保护；在近十年内其余四种土地类型都处于生态赤字状态。

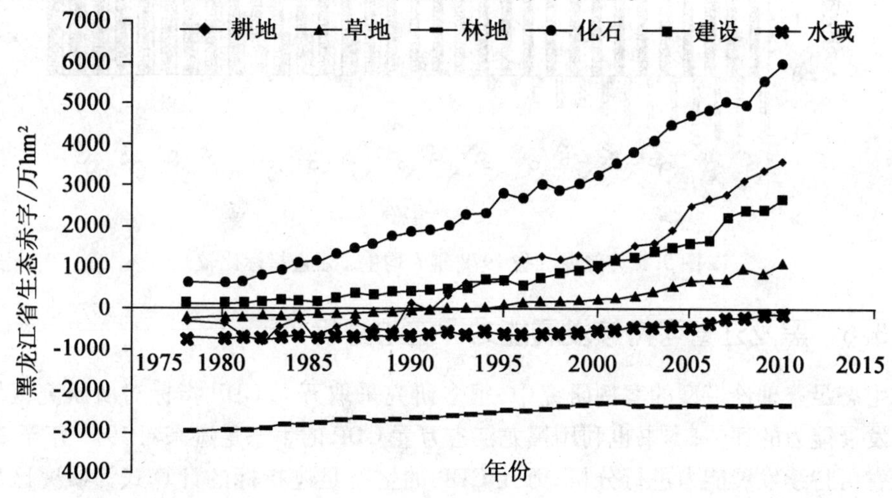

图5.13　黑龙江省六大土地类型生态赤字(盈余)分析图

(4)人均生态赤字

如图5.14所示，1978年黑龙江省人均生态盈余为－1.0714万hm²/人，到1992年为

-0.0814 万 hm^2/人,在 1993 年黑龙江省人均生态盈余转变为人均生态赤字状态,随着经济的发展,至 2010 年人均生态赤字达 2.931 3 万 hm^2/人。黑龙江省人均生态赤字(盈余)自 1978 年至 2010 年的总体趋势与黑龙江省总的生态赤字发展基本保持一致,通过黑龙江人均 EF、人均 BC、人均 BD(BR)的比较可以看出三项指标基本与总体的指标趋势相同。

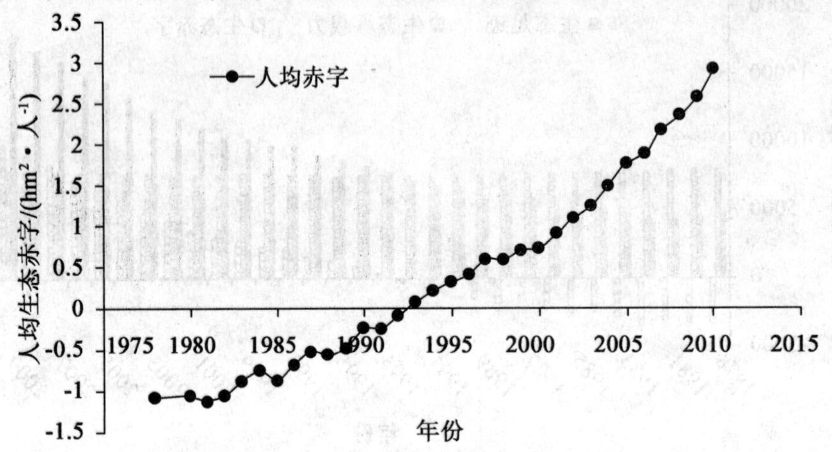

图 5.14 黑龙江省 1978 ~2010 年人均生态赤字(盈余)

(5)人均生态足迹指标(图 5.15)

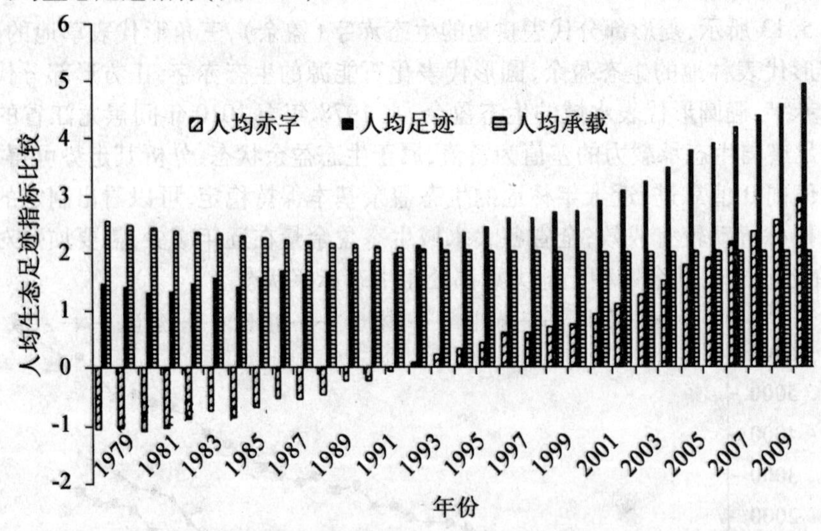

图 5.15 黑龙江省 1978 年人均生态足迹指标比较

5.3.6 黑龙江省可持续发展能力评估与分析

在生态足迹理论模型的案例研究中,很多研究采取万元 GDP 指标对所研究区域进行可持续发展能力的评估,本书也利用黑龙江省万元 GDP 的生态足迹来对 1978 年至 2010 年黑龙江省可持续发展能力进行分析,万元 GDP 的生态足迹指标的计算式为研究区域总生态足迹除以研究区域的 GDP,其数值说明了研究区域创造经济价值的同时,对当地环境资源的利用率,数值大利用率低,反之则高。

1. **黑龙江省万元 GDP 生态足迹动态分析**

(1)万元 GDP 生态足迹

由图5.16可以直观地看到黑龙江省1978年至2010年黑龙江省万元区域生产总值生态足迹在时间跨度上的变化趋势,与黑龙江省的发展状况十分吻合。在1978年之后黑龙江省为老工业基地,大力发展经济、教育、科技等,黑龙江省1978年的万元 GDP 的生态足迹为26.556 4hm²/万元 GDP,自1978年至1998年黑龙江省万元 GDP 的生态足迹以较高的速度下降,在2001年、2002年略微上浮,近几年全省万元 GDP 的生态足迹处于波动下降状态,从整体来看,黑龙江省万元 GDP 的生态足迹下降,到2010年黑龙江省万元 GDP 的 EF 值为1.79 hm²/万元 GDP。

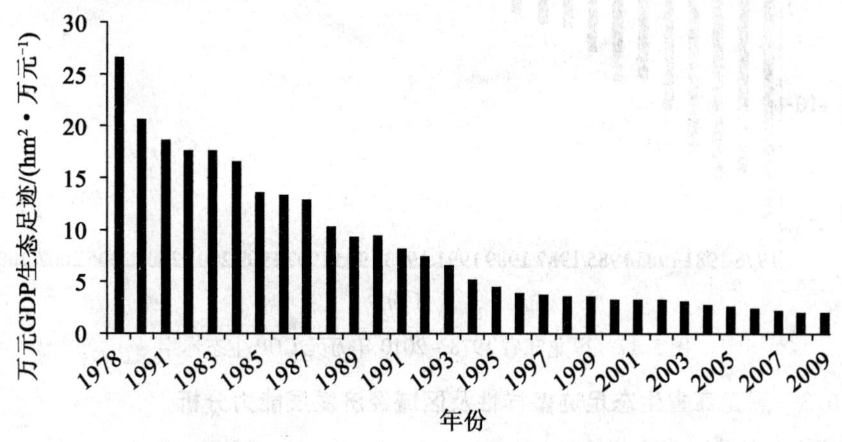

图5.16　黑龙江省1978~2010年万元 GDP 的生态足迹

表5.1和表5.2为黑龙江省近十年的万元 GDP 生态足迹情况,可以看出其数值近十年处于波动下降趋势,说明黑龙江省的经济结构调整、科技技术开发引进有助于合理利用资源,提高生产力、产品科技含量和智力多功能品质。

表5.1　黑龙江省万元 GDP 生态足迹(2001~2005)

类型	2001年	2002年	2003年	2004年	2005年
GDP/亿元	3 390.1	3 637.2	4 057.4	4 750.6	5 513.7
生态足迹万/hm²	11 082.69	11 823.31	12 409.12	13 348.63	14 468.06
万元 GDP 生态足迹/(hm²・万元⁻¹)	3.26	3.25	3.05	2.80	2.62

表5.2　黑龙江省万元 GDP 生态足迹(2006~2010)

类型	2006年	2007年	2008年	2009年	2010年
GDP/亿元	6 211.84	7 103.96	8 314.4	8 587	10 368.6
生态足迹万/hm²	14 952.48	16 031.97	16 768.4	17 536.54	18 663.32
万元 GDP 生态足迹/(hm²・万元⁻¹)	2.40	2.25	2.01	2.04	1.79

2. **黑龙江省万元 GDP 生态赤字(盈余)动态分析**

黑龙江省万元 GDP 生态赤字(盈余)的研究将黑龙江省经济与环境资源、环境容量等因素综合考虑,也是研究黑龙江省可持续发展的重要生态足迹理论模型指标之一。

由图 5.17 可知,1978 年黑龙江省的万元 GDP 生态盈余值为 -19.18 hm^2/万元,随着黑龙江省大力发展生产力,在 1978 年至 1993 年之间全省的万元 GDP 生态盈余的绝对值不断减小,在 1994 年之后其数值为正值,转为黑龙江省万元 GDP 生态赤字,在 2005 年时达到生态赤字的最大值,近五年趋势为波动降低。黑龙江省为老工业基地之一,其经济转型需要时间和科技的推动,科技作为生产力十分重要,提高生产力,提高资源的利用率,坚持调整黑龙江省产业结构和经济结构是降低黑龙江省万元 GDP 生态赤字的关键因素。

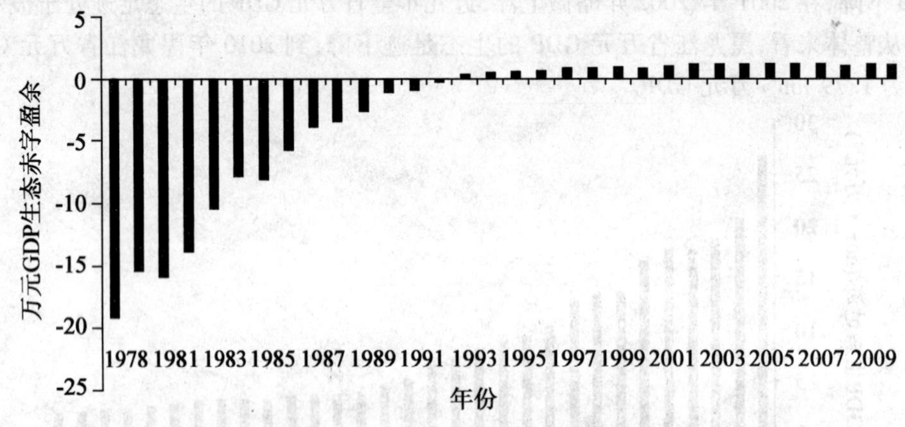

图 5.17 黑龙江省 1978 ~ 2010 年万元 CDP 生态赤字

5.3.6.3 黑龙江省生态足迹多样性及区域经济发展能力分析

(1)黑龙江省发展能力指标

如图 5.18 所示,黑龙江省发展能力指数在 2000 年至 2006 年基本保持不变,在 2007 年至 2010 年黑龙江省的发展能力指数波动上升,1978 年黑龙江省发展能力指数为 1.051 4,从 1978 年至 1999 年以较高的速率上升,至 1999 年达 1.386 5,上升了 0.335 1;接下来进入 2000 年至 2006 年的平稳期,随后上升至 2010 年达 1.4584,从 1978 年至 2010 年,平均每年上升 0.012 7,说明每年的资源利用率在逐步增加,使得资源得到更好的利用。

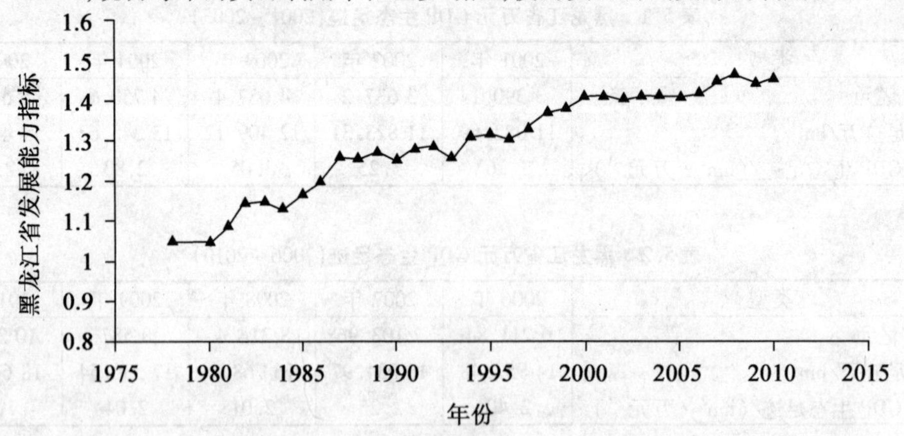

图 5.17 黑龙江省 1978 ~ 2010 年发展能力指标

(2)人均 GDP 与发展能力指数关系

如图 5.19 所示,1978 年后全省发展能力处于波动上升状态,经过 2000 年至 2006 年短暂的较高水平发展能力平稳期后,2007年至2010年,全省发展能力较前一阶段又上了一个新的台阶,黑龙江省两者之间的关联度为0.668,说明黑龙江省人均万元GDP与黑龙江省发展能力指数呈现正相关,黑龙江省的区域发展能力在不断上浮,增加速度为0.138。

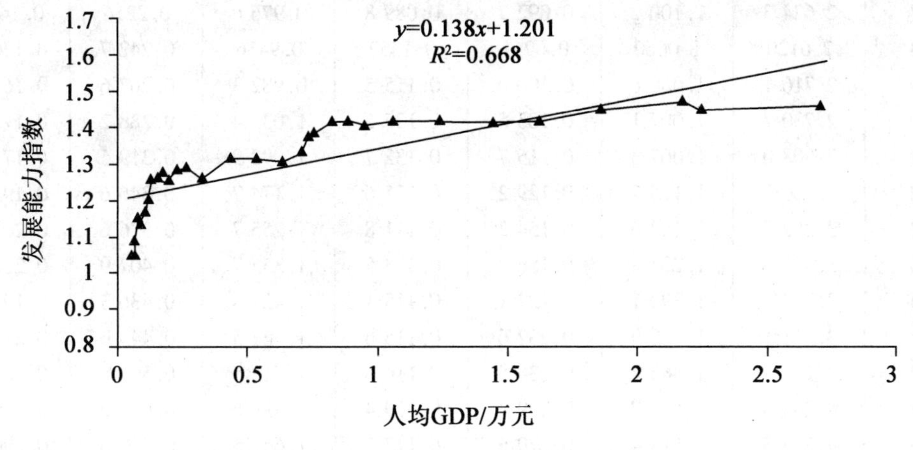

图5.19 黑龙江省人均万元GDP与发展能力指数

5.3.7 生态足迹灰色关联度计算分析

1.黑龙江省生态足迹理论模型灰色关联度分析

对黑龙江省人均生态足迹理论模型灰色关联度进行分析,寻找影响黑龙江省的人均生态足迹的主要影响因素。设黑龙江省的各年的人均生态足迹为参考序列,全省人均生态足迹的六类生态生产性土地的人均生态足迹指标值为比较序列,得到下列表格(表5.3至表5.6)。

表5.3 人均生态足迹指标序列表

年份	X_0	X_1	X_2	X_3	X_4	X_5	X_6
1978	1.483 3	0.860 9	0.015 5	0.087 1	0.452 7	0.056 6	0.010 3
1980	1.422 8	0.822 4	0.014 2	0.087 7	0.436 1	0.052 8	0.009 3
1981	1.316 3	0.713 8	0.012 6	0.078 4	0.442 2	0.056 0	0.013 1
1982	1.334 6	0.662 9	0.014 8	0.086 0	0.487 3	0.064 1	0.019 1
1983	1.476 9	0.759 1	0.016 0	0.093 0	0.508 8	0.075 6	0.024 0
1984	1.580 6	0.817 0	0.017 3	0.088 4	0.554 8	0.078 0	0.024 8
1985	1.430 2	0.660 7	0.018 1	0.093 9	0.568 2	0.062 0	0.027 1
1986	1.579 4	0.725 8	0.021 5	0.094 0	0.610 5	0.092 3	0.035 1
1987	1.705 1	0.756 5	0.027 1	0.110 7	0.640 7	0.126 1	0.043 8
1988	1.643 8	0.694 6	0.031 2	0.085 3	0.661 8	0.114 4	0.056 2
1989	1.678 9	0.675 3	0.033 5	0.085 8	0.697 4	0.127 0	0.059 6
1990	1.905 7	0.851 4	0.043 8	0.080 8	0.726 7	0.135 5	0.067 3
1991	1.872 9	0.799 2	0.047 3	0.078 4	0.730 5	0.141 7	0.075 5
1992	1.997 3	0.875 8	0.050 2	0.085 3	0.749 1	0.144 6	0.092 1
1993	2.140 7	0.946 2	0.050 1	0.079 8	0.820 4	0.155 7	0.088 3
1994	2.252 1	0.973 0	0.060 9	0.080 5	0.818 5	0.210 3	0.108 7
1995	2.362 6	0.951 3	0.067 9	0.085 8	0.935 8	0.205 4	0.116 2

续表 5.3

年份	X_0	X_1	X_2	X_3	X_4	X_5	X_6
1996	2.452 4	1.074 7	0.091 1	0.080 5	0.903 6	0.171 3	0.130 9
1997	2.624 3	1.100 2	0.092 7	0.089 8	0.976 0	0.2216	0.1438
1998	2.6120	1.0660	0.0961	0.1052	0.9456	0.242 7	0.156 1
1999	2.716 1	1.088 8	0.100 0	0.115 5	0.982 3	0.267 6	0.161 7
2000	2.730 7	1.007 1	0.105 5	0.125 6	1.033 4	0.288 2	0.170 7
2001	2.908 0	1.067 3	0.115 7	0.132 7	1.098 9	0.319 5	0.173 7
2002	3.100 7	1.145 7	0.129 2	0.111 6	1.174 7	0.346 6	0.192 8
2003	3.252 7	1.152 6	0.154 5	0.111 8	1.255 7	0.376 6	0.201 3
2004	3.497 3	1.232 8	0.186 7	0.113 5	1.355 7	0.407 9	0.200 4
2005	3.787 4	1.393 1	0.222 1	0.115 1	1.421 4	0.436 3	0.199 2
2006	3.911 1	1.432 9	0.232 6	0.115 6	1.461 5	0.449 6	0.218 8
2007	4.192 4	1.465 4	0.236 5	0.116 8	1.512 3	0.597 8	0.263 4
2008	4.383 8	1.551 7	0.299 3	0.119 4	1.499 6	0.643 0	0.270 5
2009	4.583 5	1.614 4	0.270 6	0.117 5	1.640 5	0.649 6	0.290 5
2010	4.868 6	1.671 7	0.330 7	0.118 1	1.744 5	0.706 8	0.296 5

X_j 的计算结果见表 5.4。

表 5.4 调整后结果序列表

年份	X_0	X_1	X_2	X_3	X_4	X_5	X_6
1978	1.000 0	1.000 0	1.000 0	1.000 0	1.000 0	1.000 0	1.000 0
1980	1.042 5	1.046 7	1.087 9	0.993 1	1.038 1	1.072 2	1.100 9
1981	1.126 9	1.206 1	1.229 3	1.111 5	1.023 6	1.011 4	0.784 8
1982	1.111 4	1.298 6	1.047 1	1.012 6	0.928 9	0.882 3	0.537 3
1983	1.004 3	1.134 0	0.968 5	0.937 0	0.889 6	0.748 7	0.427 5
1984	0.938 4	1.053 7	0.893 9	0.985 3	0.816 0	0.725 9	0.414 1
1985	1.037 1	1.303 0	0.854 6	0.927 8	0.796 7	0.913 1	0.379 8
1986	0.939 1	1.186 0	0.720 8	0.926 5	0.741 5	0.613 6	0.293 3
1987	0.869 9	1.137 9	0.571 8	0.787 5	0.706 6	0.449 1	0.234 8
1988	0.902 3	1.239 4	0.496 4	1.021 2	0.684 0	0.494 9	0.183 1
1989	0.883 4	1.274 8	0.462 3	1.015 6	0.649 1	0.445 7	0.172 6
1990	0.778 3	1.011 1	0.354 3	1.078 8	0.623 0	0.418 0	0.153 0
1991	0.792 0	1.077 1	0.327 7	1.110 9	0.619 7	0.399 6	0.136 3
1992	0.742 6	0.983 0	0.308 8	1.021 7	0.604 3	0.391 6	0.111 8
1993	0.692 9	0.909 8	0.309 5	1.091 9	0.551 8	0.363 7	0.116 6
1994	0.658 6	0.884 8	0.254 7	1.082 2	0.553 1	0.269 3	0.094 7
1995	0.627 8	0.904 9	0.228 7	1.015 6	0.483 7	0.275 7	0.088 7
1996	0.604 8	0.801 0	0.170 4	1.081 8	0.501 0	0.330 6	0.078 7
1997	0.565 2	0.782 5	0.167 4	0.970 6	0.463 8	0.255 6	0.071 6
1998	0.567 9	0.807 5	0.161 5	0.828 0	0.478 8	0.233 3	0.066 0
1999	0.546 1	0.790 6	0.155 2	0.754 6	0.460 9	0.211 6	0.063 7

续表 5.4

年份	X_0	X_1	X_2	X_3	X_4	X_5	X_6
2000	0.543 2	0.854 8	0.147 2	0.693 7	0.438 1	0.196 5	0.060 3
2001	0.510 1	0.806 6	0.134 2	0.656 9	0.412 0	0.177 2	0.059 3
2002	0.478 4	0.751 4	0.120 2	0.781 1	0.385 4	0.163 4	0.053 4
2003	0.456 0	0.746 9	0.100 5	0.779 4	0.360 5	0.150 4	0.051 2
2004	0.424 1	0.698 3	0.083 2	0.767 9	0.333 9	0.138 8	0.051 4
2005	0.391 6	0.618 0	0.069 9	0.757 3	0.318 5	0.129 8	0.051 7
2006	0.379 2	0.600 8	0.066 8	0.754 1	0.309 7	0.126 0	0.047 1
2007	0.353 8	0.587 5	0.065 7	0.746 1	0.299 4	0.094 7	0.039 1
2008	0.338 3	0.554 8	0.051 9	0.729 8	0.301 9	0.088 1	0.038 1
2009	0.323 6	0.533 2	0.057 4	0.741 9	0.275 9	0.087 2	0.035 5
2010	0.304 7	0.515 0	0.047 0	0.737 8	0.259 5	0.080 1	0.034 7

$\Delta_j(k)$的计算结果见表 5.5。

表 5.5　差值序列表

年份	$\Delta_1(k)$	$\Delta_2(k)$	$\Delta_3(k)$	$\Delta_4(k)$	$\Delta_5(k)$	$\Delta_6(k)$
1978	0.000 0	0.000 0	0.000 0	0.000 0	0.000 0	0.000 0
1980	0.004 2	0.045 5	0.049 3	0.004 4	0.029 7	0.058 4
1981	0.079 2	0.102 4	0.015 4	0.103 3	0.115 5	0.342 0
1982	0.187 2	0.064 3	0.098 8	0.182 5	0.229 1	0.574 1
1983	0.129 7	0.035 8	0.067 3	0.114 7	0.255 6	0.576 9
1984	0.115 3	0.044 6	0.046 9	0.122 5	0.212 6	0.524 4
1985	0.265 9	0.182 4	0.109 3	0.240 4	0.124 0	0.657 3
1986	0.246 9	0.218 3	0.012 6	0.197 6	0.325 5	0.645 8
1987	0.268 0	0.298 1	0.082 4	0.163 3	0.420 7	0.635 0
1988	0.337 1	0.405 9	0.118 9	0.218 3	0.407 5	0.719 2
1989	0.391 3	0.421 1	0.132 2	0.234 3	0.437 7	0.710 8
1990	0.232 8	0.424 0	0.300 5	0.155 4	0.360 4	0.625 4
1991	0.285 2	0.464 2	0.318 9	0.172 2	0.392 4	0.655 6
1992	0.240 3	0.433 8	0.279 1	0.138 3	0.351 0	0.630 8
1993	0.217 0	0.383 4	0.399 0	0.141 1	0.329 2	0.576 2
1994	0.226 2	0.403 9	0.423 6	0.105 5	0.389 3	0.563 9
1995	0.277 1	0.399 1	0.387 8	0.144 1	0.352 1	0.539 1
1996	0.196 2	0.434 4	0.477 0	0.103 8	0.274 2	0.526 1
1997	0.217 3	0.397 8	0.405 4	0.101 4	0.309 6	0.493 6
1998	0.239 7	0.406 4	0.260 2	0.089 1	0.334 5	0.501 9
1999	0.244 5	0.390 9	0.208 5	0.085 2	0.334 4	0.482 4
2000	0.311 6	0.396 0	0.150 5	0.105 1	0.346 7	0.482 8
2001	0.296 5	0.375 8	0.146 8	0.098 1	0.332 8	0.450 8
2002	0.273 1	0.358 2	0.302 8	0.093 0	0.314 9	0.424 9
2003	0.290 9	0.355 5	0.323 4	0.095 5	0.305 6	0.404 8

续表 5.5

年份	$\Delta_1(k)$	$\Delta_2(k)$	$\Delta_3(k)$	$\Delta_4(k)$	$\Delta_5(k)$	$\Delta_6(k)$
2004	0.274 2	0.341 0	0.343 8	0.090 2	0.285 3	0.372 7
2005	0.226 3	0.321 7	0.365 7	0.073 1	0.261 8	0.339 9
2006	0.221 6	0.312 5	0.374 8	0.069 5	0.253 3	0.332 2
2007	0.233 7	0.288 1	0.392 3	0.054 4	0.259 1	0.314 7
2008	0.216 4	0.286 5	0.391 5	0.036 5	0.250 3	0.300 3
2009	0.209 6	0.266 2	0.418 3	0.047 7	0.236 4	0.288 2
2010	0.210 3	0.257 7	0.433 1	0.045 2	0.224 5	0.269 9

两级的最大差值:

$M = \max_j \max_k \Delta_j(k) = 0.719\ 2$

$m = \min_j \min_k \Delta_j(k) = 0.000\ 0$

关联度计算公式为

$$r_{0j} = \frac{m + \xi M}{\Delta_j(k) + \xi M} = \frac{0.359\ 65}{\Delta_j(k) + 0.359\ 65}$$

$$i = 1, 2, \cdots, 6; k = 1, 2, \cdots, n; \xi = 0.5$$

其计算结果见表 5.6。

表 5.6 关联度序列表

年份	r_{01}	r_{02}	r_{03}	r_{04}	r_{05}	r_{06}
1978	1.000 0	1.000 0	1.000 0	1.000 0	1.000 0	1.000 0
1980	0.988 4	0.887 8	0.879 3	0.987 9	0.923 8	0.860 3
1981	0.819 5	0.778 4	0.959 0	0.776 9	0.757 0	0.512 5
1982	0.657 7	0.848 4	0.784 5	0.663 4	0.610 9	0.385 2
1983	0.735 0	0.909 4	0.842 3	0.758 1	0.584 6	0.384 0
1984	0.757 2	0.889 8	0.884 7	0.746 0	0.628 5	0.406 8
1985	0.574 9	0.663 5	0.767 0	0.599 4	0.743 6	0.353 7
1986	0.592 9	0.622 3	0.966 0	0.645 5	0.524 9	0.357 7
1987	0.573 0	0.546 8	0.813 6	0.687 7	0.460 9	0.361 6
1988	0.516 2	0.469 8	0.751 5	0.622 3	0.468 8	0.333 4
1989	0.478 9	0.460 6	0.731 2	0.605 5	0.451 0	0.336 0
1990	0.607 1	0.458 9	0.544 8	0.698 3	0.499 5	0.365 1
1991	0.557 7	0.436 5	0.530 0	0.676 2	0.478 3	0.354 2
1992	0.599 4	0.453 3	0.563 1	0.722 2	0.506 1	0.363 1
1993	0.623 7	0.484 0	0.474 1	0.718 2	0.522 1	0.384 3
1994	0.613 9	0.471 0	0.459 2	0.773 1	0.480 2	0.389 4
1995	0.564 8	0.474 0	0.481 2	0.714 0	0.505 3	0.400 1
1996	0.647 1	0.452 9	0.429 9	0.775 9	0.567 4	0.406 0
1997	0.623 4	0.474 8	0.470 1	0.780 1	0.537 4	0.421 5
1998	0.600 1	0.469 5	0.580 3	0.801 4	0.518 1	0.417 5
1999	0.595 3	0.479 2	0.633 0	0.808 4	0.518 2	0.427 1

续表5.6

年份	r_{01}	r_{02}	r_{03}	r_{04}	r_{05}	r_{06}
2000	0.535 8	0.476 0	0.704 9	0.773 9	0.509 2	0.426 9
2001	0.548 1	0.489 0	0.710 1	0.785 7	0.519 4	0.443 8
2002	0.568 4	0.501 0	0.542 9	0.794 6	0.533 1	0.458 4
2003	0.552 8	0.502 9	0.526 6	0.790 2	0.540 6	0.470 4
2004	0.567 4	0.513 3	0.511 3	0.799 5	0.557 7	0.491 1
2005	0.613 7	0.527 8	0.495 9	0.831 0	0.578 7	0.514 1
2006	0.618 8	0.535 1	0.489 7	0.838 1	0.586 8	0.519 9
2007	0.606 2	0.555 2	0.478 3	0.868 5	0.581 3	0.533 3
2008	0.624 3	0.556 6	0.478 8	0.907 9	0.589 7	0.545 0
2009	0.631 8	0.574 6	0.462 3	0.883 0	0.603 4	0.555 2
2010	0.631 0	0.582 6	0.453 7	0.888 5	0.615 6	0.571 3
平均	0.612 9	0.562 0	0.618 2	0.749 1	0.560 7	0.446 9

由表5.6可以得到：$r_{01}=0.612\ 9$，$r_{02}=0.562\ 0$. $r_{03}=0.618\ 2$，$r_{04}=0.749\ 1$，$r_{05}=0.560\ 7$，$r_{06}=0.446\ 9$。

利用上述计算可以得出，在1978年至2010年间，黑龙江省六大类土地类型的人均生态足迹与黑龙江省全省人均生态足迹的灰色关联度大小顺序为：$r_{04}>r_{03}>r_{01}>r_{02}>r_{05}>r_{06}$。

依据灰色关联度理论，$r_{01}>0.6$说明关联度好，通过计算可得，黑龙江省化石能源用地生态足迹的与人均生态足迹增加最为相关，在研究的时间范围内，黑龙江省的化石能源用地逐年增加，黑龙江省地处我国北方，是全国平均气温最低的省份，每年都要燃烧大量的煤炭等化石能源用于供暖、生产等活动。所以对于提供供暖煤炭利用率，以及倡导全省人民集中供暖、低碳生活对于降低全省生态足迹、生态赤字，有着重要的意义。其次为林地的相关性好。黑龙江省是我国的森林资源大省，林业的发展与黑龙江省经济活动、人民生活息息相关，在时间角度上林地的相关度总体呈现下降趋势，说明近些年全省实施的天保工程、人工公益林等政策有了较好的成效。排在第三位的是耕地，黑龙江省也是农业大省，但其农产品总产量排在全国省市中的十名左右，这说明黑龙江省农业生产效率有待提高。

2. 黑龙江省生态足迹与其经济可持续发展的灰色关联度分析

（1）黑龙江省生态足迹与GDP关联度分析

根据黑龙江省1978～2010年的全省经济指标数据，运用上述灰色关联度的计算过程进行逐一计算，能够求得黑龙江省的六大类生态生产性土地的全省人均生态足迹和黑龙江省GDP的关联度，并且对这六大类生态足迹对全省经济可持续发展的影响程度进行排序，见表5.7。

表5.7　黑龙江省1978～2010年生态足迹指标与全省GDP发展趋势关联度

	耕地人均生态足迹 r_{07}	草地人均生态足迹 r_{08}	林地人均生态足迹 r_{09}	化石能源用地人均生态足迹 r_{10}	建筑用地人均生态足迹 r_{11}	水域人均生态足迹 r_{12}
关联度	0.615 7	0.593 2	0.617 3	0.738 4	0.568 2	0.600 5
比较	$r_{10}>r_{09}>r_{07}>r_{12}>r_{08}>r_{11}$					

(2)黑龙江省生态足迹与三大产业的关联度分析

计算出黑龙江省三大产业与生态足迹的关联度系数,有利于我们找出各个产业对生态足迹的影响程度的大小,从而为产业结构调整、减少生态足迹消耗、弥补生态赤字提供科学依据和建议。见表5.8。

表5.8 黑龙江省1987~2010年生态赤字与全省经济指标关联度

	第一产业 r_{13}	第二产业 r_{14}	第三产业 r_{15}
关联度	0.653 4	0.801 2	0.643 3
比较	$r_{14} > r_{13} > r_{15}$		

5.3.8 小结

黑龙江省自1978年以来六大土地类型生态足迹不断增长,其中化石能源的增长速度最快,全省人均生态足迹至2010年时达1.905 7 hm^2/人,上升了28.49%,对全省总生态足迹值贡献率排序为:化石能源用地>耕地>建设用地>水域>草地>林地;生态容量正处于上升阶段,贡献率排序为:林地>耕地>水域>化石能源用地>草地>建设用地;1993年后全省处于生态赤字状态,水域和林地处于生态盈余状态,黑龙江省的生态环境能够承担起黑龙江省水产品和林产品的消耗,处于可持续发展状态。全省万元区域生产总值生态足迹处于逐年下降阶段,由26.556 4 hm^2/万元GDP降至1.79 hm^2/万元GDP,说明在1978年以来黑龙江省资源的利用效率得到了显著的提高,创造单位万元GDP所需要消耗的资源正在减少;1994年后一直处于万元GDP生态赤字状态,表明黑龙江省应继续加快东北老工业基地振兴的步伐,促进整体经济、教育、科技、人才等综合实力的提升,加强资源利用率、资源保护及其重复利用率。

第6章　中国可持续发展能力建设指标体系介绍

6.1　中国可持续发展系统简介

6.1.1　中国特色可持续发展能力建设指标体系建立的背景

可持续发展已成为我国的发展战略,中国的基本国情指出,我们是发展中国家,我们现在正处于一个人口不断增长、人均资源有限、粮食生产压力大、生态环境压力日益加剧的条件下,所以中国特色的可持续发展之路是我们必然的选择。可持续发展系统是一个非常复杂的系统,在中国实施可持续发展战略的整个历程中,中国科学院可持续发展战略组30多名科学家,在长期的探索研究中,以中国的基本国情为依据,深入分析了中国的地理环境、生态系统强度、气候条件等各方面因素,基本完成了中国可持续发展战略框架,该框架阐述了中国可持续发展能力建设的成就与未来展望,同时制定了具有中国特色的“可持续发展能力建设的指标体系”,该体系可用于定量研究中国某一区域的可持续发展能力建设水平,同时可作为统一度量方法,定量地比较各个区域可持续发展能力建设情况,同时提出可持续发展能力建设的政策建议。

中国特色可持续发展能力建设指标体系将资源、环境、发展、社会与管理五位一体高度地综合起来,由于可持续发展研究选择全球或选择某一区域或国家作为研究对象,所要处理研究的都是十分庞大而又错综复杂的系统,因此中国特色可持续发展能力建设指标体系依照各个指标的内部逻辑关系,将其分为五大支持系统,从五个方面对研究区域或国家进行全方位研究。

6.1.2　五大支持系统简介

科学家们制定的中国特色“可持续发展能力建设指标体系”中,依据一般系统学理论与原则,在可持续发展指标体系建立时,将其按照内部的逻辑关系确定了可持续发展能力建设指标体系的五大子系统:生存支持系统、发展支持系统、环境支持系统、社会支持系统、智力支持系统。

(1)生存支持系统

生存支持系统,又称基础支持系统,它表征了研究区域或国家的资源承载能力,也是一个区域或国家可持续发展的资源基础与支持。可持续发展最基础的就是要保证人类的世代生存,资源囊括了人类生存(衣食住行以及情感、生产需求等)所需要的方方面面,该系统将研究区域或国家的资源按照区域或国家内的总人口数量计算出其人口平均后的资源数量以及其资源的质量,并核算该研究区域或国家的资源对其空间范围内的总人口生存以及发展的可持续支撑的能力。这里所讲的生存,不仅仅是该研究区域内现有人口生存发展的支持,也包含着下代人对于生存发展的需求,也体现着可持续发展的公平性原则,以及人际公平性与代际公平性。核算结果表明,研究区域或国家的资源能够满足该区域人口世代生存的需要,则表明该区域或国家具备了可持续发展的资源支持,也是可持续发展的基础条件;若其核算结果表明该区域或国家的资源不能够满足该区域人口需求,则该区域或国家需要对于可持续发展资源支持进行智力调整开发,努力调整使其资源基础处于可持续发展最低要求范围内,才能够实现该区域可持续发展。

(2)发展支持系统

发展支持系统,又称动力支持系统。该系统是研究某一区域或国家的发展的支撑及动力源泉,表征着该区域或国家的生产能力。可持续发展系统是动态的,发展的,循环的,生存支持系统为可持续发展系统提供资源。如何将这些资源通过人类劳动、科学技术以及资本流通转化成为人类可持续发展进程中所需要的产品与服务,则是发展支持系统需要解决的问题。可持续发展不是单一支持系统的发展,而是五大支持系统的均衡发展,人类文明不断进步,发展也有了更高层次的追求,则对于发展支持系统的要求也就有了更高的要求,要求该区域或国家的生产能力与人类需求同步增长,才能够实现研究区域或国家的可持续发展,并且在生产发展的同时,不能对其他四个子系统产生威胁。如果该区域或国家的生产能力不能达到人类需求,人类在满足这种需求时就会破坏五大支持系统之间的平衡,那么该研究区域或国家的可持续发展进程中,表现为其动力不足,亦不能够可持续发展。

(3)环境支持系统

环境支持系统,又称容量支持系统,表征着研究区域或国家的生态环境的缓冲能力,也就是该区域或国家的生态自我修复能力。在人类生存生产中,对其生产空间内的资源产生人工行为,即对环境资源的开发与利用,以及生产过程中所产生的废料、废渣以及废水等的不妥善的处置,都会对当地的生态环境造成危害,而生态环境系统是一个复杂的功能体系,对于人类干扰有其允许的最大限制值,在面对人类产生的污染物的干扰时,自身系统会向着恢复其原有功能与状态的方向努力,如果研究区域的核算结果,超出了当地环境所允许的容量,则会使得环境支持系统失效,即会出现生态衰落,该区域或国家将不能保持强有力的生态环境支持,需要努力保护并修复生态环境才能实现可持续发展。

(4)社会支持系统

社会支持系统,又称过程支持系统,表明一个区域或国家社会的稳定能力,在研究区域整体可持续发展的进程中,像特大自然灾害(洪水、干旱、地震等)来自自然本身的干扰以及人类活动所引发的灾难性事件,如由战争引起的重大损失人员伤亡等来自人类社会的干扰都是能够避免的,社会支持系统以社会稳定、社会公平和社会安全来评价研究区域的可持续发展能力,只有社会稳定、社会制度及各项机制公平运转、居民安全得以保障才能够更好地实现可持续发展,增强社会支持系统的功能,可以选择增加整个研究区域社会支持系统的抗干扰能力,增加抗干扰级别,使得小型干扰对整体社会没有伤害作用,还可以选择加强研究区域社会支持系统的弹性,也就是说使其自我恢复能力加强,这样研究区域社会支持系统在受到干扰时,便会以自我的系统弹性来减弱干扰从而能够更快更好地恢复社会稳定运转的状态,充分发挥社会支持系统的组织能力,让社会发展更加有序,为可持续发展系统打下坚实的社会基础。

(5)智力支持系统

智力支持系统,为可持续发展进程中研究区域的管理调控能力。科技是第一生产力,可持续发展不仅仅是物质上的可持续发展,在人的精神智力与行为上也要持续发展,这就要求人的认知能力、行动能力、科技创新能力都要随着社会进步、经济发展的进步与之同步发展,才能够保障可持续发展之路走得更加长久。用科技的力量将社会、自然、人类与发展更好地协调起来,同时将五大支持系统更加有序、有效地组合起来使得可持续发展系统运行下去。可持续发展作为"自然-经济-社会"的复杂系统,发展是动力,智力支持能够更好地促进发展,智力支持系统将理性思维与自然规律协调统一起来,在理性思维的临界阈值内,更加合理地管理调节。科技进步是智力支持系统的核心内容,主要包含国家教育能力、国家科技能力、国家管理决策能力三大基础部分,有效的智力支持系统担负着研究区域或国家的可持续发展战略的全过程,从战略制定、实施、监测、调控到推进等环节都发挥着核心作用。

对研究区域或国家的可持续发展能力建设整体情况进行分析,需要对上述中国特色可持续发展能力建设指标系统中的五大支持系统分别核算,如果核算结果表明研究区域或国家的五大支持系统都满足了其可持续发展的标准,此时我们可以对该区域或国家的可持续发展能力做出判断,即该区域或国家处于可持续发展状态;同时可以从五大支持系统的角度来对比分析不同区域或国家的可持续发展能力,从而找出影响该区域或国家可持续发展进程的关键因素,针对关键因素调整战略计划。

6.1.3　五大支持系统之间的关系分析

1. 五大支持系统指标贡献率对比分析

中国特色可持续发展能力建设指标体系分为五大支持系统,共含有256个要素指标,这些指标对于整体可持续发展指标系统的贡献是不同的,这些指标在可持续发展系统中总体行为的参与率以及其价值决定了它们在可持续发展能力建设进程中发挥的作用,也就决定了其贡献率。可持续发展系统是复杂的系统,其中含有很多可持续发展要素指标,将这些指标组合成为一个矩阵,面对众多的可持续发展指标矩阵中的元素,依照其重要性和贡献率为所有元素排序,找出该矩阵的极大线性无关组,这个极大线性无关组的值即为极大无关组中元素的个数,也就是该极大线性无关组中可持续发展指标要素的个数,所以中国特色可持续发展能力建设指标体系五大支持系统所含有的要素或者变量是能够充分表达研究区域可持续发展能力现状的并且参数量足够小,也就是极大线性无关组的值最小的指标要素矩阵。通过对各个要素的分析可知,生存支持系统的各个要素对于中国特色可持续发展能力建设指标的对研究区域的整体能力分析总贡献率为30%,为五大支持系统中贡献率最大的支持系统,发展支持系统各个要素的总贡献率比生存支持系统小一些,其贡献率为25%,环境支持系统各要素的总贡献率为15%,社会支持系统与智力支持系统各要素的总贡献率相同,均为10%。

2. 五大支持系统指标逻辑关系分析

(1)生存支持系统

"生存支持系统"以供养人口并保证其生理延续为其标识。自从地球上产生了人类,与其他生物物种一样,延续种群成为第一要义。如果人类得不到足够的食物、足够的饮用水和足够清洁的大气,人的生命就会受到胁迫乃至消亡。任何一个社会形态,以及任何一个社会形态的不同发展阶段,如果不能提供这个最基础的支持系统,也就根本谈不上去满足人类更高的需求。在逻辑关系上,当"生存支持系统"被基本满足后,就具备了启动和加速"发展支持系统"的前提。

(2)发展支持系统

"发展支持系统"的基本特征表现为:人们已不满足直接利用自然状态下的"第一生产力"(即直接利用太阳能所提供的光合作用生产力),而是进一步通过消耗不可再生资源,应用多要素的组合能力,产生更多的中间产品,形成足够庞大的社会分工体系,以满足除了生存必需的食物、饮用水外的更高、更多的需求。在整个可持续发展战略的结构体系中,生存支持系统与发展支持系统不是独立的,也不是并列的,它们之间是有次序和互相联系的,一般而言,"先有生存,后有发展;没有生存,没有发展",基本上代表了两者之间相互衔接的关系。

(3)环境支持系统

一个区域具备了满足生存支持系统和发展支持系统的条件,是否就实现了可持续发展的要求呢?回答是不完全的。当人们为了更多地满足于物质欲望和精神欲望的不尽追求时,也就过分地掠夺了资源、能源和广泛意义上的生态系统,所产生的必然结果是破坏了生态环境,即破坏了人类自身生存和发展所必须依赖的基础,于是人们在满足自身的同时又为自己埋下了隐患,而且这个负面因素又会随着人类干预自然的强度增大而呈"非线性"增大,最终完全破坏人类生存和发展的基础。这个负面因素的集合可以被许可的上限即"环境支持系统"的思考内容。环境支持系统以其缓冲能力、抗逆能力和自净能力的总和,去维护人类的生存支持系统和发展支持系统。换言之,人类的生存支持系统和发展支持系统必须在环境支持系统的允许范围内,才能得以充分地表达。只要超出环境支持系统的许可阈值,原先的生存支持系统和发展支持系统即告崩溃,人类不但达不到可持续发展的战略目标,就连自身的存亡也变得无法保证了。由此看来,组成可持续发展系统的结构体系中,环境支持系统是生存支持系统和发展支持系统两者的限制变量,它可以定量地监测、预警前两个支持系统的健康程度、合理程度和优化程度。

(4)社会支持系统

如果说前述的三个支持系统,更多地涉及的是"人与自然"的关系,那么其后对于可持续发展的第四、第五个支持系统就更多地涉及"人与人"的关系。如果说前三项支持系统的基础和状况都没有超出可持续发展系统总体要求的范围,即生存支持系统有较好的保证条件、发展支持系统有较好的发展基础条件、环境支持系统有较好的容量可供使用,但是如果第四个支持系统——"社会支持系统"出现问题,诸如分配不公、贫富悬殊过大、各利益集团之间的矛盾不可调和、战争的威胁或侵略等,整个可持续发展系统也会陷入无法实施的境地。社会支持系统中有关社会安全、社会稳定、社会保障、社会公平等无法达到可持续发展系统的要求,其结果不仅是不能提高以人为中心的文明进步,相反,却把前三项的支持能力也破坏殆尽。从这个意义上去作内部逻辑分析,该支持系统是前三项支持系统总和能力的更高层限制因子。

(5)智力支持系统

它是可持续发展战略结构的最后一个支持系统,主要涉及一个国家或区域的教育水平、科技竞争力、管理能力和决策能力。该支持系统是前四个系统总和能力的最终限制因子。如果说一个国家或地区的教育水平和科技创新能力不高,必然意味着可持续发展没有后劲,不具有"持续性"的基础,不能随着社会文明的进程,不断地以知识和智力去改善、去引导、去创造更加科学、更为合理、更协调有序的新世界。尤其是全社会的管理水平与决策水平的高低,更是体现智力支持系统作用的一个关键性的因子。一项决策可能破坏、毁掉全部生存支持系统、发展支持系统、环境支持系统乃至社会支持系统所具有的能力。

当然,对五大系统的结构与功能上所进行的区分,只是为了说明其内部逻辑的相关关系,以及它们之间的次序和位置。事实上,任何一个国家或地区可持续发展能力的形成、培育与进展,绝不是其中任何一个支持系统的单独作用,它所表现的是整体支持系统的共同作用和综合作用。但是也必须明白,五个支持系统中的任何一个系统的失误与崩溃,都会最终毁坏可持续发展系统的总体能力,即任何一个单独系统虽不可能代替综合能力,但却可以毁掉整个综合能力。这种特性即可持续发展系统的综合能力形成离不开每一个单独子系统的贡献,但每一个单独子系统的失误与崩溃,却会最终毁坏可持续发展系统的总体能力。

6.2　中国可持续发展系统的三大特征

从可持续发展系统的基础概念出发,所拟定的复杂巨系统具有三个最为明显的特征。

(1)它必须能表达衡量一个国家或区域的"发展度"

能够判别一个国家或区域是否在真正地发展?是否在健康地发展?以及是否在保证生活质量和生存空间基本满足的前提下不断地发展?总之,它必须澄清一个容易混淆的观念,即认为可持续发展似乎不强调经济增长和财富积累,有时甚至把可持续发展视同停止向自然取得资源,以维持生态环境的质量,这显然是与可持续发展理论的本质背道而驰的。

(2)它是衡量一个国家或区域的"协调度"

要求定量地诊断或在同一尺度下去比较能否维持环境与发展之间的平衡?能否维持效率与公正之间的平衡?能否维持市场发育与政府调控之间的平衡?能否维持当代与后代之间在利益分配上的平衡?这一战略目标的特征与区域的"发展度"有所侧重,如果说发展度更加强调量的概念即财富规模的扩大,协调度则更加强调内在的效率和质的概念,即强调合理地优化调控财富的来源、财富的积聚、财富的分配以及财富在满足全人类需求中的行为规范。

(3)它是衡量一个国家或区域的"持续度"

判断一个国家或区域在发展上的长期合理性。这里所指的"长期",近者可能包含五代或十代人的时间,远者直至整个人类的未来。持续度更加注重从"时间维"上去把握发展度和协调度。换言之,战略目标特征中的发展度和协调度,不应是在时段内的发展速度和发展质量。它们必须建立在充分长时间维上的调控机制之中。

建立可持续发展系统所表明的三大特征,即数量维("发展度")、质量维("协调度")、时间维("持续度"),从根本上表征了可持续发展系统结构、系统功能和可持续发展战略目标的完满追求。由此三维空间所构建的可持续发展系统,除了避免从词义上和内部关系上产生的各类误解外，将从理论构架和表述方式上对于可持续发展的行为轨迹做出深层次的解析。为了强化可持续发展本质的抽象表达，在其后的章节中还会有类似的提示。

6.3 中国可持续发展系统数学模型的建立

可持续发展系统的三维模型，进一步给出了该三维模型的理论解析，现将此类阐述列于可持续发展系统模型的几何解释之中，并列出代表可持续发展系统的发展度(G)、协调度(C)、持续度(S)。它们与 G、C、S 形成一组基本关系。

可持续发展系统的理论框架，建立在区域的发展过程与行为轨迹的本质之中，因此，它必须处于生态响应（自然）、经济响应（财富）和社会响应（人文）的三维作用之下。发展过程的行为优劣、健康与否、功效大小和有序程度，均可以在三维共同响应的结果中看出来。从 $t(0)$ 到 $t(N)$ 的矢量，代表了规范意义上的最佳发展行为。凡是偏离或背离这个矢量的，均被认为是在不同程度上对于最佳发展行为（可持续发展）的失误。

1. 可持续发展理论的三维解释

(1)考虑可持续发展系统行为的“发展度(G)”

它表达了可持续发展的第一个本质要求，亦即在原来基础上对 $t(0)\to t(N)$ 方向上的正响应。G 随时间的变化为正，代表了它适应发展度的要求。

(2)考虑可持续发展系统行为的“协调度(C)”

它检验了发展行为偏离 $t(0)\to t(N)$ 线的状况。使用偏离角 α，实际行为 C_t 在 $t(0)\to$ £（Ⅳ）轴上的投影，即($Ct\cdot\cos\alpha$)与 C_t 之差，必须小于或等于某个规定的值，否则被判定为协调度不好。

(3)考虑可持续发展系统行为的“持续度(S)”

在某一时段实际发展行为所形成的三维立方体只有等于或小于它在 $t(0)\to t(N)$)轴上投影所形成的立方体，才能被判为持续度可行。G、C、S 三者既各自独立对可持续发展的行为起作用，任何一个度超出允许的范围，均被认为是对可持续发展目标的失误，而只有当 G、C、S 三者同时都在允许的范围内时，才能承认可持续发展是真实的。

2. 可持续发展的数学模型

“环境与发展”的均衡，是国家可持续发展战略的核心，也是“人与自然”之间取得平衡的基本标识。可持续发展的数学模型构建，来源于人类活动对于自然环境干扰强度和对于自然系统改变程度的描述，反过来它又包括了环境本身的“短期效应”(Short-term Effects)和“长期效应”(Long-term Effects)对经济活动、区域开发以及人类健康的影响。这种交互式的、互相作用、互相影响的复杂关系是可持续发展数学模型的理论依据。这个基础，一方面取决于人类活动对能量消费、资源利用、环境污染、生态退化等的规模、强度和效应，另一方面还要取决于自然变化、自然波动和自然脉冲（前两者如自然演化的长波周期、全球变化等；后者如自然灾害等）对经济结构、地表适应、生态映射、生物多样性变化等的影响、分布和程度。这两个方面均从不同角度影响着国家的可持续发展能力。近些年国际上流行的“生态服务”(Ecological Service，ES)概念(Lubchenco，1998)和“生态印迹”(Ecological Footprint,EF)概念(Wackemagel et al. ,1997)等,其实质都是在解析环境与发展关系中的深入思考。一旦环境与发展之间的平衡出现了问题或危机,人类社会同时采用或交替采用“战略调整、政策调整、利益调整”的方式或者“知识创新、技术进步、产业升级”的方式,去加以消弭并重新取得平衡。

可持续发展数学模型的基本表达,是在“人口-资源-环境-发展-管理”的复杂系统中提取的一组关系,它将能把上述复杂系统的行为脉络予以定量地表达,从而有助于对现实系统的监测、优化和调控。该数学模型是一组由其动力学方程及有关的参变量共同组成的。

这些动力学方程的参数列举部分如下:

$y(H_1)$为在$t+1$时刻对国家可持续发展能力的总压力;$Y(t)$为在t时刻对国家可持续发展能力的总压力。

$F(1)$为在t时刻的环境污染,反映了影响发展质量的“短期效应”;$F(2)$为在t时刻的生态退化,反映了影响发展质量的“长期效应”;依据中国的具体国情可知,$F(2)$对$F(1)$的影响范围取值0.0到0.4之间;$F(3)$为在t时刻的人类自控能力,反映了影响发展质量的“社会、文化、管理效应”;$F(3)$对$F(2)$的影响范围取值在0.0到0.25之间,由此计算出$F(3)$对$F(1)$的影响程度为$(0.0\sim0.25)\times(0.0\sim0.4)=(0.0\sim0.1)$;$F(2)$和$F(3)$共同对于$F(1)$的影响范围是$(0.0\sim0.4)+(0.0\sim0.1)=(0.0\sim0.5)$它说明了短期效应的环境污染,加上长期效应的生态退化,再加上人类自身控制能力,共同对于国家可持续发展能力的总压力影响权重。

$P(t)$为在t时刻的人口数量;$G(t)$为在t时刻的GDP数量;$TP(t)$为在t时刻的污染控制度量,表达为$W(t)/G(t)$;$W(t)$为在t时刻由于环境污染所排放的废弃物总量;$TP(\min)$为全世界最先进的10个国家的最优污染控制等级衡量,它反映了时刻t废弃物排放的最低数量。

$R(t)$为在t时刻的资源消耗数量;$ES(t)$为在t时刻的生态应力,即生态应力指数(Ecological Stress),反映了t时刻生态退化程度;$SS(t)$为在t时刻的社会结构合理度,反映了社会的组织能力和有序程度;$SS(r)$为社会结构的理想合理度。

e为自然对数的底;$L(t)$为在t时刻人口教育的总水平(年);$DMI(t)$为在t时刻的决策能力指数,可以表示为$L(t)/P(t)$为按人平均受教育年限(年/人);$L(\max)/P(t)$为在t时刻世界上受教育年限最长的国家的数值;其中,DMI是t时刻$L(t)$、$L(\max)$的函数,M为规定的无量纲权重值,Ⅳ为规定的无量纲权重值,上述两组权重值M,Ⅳ,分别取决于国家自然遗产、历史遗产、现实发展阶段和不断变化的自然背景。$RDLS$为地表起伏度指数(Relief Degree of Land Surface);HA为人类活动强度指数(Human Activity);$\max(h)$为国家最高海拔高度(m);$\min(h)$为国家最低海拔高度(m);$\max(H)$为全球最高海拔高度(m);$\min(H)$为全球最低海拔高度(m);$e(a)$为国家中平地(包括平原、台地、高原等非切割性地形)面积;A为国家国土总面积;a为资源限制因子权重;b为环境限制因子权重;c为人口限制因子权重。

生态应力来自于自然背景(以$RDLS$为代表)和人类活动(以Hu为代表)的共同作用。自然背景的地形起伏度指数($RDLS$)直接与区域开发成本、生态脆弱程度、生态重建能力、生态保育难度等有关;人类活动强度指数中,同来自人口、资源、环境的限制有直接关系,限制因子权重a,b,c,十分明显地具有:$a+b+c=1.0$,在中国现实条件下,将各类专家意见综合后,赋

予$a=0.3,b=0.5,c=0.2$(从2000年到2050年)。在f'基本保持慢变量变化的条件下:

如$R(t)/R(k)=0.0$　　则$ES(t)=0.0000$

$=(0.0\sim0.2)$　　$=0.0625$

$=(0.2\sim0.4)$　　$=0.1250$

$=(0.4\sim0.6)$　　$=0.2500$

$=(0.6\sim0.8)$　　$=0.5000$

$=(0.8\sim1.0)$　　$=1.0000$

当$R(t)/R(k)>1.0$　$ES(t)\_+\infty$,可持续发展系统崩溃;

如$E(t)/E(c)=0.0$　　则$ES(t)=0.0000$

$=(0.0\sim0.2)$　　$=0.0625$

$=(0.2\sim0.4)$　　$=0.1250$

$=(0.4\sim0.6)$　　$=0.2500$

$=(0.6\sim0.8)$　　$=0.5000$

$=(0.8\sim1.0)$　　$=1.0000$

当$E(t)/E(c)>1.0$　$ES(t\to\infty$,可持续发展系统崩溃;

如$[P(t)-e(u)]/P(u)=0.0$或小于0.0则$ES(t)=0.0000$

$=(0.0\sim0.2)$　　$=0.0625$

$=(0.2\sim0.4)$　　$=0.1250$

$=(0.4\sim0.6)$　　$=0.2500$

$=(0.6\sim0.8)$　　$=0.5000$

$=(0.8\sim1.0)$　　$=1.0000$

当$[P(t)-P(u)]/P(u)>1.0$　$ES(t)-+\infty$,可持续发展系统崩溃。

其中,$R(k)$为支持国家可持续发展能力的自然资源最大承载力;$E(c)$为支持国家可持续发展能力的环境最大缓冲能力;$P(M)$为在可持续发展意义下,最优的人口数量和人口结构。

可持续发展的数学模型,从本质上揭示了在$Y(t+1)$等于$Y(t)$或小于$Y(t)$的状况下,即对国家可持续发展能力的总压力随着时间的变化,不再增加并逐渐减小时,环境与发展才能取得相对的平衡,并对可持续发展能力的培养起到积极的作用。

第7章 生存支持系统研究

7.1 生存支持系统研究现状

7.1.1 生存支持系统概述

1. 生存支持系统的研究

"生存"是人类物质文明和精神文明的起点,更是"发展"的基础。人类从事物质生产活动的初衷,就是旨在先经过保存自己生命的延续和后代的繁衍,然后才逐渐地达到发展生产力和提高自己生活质量的目标。在人类进化的历史长河中,虽然生存与发展常常是伴生的,不容易也不可能将其截然分开,但是"先有生存后有发展"和"没有生存就没有发展"的原则,是被客观证实了的基本原则。

2. 生存支持系统的含义

生存支持系统是指维持人类基本生存需求所必需的物质、能量、环境等各种要素所构成的一个相互联系的集合体,其食物、水、空气和适宜的地理环境为最基本的生存支持。众所周知,生存是发展的基础。而可持续发展的最低门槛,就是首先必须满足人类生存需求。作为发展的起点,应当在温饱得以基本保证的条件下,才有可能为进一步的发展奠定基础。生存支持系统以广义的农业生产为核心。随着社会经济的发展,农业问题已经远远超过生物农业本身,涉及农业、农民、农村三个层面,因此农业可以看成是"自然-经济-社会"的综合体。

生存支持系统以供养人口并保证其生理延续为其基础标识。自从地球上产生了人类,他们与其他生物物种一样,延续种群成为第一要义。如果人类得不到足够的食物、足够的饮用水和足够清洁的大气,人的生命就会受到胁迫乃至于消亡。任何一个社会形态,以及任何一个社会形态的不同发展阶段,如果不能提供这个最基础的支持系统,也就根本谈不上去满足人类更高的要求。在逻辑关系上,当生存支持系统被基本满足后,才具备了启动和加速发展支持系统的前提。

生态农业生存支持系统包含生存资源禀赋、农业投入、资源转化效率、生存持续能力四个子系统。四项之中生存资源禀赋是基础,生存资源禀赋是由土地资源、水资源、气候资源、生物资源、水土配置等要素组成,这里主要是自然资源要素,人为因素并不渗入其中,这是生存的基础条件。我们在研究生态农业发展理论时,首先必须还原到它的基础目标——生存问题,在初始目标没有充分实现之前,既谈不上发展,更谈不到可持续发展。

由于构成生存支持系统的各种要素彼此交织、共同作用,影响和制约着系统对现有人口的支撑能力和未来人口的承载潜力。所以研究并提高生存支持系统的总体能力,对于促进可持续发展具有非常重要的意义。

7.1.2 生存支持系统研究现状

国外学者对于区域可持续发展生存支持能力已经开始了不断深入的研究,大致可分为两个阶段。第一阶段,从20世纪70年代中期开始到80年代。

这一阶段重在对城镇群体的实证与规范研究。如布莱德伯里等对资源型城镇的可持续发展进行了相关理论和实践研究,大多与资本积累等经济因素相联系。其间理论上出现了依附理论和资本积累与国际化理论。

第二阶段,20世纪80年代,由于国外城市生存支持系统基本完成转型,学者对其的研究主要集中于城市的可持续发展、城市生态学等相关方面。

在此研究当中,克拉多斯、杜勒等学者对自然资本与一个地区的生活质量的关系进行了细致的研究。他们设计模型,从环境服务的能力、可再造能力和可持续发展能力出发,判别自然资源对一个地区生活质量的可持续发展的作用;在面向21世纪的网络经济的环境下,布雷克里研究了地方经济发展与资源控制之间的关系;在对自然资源的研究中,大卫认为由于全球经济的发展致使自然资源严重浪费,为此他提出了改变规划和环境成本等理论,用来维持工业生产系统与资源环境系统的平衡。

与国外发达国家相比,我国的工业化和城市化进程起步较晚,发展较慢,其资源型区域的形成和研究也较晚,相应的我国对于相关区域的生存支持系统方面的理论研究不系统、不全面。进入20世纪90年代,在世界经济社会可持续发展的大形势下,我国经济发展战略也进行了调整并且进一步推进了体制改革,但随着市场经济的不断发展,我国多数地区生存支持系统面临的矛盾日趋尖锐,严重影响了国民经济发展。为此,国家和社会各界都对资源型区域的生存能力发展的问题日益关注。

7.1.3 我国生态农业的生存支持系统

弗瑞斯特教授和梅多斯等人的研究认为,随着世界人口日趋膨胀和物质水平的不断提高,经济活动的总增长最终将面临三个方面的限制:其一,地球的有限的面积;其二,资源稀缺的限制;其三,环境自净能力的约束。我国面临的这三个方面的矛盾异常突出。

21世纪我国面临的生存危机,是人口继续增长和粮食的短缺。当前,随着经济总量和人口总量的加大,农业资源已迅速接近承载力的上限,平均每人拥有的耕地不及世界平均水平的30%;每人拥有的草地不到世界平均水平的40%;每人拥有的林地不到世界平均水平的14%;每人拥有的水资源不到世界平均水平的25%。以世界总耕地面积7%支撑世界22%的人口生存(每年人均400 kg)粮食的总数储备,其难度可想而知。

广义的农业资源可持续利用,必须满足以下三个基本条件:

其一,粮食生产总量应满足人口总规模达到“零增长”时的最低需求。保障年人均粮食水平的基线(400 kg/人),既不能因为人口数量的增加而降低,也不能因为耕地面积的减少而减少。

其二,农业资源的消耗与农业资源的再生,随着人口数量的增加和世代的更替应保持相对的平衡。

其三,通过区域的自然改造与资源的优化配置,达到空间分布上的均衡,逐步消除贫富之间的差异。

世界上诸多学者均认为,只有以上三项基本条件同时被满足,全球的、国家的、区域的农业在广义上的可持续发展才能得以实现,生态农业才能得以实施。目前,我们陷入一种“两难”的境地,一方面我们追求农业可持续发展的实现,另一方面我们又不能真正地实现理想的可持续发展。我们必须遵循可持续发展的思路,尽快地全面实施我国生态农业可持续发展的蓝图。

7.1.4 国内生存支持系统研究现状

各地区的生存支撑能力有较大的差别。上海最高,综合指数为62.3,甘肃最低,只有26.8。排在前12位的几乎都位于发达的沿海地区,从高到低依次为:上海、福建、北京、浙江、广东、天津、江苏、湖南、江西、山东、河北、广西。西部地区是支撑能力较差的地区,如排在后面的新疆、内蒙古、贵州、陕西、青海、山西、宁夏、甘肃。中部地区具有某些过渡的特征。总地来说,形成了一种东高西低、南高北低的空间格局。从构成生存支持能力的指标来看,生存资源禀赋除黑龙江省外,基本上是南部地区高于北部地区,这说明南部地区的生存条件比较优越。生存条件比较优越的地区往往与人口的高密度联系在一起。资源较少,并不意味着人口的生存压力就大;而资源丰富的地区,并不代表生存压力相对较轻。

从中国各地区耕地的投入水平来看,黑龙江、内蒙古、甘肃、吉林、宁夏等地区的投入水平较低,在某种程度上是以掠夺地力、牺牲资源和环境为代价的,这种粗放型的土地利用方式是难以持续的。实践证明,在投入水平较低的情况下,增加单位投入的增产效应比较显著。所以,这也是上述地区增加土地投入、挖掘增产潜力的关键所在。但这也并不是说投入越高越好。当然,在北京、上海、湖南、广东、天津等地区,投入水平在全国较高,这也是有雄厚的经济实力做后盾,反映了这些地区对于维护地力比较重视。但是随着投入水平的进一步提高,出现边际报酬递减效应,而且对环境造成一定的不良影响。

7.2 生存支持系统的指标体系概述

7.2.1 生存支持系统指标模型

中国作为世界上的人口大国,自古以来资源的压力一直沉重。随着全球经济一体化和中国对外开放的进一步扩大,作为中国资源基础的粮食问题曾一度引起世界的关注。最为瞩目的是1994年刮起的“布朗旋风”,在全世界范围内掀起了轩然大波,引起了粮食进口国的恐慌。粮食是生存的基础,是特殊商品,是战略物资,同时也说明了粮食安全的多面性。

中国的基础生存能力究竟如何?能否满足现有和未来的人口需求?很有必要对中国各地区的生存能力、生存潜力予以评价,借以判别和认识区域的优势和劣势所在,为区域的决策者采取对策和措施、扬长避短、提高区域的生存能力提供依据。

农业的可持续发展是国家或区域乃至全球可持续发展的重要组成部分。结合农业生态系统自身的特点和当前可持续农业的最新理论,本书从农业系统的生存资源禀赋、农业投入水平、资源转化效率、生存持续能力四个方面对区域的生存支持系统进行评价和仲裁，评定区域的基础生存能力。见表7.1。

表7.1　生存支持系统指标体系

系统层	状态层	变量层(要素层)
生存支持系统	生存资源禀赋	耕地资源指数(人均耕地、耕地质量)，农业水资源指数(人均水资源、水资源密度、水田水浇地比率)，水土匹配指数，生物资源指数(人均生物量、单位面积生物量)，农业环境质量指数(森林覆盖率、水土流失率、受灾率)
	农业投入水平	物能投入水平(单位面积农机总动力、用电量、化肥施用量)，劳资投入指数(单位面积投入劳动力、农业财政支出)
	资源转化效率	生物转化效率指数(单位面积产量、化肥生产力、劳动生产力)，经济转化效率指数(农民人均收入、农业产出率)
	生存持续能力	农业持续动力指数(农业劳动者素质、科技贡献率)，水土治理指数(水土流失治理率、旱涝盐碱治理率、成灾率)

7.2.2　生存支持系统指标定量评价模型

指标体系的各层次模型函数可表示为：

(1)变量层

各类指数可统一表示为

$$X_i = \sum_j M_{ij}X_{ij}$$

式中　X_i——第i个指数，$i=1\sim40$；

X_{ij}——第i个指数的第j个无量纲化统计数据；

M_{ij}——第i个指数的第j个无量纲化统计数据的权重。

(2)状态层

各状态函数可统一表示为

$$Y_i = \sum_j M_{ij}X_{ij}$$

式中　Y_i——第i个状态函数，$i=1\sim14$；

X_{ij}为第i个状态函数的第j个指数；

M_{ij}为第i个状态函数的第j个指数的权重。

(3)系统层

各支持系统的能力函数可统一表示为

$$Z_i = M_{ij}Y_{ij}$$

式中　Z_i——第i个支持系统的能力函数，$i=1\sim5$；

Y_{ij}——第i个支持系统能力函数的第j个状态函数；

M_{ij}——第i个支持系统能力的第j个状态函数的权重。

7.3　生存资源禀赋对生存支持系统的影响

7.3.1　生存资源禀赋概述

生存资源泛指那些与生存直接相关,并能被直接开发利用的可再生资源,如水资源、气候资源、生物资源、耕地资源等。它的赋存状况,如数量的多寡、质量的优劣、组合或匹配程度、开发的难易,对一个地区人口的生存尤其重要,同时构成了该地区可持续发展的先决条件。

7.3.2　耕地资源

耕地是生存之本,也是人类从事农业生产的物质基础和先决条件。其数量、质量、空间分布以及动态变化是衡量一个地区生存条件优劣的最主要标志之一。

(1)耕地的数量

从总体上说,中国的耕地资源绝对数量不少,根据遥感调查,约有20亿亩。但是在庞大的人口基数面前,又显得十分稀缺。加上耕地的空间分布不平衡,各地区的人均耕地也差异极大。

(2)耕地的数量动态(耕地的变化率)

耕地的数量动态是衡量耕地变化趋势的一个指标。中国的人口基数庞大,增长势头不减,对耕地的需求与日俱增,加上工业化、城市化的加速推进对耕地的鲸吞蚕食,使人口与生存资源之间的矛盾日益尖锐。作为农业最基础条件的耕地,其面积自50年代中期达到顶峰后,一直呈减少趋势。同期人口快速增长,使人均耕地降幅增大。而且随着经济的发展,耕地非农占用仍将增多。有人预测,到处于人口顶峰(16亿)的2030年时,中国还将占用非农耕地2.76亿亩(1亩≈667 m^2)。届时,人口与耕地的矛盾将更加尖锐。

(3)耕地的质量

耕地质量的优劣也是衡量一个地区农业生产条件好坏的标志之一。土层的厚度、地势的平坦程度、土壤的肥力这些因素对于该地区的农业开发成本、农业生产水平的高低均有重要的影响。鉴于相关资料难以获得,我们采用一等地的面积占该地区耕地总面积的比例间接反映耕地质量的好坏。国内外耕地资源和土地利用大概分为以下几个阶段:

①国外土地利用调查阶段。国外系统性的土地利用调查以英国最早。英国于1930年成立了不列颠土地利用调查所。1931~1939年开展了全国土地调查,并编制完成了1:625 000的全国土地利用图。在英国土地利用调查成功的基础上,国际地理联合会(IGU)设立世界土地利用调查专业委员会,推进全球1:100万土地利用图的编制,欧洲各国先后进行各自国家的土地利用调查。如意大利编印了全国1:20万土地利用图26幅,内容分21类。原苏联自20世纪50年代后结合综合地区开发,进行土地资源调查,把土地利用分为五大类。20世纪60年代末,20多个欧洲国家合作编制了1:250万全欧土地利用图,共分12幅,内容有6大类22小类。美国自1850年开始,建立了全国农业普查制度。1933年开始两河流域整体规划,开创了小区域土地利用综合考察的先例。

②土地利用动态监测阶段。20世纪40~50年代后,各国土地利用的研究重点逐渐从

土地利用普查转向土地利用的动态变化监测方面。并且随着全球变化研究的兴起,基于全球和区域尺度的土地利用/土地覆被(LUCC)的动态研究也逐渐开展起来。加拿大从20世纪60年代开始建立土地利用监测体系,1978年联邦环境部土地管理局颁布了《土地利用动态监测纲要》,根据土地利用价值,把全国土地分为城市及其边缘区、重要资源区、一般农牧区和荒地区四种类型区。法国的土地利用监测采用分级管理,监测的土地类型达到了一百多种,反映了土地的开发和利用特性,也反映了土地的功能特性。一些面积小而经济发达的国家为及时掌握土地利用变化情况,采用了专门的土地利用监测方法。如瑞士从1960年开始,通过定期监测制梯度监测土地利用变化情况。20世纪70年代又建立了以航空相片对监测区抽样调查为基础的土地利用监测体系。荷兰从20世纪70年代中期开始建立了全国性的土地利用监测体系,将全国土地分为16万个小方块,定期逐个进行全国调查。

③土地利用和耕地资源综合研究阶段。20世纪90年代以来,全球变化研究兴起使LUCC成为国际研究热点,围绕LUCC进行了大量的研究,其重要内容之一是土地利用变化及其驱动因子作用机制。为此,各国科学家纷纷展开全球尺度或地域性的土地利用变化及其驱动因子的研究。有些学者强调土地利用变化对全球环境变化的影响,有些学者则注重土地利用变化对区域社会经济可持续发展的作用。这些工作极大地促进了土地利用变化及驱动力研究,为全球LUCC研究积累了极为丰富的理论、方法和案例借鉴。

国内土地利用和耕地资源研究大致也经历了以上几个阶段,同时由于面积大和历史悠久,还有一些独有特征。

(1)土地利用的记载和普查阶段

我国土地开发历史悠久,早在6 000多年前,我国原始农业刚刚出现时,以扩大农用地为目的的土地开发利用活动就在黄河与长江中下游兴起。自私有制出现以来,人们对赖以生存和发展的土地资源给予了特别关注。进入夏商时期,我国文献中关于土地利用的记录逐步详细起来。春秋战国时代,统治阶级已认识到土地利用和人口数量之间的重要性。从西周时期开始,我国建立了完整的土地利用调查和人口调查制度,到西汉的《汉书·地理志》,详细记录了我国土地利用及人口的基本情况。西汉中期,在农业生产中提高单位面积产量开始受到重视,于是土地资源调查、土地评价等工作因势而生。《禹贡》、《管子》等书中,对土壤进行分类和分等定级,并指出各类土壤的质量、生产能力和所适宜的作物和牧草。据隋唐时代统计,全国耕地而积约在800万到850万 hm^2。明洪武二十年(1387年)统治者通过查田亩定租税,制定了鱼鳞图册,这是迄今为止我国古代最完备的耕地调查和耕地登记。明洪武二十六年(1393年),进行了我国历史上第一次全国耕地总调查,查出全国耕地总面积约为4 666.667万 hm^2,比元末时增加4倍有余。清朝对全国人口、耕地数量有详细的统计。嘉庆十七年(1812年),我国耕地而积有5 280.163万 hm^2,人均耕地而积为0.146 hm^2。我国古代通过完善各级政权,对土地利用,主要是耕地的数量进行了详细的调查统计,形成了比较完整的土地利用调查统计的方法和制度。

(2)土地利用的调查和分类研究阶段

20世纪30年代,我国已出现利用近代科学技术的理论和方法进行土地利用问题的研究。如地理学家胡焕庸和张心一等对中国土地利用状况进行了较系统的调查研究。从20世纪50年代持续到70年代,土地利用研究的主要内容是在利用实况的基础上指出利用不当的问题,并提出合理利用的建议。20世纪70年代期间,以土地类型为基础进行土地资源评价和以土地类型质量对比关系进行农业区划方面有了较快的发展,与此相联系的不同比例尺土地类型系列制图亦同时进行。20世纪80年代以来,中国完成了全国1:1 000 000土地类型、土地资源和土地利用系列图集的编制工作,基本上建立起了土地资源和土地利用的分类体系。

(3)土地利用和耕地资源合理开发研究阶段

众多学者在土地利用调查研究的工作中,基本摸清了我国耕地资源的家底,该时期的研究重点是耕地资源及其利用现状的调查和开发利用规划等。随着国家经济发展要求将土地及耕地的合理利用作为研究的重心,围绕着全国和区域性的土地和耕地资源的合理开发利用研究逐渐开展起来。

(4)耕地资源的时空变化原因分析阶段

在对耕地资源的可持续利用研究中,普遍认为耕地资源的时空变化尤其是数量减少及质量下降是其可持续利用的主要障碍,也是危及我国社会经济可持续发展的重要因素,使得我国耕地资源的时空动态变化成为大家关注的焦点,耕地数量和质量方面的变化及原因研究迅速发展起来。尤其是20世纪90年代中期以来,耕地时空变化方面的研究成果大量涌现。

7.3.3 水资源

水是生存必不可少的资源,无论是对人、植物还是动物。中国的水资源总量不少,居世界第6位,但人均水量只有世界人均水平的25%左右,居世界第88位,是世界上人均水资源严重不足的国家之一;而且水资源的时空分布极其不平衡,南多北少,东多西少。全国水资源的80%分布在占全国面积36%的南方地区。中国的水资源贫乏,不仅在许多地区已成为经济发展的瓶颈,而且直接威胁到人口的生存问题。目前全国666个城市中,有330个市不同程度地缺水,其中严重缺水的达108个;32个百万人口以上的大城市中,有30个长期受缺水的困扰。全国城市平均日缺水1 600万 m^3(2000年),因缺水影响工业产值2 300亿元,农业灌区每年缺水300亿 m^3,少收粮食250亿kg。到2003年底,中国尚有7 300万人口、5 500万牲畜亟须解决饮水问题。

我们用人均水资源量、单位面积水资源量和亩均水资源量来表示一个地区水资源的生存支持程度。

(1)人均水资源量

它是衡量一个地区水资源丰度最直观的指标。中国各地区人均水资源差异极大,西藏人均高达186 750 m^3,而天津却只有159 m^3。两者相差1 000倍以上。

(2)单位面积水资源量

它是衡量水资源空间分布的指标。其值越大,表明该地区水资源越丰沛。广东每平方公里水量为102万 m^3,居全国各省区之首,宁夏最低每平方公里只有1.93万 m^3,两者相差近53倍。

(3)亩均水资源量

它是反映单位耕地所拥有的水量,是衡量该地区农业生产条件是否优越的标志之一。西藏由于地少水多,亩均水量高达82 874 m^3,而宁夏却仅有50 m^3,差距达1 600倍以上。

7.3.4 水土匹配指数

水土的匹配或组合状况对于一个地区农业生产非常重要,也是构成一个地区生存条件是否优越的主要内容。由于中国受季风气候的强烈影响,降水时空分布不平衡,年内、年际变化大,水土组合错位,对中国农业生产的稳定形成严重的威胁。从总体上来说,水土匹配失调主要表现在南北大区。南方人口占全国的58%,拥有全国水资源量的80%,耕地只有全国的42%,而北方地区人口虽然占全国的42%,但是水资源量仅占20%,耕地却达到全国的58%,不少地区尤其是西北地区农业摆脱不了靠天吃饭的被动局面,成为农业生产的严重制约因素。从各个地区来看,水土匹配状况差异悬殊,水多地少,水少地多情形比比皆是。如图7.2所示。从图7.2中可以看出,南方的省份一般水资源、比例较高,耕地所占的份额较少,北方省份正好相反。

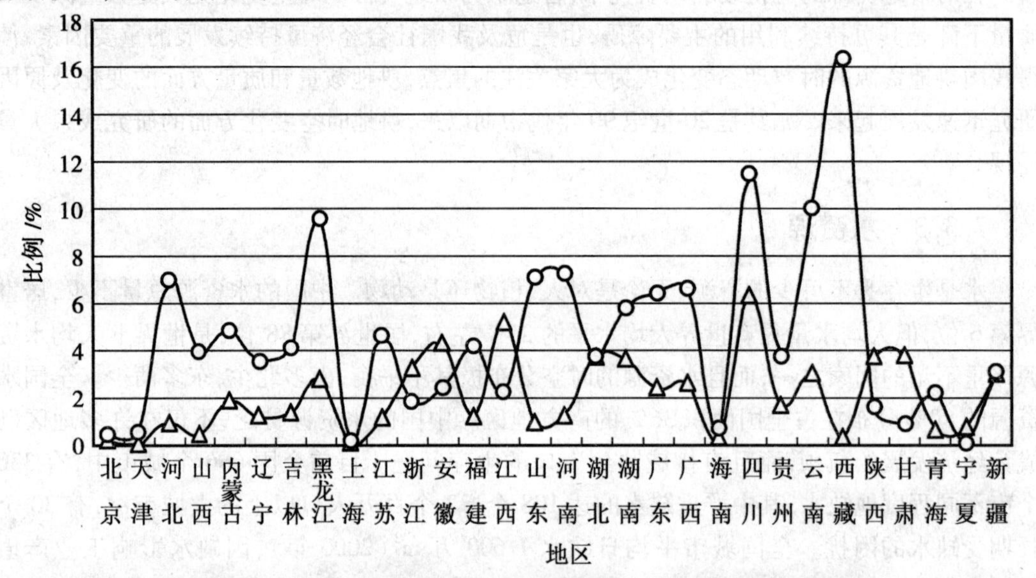

图7.2 中国水资源匹配图

7.3.5 气候资源

气候资源包括光、热、降水、无霜期等,这些因素给农业生产提供物质及能量,是使农业生产得以顺利进行的先决条件。组成气候资源要素的数量、组合及分配状况在一定程度上决定了一个地区的农业生产类型、农业生产率和农业生产潜力。具体分布如图7.3所示。

7.3.6 生物资源

生物资源包括森林、草原、农作物。生物资源是一个地区各种自然条件综合作用的结果,也间接反映出该地区生态环境的优劣和人类可以利用的潜在程度。

我们用人均生物量和单位面积的生物量来衡量生物资源丰度。森林作为陆生生态系统的主体,对于一个地区的生物量有很大的影响。一般来说,森林覆盖率高的地区,其生物量也较高。西藏地广人稀,人均生物量最高约为380 t/km^2,而单位面积的生物量较低,为

734 t/km²。上海人均量最低,只有 0.38 t/km²。单位面积生物量最高的是吉林,为 4 536 t/km²,最低的新疆只有 431 t/km²。

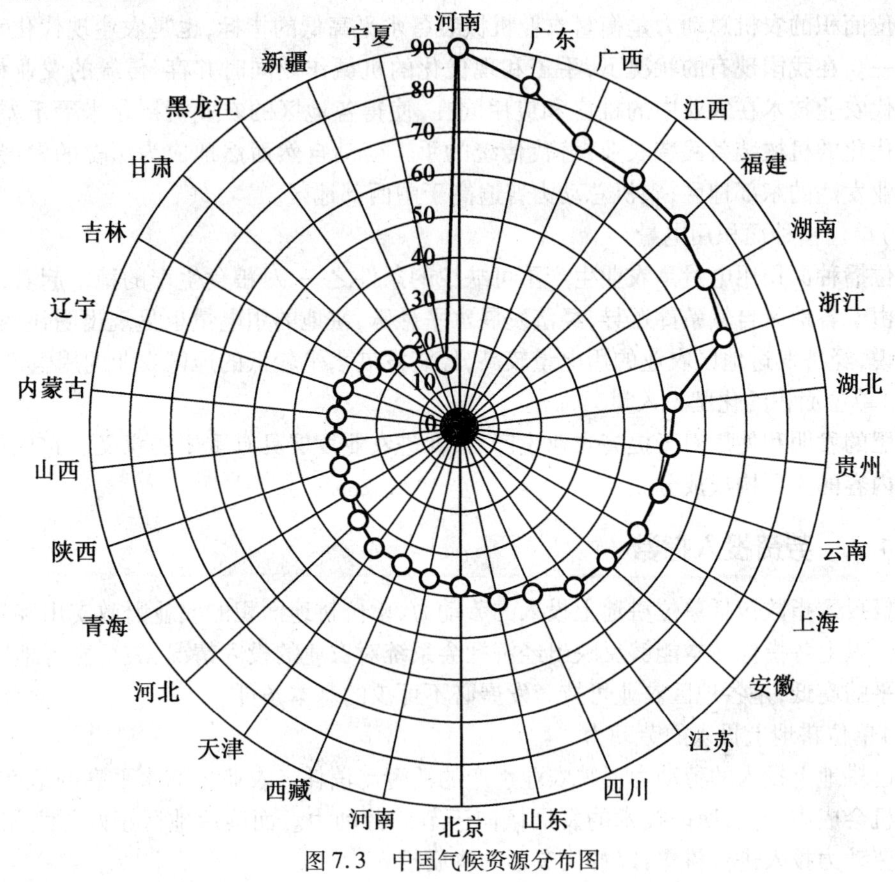

图 7.3　中国气候资源分布图

7.4　农业投入水平对生存支持系统的影响

7.4.1　农业投入水平概述

农业生态系统是人类有目的地建立起来的系统,具有明显的社会价值和经济价值。农业经济系统和农业生态系统是以农业技术系统为中介而相互结成的一个有机的整体。在该系统中,经济的再生产过程,不管它的特殊社会性质如何,总是同一个自然的再生产过程交织在一起。农业经济系统不断地同农业生态系统进行着能量流动和物质交换。人们总是向农业系统投入各种物质和能量,依靠农业动植物及微生物的生长机能而获得农产品。农业生产过程也就是社会资源作用于自然资源从而得到人类需要的农产品的过程。

7.4.2　物能投入指数

物能投入指数包括单位面积的农机总动力、单位播种面积用电量和单位面积的化肥投入量。这三个指标综合反映出一个地区的农业现代化水平和程度。总地来说经济发达地区农业的现代化水平较高。

(1)单位面积的农机总动力

单位面积的农机总动力是衡量农业机械装备水平高低的指标,也是农业现代化水平的标志之一。在我国现有的状况下,手工和现代化的机械作业同时并存,传统的农业耕作制度和现代农业技术在农业中的推广和应用同在,使得各地区的农业机械化水平千差万别。利用现代化的机械装备武装农业,替代传统的手工劳动自然而然地成为历史的发展趋势。我国农业发达的东部地区,农机总动力普遍高于中西部地区。

(2)单位播种面积用电量

单位播种面积用电量是农业生产不可缺少的条件之一,对粮食生产的稳定起着重要的作用。由于各地区自然条件迥异,经济发展水平悬殊,耕地的用电量也呈现出明显的差异。通常来说,经济发达地区农业的用电量较高,经济发展水平较低的地区农业的用电量较低。

(3)单位面积的化肥投入量

化肥的发明和使用对于提高农业生产力,促进农业发展具有重要的意义。它也是农业现代化内容的主要构成成分。

7.4.3 劳资投入指数

劳资投入指数包括单位耕地上投入的劳动力、单位耕地面积的农业财政支出和耕地的灌溉率。以上各指标基本能够反映出经济社会系统对农业的投入情况,表征着各地区农业投入水平的高低,是各地区农业可持续发展必不可少的基本条件。

(1)单位耕地上投入的劳动力

单位耕地上投入的劳动力反映农业生产的活劳动消耗。农业生产水平高的地区,由于劳动的机会成本较高,所以技术的发展倾向于节约劳动力。而落后地区正好与之相反,采用高的劳动力投入进行耕作,以替代有形的物质投入。

(2)单位耕地面积的农业财政支出

单位耕地面积的农业财政支出反映对农业生产的资金投入,也反映了地方政府对农业的重视程度。必要的资金投入是农业生产得以顺利进行的基本保障。

(3)耕地的灌溉率

它的高低反映出一个地区的农田基本建设水平,对于提高农业抗御自然灾害的能力,保障农业的高产稳产,维持区域的生存能力具有重要的意义。

7.5 农业系统对生存支持系统的影响

7.5.1 农业系统概述

人们总是向农业系统投入一定的辅助能量或物质资源,通过系统的转化,输出人们意图得到的农产品,以满足基本的生存需求和经济发展所需要的农业原料。农业系统的转化效率反映了系统对资源(无论是人工投入的,还是自然界本身所赋予的)利用程度的一种度量,从中可以透视出农业系统的功能和结构。衡量系统转化效率有两种表达形式,即生物转化效率和经济转化效率。这两者往往交叠在一起。对于农业系统来说,担负着为全社会提供最基本的食品服务以及作为国民经济的基础服务于社会经济建设的责任,势必要求两个效率的统一。只有两者相互促进,才能使整个农业系统形成良性循环,不至于成为经济发展的瓶颈。

7.5.2　生物转化效率

生物转化效率综合反映了农产品生产的物质消耗状况。单位物质消耗所产生的农产品愈多,表明生物转化效率愈高。我们选取以下三个指标来测度农业的生物转化效率。

它是衡量农业产出对活劳动消耗或占用情况的一个重要指标。一般在经济发达的地区,如北京、上海,由于农业的现代化水平较高,替代了一部分劳动力。农业劳动生产率较高或者在地广人稀的地区如黑龙江同样如此。

7.5.3　经济转化效率

农业的经济和社会属性决定了农业生产必须有效率和效益,否则农民不能致富。以效益促生产,增产增收齐头并进,才能调动农民的积极性,成为农业可持续发展的直接动力。在此,我们选取以下五个指标度量农业的经济转化效率。

(1)农业总产值的增长率

它是农业经济活力的有效体现。从总体上衡量经济规模的扩张程度。

(2)农民的人均收入

它是衡量农业生产经济效益的显著标志。它的高低对于农民生产的积极性会产生直接的影响。

(3)农民收入的增长率

它是衡量农民增收能力的一个重要指标。增产必须增收,否则增产目标难以得到完全实现。

(4)农业投入产出率

农业投入产出率即农业产值与农业物质消耗成本的比率,它是测度农业经济效益的一个非常重要的指标。

(5)粮食的保证率

按照人均 400 kg 粮食的基本标准,衡量一个地区粮食生产对该区人口用粮的保证程度,也就是现有的人均粮食产量与 400 kg 的比率,从而反映出该地区维持人口最基本生存的能力。吉林、黑龙江的粮食保证率较高,分别达到 192% 和 167%,而北京只有 55%,全国仅有 9 个省(自治区、直辖市)的粮食基本可以得到保证,大部分地区粮食的保证率较低。

7.6　生存持续能力对生存支持系统的影响

7.6.1　生存持续能力概述

生存持续能力是指农业维持生存的持久支撑能力和潜在能力。农业是一个先天不足的弱质产业,与其他部门相比,不仅具有高风险的特点,而且还拥有生产周期长、投资率差、资金周转缓慢的低效益及市场竞争力弱的特点。

7.6.2 农业稳定度

农业可持续发展的基本前提之一,就是要保持产品供应与需求之间的相对稳定性。农业的大起大落是与农业的可持续发展背道而驰的。中国历史上农业生产的几次大的波动引发的经济失衡,给中国的国民经济造成了巨大的损失。因此,保持农业生产的稳定对于农业的可持续发展有着极其重要的意义。我们选取以下几个指标来度量。

(1)粮食波动指数

用近五年来粮食增长率的方差与其均值之比来表示。它是衡量粮食生产稳定与否的重要指标。中国是一个生存压力巨大的国家。人口庞大的基数及其持续膨胀的现实,在不可能把庞大人口群的生存问题寄托于风云变幻的国际市场的情况下,迫使中国人民只有依靠自己的能力解决自己的吃饭问题。因此,粮食的稳定增长对于中国非常重要。

(2)农业产值波动指数

虽然产值的波动受农产品产量波动的影响,但是产值更侧重于从价值的角度来反映农业的总体情况,两者存在一定的偏差。我们用农业产值增长的波动与其均值之比表示。

(3)收入波动指数

人均收入的稳定增长是调动农民从事农业生产的积极性、推动粮食生产乃至整个农业可持续发展的直接动力。收入的波动侧重于反映收入分配的变化,我们同样用人均收入增长率的方差与其均值之比来表示。

7.6.3 农业的持续度

农业的持续度,首先是从农业环境与农业发展的角度出发的,即农业资源的开发和利用不应超过农业资源和环境的容量,也就是农业生产不能以破坏或过度利用农业经济发展赖以维持的资源和环境为代价。短期的不合理开发可能会带来一些眼前利益,但是这种短期利益也许远远补偿不了农业资源破坏和农业生态环境恶化所造成的损失,削弱对发展的持久支撑能力。所以,必须在发展农业生产的同时,保护农业资源和环境,培育农业经济的资源环境基础,使得经济获得持续增长的物质基础。评价农业的持续能力,我们采用以下几个指标。

(1)水土流失治理率

水土流失率是生态环境脆弱的基本标志之一。它不仅造成大量的表土丧失,加剧了土壤的干旱程度,影响土壤水分的平衡,而且带走了大量的氮、磷、钾等养分,使沃土变得瘠薄,良田变得荒芜,生存资源流失。所以为了维护赖以生存的资源基础,必须减少水土流失。我们用水土流失治理率反映水土流失的治理力度,该指标还间接反映了政府、社会公众对水土流失治理的重视程度。

(2)旱涝盐碱治理率

该指标反映了对土地退化的治理能力及改造中低产田挖掘生产潜力的能力。中国的中低产田比例高达60%以上,改造中低产田,挖掘其生产潜力,对于解决中国的粮食问题,保障粮食安全具有重要的意义。

(3)成灾率

成灾率反映人类抗御农业自然灾害能力的高低。受灾不一定成灾,主要是人为因素使然。成灾率愈高表明抗灾能力愈弱。

(4)劳动者素质

科技进步已成为经济增长方式由粗放型向集约型转变的关键环节,是农业持续增长的不竭动力。农业科技的大规模应用如化肥、农药对于提高农业生产率、节约日益紧缺的农业资源,打破资源的刚性约束,保障粮食安全起着举足轻重的作用。而农业技术的推广和应用尤其是高新技术,需要有较高素质的劳动者与之适应,方可转化为现实的生产力。而劳动者的素质又是科技进步的源泉。所以一个地区科技水平的高低受制于该地区劳动者素质的高低。归根结底,劳动者的素质规定了经济增长的质量和效益,并且对于劳动生产率的提高起着决定性的作用。

(5)粮食增长弹性

粮食增长弹性即粮食的增长率与人口的增长率之比,反映一定时期内粮食的变化与人口消长之间的动态比例关系。可持续发展的要求之一就是保持人口的增长不超过粮食的增长率。唯有如此,才有可能实现未来人口高峰时的粮食安全。

7.6.4　农业分配公平度

农业分配公平度从社会公平的角度衡量产业之间、城乡之间、社区之间、地区之间的分配状况。分配差距过大,势必引起农民的心理失衡,丧失农业生产的积极性,并且有可能成为社会不安定的潜在触发因子。下面从以下几方面进行分析。

(1)城乡收入差距

城乡收入差距用城乡人均收入之比来表示。差距越大则说明社会福利在城乡之间的分配越不公平,越容易造成农民心理上的失衡,对于保障国家或区域的粮食安全不利。因此,要将收入差距保持在一定的合理区间。这就需要发挥宏观调控的力量,制定农业倾斜政策,纠正政策实施中的偏差,克服和弥补市场调节机制的"盲点"和不足之处,使农民从农业生产中真正得到实惠,以保障农民从事粮食生产的持久积极性。

(2)城乡消费水平的差距

虽然消费水平受制于收入水平,但是消费水平的差距更能直观地反映城乡居民生活水平的差距,在一定程度上反映了社会分配公平程度。

(3)贫困率

贫困率直观地反映了整个地区或社区内部的分配公平度。贫困是发展的绊脚石,发展首先要消除贫困。一般经济比较发达的地区贫困发生率相对较低,如北京、天津、上海、福建、浙江、广东的贫困率较低,而内蒙古、青海、甘肃、陕西、宁夏、贵州、云南、西藏是贫困率较高的地区。贫困往往与恶劣的生态环境伴生在一起,消除贫困应与环境的综合治理相结合,否则脱贫效果不显著。生存资源、农业投入、资源转化、资源维护、社会保障共同作用,以便使农业系统源源不断地提供农产品和原料,满足人们日益增长的需求和经济发展的需要。每一个环节都对系统支撑生存的能力做出不同的贡献。由于各地区生存资源禀赋差别,社会经济技术条件迥异,使区域的生存能力呈现出空间上的分异格局。

7.7 农业产业化的生存支持系统概述

7.7.1 农业可持续发展的生存支持系统

可持续发展已成为当今人类的正确抉择和共同关注的问题。农业作为直接利用自然资源进行生产的基础性产业,其可持续发展对于整个国家或地区的可持续发展起着至关重要乃至决定性的作用。农业和农村的可持续发展自20世纪90年代后已日益成为现代农业的研究热点与发展目标和趋势。那么,何谓农业的可持续发展呢?许多学者从不同角度进行了定义。

农业的可持续发展就是管理、保护和合理利用土地、水、植物和动物等资源,以及不断调整技术和机构体制(包括生产关系、经营方式与耕作制度等)变化的方向,以确保获得持续满足当代及今后世世代代人的需要,技术上适当,经济上可行,并且社会能够接受的一种发展形式。农业的可持续发展实质上就是不同尺度农业生态系统内部各子系统之间以及农业系统与外部系统或环境之间相互协调、同步演进的一个动态过程,如果将这个过程解剖开来,农业的可持续发展需要通过以下六个支持系统的不断协调与完善来实现和完成,即环境与资源支持系统、生产与管理支持系统、经济与市场支持系统、技术与信息支持系统、政策与法律支持系统和社会与伦理支持系统。这六个支持系统是农业可持续发展的重要内容,是实现农业生态持续性、经济持续性和社会持续性的必要保证,也就是说,一个农业生态系统,无论是国家范围内还是区域范围内,要想实现可持续发展就必须保证该系统的输入、生产与输出等过程或环节的永续畅通。任何一个环节发生断裂和阻塞,都必然会形成一系列的连锁反应,进而导致农业系统的非持续发展。

1. 环境与资源支持系统

农业是一个对资源与环境具有强烈依赖性的产业,它是直接利用光、温、气、水、土、动植物等自然资源和社会资源,通过人力、技术、经济措施进行物质生产的综合体系。环境和资源作为农业生产的物质和能量的输入要素,在一定程度上决定着区域农业发展的方向和模式,它是农业可持续发展的基础支持系统和坚强后盾。因此,要保持农业生态系统的持续性,就必须保证环境与资源物质和能量输入的通畅性与永续性。然而,长期以来,由于人们对人地关系以及环境与发展的关系缺乏清醒的认识,加上全球人口、粮食、经济发展、工业化和城市化的巨大压力和冲击,人类为了短期和局部的利益,常常以高消耗资源和牺牲环境为代价,结果导致了环境与资源支持系统的不同程度的破坏乃至瓦解。水土流失、沙漠化、土壤瘠薄化、土壤有机质丧失、环境污染、自然灾害频繁等已严重阻碍了农业的稳步持续发展。环境与资源的耗竭和贬值已导致农业生产力和经济效益下降,农业生态系统的稳定性、持续性和抗逆性能力减弱。由此可见,加强资源与环境的保护、培育与合理利用是实施农业可持续发展的重要内容和关键步骤。因为从某种意义上讲,保护自然资源和生态环境实际上就是保护农业生产力。农业环境与资源支持系统的维护与培育主要包括以下几个方面的内容:

①恢复与重建已退化的农业环境,控制环境(水-土-气-生物)污染,实施废弃物的

资源化利用和农业清洁生产工程,创造健康的农村生态环境。

②加强基本农田建设和基本农田保护,改造中低产田,切实提高农业生产力;保护农业生物多样性,建立农作物种质与遗传基因资源库;防治水土流失,实施"沃土工程",提高土地生产力;大力发展资源节约型农业。

2. 生产与管理支持系统

生产与管理是农业活动的主体和具体的实施过程,农业生产与管理系统是直接将各种自然资源、社会资源、资金和技术以及人类劳动转化为农产品的生产与再生产体系或过程,是实现农业可持续发展的重要环节。农业生产与管理支持系统包括三个层面的内容:

①区域资源的优化配置、农业产业规划与布局,这是实现农业生产系统良性循环和资源合理持续利用的必要保证。

②农业生产关系与生产体制、农业生产的具体组织形式,这些关系(包括分配关系)与组织形式在一定程度上还决定着农民的经营权、经营目的和土地利用方式,也影响着人们的生产积极性。

③农产品生产与田间管理,包括人力、物力和财力的投入,农田基本建设,农产品生产的技术配套、实施及生产管理等日常工作。

农业生产效率与管理水平的高低是农业可持续发展的重要标志,没有高的农业生产率和高的管理水平,就一定不可能有农业的可持续发展。目前,我国的农业生产与管理系统还极不完善和成熟,农业生产效率较低,管理薄弱和松散,严重地阻碍着农业的可持续发展。首先,农业产业结构(农、林、牧、副、渔与乡镇企业比例)与布局不协调,有的地方盲目追求大而全,有的地方农业产业结构则十分单一,忽视了区域环境的农业适宜性,进而导致资源的较大浪费和破坏。同时,我国农村改革开放以来,农民获得了土地经营自主权,经营什么、如何经营往往受经济效益的驱动和影响,农业生产常出现一些盲目的"无政府"倾向,农业生产景观破碎,而且许多农用土地被撂荒或非法侵占,造成了农业资源的低效利用流失。另一方面,由于农业效益低,农民的生产积极性不高,大部分青壮年农业人口向城镇转移,使得许多农业措施不能充分运用,许多农业工程项目很难或无法实施,土地经营与管理较为粗放,农业生产力低而不稳。因此,我们在进行农业可持续发展规划与建设时,必须因地制宜,优化区域农业产业结构,理顺各种社会关系与生产关系,调动农民的积极性,选择适宜的可持续发展模式,完善和健全农业生产基础设施(如水利工程等),改造农业生产的落后技术,扶正农业生产与管理支持系统,切实抓好农业生产环节,提高农业生产效率。在条件成熟的地区,逐步实施农业适度规模经营,走农业现代化和产业化道路。

3. 经济与市场支持系统

经济和市场是农业发展的两大外部驱动力,它们像两只无形的手制约着农业生产的规模与发展方向。良好的经济与市场及优越的经济政策是农业可持续发展必不可少的条件。经济与市场可对农业生产产生一定的推力和拉力作用,即一方面通过资金投入及经济杠杆推动农业生产,另一方面又通过经济宏观调控等各种经济作用,活跃农业市场,促进农产品的流通与消费。只有保证充分的资金投入和市场的健全发育,才能保持整个农业生产过程的通畅与顺利进行。因为当今的农业不再是自给自足的自然经济,而是开放型的市场农业,因此要维持或扩大农业再生产就必须有一定的资金、物质和人力投入,同时必须保持适当的市场需求，保证农产品的顺利输出，以实现农业自身的巨大价值。

目前，我国农业的经济与市场支持系统不力，功能低下，主要表现在以下几方面。

(1)经济投入力度不足

农业基本建设投资少，农业基础设施老化失修，农药、化肥、农机等生产资料质次价高、量不足，工农业产品比价过大，农业效益低下，生产要素匹配不合理等，已成为农业可持续发展的严重经济障碍。

(2)市场发育不健全

农产品生产结构与市场需求结构不匹配，供需脱节，致使农产品流通不畅，造成“过剩”与“短缺”并存现象，表现为市场失灵，结果不仅造成了农业产品的巨大浪费，而且挫伤了农民的生产积极性。

充分发挥经济与市场的支持和调控作用是农业可持续发展不可或缺的战略要素。一方面，我们要在农业经济理论的指导下，科学地增加农业投入，改善农业生产条件，提高农业综合生产力；另一方面，要改革经济体制，提高经济政策水平和管理水平，加强市场预测，建立健全农产品市场，正确地引导消费，疏通农产品销售渠道。同时，适当进行农业经济政策倾斜，调整农产品价格，增加农民收入和生产积极性。

4. 技术与信息支持系统

科学技术是第一生产力，也是农业可持续发展的重要突破口和关键所在。我国传统的维持低投入、低输出的农业不是可持续农业。也就是说，要想实现农业的可持续发展，就必须发展生产力，而科学技术已成为农业生产力发展中最活跃、最有决定意义的一个因素，技术与信息是农业可持续发展的两个重要支撑。

进入20世纪90年代，世界农业科技革命发展迅猛，一场以生物技术、基因工程技术、信息技术、计算机技术与遥感技术为代表的高新技术正在向现代农业渗透和扩散，农业这个传统产业正孕育着一次新的技术变革。然而，从我国农业现代化水平来看，技术不先进及技术储备不够，农业技术推广体系还不够完善，技术转化率不高，目前，我国尚有70%的农业科研得不到推广应用，20%～30%的耕地未应用优良品种，牛、羊、猪、鸡的良种普及率仅分别为15%、40%、18%和15%，灌溉水利用率仅30%～40%，化肥当季利用率仅30%～35%。农业生产中的许多高效优质的种植养殖关键技术与各种农业灾害应变技术尚未有较大突破，出现技术疲软现象，这些严重阻碍了我国农业的可持续发展。

技术与信息支持系统包括农业技术的研究与开发、技术的示范推广与辐散、应用以及超前研究技术的储备等内容。近期急需建立以“三节约”、“三防治”农业持续发展科学技术体系。

(1)节地技术

大力发展间作套种技术、农林复合技术、无土栽培技术、设施农业技术、地膜覆盖技术等。

(2)节水技术

积极地发展和采用水利工程技术及节水灌溉技术，如渠道防渗技术，低压管道输水技术，喷灌、微喷灌、滴灌技术及田间节水保墒技术等。

(3)节能技术

开发和利用新兴能源，如风能、太阳能、沼气能等，并进行节流技术的研究，如省柴节煤灶等。

(4)环境污染防治技术

主要包括优化施肥技术,高效、低毒、低残留农药的生产与喷施技术,病虫害综合防治技术,废弃物的资源化利用技术,清洁生产技术等;水土流失防治与控制,如坡面工程技术、坡面防护林技术、等高耕作技术、生物篱笆技术等;种质单一化防治技术、计算机与信息技术(如4S技术与网络技术等)、农业推广与传播技术的研究与应用,在此基础上逐步实现农业的良种化、机械化、电气化、产业化、规模化、工厂化、商品化、信息化、生态化和可持续化。

5.政策与法律支持系统

可持续发展已成为国家和地区发展的基本国策和基本战略,因此必须要有相应的法律政策作为保证和后盾,必须要有政府的参与,切实做到有法可依,有法必依。一方面,要加快可持续发展的立法工作,建立健全有关政策与法令制度。由于农业的可持续发展是一个长期的、复杂的系统工程,因此,在制定政策与法律时,要按照可持续发展的系统要求,建立农业投入政策、经济调节政策、科学技术政策、组织管理政策、资源开发利用政策、环境保护政策,以形成一个完整配套的、协调平衡的综合管理政策体系。同时,要对农业实行适当的政策倾斜,加大对农业的投资,并提供有利于农业可持续发展的各种优惠条件,制定合理的农产品价格体系,并切实减轻农民负担,提高农民的生产积极性;要合理引导消费、控制供求平衡,活跃市场,使农业稳步健康发展。另一方面,要加大可持续发展的政策与法律的宣传、教育与执法力度,切实把各项政策贯彻落实下去,防止政令不通、“政策走形”和各自为政,防治政府失灵,对有悖于农业可持续发展的行为应通过相应的法律手段、行政手段与经济手段给予必要的惩处和制裁。

6.社会与伦理支持系统

农业的可持续发展是整个社会可持续发展的基础,但社会的安定、长治久安也是农业可持续发展不可缺少的支持条件。没有稳定的社会环境、良好的社会秩序以及和谐的生产关系、人际关系,就不可能有农业的可持续发展。因此,首先要协调国家间、地区间的关系,倡导和平与民主,加强对话与合作,反对战争与暴力冲突。与此同时要理顺各种社会关系,控制人口增长,保持适度的人口规模;积极发展社会公益事业,给人们提供食物安全、居住安全和就业与健康保障,提高人们的生存与生活质量。伦理包括人类的道德观、宗教信仰、文化水准以及世界观等,它在一定程度上反映着人类对自然的态度、人对人的态度,并直接左右着人的行为,进而影响着可持续发展的进程。因此在实施可持续发展的同时,必须加强全社会的科学文化教育、宣传和精神文明建设,提高人们的生态环境意识、全球意识和可持续发展意识,改变长期存在于人们头脑中“环境资源与劳务无限”和“人定胜天”的观点与思想,让人们自愿地、自发地、自觉地去实施农业可持续发展,只有这样,可持续发展才能真正成为人类的共识,也才能真正“可持续”下去,而不至于仅仅停留在口头上。

7.7.2 农业产业化的内涵与意义

农业产业化是指根据资源条件和国内外市场的需要,择优确定农业的主导产业,以提高经济效益为中心,对当地农业的支柱产业和主导产品,实行区域化布局、专业化生产,一体化经营、社会化服务、企业化管理,把产供销、贸工农、经科教紧密结合起来,形成“一条龙”式的经营体制。农业产业化对于促进农业经济增长方式由粗放型向集约型的转变具有非常重要的作用，从而能大幅度提高农业经营的效益以及农业现代化水平。

其一，农业产业化的核心是在依据资源条件择优确定主导产业的基础上培育好龙头企业和专业化生产基地，形成种养加、产供销、贸工农一体化的生产经营体系。这样一方面可以有重点地开发出符合当地资源特点的名优特产品，形成优势产品的密集带和专业化水平较高的区域生产规模。另一方面，通过龙头企业的带动和服务又将农产品的生产、加工、销售环环紧扣，这就架起了农民走向市场的桥梁，使农民有序地进入市场。

其二，通过农业的专业化规模生产及农产品加工、销售一体化经营体系的培育，不仅可以使农产品得以增值和使农户利益与企业利益紧密相连，构成利益互补、风险共担的利益共同体，而且能够有效地降低农业生产成本和改变农业的比较利益，使农民来源于农业生产经营的收入不断增长。

其三，围绕主导产业而建立起来的龙头企业和专业化生产基地群，将有利于各种高新技术和实用技术的推广、应用和名优特新产品的开发，使农产品的科技含量和价值得以提高。广大农民也将从中体会到市场信息、科学技术以及产品的品种、质量等对自身利益的重要性。这既能促进他们学技术、学管理的自觉性，提高他们的科技观念与素质，同时也能调动起他们发展生产的积极性，是农业在其内在动力和外在拉力的作用下迈向高产、优质、高效之路。

其四，随着农业主导产业规模优势的形成和发展，必然促使乡镇企业（特别是加工企业）布局上的相对集中和总体水平的提高而形成对农村剩余劳动力的很强的吸纳能力，这将有利于扩大农民就业和增加农民收入。同时，随着农村剩余劳动力的转移及农业和非农产业的不断壮大，还有可能吸引城市的先进技术、资金和人才等向农村流动，从而形成城乡之间生产要素的双向流动与优化配置，这必将带动农村产业结构的优化、升级，促进城乡之间的经济交融与农村城镇化进程。

7.7.3 农业产业化的生存支持系统

1. 区域生存支持系统

农业产业化的基础支持系统是指发展农业产业化的区域基础。它包括区域的自然条件、自然资源以及劳动力资源等生产要素条件。农业生产是一种生物性生产，需要建立在一定生态适宜性的基础上，区域气候资源等地理要素的复杂组合，形成了农业的多种适宜性。因此，只有发挥区域适宜性优势的产业才具有竞争力。多数地区比较成功的农业产业化实践都是建立在区域的大宗农副产品基地或者区域特色产品基地之上的。

2. 动力支持系统

农业产业化的驱动力包括市场和经济效益、体制、科技、政策等因素。市场与经济利益驱动，从根本上说农业产业化的实质是农副产品的商品化和市场化。只有按照市场的供求关系，按照市场需要组织生产，才能取得良好的经济效益，推动产业化的发展。以往农民以家庭为单位独立而进行农产品的生产和经营，主体分散弱小，不能及时掌握市场信息，准确地调整生产与经营，所以常造成生产与经营的大起大落，损失浪费严重。

（1）体制驱动

从20世纪80年代初期我国推行农村改革以来，通过实行家庭联产承包责任制，初步理顺了产销关系，促进了农业的发展。但时至今日，以农户为单位的这种小生产与大市场之间的矛盾逐渐暴露出来。而农业产业化将分散的农户集中起来,以一定的方式将生产、加工、销售、服务等环节组织联合起来,成功地将生产与市场联系起来,提高了农副产品的商品化率,因而也提高了经济效益。在实践中一定要注意规范利益分配制度,特别是农民的利益,以免挫伤其生产和经营的积极性,使农户、企业相互依存,共同发展。

(2)政策驱动

从多年的实践来看,政策是农村经济发展的动力之一,什么时候政策好,什么时候发展就快。政策是体制、市场和经济利益以及科技等驱动因素的保障和原动力。首先,适宜的体制是体制创新的来源,它能从根本上不断地完善和发展农业生产和经营组织的方式,以适应生产力的发展。其次,良好的内、外贸以及市场保护政策,可以规范市场行为,刺激市场发育,从而刺激生产和经营。再次,正确的科技政策,可以充分调动科技工作者的积极性,保证农业技术发明、实施、普及各环节的通畅,提高农业发展的科学技术含量,充分发挥"科技是第一生产力"的作用,进一步来推进产业化的进程。

(3)科技驱动

农业产业化与之前农业的显著区别之一就是通过产业化链条生产的农副产品中具有较高的科技含量。农业产业化是以市场为导向的,而市场机制的本质是通过公平竞争来提高效率,实现优胜劣汰。因此,以低效率消耗大量资源、高投入、存在潜在污染为特点的传统农业,势必为高效、低耗、环保型的产业化农业所代替。而这种新型农业是需要以农业科技进步为支撑的。

3. 服务支持系统

传统的以家庭为单位的生产和经营很难进入市场,其主要原因之一就是"小而全",农户必须兼顾从生产到加工乃至销售的各个环节、各个领域,农民不得不介入许多全新的、陌生的环节和领域中,以有限的财力、人力、物力很难提高其产品的品质,所以竞争力弱。社会化服务的内容按照其作用效果可以分为:解决农民技术难题的,减轻农民劳动强度的,化解其用地时间与空间矛盾的类型。从服务的组织来看,各级政府及涉农单位都应该有配套的、规范的、系列的服务措施,以形成完善的服务体系。

农业产业化的生存支持系统是相辅相成的,其中市场和经济效益是农业产业化的原动力;而科技和政策总是体现在农业产业化的每一个环节、每一个领域;服务是实施农业产业化的关键,服务体系的社会化、组织化程度,以及科技含量的高低,决定了农副产品的市场竞争力;而区域农业产业化驱动、服务等支持系统都是要由政策来规范和保障的。

7.7.4 国外农业产业化对我国的启示

1. 国外农业产业化的特点

在国外,农业产业化从20世纪20年代美国工商企业与农业生产者缔结合同形成的"农工综合体"开始,到五六十年代,西方发达国家已步入农业产业化发展的高级阶段,充分显示了农业产业化给农业乃至整个国民经济带来的积极促进作用。因此,了解和研究国外农业产业化的特点和规律,借鉴其成功经验,将有利于我国农业产业化的健康发展。

(1)国外农业产业化的主要特点

尽管各国对农业产业化的称谓不尽相同,依托的载体各异,但所走的道路都是产业化发展之路，具有相同的特点，即按现代化大生产的要求，在纵向上实行产加销的一体化；横向上实行资金、技术、人才等要素的集约经营，形成生产专业化、产品商品化、服务社会化的格局。同时，通过变革旧的经济组织方式去追求潜在的经济利益，实现生产、经营、服务与利益机制等方面的转变。

①农业专业化与集中化。这是农业产业化的主要特征。农业专业化包括农业企业专业化、农艺过程专业化和农业地区专业化三个方面。

农业企业专业化是指农业企业之间实行明显的社会分工，各企业逐步摆脱"小而全"的生产结构，生产项目由多到少，由分散到集中，由自给自足转变到专门为市场生产某种农产品，其他生产项目或者降为次要的地位，或者成为从属的、辅助的生产部门，甚至完全消失。

农艺过程专业化又叫农业作业过程专业化，即把生产某一种农产品的全部作业过程分解为若干个阶段，分别由不同的专业化的企业来完成。如美国畜牧业生产，育雏、饲养、蛋奶生产等工作都由专门的企业来完成。

农业地区专业化又称农业生产区域化，是指农业生产在较大的地区之间实行日益明显的分工，逐渐成为生产某些农产品的专业化地区。如美国因地制宜地进行某种作物的生产，通过长期演进，已形成 10 个各具特色的农业带。墨西哥热带水果主要集中在南部各州，蔬菜主要集中在北部和中部几个州。

生产集中化一般是指伴随农场数目的减少而出现的农场经营规模不断扩大的趋势。如美国农场总数由 1974 年的 231.4 万下降到 1992 年的 190 多万，虽然大农场在 1929 年只占全国农场总数不到 18%，但是他们拥有的土地占农业用地的 54%，产量占农业总产量的 83%。

②经营一体化。这是农业产业化的主要表现形式，即农业企业集团内部、农业企业之间以及农业企业与非农业企业之间，通过某种经济约束或协议，把农业的生产过程各个环节纳入同一个经营体内，形成风险共担、利益均沾、互惠互利、共同发展的经济利益共同体。如芬兰最大的乳制品联合生产企业瓦利奥公司，从奶牛的饲养、原奶的收购、运输，到乳制品的精加工、产品的销售和出口进行一体化经营，不仅效率高、周期短、生产成本低，而且随时可以根据市场的需求动态调整产品的品种和数量。

③服务社会化。这是农业产业化的客观要求。其基本内容包括产前、产中、产后各个环节上"一条龙"的社会化服务体系。如墨西哥的锡那罗亚西红柿生产协会就是为生产西红柿的农户设立的系列化服务机构，对西红柿的产销形势、政府政策、市场动向、生产技术等问题能及时准确地向农户提出意见和建议。

④利益分配机制合理化。这是农业产业化的本质所在。在利益总和既定的前提下，产业化进程中的各个利益主体将依据其所处的地位和所发挥的作用，对经济利益进行分割。通常情况下，由于农户处于出卖原料的地位，作为价格的消极接受者，一般难以得到正常的利润，而农业产业化则可以打破这种不合理的利益分配机制，通过农工商一体化经营，使农户也分享到农产品在加工、流通过程中增值的平均利润。同时，发达国家还十分重视对利益分配机制的调控，除给农民提供长期低息贷款外，还突出表现在农产品价格措施方面。如欧共体通过制定干预价格（最低价格）与门槛价格（最低进口价格）等措施，保护农民的利益，以防止农民利益受到损害。

2. 对我国农业产业化的启示

与国外的农业产业化相比较，我国的农业产业化尚处于初级阶段，差距还很大。首先，农业的专业化和集中化水平低。其次，农工商相互独立，工业企业处于困难时期，经营不景气，农产品加工增值环节十分薄弱，多数农产品处于原料出售阶段，欠缺高科技含量、高附加值的名优产品。再次，农村服务体系不健全。由于体制原因，农技人员流失严重，加之由于资金不足等因素，其服务功能难以正常发挥。同时，不完善的市场经济体制也阻碍了农业产业化经营的发展。因此，要实现我国农业产业化的健康发展，就只有借鉴国外农业产业化的先进经验，才能走出一条适合国情的农业产业化之路。

(1)发挥资源优势，实行农业生产区域化、专业化

我国地域辽阔，各地区自然条件、经济特点多种多样。因而应因地制宜，充分发挥区域资源优势，各地区应逐步取消千篇一律、万物俱全的生产结构，合理配置资源，确立主导产业，实行区域化布局，集中生产某些市场容量大、单位产出高、经济效益好的区域优势产品，进行规模化专业化生产。这是提高我国农业生产率和加快农业发展步伐的重要途径，也是我国农业产业化发展的重要内容。

(2)农科教结合，提高产业化经营的科技含量

在发展农业产业化的过程中，要把科技进步放在重要位置，充分利用现有科技力量和科技成果，并不断开发、引进新成果，广泛应用于农业产业化的各个环节，重点是提高农业产业化从业人员的素质，提高农产品及加工品的科技含量，提高产品的市场竞争力。一是在政府农业部门的统一领导下，农科教各方代表共同参与研究新产品，制定农业技术推广规划和项目，定期公布信息、沟通情况；二是加强对农业产业化从业人员的技术培训，通过形式多样的长期或短期培训，帮助从业人员解决经营和技术上的各种难题；三是加大农业科技体制创新力度，落实政策，切实提高农技人员待遇，完善激励机制，鼓励创新，充分调动科技工作者的积极性。

(3)建立健全社会服务化体系

各地应根据农业产业化的要求，围绕主导产业，建立健全相应的服务组织，如科技服务中心、农机服务中心、种子服务中心、物资和产品服务中心等，从优良品种的引进、生产技术的指导、病虫害的防治、产品销售及经营管理等方面提供全面、优质、高效的服务。在市场流通体系方面，各地应根据实际情况，进一步加强生产流通部门的仓储、保管、运输、信息等基础设施建设，要积极培育与农业产业化紧密相关的资金、技术、生产资料、土地和劳动力市场，使各种要素能得到及时供给。同时，应不断适应信息化、网络化发展趋势，开展电子商务，推进网上交易，适度开展期货交易。

(4)建立多元化的农业产业化投资渠道，实行农业优惠政策

农业产业化的发展离不开大量资金的投入，一方面立足现有资金水平，开展内部挖潜，盘活资金存量，努力走低投入多产出的路子。另一方面，建立多元化的投资环境，形成国家、龙头企业、农业生产者、外商等多元投资格局。给予龙头企业适当的税费优惠政策，集中贷款规模，积极支持出口农产品和商品基地建设，各种农用资金都应向农业产业化经营项目倾斜。

第8章　生存支持系统在黑龙江省的应用

8.1　生存支持系统在黑龙江省应用的意义与内容

8.1.1　黑龙江省研究生存支持系统的背景

黑龙江省历史上形成由粮仓、煤山、油库、林海、重机组成的产业结构，具有典型的资源型、重工业型特征。人均耕地面积和粮食总产量、商品量均居全国前列。特别是大豆生产，不仅商品量居全国首位，而且出口量占全国的60%以上。黑龙江省有草原7 000多万亩，是全国10个拥有大草原的省份之一。森林面积2.15亿亩，占全国的14.5%，森林覆盖率达37.5%，木材总积储量和木材产量均居全国首位。已探明储量的54种资源中有石油、石墨、钾长石等，居全国首位；黄金、煤炭、铜、铅、锌、云母、石棉、珍珠岩等居全国前列。大庆油田为世界特大油田之一。从以上情况可以看出，黑龙江省资源丰富，其优势是其他省区无法比拟的。但是，受计划经济体制的束缚，黑龙江省资源无偿调出，过度耗费，重要资源现已消耗殆尽，加之深度开发和加工利用不够，资源优势并没有转化为商品优势和经济优势。例如，林区家家户户都有一大堆用来烧火的木材，这些木材可以产生的经济效益被白白烧掉了。山林中盛产的野果、野菜和药材资源开采率低，大多数并没有变成商品。矿产资源中石墨、钾长石、玛瑙石、黄金、水晶、铜、铅、锌、云母、珍珠盐等还有很大的开发利用潜力。从对黑龙江省初级产品再加工能力与全国平均水平的对比分析来看，煤炭采矿业产值与电力蒸汽、炼焦煤气及煤制品产值之比为1:0.023，而全国为1:1.52。木材采运业产值与木材加工、家具制造、造纸等产值之比为1:1.44，而全国为1:8.55，仅为全国的17.9%；石油开采业产值与石油加工、化肥、化纤、塑料制品之比为1:1.53，而全国为1:3.95，仅为全国的13.7%；农业商品产值与以农业产品为原料的轻工业产值之比仅为全国的45.7%。这说明资源相对丰富而开发利用率低，是本地区的基本特征。目前，黑龙江省资源处于相当紧张的供求状态，而可耗尽资源亦只能在提高利用率的基础上减缓耗失速度。这使本地区经济发展处于两难境地，一方面，资源优势是支撑黑龙江经济发展的支柱，资源优势的迅速消失迫切需要诞生新的产业，但新的产业目前尚未形成。另一方面，不可持续发展实际上仍在以新的形式继续存在，表现为依靠大投入下的强化开采来维持经济总量的扩展。其后果是高成本的强化开采必定带动总体效益水平急剧下降，经济总量的扩张掩盖了即将到来的增长断代危机。

8.1.2　黑龙江省研究生存支持系统的意义

在区域可持续发展的研究开始不断深入的过程中，其对当今社会的各方面发展的作用也愈显突出。可持续发展能力是指区域系统内部各要素对发展的支持与保障能力,加强可持续发展能力建设对于可持续发展战略的顺利实施有着重要的作用。可持续发展能力的内容包括社会发展能力、资源供应能力与环境质量控制能力等诸因子,其中资源供应能力是衡量一个地区发展质量和发展程度的客观标准。国内外对于城市资源供应系统的研究大多都涉及体制机制结构调整、劳动力市场分割等方面的理论,从研究方法的角度看,多以描述性和概念性的实证为主,相比之下其理论性规范研究和统计方法的运用甚少,因此,在区域可持续发展研究中,生存支持系统中各影响因子的统计评价工作显得尤为重要。

黑龙江省是资源型城镇的聚集地,同时也是国家重要的资源、能源供应地。改革开放以来,由于产业结构调整、生态环境破坏等因素的影响,黑龙江省可持续发展工作日渐紧迫。结合黑龙江省的区域特点和可持续发展基本原则,构建黑龙江省生存支持系统评价指标体系,并根据相关数学模型统计指标,对于区域可持续发展生存支持系统的指标体系的研究具有非常重要的实践意义。

8.1.3　黑龙江省研究生存支持系统的主要内容

黑龙江省是中国位置最北、纬度最高的省份,具有得天独厚的自然资源,是中国的资源、环境和生态大省,是国家重要的煤炭、石化、木材、机械工业基地和商品粮基地,随着自然资源的采掘、资源型城市资源储量逐渐减少,地区的区位优势下降,资源开采工业的生产成本总体上呈不断上升趋势。关于黑龙江省可持续发展的研究已经十分普遍且不断深入。可持续发展能力是指区域可持续系统内的各要素对发展的支持与保障能力,包括生存支持系统、发展支持系统、环境支持系统、社会支持系统和智力支持系统五个子系统,其中生存支持系统为整个区域提供水、粮食、轻工业原料等基本的物质和能量,是可持续发展的基础。因此,评价区域的生存支持系统的可持续发展能力是评价区域可持续发展的出发点和立足点。

目前对生存支持系统可持续发展能力的研究多数分散在对区域农业、资源和环境等可持续发展能力研究之中,很少有单独对生存支持系统可持续发展能力进行研究的报道。据此,本章以生存支持系统的评价指标为参考,依据黑龙江省的实际情况,在科学性、层次性、可行性原则指导下,制定了一套评价指标体系,利用因子分析法和评价指标体系对各地区的包括生存资源禀赋、农业投入水平、资源转化效率和生存持续能力的生存支持系统进行分析,研究其对可持续发展的支持能力,探讨走出当前发展困境,实现可持续发展的有效途径,客观评价黑龙江省各城市的生存支持能力,并揭示了黑龙江省生存支持系统空间差异存在的机理。

8.2　黑龙江省可持续发展生存支持系统的状况分析

8.2.1　黑龙江省可持续发展状况

黑龙江省具有得天独厚的自然资源,是中国的资源、环境和生态大省,是国家重要的煤炭、石化、木材、机械工业基地和商品粮基地。什么是可持续发展,如何利用和控制本省的资源潜力并且实现可持续发展,是摆在人们面前的亟待解决的重大理论和现实问题,为了更好地实现可持续发展,我们首先要看清黑龙江省可持续发展现状。

8.2.1.1 人口增长过快,文化水平偏低

城市的资源、环境、经济和社会的协调发展,人口问题是个不容回避的问题。全省2010年第六次全国人口普查数据结果显示,2010年11月1日全省常住总人口(以下简称总人口)3 831万,占全国总人口的2.86%,按人口总量排序,居全国31个省(直辖市、自治区)的第15位。历次人口普查数据表明,1982年第三次人口普查以前全省人口增长速度较快,其中以1978年改革开放之前人口增长速度为最快,1949~1982年33年间全省年均人口增长率高达3.63%,明显高于全国同期1.93%的增长速度。1990~2000年即第四、五次全省人口普查期间人口增长速度较缓慢,尤其是2000年之后人口增长速度最为缓慢,年均增长速度为0.38%,低于同期全国的0.57%。2010年黑龙江省总人口性别比(男:女)为103.22:100,低于同期全国的105.20:100,受出生、死亡人口变化及迁移流动人口的影响,人口性别比总体呈快速下降后的平稳走势。黑龙江省在实行市管县体制以后,人口问题尤为突出。而当前最突出的矛盾就是就业。黑龙江省是一个以国有企业和资源型产业为主的东北老工业基地,是较早出现企业发展困难,下岗、失业职工急剧增加的省份。人口基数大,体制、结构性矛盾,管理模式落后以及劳动力素质不高都是造成黑龙江省经济发展缓慢的原因,经济发展速度明显滞后于全国。1990~2007年间,黑龙江省城镇登记失业人数由1990年的20.4万人增至2006年的31.5万人。特别是1990~2002年,由20.4万人增至41.6万人,短短12年间,失业人数翻了2倍多。从2001年起,黑龙江省失业人员突破了30万,并一直持续到了今天。从2003年起,黑龙江地区失业人数出现了缓慢减少的态势。最新的统计数据表明,2007年黑龙江地区失业人数为31.5万人,比2002年减少了10.1万人。尽管如此,从2000年以来,黑龙江省的失业率均高于全国失业率。由于长期得不到良性补充,企业再生产所需劳动力资源严重受阻,劳动力质量随之下降。

8.2.1.2 农业基础薄弱,土地资源匮乏

1.农业基础设施薄弱

(1)农田水利现状

尽管黑龙江省地表水资源比较丰富,但保水能力很低,不足20%,调控能力只有5%(吉林省为77%,辽宁省为88%)。不仅水源工程少而小,配套工程更差,大量地表水白白流失,得不到有效利用。老百姓常说,“无水盼水、有水怕水”,形象地说明了黑龙江省许多农田“旱不能灌、涝不能排”的落后生产现状。一是病险水库较多,抗灾减灾能力低下。二是农田有效灌溉面积较低,农业很大程度上仍然处于靠天吃饭的状态。因排灌设施建设不完善,且现有排灌站大部分年久失修,达不到设计灌溉能力,全省农田有效灌溉面积仅占全省播种面积的1/4左右,极大地影响了农业综合生产能力的提高。广大农村的农田水利设施长期以来实际上是处于一种“吃老本”的状态,农业对水利设施的依赖性较强。可以说,水利是农业的命脉,因而必须高度重视农田水利基础设施的建设和发展。

(2)农村能源设施现状

能源对建立现代农业具有越来越重要的作用,是形成农产品的重要条件,是决定农业劳动生产率水平的直接因素之一,从农产品的生产直到运往市场销售的全部生产和流通过程,

每一个环节都不能离开能源。黑龙江省原有电网承载能力早已不能满足广大农民客户的需求，随着排灌负荷不断攀升，供电半径不合理、迂回线路过多、线路过长也极大地影响电压质量。当地农民形象地比喻"线路追着水田跑"，水田种植面积扩大到哪儿，供电企业的线路就要架设到哪儿，由于事先缺少必要的规划，导致供电线路延伸较远，线路损失率过大。

(3)交通运输设施现状

农村交通运输基础设施主要包括农村地区的公路、铁路、水道等各种道路和车站、码头、桥梁等各类设施。交通运输设施是农业基础设施的基础和主体，也是发展其他基础设施的必要条件之一。黑龙江省现有乡级以上公路总里程 67 077 km，列全国第 14 位，但公路网密度仅为 148 km/km^2，在全国排倒数第 6 位。在全国 157 个不通公路乡镇中，黑龙江省占 13 个，仅好于西藏；不通公路的行政村全国有 49 374 个，黑龙江省占 4 113 个(含农场)，占全省行政村总数的近 40%，从比重上看在全国排名较靠后。公路交通运输设施的相对落后，给农产品和物资的流通造成很多困难，也阻碍了地区之间的信息交流，从而制约了农业经济的发展。

2. 土地生产率低

黑龙江省土地资源人均较多，但生产力水平较低。由于长期使用重开发、轻整治的理念，致使耕地质量退化严重。建国后累计开荒近9 000万亩，但大多数为低产田。全省中低产田占耕地总数的35%左右。治涝面积仅占易涝面积的57%，已解决水源的旱地仅占易旱地的40%。治理水土流失面积仅占水土流失总面积的34%。万亩耕地农机总动力、亩均化肥的施用量均低于全国平均水平。非农建设占用耕地严重，平均每年损失 30 万亩良田。黑龙江省土地总面积 4 548.17 万 hm^2，包括属于内蒙古自治区，归黑龙江省管辖的大兴安岭地区的加格达奇区 13.57 万 hm^2，松岭区 167.96 万 hm^2，全省土地总面积 4 729.70 万 hm^2，占全国土地面积的 4.9%，次于新疆、内蒙古、西藏、青海、四川，居全国第六位。根据 2007 年黑龙江土地变更调查数据，全省耕地总面积为 1 187.97 万 hm^2，占全省土地面积的26.1%，耕地面积居全国首位，2007 年末全省人口为 3 824 万，人均耕地面积 0.31 hm^2，远远高于全国人均不足 0.1 hm^2 的平均水平，与世界人均耕地水平相当，也居全国首位；全省林地总面积 2 306.32 万 hm^2，占全省土地面积的 50.7%，人均林地面积 0.60 hm^2，是全国人均林地水平的 3 倍多，居全国首位；可见黑龙江省耕地和林地资源丰富，这一点从土地利用区位熵得到印证，两种用地的区位熵都是2.06，可知两种用地在全国的优势地位明显；同时全省草地资源丰富，牧草地总面积 221.94 万 hm^2，占全省土地面积的 4.9%，草地面积居全国第七位，其中松嫩平原是全国三大优质草原之一。黑龙江省虽然土地资源丰度较高，人均占有量与各省区相比，有着明显的优势，但由于气候条件的限制和土地开发的历史较晚，土地利用较为粗放，基础设施较差，加之土地经济投入较少，所以从生产力水平方面看，还处在全国的低值区。

3. 掠夺式经营导致土地资源的生态失衡

黑龙江省土地资源利用主要以农业用地为主，但在土地资源利用中忽视了对土壤肥力的保持和提高，耕地掠夺式经营现象严重。土地开发利用过程中，过于依赖天然的土壤肥力，对土地利用的投入较少，经营粗放，没有注意用养结合，造成局部地区水土流失、土地盐碱化、沙化严重，土壤肥力不断下降，土壤有机质淋失，黑土层逐渐变薄，局部地区黑土层已经消失,黑土保护形势严峻。增加粮食产量,追求短期经济效益,在对农业用地的开发利用中,不科学、不合理的掠夺式经营方式大量存在,以化肥的使用为例,近年来存在突出的化肥投入量激增,忽视绿肥、堆肥等有机肥施用的问题。据《黑龙江省统计年鉴》数据,化肥施用量从2000年的40万t增加到2007年的417.5万t,净增加377.5万t;按播种面积计算,每公顷化肥施用量从2000年的约20 kg增加到2007年的350 kg以上,长期大量施用化肥会恶化土壤的物理化学性质,导致土壤板结,造成耕地资源生产力的下降。1949年至1983年,每年开荒100万亩以上。随着荒地资源的减少和开荒难度的加大,新垦荒地规模正在减少。受自然环境的限制,高寒地带土地产出率较低,中低产田占耕地面积的68%。较大比重的中低产耕地,大大抵消了耕地面积大的优势。近几年来,黑龙江省资源遭到严重破坏,由于气候和人为因素,水土流失、土地沙化面积以每年5万亩的速度扩大,由于盲目开荒和超载放牧,草原也在减少和退化。此外,在农业及其他土地资源利用中还存在不合理的耕作和灌溉措施,这也导致了土壤被破坏,土地肥力下降。此外,在草原和林地的管理使用上长期存在草原超载过牧现象,造成草场退化,森林过量采伐,重采轻造,乱砍滥伐以及毁林毁草、盲目开垦的现象,这导致了土地环境恶化,造成水土流失、风蚀沙化、水旱灾害加重等。

4. 土地利用方面存在问题

(1)土地灾害较为严重

黑龙江省水土流失面积1 380.0万hm^2,占全省土地总面积的30.0%,其中强度和中度水力侵蚀面积占55.1%,耕地水土流失面积近300万hm^2,遍及全省67个县,占全省耕地面积的大约25%。全省土地沙化面积175.3万hm^2,占全省土地总面积的3.8%,其中耕地沙化面积30多万hm^2,占耕地面积的4%左右;盐碱化面积近200万hm^2,占全省土地面积的近4.5%,其中盐碱化耕地面积近57.1万hm^2,占耕地面积的4.8%左右;土壤退化造成中低产田面积约400万hm^2,约占耕地面积的33.6%;而且工业三废、化肥、城市污水、农药、地膜等造成土地污染面积约为10万hm^2,其中受工业污染的耕地面积约为2.3万hm^2,草地面积约为5.1万hm^2。

(2)建设用地扩张较快

2007年全省建设用地面积148.12万hm^2,占3.3%。1996~2007年间,建设用地增长8.30万hm^2,同期人口增加了96万,建设用地增长弹性为2.31,是国家规定合理标准1.12的2倍多,特别是交通用地年均增幅在3.6%以上,11年间增加了3.37万hm^2,占建设用地增加面积的40.6%,而且哈尔滨、大庆、佳木斯、七台河和牡丹江的居民点和工矿用地在全省的增幅明显,总体看来全省建设用地的扩张速度较快,对农用地特别是草地的占用较为严重。

(3)生态服务价值不断下降

黑龙江省生态服务价值从1999年的519.3亿元,下降到2007年的516.1亿元,8年间生态服务价值减少近3.2亿元,年均减少近0.4亿元,年均减少率为0.08%,虽然近些年随着黑龙江建设生态省和耕地保护力度的加大,林地和耕地面积都有不同程度的增加,但湿地和草地资源减少较快,特别是湿地资源,8年间生态服务价值减少了近5亿元,草地的生态服务价值减少了0.7亿元左右。可见,近些年黑龙江省湿地资源有明显的减少趋势,湿地面积不断萎缩,同时各项用地对草地占用量较大,特别是林地和耕地对草地的占用较为明显,造成草地的大面积减少,在一定程度上影响了土地生态系统的协调性,特别是湿地资源的减少对区域生态服务价值的贬损影响较大,可见要加强湿地资源的保护力度,建立各项湿地保护区,以合理地保护湿地资源。

(4)土地集约利用水平不高

黑龙江省土地开发较晚,土地经营粗放,土地集约利用水平低。由于土地面积大,人均土地占有量较多,在农用地方面,特别是耕地利用还存在广种薄收、靠天吃饭的状况,2007年全省旱田比例在 88% 左右,农田水利设施较为落后,耕地机械化水平较低,2007 年单位面积耕地机械总动力约为 2.17 kW · h/hm^2,单位农用地产值约为 8 167.91 元/ hm^2,明显低于全国平均水平。在城市建设用地方面,人均建设标准高,特别是中小城镇人均建设用地在 200 m^2 以上,大大超过了国家有关规定。2007 年单位建设用地固定资产投资为 1 875.66 万元/km^2,单位建设用地建筑施工产值为 1 300.56 万元/km^2,也都明显低于全国平均水平。由于历史原因加之自然条件的影响,黑龙江省土地集约利用总体水平较低。

8.2.1.3　污染严重

1. 大气污染

大气污染的重要问题是煤烟型的大气颗粒污染物,这主要是因为煤矿开采过程中产生的有害气体和粉尘。黑龙江省东部几个矿区多含有瓦斯,在煤矿开采加工、运输过程中产生大量的矿尘二氧化碳、硫化氢、一氧化碳、二氧化硫等有害气体;矿井爆破使用的硝胺炸药、工厂使用的燃油动力机械等也在产生一定量的二氧化硫、二氧化氮等有害气体,这些气体排入大气中,就成为大气环境主要污染物。工业废料、煤矸石尾矿等在堆放中产生化学反应,出现大量有害气体,在堆放中能散步大量的可悬浮在大气中的粉尘颗粒,在通风受热状况下自燃还产生二氧化硫、二氧化碳、硫化氢、二氧化氮等大量有害气体,对大气环境造成严重污染。随着经济的发展,黑龙江省东部的机械化工等工业企业数量大量增加,居民住宅小区规模的不断扩大,工业锅炉、供热锅炉及居民棚户区燃煤造成的大量烟尘已成为各个城市大气污染的重要原因,其危害不容轻视。

2. 水污染

黑龙江地区产生的各种废水主要有煤矿开采中产生的地表渗透水、岩石孔隙水、矿坑水、地下含水层的疏放水;洗煤厂、焦化厂、机械厂、化工厂、各生产企业,排出的工业废水中含有酚、甲酚等有害有机物,选煤水中的浮选药剂及聚丙氨药剂具毒性,会导致多种疾病;矿井水含一定的悬浮物,对人体也有危害,矿井水是煤矿排放量大,通过矿坑中植物、粪便的腐烂分解,矿物油、乳化液泄漏,常使矿井水排放产生严重污染。堆放的煤矸石经降水和汇水的淋溶和冲刷把煤矸石中的一些有毒可溶部分溶解形成污染性的地表径流带进江河水系统而造成松花江等较大流域的水体污染。

3. 固体废弃物污染

2010 年,工业固体废物排放量 5 405 万 t,城市垃圾仅少数经过无害化处理,大多数露天堆放,对环境和人民健康造成极大威胁。因为固体废物对环境的影响主要是通过水、气和土壤进行的,其中,污染成分的迁移转化是一个比较缓慢的过程,因而固体废物对环境造成的危害可能比水、气造成的危害严重得多。

8.3 黑龙江省可持续发展生存支持能力分析

8.3.1 生存资源禀赋

生存资源泛指与生存直接相关的,并且能被直接开发利用的可再生资源。如水资源、气候资源、耕地资源、生物资源等。对于一个地区人口的生存来讲它的赋存状况非常重要,同时形成了该地区可持续发展的先决条件。下面选取生存资源禀赋的三个主要方面进行分析,即耕地资源、水资源、气候资源。

1. 耕地资源

耕地是土地的精华,是生存之本,也是人类从事农业生产的物质基础和先决条件。其数量、质量、空间分布、动态变化是衡量一个地区生存条件优劣的最主要标志之一。黑龙江省的耕地资源绝对数量不少,多年居全国之首,但在较大的人口基数面前显得十分稀缺。不过从总体上看,黑龙江省人均耕地面积处于平稳上升的状态。如图 8.1 所示。

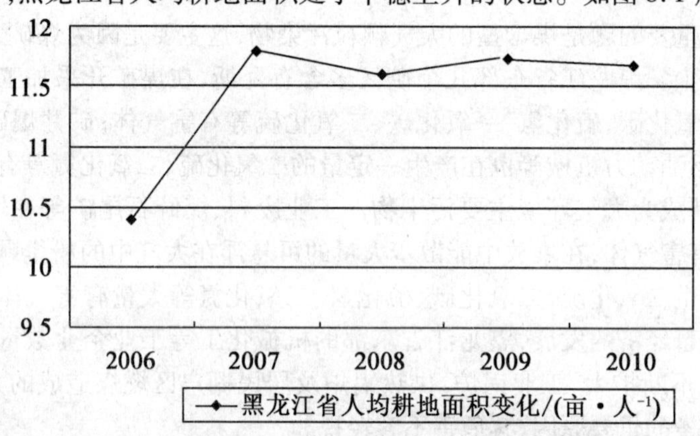

图 8.1 黑龙江省人均耕地面积变化

2. 水资源

无论是对人、植物还是动物来讲,水是生存必不可少的资源。黑龙江省的水资源丰富,水资源总量多年一直排于国内前十位,不过随着工业的发展、人口的增加等多种人为因素的影响,自 1996 年后黑龙江省水资源总量波动较大,在 1998 年达到最高值,约 1 000 亿 m^3,在 2008 年达到了自改革开放后的最低值。近些年水资源量有所回升,人均水量达到 2 228 m^3,较前年增长了 84% 左右。水资源的分布较不平衡,基本上处于北少南多的状态。

为了更好地评价一个地区水资源的多寡程度,我们用人均水资源量和水资源密度来表示。

(1)人均水资源量

用来衡量一个地区水资源丰厚程度的最直观的指标。2010 年黑龙江省人均水资源量达 2 228 m^3,较去年减少了 385 m^3。不过从总体趋势来看,减少幅度较小,增加幅度较大,2010 年的人均水资源量大约为 2007 年的 2 倍左右,总体处于增长趋势中。如图 8.2 所示。

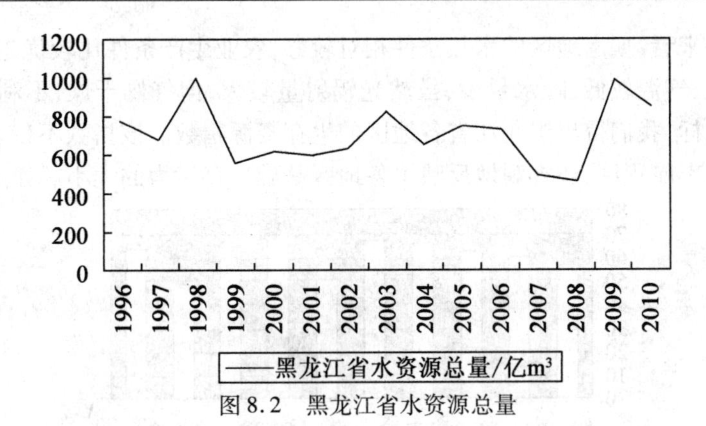

图 8.2 黑龙江省水资源总量

(2)水资源密度

用来衡量水资源空间分布的指标。其值与该地区水资源丰沛度成正比。黑龙江省水资源密度分布不平衡,差异较大,哈尔滨水资源密度为 29.4 万 m^3,而大庆的水资源密度为 6.2 万 m^3,相差近 5 倍。综合以上两个指标,得出反映各地区的水资源状况及其在全省中的地位的水资源指数。如图 8.3 所示。

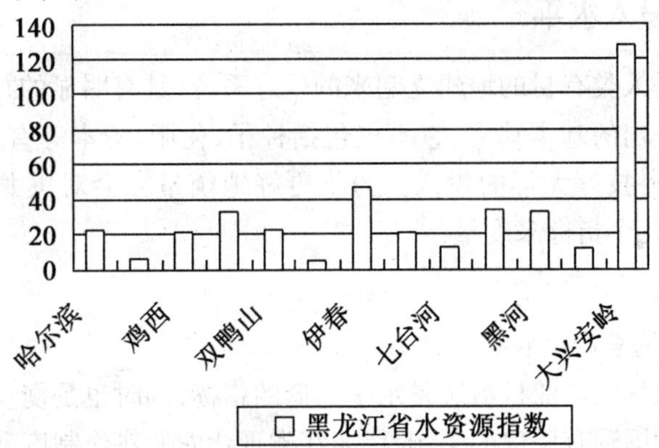

图 8.3 黑龙江省各地区水资源指数

3. 气候资源

包括光、热、降水、日照时间等,是农业生产顺利进行的先决因素,给农业生产提供了必要的物质和能量。一个地区的农业生产类型、农业生产潜力和农业生产率在一定程度上取决于组成气候资源要素的数量、组合以及分配状况。我们选取光和有效辐射、年平均降水量、年均霜日、年有效积温作为厘定一个地区气候资源优劣的指标。

表 8.4 黑龙江省气候资源要素

	哈尔滨	齐齐哈尔	鸡西	鹤岗	双鸭山	大庆	伊春	佳木斯	七台河	牡丹江
年平均气温/℃	4.5	3.4	4.0	3.3	4.3	4.1	1.5	3.2	3.6	4.3
年降水量/mm	590.0	512.0	554.5	863.5	719.1	465.6	620.7	741.9	555.0	503.2
年日照时数/h	2 152.1	2 745.4	2 463.0	2 354.5	2 699.7	2 274.1	2 198.4	2 359.0	1 994.5	2 214.1
年平均相对湿度/%	70	63	72	66	67	64	72	66	72	70
年平均气压/Pa	99 720	99 610	98 000	98 540	99 180	99 610	98 390	100 370	98 650	98 560

从气候条件来看,偏南地区的水热条件相对较好,农业生产条件比较优越,如牡丹江等地区;而偏北地区气温较低,降水量少,虽然光辐射量较大,但气候干燥,不利于农业生产。综合以上三个指标,我们得出黑龙江省各地区的生存资源指数。该指数不仅表现了各地区现有生存资源的丰厚程度,还客观地反映了各地区基础生存潜力的大小。如图 8.5 所示。

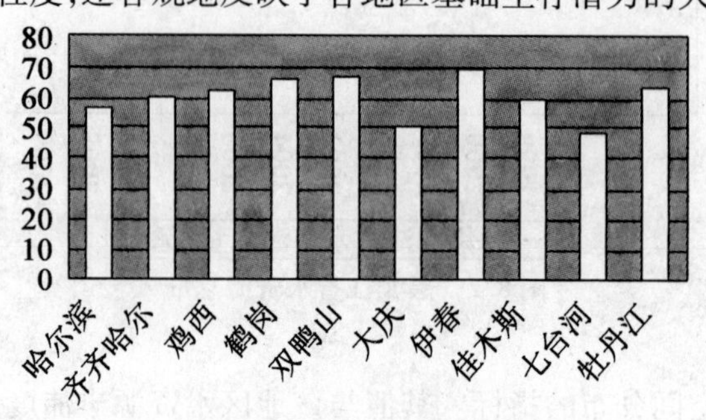

图 8.5 黑龙江省各地区生存资源指数

8.3.2 农业投入水平

农业生态系统是人类有目的地建立起来的生态系统,具有明显的社会价值。一定的农业投入是增加系统产出的基本动力,它不仅包括种子、化肥、资本等有形的投入,还涵盖高素质的劳动者、农业科技等无形的投入。为了更好地衡量社会对黑龙江省农业的投入水平,我们将选用如下几个指标来度量。

1. 物能投入指数

(1)单位农林牧渔总产值农机总动力

这是用来衡量农林牧渔业机械装备水平高低的指标,同时也是衡量农业现代化水平高低的标志之一。受我国现有条件的影响,黑龙江省现代农业耕作制度和现代农业技术的推广和应用并没有实现普及化,这使得各地区的农业机械化水平相差较大。黑龙江省东部地区农机总动力较高于西北部地区,使得利用现代化的机械装备武装农业成为历史发展的必然趋势。

(2)单位农林牧渔总产值用电量

该指标对粮食生产的稳定起着非常重要的作用,是农业生产的必要条件之一。由于各地区自然条件和经济发展水平有很大差别,耕地的用电量也呈现出明显的差异。一般来说,经济较发达的城市的用电量较高,而经济发展缓慢或水平较低的城市用电量较低,比如哈尔滨耗电量达 150 807 kW · h,而大兴安岭仅有 1 394 kW · h。

(3)单位农林牧渔总产值化肥施用量

化肥的发明与使用对于促进农业发展和提高农业生产力具有非常重要的意义,合理使用化肥可以有效提高农业产值,是农业现代化内容的主要构成部分。

2. 资金投入指数

(1)农业生产财政支出占财政支出的比例

反映对农业生产的资金投入占全省财政支出的比重以及地方政府对农业的重视程度。

农业生产可以顺利进行,必要的资金投入是基本的保障。

(2)单位播种面积农业生产财政支出

反映政府对于农业生产财政支出的普及情况,对于黑龙江省各地区农业均衡发展具有重要意义。

以上各指标基本反映出经济社会系统对农业的投入情况,表征了黑龙江省各地区农业投入水平的高低,都是黑龙江省农业可持续发展必不可少的基础条件。如图 8.6 所示。

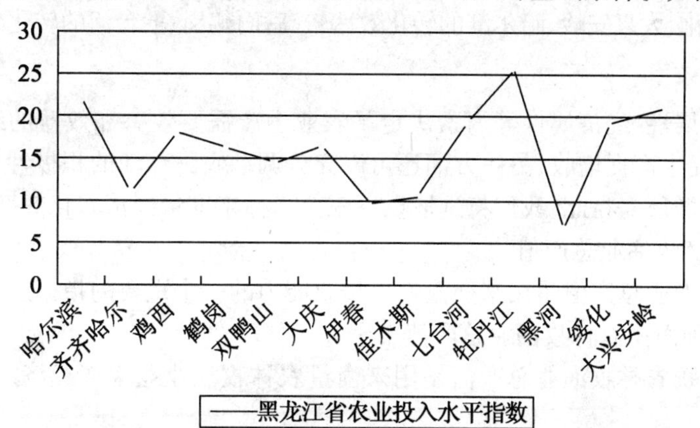

图 8.6　黑龙江省各地区 2010 年农业投入水平总指数

图 8.6 反映出黑龙江省各地区的农业投入水平差异悬殊,总体上来看,南部经济发达地区明显高于东部和北部地区。从低到高依次为黑河、伊春、佳木斯、齐齐哈尔、双鸭山、鹤岗、鸡西、七台河、大庆、绥化、大兴安岭、哈尔滨、牡丹江。投入水平的高低可以反映出各地区农业现代化水平的高低。

8.3.3　资源转化效率

为了满足基本的经济发展和基本生存需求所需要的农业原料,人们总是会向农业系统投入一定的辅助能量和经济资源,并通过系统的转化,得到人们需要的农产品。农业系统的转化效率反映了农业系统对资源利用程度,并从中透视出农业系统的机能与结构。

为了衡量系统转化效率,我们选取两种有效指标,即生物转化效率指数和经济转化效率指数。生物转化效率指数,反映的是投入和农产品产出之间的关系,重点在于农产品的产出质量和效率,而经济转化效率是以经济收益为导向的,受价值规律和政府干涉的影响。两者是相辅相成的,一般来说,高的经济效益以高的生物转化效率为基础,而高的生物效率未必会获得较高的经济效益。两者的统一是农业系统良性循环的重要保障。

1. 生物转化效率

生物转化效率可以反映农产品生产的物质消耗状况,它与农产品产量呈正比,单位物质消耗所产生的农产品越多,生物转化效率就越高。为了更好地衡量生物转化效率,我们选取单位播种面积粮食产量、单位农机总动力粮食产量和化肥利用效率这三个指标。

(1)单位播种面积粮食产量

用来衡量单位面积耕地生产率的高低状况,同时从侧面反映出耕地利用率的高低及其集约化程度。

(2)单位农机总动力粮食产量

用来衡量单位农机动力下耕地生产率的高低情况,并从其中反映出农业现代化水平的高低 。

(3)化肥利用效率

用来衡量化肥对粮食生产的贡献作用以及化肥利用效率的高低状况。

综合以上三个指标,我们得出黑龙江省各地区的生物转化效率指数。其结果表明:伊春、佳木斯、大庆、绥化、大兴安岭、哈尔滨的转化效率较高,而鹤岗、七台河的转化效率较低。

2. 经济转化效率

农业的社会属性、经济属性等因素决定了农业生产需要效率和效益的统一,两者的统一,一方面可以促生产促增收,另一方面还可以充分调动农民劳动的积极性,有效促使农业可持续发展良性循环。在此,我们将选取以下三个指标来度量经济转化效率。

(1)人均农林牧渔业总产值

人均农林牧渔业总产值是用来衡量农民增收能力的一个重要的指标。

(2)单位播种面积农林牧渔业总产值

单位播种面积农林牧渔业总产值是用来衡量农林牧渔业业生产经济效益和生产效率的重要指标。

(3)农林牧渔业增加值占其总产值的比重

农林牧渔业增加值占其总产值的比重反应农林牧渔业产量的增减情况及其占总产值的比重。其值高,说明农业等发展迅速,推动粮食等产量的增长,推动黑龙江基础产业发展的步伐。

综合以上各项指标,我们得出经济转化效率指数图。如图 8.7 所示。

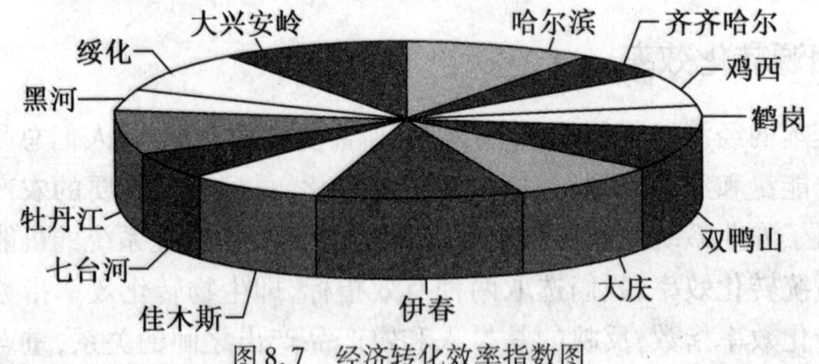

图 8.7 经济转化效率指数图

从图 8.7 中可以看到,哈尔滨、伊春、大兴安岭的资源转化效率较高,而黑河、鹤岗、齐齐哈尔等地区的资源转化效率较低。

8.3.4 生存持续能力

生存持续能力是指农业维持生存的持久支撑能力及潜力。众所周知,农业是具有高风险的弱质产业,农业对自然条件的依赖性、对自然灾害的无免疫性以及生产周期长、资金周转缓慢和市场竞争能力弱等特点,决定了农业生产必然会受制于多种因素的影响,从而导致农业生产失衡、社会分配不公,并对社会安定构成威胁。需要注意的是,对农业资源的不合理利用,造成了水土流失、旱涝盐碱化等的生态破坏,使相对贫乏的生存资源更加稀缺,严重削弱了人类赖以生存和发展的生存资源的持久支撑能力。

农业的可持续发展过程实质上就是消除和克服这些不利因素，维护并创造有利因素，调控农业生产过程，合理划分产业体系，使该系统向良性循环的轨道迈进。为此，我们从以下两个方面来探讨生存持续能力。

1. 生存稳定指数

保证农业可持续发展的条件之一是要保持农业产品的供需平衡。农业的波动程度是与农业的可持续发展呈反相关的。实践证明，农业生产的大波动必然会引发经济的失衡，并给经济带来巨大的损失。因此，农业生产的稳定性对于农业的可持续发展有着极其重要的意义。我们选取农业产值波动系数、粮食产量波动系数和农村人均收入波动系数等指标来度量生存稳定指数。

(1)农业产值波动指数

衡量农业产值的波动情况，并从价值的角度来反映农业的总体情况。

(2)粮食产量波动指数

粮食产量波动指数是衡量粮食生产稳定性的重要指标。黑龙江省是农业资源丰富的地区，其农业产量的稳定增长和可持续发展对于黑龙江省各地区人口的发展和生活质量的改变具有非常重要的意义。

(3)农村人均收入波动指数

农村人均收入的稳定增长对于调动农民生产积极性，推动粮食生产和农业可持续发展具有重要的影响。

2. 生存持续指数

农业的生存持续度表示农业资源的开发与利用不应超过农业资源与环境的容量，即农业生产不应以过度利用或破坏维持农业经济发展的资源与环境为代价。不合理的开发利用带来的负面影响远远补偿不了农业生态环境恶化和农业资源破坏所造成的损失。所以，我们需要在发展农业生产的同时，保护好农业资源与环境，使得经济获得持续稳定的增长。为了更好地评价农业的持续能力，我们采用以下几个指标来表示生存持续指数。

(1)旱涝盐碱治理率

该指标反映对土地退化的治理能力和改造中低产田生产潜力的能力。改造中低产田，提高其生产潜力，对于解决粮食问题，保障粮食安全具有非常重要的意义。

(2)成灾率

该指标反映人类抗御自然灾害能力的高低。成灾率愈高表明抗灾能力愈弱。

(3)中等教育水平以上农业劳动者比例

农业科技的大规模应用对于提高农业生产率、保障粮食安全具有重要作用。而农业技术，如高新技术的推广与应用，需要较高素质的劳动者参与，才可转化为现实的生产力。每个地区科技水平的高低与该地区劳动者素质的高低有直接关系，劳动者素质规定了经济增长的质量与效益，对于提高劳动生产率和带动农业科技水平增长具有决定性的作用。

综合以上指标，我们计算出各地区的农业生存持续指数，其中齐齐哈尔、伊春、绥化、鹤岗等是生存持续指数相对比较高的地区，而南部的地区相对较差。对于农业生存持续能力较弱的地区，政府应当采取相应对策，适度改变收入分配现状和农业生产规律，在追求效率的同时兼顾公平，使差距保持在合理的范围之内，有效提高农业的生存持续能力。如图8.8所示。

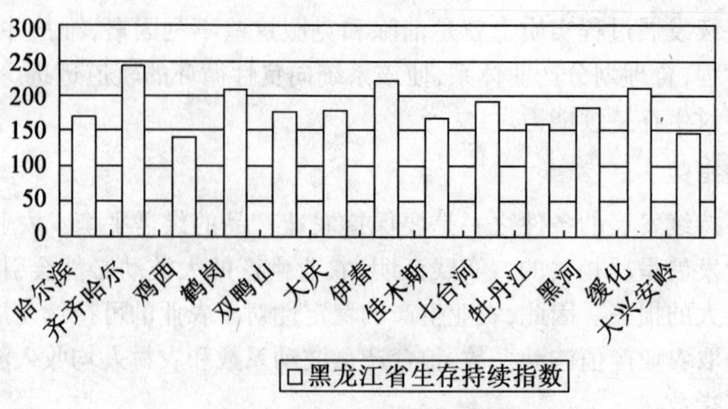

图 8.8 农业生存持续指数图

8.4 黑龙江省可持续发展生存能力制约因素分析

为了满足人们日益增长的需求和经济发展的需要,使农业系统源源不断地提供农产品与原料,生存资源、农业投入、资源转化、资源维护以及社会保障需要共同作用,因为每一个环节都对系统的支撑生存能力有着不同的贡献。由于各地区的社会经济技术条件迥异、生存资源禀赋不同,黑龙江省的生存支持能力呈现出空间上的分异格局。

从数据处理的结果来看(图 8.9),黑龙江省各地区的生存支撑能力有较大的差别。伊春最高,综合指数为97.3。排在前几位的地区几乎都位于农业经济较发达的地区,比如:哈尔滨、伊春、牡丹江绥化、大庆等地区,多为西南部的地区。总体来说,形成了一种北低南高的空间格局。

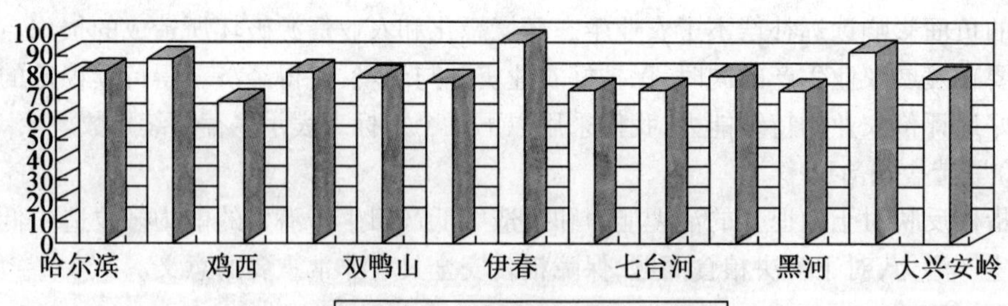

图 8.9 黑龙江省各地区生存支撑能力

虽然黑龙江省的生存支撑能力并不明显,但其生存资源禀赋指数一直以来都排在中国生存能力排名中的前几位,说明黑龙江省的资源丰富,适宜农业发展。但是资源丰富的地区,并不代表生存压力相对较轻,生存资源禀赋只提供了生存得以顺利进行的可能性,并不是唯一的决定因素。

要在现有的生存资源基础之上提高生存能力,使系统保持正常的运转,尚需投入一定的辅助能量和社会资源来保持物质投入与物质输出的平衡,这是农业可持续发展的基本要求。从黑龙江省各地区耕地的投入水平来看,黑河、伊春、佳木斯、齐齐哈尔、双鸭山、鹤岗、鸡西、大庆等地区的农业投入水平较低,这是因为在某种程度上实行以掠夺地力、牺牲资源与环境为代价的粗放式的土地利用方式开发利用资源,这种方式是难以持续的。实践证明,在投入水平较低的情况下,我们需要适当增加单位投入水平和农业现代化水平,增加土地投入,挖掘增产潜力。

随着农业投入水平的进一步提高,必然会出现相应的负面效果,比如边际报酬递减效应,这不仅会影响农业产量,还会对环境造成一定的不良影响。例如,黑龙江省的个别地区化肥施用量远远高出水体自净的安全上限,造成水体富营养化,不仅使大量化肥白白流失,还破坏了农业资源,削弱了农业产品的市场竞争力。为此我们需要在经济较发达的地区率先发展一些先进技术以提高化肥利用效率,避免环境污染并提高资源利用率和转化效率。

系统转化效率的大小反映了农业生态系统结构的合理与否、功能之强弱和效益的高低,同时反映出农业技术水平的高低和管理成效如何。实现农业可持续发展关键在于促进农业的生物效率和经济效率的统一。为了提高资源的转化效率,我们一方面需要依靠农业技术进步,另一方面还需要制定合理的农业政策,有效提高农民的人均收入,调动农民生产的积极性。

我们要避免农业生产的过度开发或农业资源的不合理利用带来的农业资源退化和生态系统的破坏,为此我们需要保持农业强调农业资源的开发和利用与农业的生态环境保护相协调。在从事农业生产和开发的同时,需要加强农业生态环境的保护,培植并增殖可更新资源的再生能力,恢复和改善退化的生态系统,形成持久的支撑能力。持久的支撑能力还依赖于农业劳动者素质的提高。因此,增加人力资本,发展各种形式的教育,是维持农业可持续发展的重要推动力。

总而言之,为了维持黑龙江省农业系统生存支撑能力的有效提高,各子系统和要素之间需要相互影响、相互促进、利益互补。每一要素的发展都会影响农业生存系统的支撑能力,一旦子系统之间的联系方式或系统内部的因果链发生中断或失调,会引起一系列的连锁反应,最后导致系统的整体失衡。有鉴于此,为了提高区域的生存能力,区域的管理者或决策者首先应寻辩识和诊断系统的薄弱环节,然后采取相应对策或措施消除或缓解瓶颈作用,有效提高系统的整体功能,保障系统的健康运行和农业的可持续发展。

8.5　国外农业可持续发展实践及其对黑龙江省的启示

8.5.1　国外农业可持续发展实践及其发展模式

国外推动农业可持续发展的有益经验有如下几方面。

一是转变传统观念,充分发挥农民和农村社区在可持续发展中的作用。可持续观念的倡导,使人们开始认识到农村不仅是农产品的来源地,而且是环境服务的提供源;农民不仅是粮食和饲料的生产者,而且是有价值的环境资源(包括生物多样性)的重要保护者和管理者。通过观念转变和政策措施的激励,推动农村社区居民自觉地采取环境保护措施,改善环境服务,成为推动农业可持续发展的力量。

二是在农业可持续发展过程中把解决农民和农村社会问题作为中心来抓,可持续农业的发展必然需要额外的投资,在贫穷落后的形势下,仅有极少数的农民具有对发展可持续农业做出决定的经济自由能力。只有快速发展经济和稳定农业市场,使更多的农民在获得稳定收入的基础上,他们才能自觉地在环境保护中扮演合作者及管理者的角色。因此,在进行可持续农业改革的过程中,应将农业政策和农村社会发展联系起来,在发展农业的同时大力加强对社会服务体系(包括商贸、市场流通、信息服务等)和交通运输基础设施的投资,不断创造新的就业机会,改善农村居民的生产生活环境,寻求获得经济与环境双赢的长期效益。

三是农村地区问题的解决必须建立在加强农户、企业、社区和地方政府的协作之上,有关项目的实施也必须寻求上述各部门的大力支持。其主要目的是形成一个和谐的整体,在这个整体之内地方可持续农业的发展思路可以得到更好的贯彻实施。农民和农户是农业可持续发展的基础,农民自身的积极性和农民可持续发展价值理念,是农业可持续发展所不可或缺的前提;地方政府是推动农业可持续发展必不可少的力量,政府部门运用行政的、法律的、经济的手段引导和扶持农民发展生产,是保证农业可持续健康发展的重要环节;而涉农企业的发展既可大大地创造就业机会,又可成为增加农民稳定收入的来源,进而为农村地域经济发展带来新的活力,促进传统农业向现代可持续农业发展转型。因此,要特别重视地方政府和行政管理部门在提供有关经济、社会和环境政策信息方面的功能,充分发挥其作用,为农业和涉农企业的发展创造良好的环境。

四是在制定农业可持续性总体方案中,应将环境政策和农业政策充分结合起来,适当的政策指导和经济支持对农业向可持续方向转变至关重要,把目前传统的生产补贴政策与环境保护政策结合起来,可以使环境保护得到持续、稳定的支持,包括经济手段如对农业部门的补贴政策,为促进环境目标的实现所采取的激励措施,有利于环境的税收手段都可以给予综合考虑。但长期政策的焦点应转向为非市场性收益的补贴,如资源管理补贴,而不是对产品或收入的直接补贴,逐渐以市场经济规律自觉地决定产品价格或收入的高低。

五是加强合作研究和教育培训,从传统农业向可持续农业转变是一个长期的过程,不仅需要农民掌握适宜的现代技术,而且需要认识理念的提高,从而在实施环境管理措施时才能获得广泛支持。因此应高度重视教育培训的作用,增强公众对可持续发展理念的认识,提高农民实施可持续农业实践的技术水平。在此过程中,通过加强产、学、研联合,建立起联系学术机构、研究者、管理人员和农民的区域网络,促进有益于环境的农业技术和方法的引进与推广,是加速农业可持续发展的有效途径。此外需要特别强调青年农民在未来的农业可持续发展中将起到的关键作用,因此应鼓励他们继续在农村从事现代化的农业生产,并成为发展现代化、繁荣的农村社会的骨干力量。

发达国家在推进农业可持续发展的过程中,大多数都建立了“政府－团体－农业从业人员”的农业可持续发展体系,但各国的自然资源和国情不同,在实施农业可持续发展的战略实践中必然会有不同的发展模式和应用途径,下面简单举一些典型国家的例子。

1. 美国——以环境保护为目标的可持续农业

美国其实是世界上最早倡导农业可持续发展的国家,曾先后提出低投入持续农业、高效率可持续农业等构想。已投入到实践中广泛实施的具体模式有:种植业与畜牧业综合经营模式、农作物合理轮作模式、以生物防治为主的病虫害综合防治模式以及利用农场内部有机肥的土地管理模式等。实践证明,这些广泛实施的模式虽然有利于农业的可持续发展,但其生产效率相对较低。因此,才有了“高效率可持续农业”的模式构想,该模式不仅注重农业的生态原则和对农业生产的各个环节的科学管理,还强调依靠科技进步来提高农业的生产效率,通过合理的使用化学制品,来减少环境污染,做到切实保护生态环境。

2. 德国——综合农业发展模式

德国曾经是世界上使用和生产农药和化肥最多的国家,其造成的副作用影响较大。为此,德国提出综合农业发展模式。其包含的内容如下:

(1)综合农业与生态系统的平衡

这种模式的实施以不破坏自然环境为前提,并且必须和生态系统要求的平衡过程一致。

(2)综合农业与水源的保护

主要措施有:合理地规划农田,避免在水淹区耕作;在水域的周围建绿地并合理栽培,涵养水分以及实施最佳的施肥法等。

(3)综合农业与土地的保护

农业经营需要因地制宜,综合植保,合理轮作,施用钙肥。

(4)综合农业与经济

要想发展好综合经济,就必须协调好经济效益与环境保护等多方面的关系,有效发挥政府的宏观调控作用,并根据不同时期的社会经济状况来具体实施。

3. 日本——环境保全型农业

在 20 世纪 50 年代后,日本的经济高速发展、农业机械化水平高、化肥化以及高收益化迅速发展,由此引发了水质和土壤的污染,自然环境以及生态破坏严重。20 世纪 80 年代,日本农林水产省正式提出了"绿色资源的维护与培养",由此开始走上环境保全型农业发展道路。该模式主张以有机物还田和合理轮作为基础,通过对人工合成的化学制品的限制以及生物肥料、生物农药的应用与大力开发,将资源的持续利用与环境保护同提高农业生产率结合起来,来促进农业的可持续发展。

8.5.2　启示

国外可持续农业发展的有益经验对我国发展可持续农业政策取向的启示有以下几方面。

一是按照社会主义市场经济的规律,全面构思可持续农业发展的新模式。近年来伴随着发达地区农村环境污染严重,欠发达地区农村生态环境和资源压力加大,农业生产成本偏高、经济效益偏低、农民收入增长缓慢、农村剩余劳动力就业困难等问题已成为困扰我国农业可持续发展的主要矛盾。为彻底解决这些问题,就必须按照社会主义市场经济运行规律,全面构思缓解环境与发展的双重矛盾,实现农业和农村经济可持续发展的新模式。其重点是要引导农民转变观念,尽快由常规农业生产方式转为可持续农业生产方式,按照国际标准发展有机农业和绿色食品生产,全面提高农产品质量,改善农村生态环境;引导农民根据市场需求调整和优化农业生产结构,发展高产优质高效农业,实行贸工农一体化的农业产业化经营,提高农业综合效益;引导乡镇企业根据国际、国内市场的动态变化,及时地调整经营策略,增强发展后劲,有效解决农村剩余劳动力就业问题。

二是根据不同地区的社会经济发展水平,采取不同的政策取向。我国贫困地区普遍面临农产品紧缺和农业劳动生产率低下,增加粮食产量解决人民温饱乃是这些地区最重要的问题,在此情况下一味地苛求贫困地区放弃发展而实现环境保护是极不现实的。贫困地区的生态环境建设只有和地区经济发展叠加,相互促进,才能健康、快速、持续地发展,达到生态与经济的平衡发展。因此,对经济发达地区和欠发达地区应采取不同的政策取向,对经济发达地区要加强实施可持续农业生产方式的政策措施,建立健全相关的环境管理、法律法规和执法监督体系,提高有机农业和生态农业的发展水平;对经济欠发达的贫困地区必须强调在农业取得较大发展的前提下,同时充分保护自然资源和生态环境,这才是其可持续农业发展的基本方向。因此应继续坚持并不断完善国家的扶贫开发政策,促进边远落后地区农业经济的快速发展,消除贫富差异。

三是转变政府职能,建立和完善国家支持与保护农业可持续发展的政策体系。政府农业管理部门要充分发挥宏观调控的职能,转变观念,由常规经济监督向生态经济监督转变,既要检查经营成果,也要将生态因素列入考评监督的范畴,运用法律和经济手段,推动可持续农业的发展和农村地域的可持续发展。其重点是改善农业生产基础条件,发展农业科技和教育事业,提高农民劳动力素质;鼓励并积极支持农民根据市场需求和社会需要,实行农业产业化经营,建立与健全农村社会化服务体系;合理安排农民进城务工的数量和渠道,大力创造剩余劳动力就地就业的机会,防止素质较高的青壮年农民从农村大量流失。国家必须制定相关的农业发展法规,对生态农业持续发展项目给予税收、信贷方面的优惠,鼓励法人投资,吸引私人资本投入,以促进生态农业可持续发展。

1. 加强科技创新,提高资源利用效率

科技创新是一个不断创造新知识、发明新技术并推广应用于生产实践,进而不断提高经济效益和生态效益的动态发展过程。建立和完善农业科技创新机制,推动科技创新是使农业技术潜在的生产力转化为现实的生产力的关键所在。应努力加强以下方面的科技创新。

①采用病虫害综合防治方式,促进家畜粪尿等有机肥料及豆科植物等绿肥的利用,减少并合理利用农药和化肥。

②改革现行的农业种植、养殖体系中不利于农田和水等资源保护的部分,采用种植业和畜牧业相结合的复合经营的模式,实行保护性耕作方法。

③研究节约水资源的灌溉技术和污水净化后的灌溉技术,保持水土的平衡。为了做好科技创新和成果的转化,政府应通过合理培植农业技术服务站,为广大农民提供科技服务,提供市场信息,分析市场前景。

④加快能源、燃料以及资源的替代品研究,以减少非可再生资源的消耗和浪费,减少环境污染。

科技创新的基本原则:

①创新产品有益于人的身心健康原则。农业科技创新,是为人类所需生活物质的生产部门提供进步与发展的科技生产手段。这些科技手段的应用,直接关系到人类生命存在的质量和生命延续的时间。因为绝大多数的农业科技创新成果应用于生产,其产出的食品物质最终都要被推上餐桌。所以,农业科技创新者必须清醒地认识到自己推出的每一项科技成果,都直接关系到人们的健康与安危,在科研工作中,必须把有益于人类身心健康摆在首位,这也是每一个创新者工作中的最高原则。

②产能增效原则。人类社会的任何科研活动,都存在着基本动因和主要目的。农业科技创新的基本动因和目的就是满足人类日益增长的物质文化生活需要;同时,为广大农民获得好的收成。离开这两条,农业科技创新将失去意义。近些年,广大农民在经济全球化

的激烈竞争中,也越来越感觉到科技创新在解困农业中发挥着至关重要的杠杆作用,因此,科研人员在确定科研选项和社会管理者在推广科技创新成果时,必须站在广大农民的角度决策,把广大农民获取产能增效作为科技创新成果推广应用的主要目的和重要原则。

③保护土地长远优质原则。土地状况如何,是提高农业产能与获取良好效益十分重要的前提条件。保护土地长远优质,是农业部门的职业道德和行业职责。现阶段在竭力推进农业科技创新过程中,必须明确保护土地长远优质这一基本原则。一方面严格控制使用有害土质的产能增效手段,特别是严格控制使用损伤土地的化肥。另一方面应通过科技手段保养优化土质,使土地长期处于良性运营状态。

④以保护生态环境为前提的原则。随着科技事业的迅速发展,人类自身越来越担忧一种新的威胁,即高科技对生态环境的破坏。涉及农业生产部门的问题突出表现在两个方面:一是部分原生态优品质的食用物品,被人们采用高科技手段进行培植或改良,使之变态而增效,破坏了本来品质优秀的原生状态;二是以农药为代表的农业生产科技辅助手段直接破坏食品生态品质和污染环境。这两方面问题的表现已越来越严重,迫切需要农业科技创新同仁引起高度重视,并力求尽快解决这个人类共同关注的重大问题。

2. 改善农业的产业结构,拓展收益渠道

中国是一个发展中大国、人口大国,也是一个农业大国,国民经济发展长期以农业为本,同时,尽管国土面积很大,但国土环境和生态条件并不是很好,这种特殊国情决定了我国必须持久地重视农业的发展与进步。但是,在现实的经济发展进程中,农业往往又是一个容易被忽视的部门,只有在农业发展出现问题时,才能得到足够的重视。原因是它的比较效益低。加之,中国的国家工业化在国民收入水平极低的条件下起步,迅速地建立起独立完整、门类齐全的现代民族工业化体系。政府长期偏好工业和重工业的强劲偏斜发展以及过多地汲取农业剩余以滋补工业发展,导致农业基础极不稳固和经常性增长波动。时至今日,从总体上看,我国的农业还相当程度地存在着“传统”的特征,农业的现代化进程与国民经济现代化、工业现代化、国防现代化和科技现代化的进程相比,还相去甚远。改革开放以来,我国经济快速增长,产业结构的剧烈变动显示了我国工业化进程在不断加快。但农业的发展基础仍然十分脆弱,国民经济发展中的农业、农村和农民问题越来越突出,累积的问题越来越多,农业已经成为国民经济中最薄弱的环节。因此,在国民经济不断发展的过程中,农业的战略地位必须不断地得到强化,最好的方法就是推进农业产业结构升级。

无疑,我国农业发展所面临的加快从传统农业走向现代农业以及夯实其支撑未来国民经济持续健康发展的任务是非常艰巨的,仅从我国农业发展的历史经验中找到前进的方向是不够的,还需要借鉴国外的经验教训。因为一国农业的发展,除了受本国具体条件的制约外,还受生产力发展规律的影响和支配。因此,研究国外农业发展的目的就是要总结各国农业发展的经验和教训,从中找出农业发展的共同规律。在这个过程中,发达国家的经验尤其值得重视,因为它们基本上是各种经济力量自由竞争的国家,其农业无论是在生产力的发展方面,还是在生产组织和管理的发展方面都比较清楚地反映出了客观规律的要求。这对我国认识现代农业和农业发展规律有重要意义。另外,发展中国家同我们一样,在农业发展方面面临着许多共同问题,它们在农业发展中的许多做法和探索,对我国农业改革具有重要的参考意义。

目前我国多数农产品总产量过剩，产品的品质结构矛盾十分突出，许多优质农产品供不应求。因此，应当加快引进、选育以及推广优良品种，大力开发附加值高的特色产品，逐步实现产品的优质化。因地制宜，发挥区域优势，发展特色农业，优化农业区域布局的发展方向。生态脆弱地区要有计划、分步骤地退耕还林、还草和还湖，发展林果业和畜牧水等产业。粮食主产区则要发挥粮食生产的优势，在稳定总量的前提下，注意由单一粮食生产向多种经营、优质、专用品种的转变，努力提高经济效益。

3. 重视环境保护，合理开发资源

在我国社会主义经济建设过程中，当我们在利用某一项自然资源的时候，如果采取不适当的技术经济政策和措施，忽视了这些措施对于自然资源合理利用与保护的影响，就有可能使某些自然资源遭到破坏。由于违背自然规律和滥用自然资源所造成的破坏性后果，有时往往在短时间内看不出来，而要在较长时期内才能显露出来，而且自然资源一旦遭到破坏，要恢复和更新就需要用很大力量和较长时间，有些甚至是很难补救的，这就不可避免地会使社会生产遭受严重的损失。我们只有按照自然规律办事，采取正确的技术经济政策和措施，把合理利用与保护自然资源结合起来，才能充分发挥自然资源在社会主义生产建设中的作用，为生产建设准备充足、优质的资源条件。

合理利用和保护农业自然资源，要强调因地制宜，搞好农业合理布局，宜农则农，宜林则林，宜牧则牧，宜渔则渔。要注意保持农业内部的合理比例，合理地利用和保护农业自然资源，保持农业自然体系的良性循环，充分发展生产力。我们要吸取国内外的先进经验，有计划地进行自然资源的普查和考察，搞好农业区划，明确每个农业区域的专业化生产及其全面发展的气向，以逐步改变有些地区农林牧不成比例、布局不合理的状况，为建立合理的农业结构提供科学依据。

面对资源缺少和环境恶化的形势，政府应鼓励发展循环农业和生态农业，有条件的地方可加快发展有机农业；继续推进天然林的保护和退耕还林等重大生态工程的建设，进一步完善和提高巩固成果和效果；启动沙漠化综合治理工程，实施沿海防护林工程；完善森林生态效益补偿基金制度，建立草原生态补偿机制；加强森林草原防火工作；加快长江、黄河上中游和西南石灰岩等地区的水土流失治理，启动坡耕地水土流失综合整治工程；加快主要江河上的大型水利控制性工程的建设，充分利用天上水，保护地下水，使汛期大量的水资源储备起来；加强农村环境保护，减少农业源污染，搞好江河湖海的水污染治理。

4. 建立政府和民间组织共同参与的支持体系

科技走向农村的方式有两种：一是政府设立一些科技性的服务站；二是通过市场的配置，用政策优惠和鼓励科技企业投入到咨询服务行业中。资源可持续利用是一项复杂的系统工程，依靠任何单一的力量都很难完成，因此应建立以政府为行政领导、民间学术等团体倡导以及农业从业人员积极参与的资源可持续利用体系。在该体系中，政府发挥宏观调控和行政方面的优势，建立完善的支持可持续发展的法规体系，对全国农业体系进行科学规划和行政管理，另外民间学术团体在科技上进行研究，在政策上进行宣传，积极参与国家发展体系方面的论证。

5. 加强立法，通过法制实现可持续发展

目前已经制订了相关的法律，但总体来说法律还滞后于发展的需要。建议完善配套法律,尤其是奖优罚劣,对维护环境的奖励,对破坏环境的严惩;细化法律规定,使基层官员便于操作和执行;加强科研方面的论证,增加法律的科学性,减少因法律和规定的不慎而造成的环境和资源损失与破坏;严格贯彻落实《土地法》、《水土保持法》、《草原法》等一系列法律法规,各地可结合当地实际,制定相应配套的法律法规,真正把可持续发展纳入法律轨道。

8.6　黑龙江省生存支持系统可持续发展的对策

8.6.1　保护农业生态资源

农业养活了中国 14 亿人口,其中大约有 64% 是农村人口,可见农业在我国国民经济发展中具有非常重要的地位。但是,随着现代农业的发展,农业生态资源在人口、森林、土地、能源等方面存在很大的威胁,加之农业又是对自然资源、环境的依赖和影响都很高的产业部门,因此农业生态资源的发展与保护将严重影响现代农业、生态循环农业以及生存支持系统的可持续发展。为此,建议采取以下措施来保护农业生态资源。

(1)做到用养结合,合理利用土地资源

黑龙江省是农业大省,对粮食生产的战略致力于扩大种植面积,导致大部分未利用的土地严重减少,现今应注重改良中低产量的生产地。经省土地管理局的土地调查,2006 年全省耕地总面积为 1 173.3 万 hm^2,按原等级比例算,高产田 308.6 万 hm^2,中产田 711.0 万 hm^2,低产田 153.7 万 hm^2。这些数据表明,黑龙江省近乎 73.70% 以上耕地的粮食产量还比较低,增加粮食产量的潜力仍很大。实践证明,没有较高的肥料投入和较高的土壤肥力以及集约化农作技术就不可能保证持续稳定的高产,现今农田土壤有机质每年都在矿化释放养分,必须随时补充,保证土壤的有机质平衡。因此,将土地用养结合,增加土地肥力,可以合理地利用土地资源。

(2)科学用水,提高水资源利用率

水是严重制约黑龙江省农业可持续发展的关键性因素,因此必须节约用水,科学运用水资源。为此需要发展节水农业,大力推广农业节水技术、涵养水源、加强水源的保护,保证农业用水的需要;减少工业“三废”和城市生活污水的排放,进一步加强乡镇及城市工业生产的污水处理力度,防止将污染转嫁给农村,城乡应合理开展污水灌溉活动,这样既节约水资源,又可充分利用污水中的营养元素;加强农田水利工程的建设,抓好大江大河的综合治理工作,建设一批水土保持、节水增效、旱作农业和生态农业的示范区工程,重点是抓好大中型灌溉区扩建、改建、续建等工程,充分利用地表和大气降水,确保水田灌溉,提高水资源的利用率。

(3)大力推广,使用清洁能源

黑龙江省的能源使用主要以传统能源(如薪柴、秸秆等)以及商品性能源(如煤、石油等)为主,而清洁性能源(如沼气、太阳能等)的使用相对较少。由于煤和石油的使用对生态环境存在严重的威胁,特别是碳和硫等化合物的影响,对黑龙江省低碳农业和生态农业的发展存在严重的制约作用;虽然黑龙江省是能源工业的发展地,但黑龙江省农村的能源仍然短缺,因此,推广清洁能源和开发新能源是保证黑龙江省能源和生态环境可持续发展的需要。

8.6.2 加快农业产业化发展

农业产业化是我国农业经营体制机制方面的创新,是现代农业发展的方向,而促进农业发展又是提高生存持续能力的关键。农业产业化龙头企业利用资本、技术和人才等生产要素,带动农户发展趋于专业化、规模化、标准化,加快农业产业化发展对于加快转变农业发展方式、促进现代农业建设、农民就业增收、农业可持续发展和生存支持系统健康有效地运转具有十分重要的作用。

尽管黑龙江省农业产业化经营已经取得了一定的成效,但还是处在初级阶段,尚存在着诸多值得重视的问题。

①现行管理体制制约了农业产业化经营组织的发展,进而影响了农业的可持续发展。

②一些农业产业化经营组织中的龙头企业与基地农户以及其他利益相关者之间难以结成利益共同体。

③区域产业趋同化导致重复建设及生产能力过剩。一些地方的主导产业选择严重缺乏区域特色,龙头企业建设低水平重复,难以发挥龙头作用。

④龙头企业资金严重短缺,无力带动农户和基地共同发展,使得它们无力搞技术改造和基础设施建设以及搞精深加工,延长产业链条等。

⑤目前农业产业化的科技支撑不足,农业产业化经营组织难以在科技成果的开发、转化以及推广中发挥更大的作用。

产生这些问题的原因主要有:农业科研和推广部门与产业分离,基础研究和应用研究与产业化相脱节,农业科研院所及高校科研部门学科的划分过于细化,实验研究手段较为落后,农业科技成果推广与转化在乡、村两级断层严重;农业科技成果转化和推广力量严重不足;参与农业产业化经营的农户以及农村基层干部的科技文化素质有待提高。为了避免问题的严重化,建议采取以下措施。

①在推进农业产业化的过程中,政府应加强对资源环境的管理与保护工作。政府要通过一系列相关政策法规和经济手段来规范农业产业化经营组织对资源环境的利用行为。搞好资源的评估、作价以及资源保护的立法工作,鼓励节约资源,防止农业产业化经营组织对资源的低水平掠夺性利用;加强资源开发工作,提高资源利用效率。在利用效率没有提高、技术手段没有改进的情况下,禁止开发利用,以防止对资源的破坏;建立完备的资源监测信息网络系统,进行资源定位监测,观测资源的相关动态,保持资源的可持续利用;通过合理的生产布局和结构优化,搞好多种资源的科学投放和合理匹配,科学地实现资源利用效率最大化;在市场机制作用下,面对农业资源逐渐向工业及非农产业转移的总趋势,要站在可持续发展的高度,依靠相关政策法规和经济手段,合理配置资源,防止农业资源的过早流失,尤其是在没有能力提高资源利用效率的情况下,要尽可能降低资源的开垦及利用速度,最大限度地把资源保护起来。

②加大推进农业产业化的力度,实现农业生产经营方式的根本转变。实践表明,农业产业化是一种可以优化资源配置,发挥资源优势,挖掘资源潜力,实现生态效益、经济效益、社会效益相统一的农业生产经营组织方式。应该说,农业产业化经营是促使农业从粗放式经营转向集约式经营,实现农业可持续发展的现实选择和必经之路。为此在实施农业产业化经营工作中要抓住重点和难点,加大推进力度,使农业产业化经营稳步健康地发展。

③将农业产业化与小城镇建设发展结合起来。尽管农业产业化的具体模式千变万化，但其核心内容都是“农工商一体化、供产销一条龙”。因此，农业产业化必然带来农村工业化和农村商业化的发展，为此，应当在农村二、三产业迅速扩张的基础上加速城镇化的进程，使农业产业化与农村城镇化同步发展。实现农业剩余劳动力的产业转移和空间转移的统一，从根本上改变农村居民点和乡镇企业高度分散、占地过多以及污染严重的状况，并最终实现农业的可持续发展。

④建立健全农业产业化经营的利益机制，有效协调农、工、商、加、产、销之间的利益关系。农业产业化经营的实质，是实现农业生产与产前及产后各环节的稳定结合。实现这种稳定结合主要依靠利益协调机制。

8.6.3　依靠科技创新提高生存支持能力

当今时代，科技已成为推动和引领经济社会创新发展和持续发展的主导力量，成为保障国家安全和促进可持续发展的核心要素。近现代史表明，科技的重大创新与突破，都会极大地提高社会生产力，改变生产方式、思维方式、生活方式，从而推动城市经济和各方面快速发展。目前，由于发展过快，其造成的负面影响愈加明显，人们对于可持续发展也愈加重视，作为可持续发展基础方面的生存支持系统的可持续发展不容忽视。

①加快发展高新技术产业。黑龙江省要高度重视高新技术的开发，大力推动高新技术的产业化发展，加快高炉喷煤、数控技术、光电控制技术等先进技术在传统工业领域的应用。要加强科技园区的建设，使科技园区真正成为推动高新技术产业化的摇篮。

②进一步深化科技体制方面的改革，优化科技运行机制。黑龙江省科技人员流失严重，科技成果转化率低。因此，应加大科技体制方面改革的力度，形成与科技发展规律和市场经济要求相匹配的新机制。

③注重对人才的开发利用。黑龙江省从事科技活动的人员较少，占总人口的比重较低，与发达地区相比差距较大。部分科技队伍的专业结构不够合理，人才断层较为严重，工程技术人员和掌握高技术的人才严重不足，能够在优势支柱产业中担当关键技术工作的高尖人才和高层次的专业学科带头人少之又少，信息、通信、金融等行业急需的高层次技术人才和管理人才都非常紧缺。经济增长仍主要依靠劳动力的劳动贡献，综合来看，科技进步对经济增长和可持续发展的贡献比重偏低。因此，应制定相关的特殊优惠政策，积极号召和吸引国内外相关人才开展合作公关和短期服务，依托重大建设项目和重点开发任务，有针对性地引进人才并设立人才专项开发基金，资助有前途的青年骨干、学科带头人和高级管理人才到国内外进修深造。加快人才市场建设的步伐，建立人才资源的合理配置机制，提高人才的合理流动。鼓励技术、管理等生产要素参与收益分配，鼓励并支持各种形式的科技承包，营造一种尊重知识、尊重人才和鼓励创新的社会氛围。

第9章　发展支持系统的概念与核算

9.1　区域发展成本概念

通常我们所说的区域发展成本主要是指一个国家或者一个地区为了支持它的经济发展并实现其在某段时间制定的区域战略发展目标,必须进行的基础设施建设所花费的成本。基础设施的完备与否,是发展的前提和准备的条件,也是区域是否能够迅速改变容貌、迈入新时期的前提条件。基础设施也称为基础结构或者社会的间接资本,主要是指直接生产部分和公众生活提供公用、公共设施以及公用的服务系统的设施与机构。它是一个国家或者地区的公共财富使用情况的表达方式之一,也是社会公众财富实施更多更高的积累的基础和终结点。

表达区域发展成本的基础设施,一般又可划分为生产型基础设施、生活型基础设施和社会型基础设施。例如,交通运输系统、能源供给系统、给水排水系统、邮电通信系统、物资供应系统、计算机网络系统、环境治理系统等,一直到区域管理系统和行政执法系统。这里所指的区域发展成本即基础设施成本,主要集中在狭义的属于区域生产型、生活型共用设施的硬件建设成本。

衡量区域发展成本的高低,归根结底要由克服当地自然条件障碍和人文条件障碍的难易程度所决定。在中国东部平原区和青藏高原区同样修一条同一标准的等长高速公路,其成本可能相差几倍到十几倍,本质上是由于两者的施工难度、材料标准、养护维修等状况不同所决定的,也与当地社会对于基础设施的接受程度、使用程度、维护程度不可分割。基础设施作为经济增长和区域发展的基础性物质条件,它直接影响着本地区经济产出成本和市场竞争能力。

区域发展成本,既由该区域地理条件、自然特点、地理分异特点等自然基础所决定,也由该区域的前期经济积累、区域经济规模和实力等经济基础、社会人文条件(如人口素质、开放程度、观念习俗等)社会基础所决定。如图9.1所示,区域的自然基础、经济基础和社会基础的优劣共同影响和决定了发展。

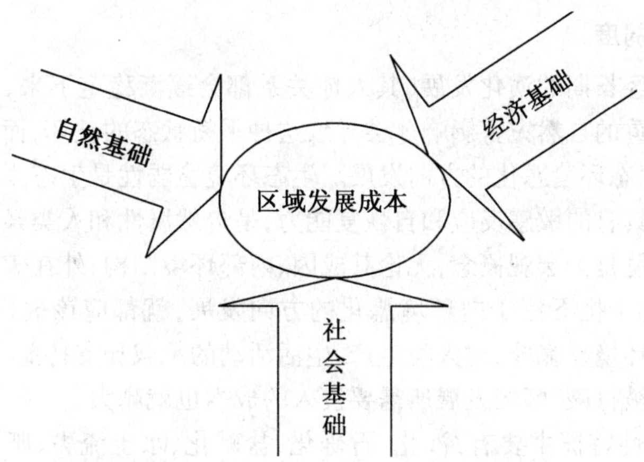

图9.1　影响区域发展成本的基本要素

9.2　影响发展支持系统的指标

9.2.1　自然成本指数

作为人类生产、生活所依存的自然空间和自然成分,自然环境与条件是一切生存与发展的基础舞台,为区域发展提供了先天的、背景的客观物质条件,是社会财富的一个重要来源。自然条件具有分布相对稳定和流动性差的基本特征,在现有的人类发展阶段和技术水平上,很难完全通过人工的方法去进行彻底的改变和营造。因此,一个区域自然条件的优劣直接构成了区域基础设施建设的不同阻力,影响着区域发展成本的大小。

从可持续发展的理念出发,我们应该认识到,自然基础条件并不是人类发展取之不尽、用之不竭的附属物,它有自身的发展规律与要求,人类在发展过程中对自然环境做出的过分的要求和索取都要付出相应的代价,在区域发展中构成了自然基础要素的成本。当然,随着生产力水平的提高和科学技术的发展,自然对人类发展的制约逐渐减少了。但是,毫无疑问,人类目前的水平还远未达到可以完全忽视区域自然基础条件差异的程度。尤其是中国现阶段的国情表明,在影响区域发展基础成本的因素构成中,自然基础条件有着举足轻重的作用。在本研究中,选取了三个有代表性的因子来反映区域自然基础条件的优劣对其发展成本的影响。

1. 地形起伏度

地形起伏度,是单位面积内最大相对高程差,是描述地貌形态的定量指标,可反映地面相对高差。地形起伏度在土地利用评价、土壤侵蚀敏感性评价、生态环境评价、人居环境适宜性评价、地貌制图、地质环境评价等领域有广泛应用。使用不同尺度的地形起伏度会影响相关研究的基本结论。地形是自然基础条件中影响发展成本的第一要素。区域的地形起伏程度不同造成基础设施修建与维护的难易不同。通过已建立的模型,已经定量地计算出不同地域空间的地形起伏程度。

2. 生态环境脆弱度

任何生态环境经长期的演化发展,其人地关系都会逐渐稳定下来,只有大规模的人类经济开发活动或严重的自然灾害影响才会导致这种平衡状态的破坏,而使生态环境处于脆弱状态,并不断朝生态环境恶化的方向发展。生态环境脆弱性是生态系统在特定时空尺度相对于外界干扰所具有的敏感反应和自恢复能力,是自然属性和人类经济行为共同作用的结果。脆弱生态环境是个宏观概念,无论其成因、内部环境结构、外在表现形式和脆弱度如何,只要它在外界的干扰下易于向环境恶化的方向发展,就都应该被视为脆弱生态环境。生态区域自然生态环境越脆弱,对人类生产、生活活动的承载和支持能力越差,生态系统本身的平衡也越容易被打破,区域发展所需要投入的成本也就越大。

生态环境脆弱性特征主要有:沙化、石砾化、盐碱化、水土流失、肥力下降、旱化、石质化、植被退化、土地适宜性降低、灾害频度和强度增大等。不同生态环境的生态阈限是不同的,其脆弱程度也不同,根据对脆弱生态环境的定义,综合各种典型脆弱生态环境可得出其以下特点:

(1)环境容量低下

生态资源匮乏,土地生产力偏低,人口承载量小,物质能力交换在低水平下进行,人口密度超过允许的人口承载量时,极易引起资源量失衡和土地退化,甚至环境恶化。如森林过度砍伐、草原过牧、水资源短缺等。

(2)抵御外界干扰能力差

在外界干扰时,极易发生生态变化甚至环境突变。如陡坡山地的滑坡及泥石流、干旱地区的沙尘暴、江河流域的洪涝灾害等。

(3)敏感性极强,稳定性差

脆弱生态环境由于其调节生态平衡的功能差,对外界干扰表现出较大的敏感性,其生态系统的稳定性易于被破坏。

(4)自然恢复能力差

生态系统一般都潜育着脆弱性和再生性比重功能,但脆弱生态环境在外界破坏其生态平衡后,往往失去其生物再生能力(自我恢复能力),使生态环境进一步恶化,若恢复其稳定的生态功能,要投入巨大的人力、物力、财力和漫长的时间,难度极大。

中国是一个自然灾害频发的国家,各区域生态环境脆弱程度深刻地影响着区域发展的进程,为人们频频敲响警钟,以巨额成本提醒着人们对其忽视的损失和恶果。生态环境失衡造成的巨大损失便是近年来人类获得的一个沉痛的教训。因此,当我们考虑和度量区域发展基础成本时,必须把该区域的生态环境优劣作为关键的因素之一。在计算生态环境脆弱度时,我们选取了九个因子:干燥度指数、森林覆盖率、受灾率、贫困发生率、土壤侵蚀模数、荒漠化率、地形起伏度、水土流失率。

3. 资源匹配度

自然资源是自然介质中可以被人所利用的部分,是在当前生产和技术水平下,为满足人类发展需要、可以被利用的自然物质和自然能量。作为三大生产要素之一,自然资源为人类的生产、生活提供原料、燃料和动力。可以说,人类的发展离不开自然资源。此外,区域自然资源禀赋决定了区域的比较优势、产业结构和地域分工,因而这个向来被视作研究区域经济发展重要的、不可或缺的变量,在研究中国的区域发展成本时也不例外。由于资源在空间分布上存在着差异,不同资源之间的匹配程度,也决定了不同区域发展的难易差异,成为影响区域发展成本的要素之一。矿产资源和水资源往往是自然资源中影响区域发展的决定要素,我们选取了矿产资源和水资源的匹配度作为代表,去衡量区域发展成本的大小。

9.2.2　经济成本指数

区域生产力的发展现状,国民财富积累的水平,以及由此所营造的基础经济环境的优劣,是决定区域发展成本大小的又一重要方面。与自然基础要素对照而言,经济基础要素是由人类后天的经济活动所造就出来的,其变动性和空间流动性较好。一个经济实力雄厚、经济环境优越的区域与一个经济基础薄弱、配套基础设施不完善的区域相比,一方面其自主提供进一步发展所需的物质和资本的能力较强;另一方面其对外来的物质和资本也有较强的吸引力,其发展所需的相对成本较小。可见,经济环境的不断优化是区域发展的重要内容;同时也是区域进一步发展的前提条件和基础。随着社会生产力和科学技术的进步,自然基础对发展的限制作用会逐渐降低,而经济基础,以及其他无形资产的重要性会日益增强。在衡量经济基础对区域发展成本影响时,我们选取了以下两个有代表性的指标。

1. 区位度

区位度是衡量区域经济基础环境的完善程度、经济地理位置优劣和可交流性的一个指标。任何区域都不可能具备支持它发展的全部要素和条件,因而区域间的联系和交流是必不可少的。良好的区位会带来便利的联系和交流,会降低交易成本,减少区域进一步发展的阻力。一般而言,区位度包括以下三方面的内容。

(1)吸引度

通过区域外来资金和进出口商品总额来度量和反映区域开放程度及其对资本和物资的吸引能力。在中国的区域发展中,资金短缺是一个强大的制约因素,因此,为支持发展而吸引和获取外部资金的能力就成为决定发展成本的一个重要因素。吸引度越高,区域发展的物质资金保障能力越高,发展成本相对就越低;相反,缺少充足的物资和资金保障的区域发展成本就比较高。

(2)通达度

通达度是指一个区域与外部其他区域进行物质、能量、信息及人员交流的便利程度。从历史发展来看,虽然在各个阶段的具体表现形式有所不同,但交通从来都是区域发展的一个重要因素,凡是具有交通便利的区域都能得到优先发展;相反,通达度差的区域,首先在交通上就需要更多的投入,成本必然高。

(3)潜势度

对交通通信的投资数量反映了该区域未来发展潜在的基础条件的改善,反映了区位度变化的趋势。

2. 开发度

开发度是指一个区域已经形成的物质基础和经济实力距离本区域完全开发的差异程度。开发度高的区域,具有较完备的支持生产、生活的基础设施,犹如一辆已经启动的列车,在平滑的轨迹上会越驶越快。而开发度低的区域,若想进入全速行驶状态,还需要额外的动量和投入,这就是我们所说的成本。

任何区域发展问题都不是空中楼阁,需因地制宜,从现有的条件和水平出发,确定下一步发展的目标。在区域发展的初始阶段,在基础设施尚不完备甚至缺乏落后的时期,区域要具备发展所需的必要条件,必须进行大规模的基础设施建设和投入,其发展成本必然相应较高。在计算开发度时,我们选取了以下几个因子:人均 GDP、单位面积 GDP、单位面积固定资产原值和交通密度。

9.2.3 社会成本指数

社会结构总体水平和社会有序程度在区域发展成本构成中也占有不可忽视的地位。在良好、有序的社会环境下,无论是生产、生活的运行效率还是质量都会大大增加,对时间以及物质资源的浪费相应减少。这是以内部的节约和良好的优化配置去换取成本的降低。在社会基础要素中,其中一个关键因子是劳动者的素质,不论是经典的马克思主义理论还是现代人力资源理论,都把劳动者作为决定区域经济发展的根本内因。度量社会基础的状态,我们构建了如下两个指标。

1. 社会综合劳动生产率

根据联合国教科文组织驻华代表处研究资料表明,劳动者文化素质与其劳动生产率呈现出一定的相关,以文盲的劳动生产率为基准,小学毕业可以提高劳动生产率43%,中学毕业可以提高108%,大学毕业可以提高300%。据此,建立如下公式:

$$R = (C_1 \times 100 + C_2 \times 143 + C_3 \times 208 + C_4 \times 400)/(C_1 + C_2 + C_3 + C_4) \quad (9.1)$$

式中 R——社会综合劳动生产率;

C_1——区域的文盲人口数;

C_2——区域的小学毕业人口数;

C_3——区域的中学毕业人口数;

C_4——区域的大学毕业人口数。

式(9.1)表明,一个国家的受教育水平越高,社会综合劳动生产率就越高。

2. 人文发展指数

人文发展,也被译为人类发展。人文发展理论是联合国开发计划署发表的人类发展年度报告的指导理论。人文发展概念及理论的正式提出是在该机构 1990 年发表的第一份人类发展年度报告 *Human Development Report* 1990 中。为了衡量一个国家或地区的人文发展水平,该报告设计了著名的人文发展指数(HDI)。人文发展指数一面世就引起了极大的争论,但它还是伴随着历年的人类发展报告对国际社会产生了巨大影响。

人文发展指数是用于识别人们为了参与社会并作出贡献所具备的能力。该指标综合、深刻地反映了区域人力资本的素质和发展水平,能够恰当地评价社会有序程度和人类发展水平对区域发展成本的影响。

9.2.4 各基本指数分析

根据中国可持续发展战略报告中的数据,我们可以得到中国目前的三大基本指数分布现状,它们所表现出来的状态反映了中国存在的发展问题。下面我们将从具体的方面来说明。

1. 自然成本指数分析

分布的情况和我国的自然地理划分的依据一样,都是东部沿海及东北地区较好,中部和内陆地区以及西北部次之,青藏高原最差。从中国可持续发展战略报告中我们可以得出,京、津、沪三大城市的自然基础最好,尤其是上海,因为那里的地形平坦,生态环境良好,资源匹配度非常好,几大指标在全国都位于前列。见表9.1。

表9.1　自然基础指标得分排列

项目	前五名	后五名
地形起伏度	沪、津、苏、京、鲁	青、黔、滇、川、藏
生态环境限制指度	沪、浙、闽、津、苏	青、藏、甘、陕、宁
资源匹配度	沪、京、津、苏、吉	蒙、川、藏、甘、晋
自然基础	沪、津、京、苏、吉	甘、宁、川、晋、藏

2. 经济成本指数分析

经济基础的优劣呈现出带状的分布状态,从我国东南沿海像西北内陆地区呈现出成本逐渐增高的趋势。京、津、沪等地居于前列,尤其是优越的区位和强大的经济实力使得上海从众多城市中脱颖而出。其余的沿海城市,除了河北以外都处于第二等级,其中最突出的是海南省,虽然开发较晚,但是由于是我国重要的经济特区和政治政策的原因,使得其大量引进了外资,进出口数量非常大,显示出较好的经济基础。见表9.2。

表9.2　经济成本指数得分排列

项目	前五名	后五名
区位度	粤、沪、京、津、琼	宁、蒙、甘、新、藏
开发度	沪、京、津、苏、粤	甘、蒙、新、青、藏

3. 社会成本指数分析

从发展支持系统的几大指标中我们可以看出,社会基础要素的分布规律没有自然基础和经济基础的要素那么明显,除了首尾比较突出以外,没有其他特别的地方,其他地方都比较平淡,没有什么显著的特点。因此可以得出一般的结论,经济越发达的地方,越开发的区域,它的社会基础也就越好。见表9.3。

表9.3　社会成本指数的得分排列

项目	前五名	后五名
社会综合劳动生产率	京、沪、津、辽、黑	甘、黔、滇、青、藏
人文发展指数	沪、京、津、粤、辽	甘、黔、滇、青、藏
社会基础	沪、京、津、辽、粤	甘、黔、滇、青、藏

9.3 影响区域发展水平的因素

区域发展水平对区域当前已经达到的发展程度进行定量的描述和分析。研究区域的可持续发展,制定和实施正确的发展战略和措施,都必须从该区域当前的实际水平出发,因地制宜、因时制宜,才能有效地实现可持续发展的战略目标。对现状的客观描述和分析是研究区域可持续发展的基础性工作。区域发展水平是由自然、经济、社会等因素长期相互作用、相互影响的结果。区域发展水平的高低也多层次、多角度地反映在社会、经济的各个方面,因此,全面、客观地描述和表达各区域的发展现状具有相当的难度。我们从以下三方面设计区域发展支持系统,衡量区域发展水平的指标体系。

①衡量发展水平的指标纷繁复杂,其中的实物性指标,如主要工业产品的人均产量,具有直观、简明的优点,尤其是在经济发展的初期和工业化的初中期,实物性指标对衡量发展水平具有不可替代的现实意义。但由于经济结构的复杂性和多样化,用单一的实物性指标去衡量经济发展水平已经远远不够,因此,货币性指标得到了日益广泛的应用。不过,在用于区际发展水平的比较时,必须考虑到区域之间在经济发展不同阶段物价水平、实际购买力之间的差异。综上所述,实物指标与货币指标各有优劣,两者之间良好配合才能反映区域发展水平的真实状况。

②社会再生产体系由生产、流通、分配和消费四个环节构成,区域发展水平的优劣,直接体现这四个环节运转的有效程度。因此,在选取衡量区域发展水平的指标时,不仅要包含生产能力的度量,还要考虑到资本存量和区域消费能力等有关方面。

③在衡量发展水平现状的同时,还应着眼于未来,兼顾目前的经济基础对未来经济发展的支持程度和可能的影响。根据中国区域经济发展的现状,对衡量区域发展水平,我们设计了一套可操作的、理论依据比较充分的指标体系。下面从影响区域发展水平的五个方面的因素加以描述。

9.3.1 生产能力

区域的生产能力无疑是区域发展水平高低的一个直接影响因素,也是对于区域发展水平高低的最直接反映。区域生产能力主要由实物基础能力、基础设施负担能力和经济强度三方面决定。

1. 实物基础能力

新中国成立以来,中国工业化发展遵循以物质生产部门,尤其是重工业部门推动经济增长的战略,在短时期内造就了一个比较全面的工业基础。20 世纪 80 年代以来,发展战略有所改变,体现在对农业及第三产业的再认识及相应的政策倾斜。但不可否认,重工业基础在区域发展的现阶段仍将发挥重要作用。

①它是建立完整有效的社会生产体系的必要前提。

②基础产业的投资“乘数效应”明显,在生产结构合理的条件下,可以推动经济较快增长。

③考虑到中国区域经济发展水平的巨大差异,在相当多的落后地区,重工业基础还相

当薄弱,是经济发展的一个重要制约条件。有鉴于此,采用实物指标来衡量工业发展水平,是中国目前工业化阶段能够更直观地反映区域差异现状的必然选择,将突出基础工业产品在工业化初期的重要作用。在衡量各区域的实物基础时,我们选取了钢、水泥、化肥和发电量(分别表征制造业能力、基本建设能力、农业能力和能源消费水平)四种产品的人均产量及其在全国总产量中的份额作为代表。

2. 基础设施负担能力

区域生产体系的良性运转,必须依赖当地基础设施的紧密配合。基础设施是直接生产部门赖以建立和发展的基础条件,其发展水平会直接或间接地影响到生产部门的成本和效益,以及供给的数量和质量。例如,发达的运输和通信系统,有助于各种生产要素和产品的空间转移,降低生产部门的转移成本。又如,完善的仓储设施可以保证工业物资和各种农产品的有效供给,减少其在流通过程中的损耗,增加供给的数量并提高其质量。因此,基础设施建设体系比较好,尤其是生产性基础设施良好的地区,能够使投资者节省资金、缩短工期、降低成本,获得较好的投资效益。在生产要素自由流动的情况下,根据资源最佳配置的条件,生产要素往往倾向于流向基础设施较好的地区,从而有可能实现生产要素的最佳配置。

现代工业的典型特点是大规模专业化生产,经济规模导致了生产部门和企业的平均成本降低、效率提高。但大规模专业化分工生产需要进行大规模的生产要素和产品的空间转移,需要进行大规模的商品流通,而这必然有赖于充足的能源供给、良好的交通通信设施作为前提条件。因此,基础设施的负担能力是衡量区域生产能力的不可缺少的变量之一。

在中国目前发展水平较低的情况之下,基础设施的作用尤为举足轻重。改革开放以来,基础设施支撑能力较弱一直是困扰中国经济发展的一个重大障碍。区域生产能力、发展水平的差异在某种程度上是由于各区域基础设施的完备程度不同造成的。在此,我们分别选取了交通、通信和能源三方面的指标去综合代表基础设施负担能力,分别为:交通密度、百人拥有电话数、人均能源消费。

3. 经济强度

经济强度是指区域经过长期的资本积累而形成的单位面积上的经济规模和生产能力。它们是区域发展现状水平的客观映射,又是区域进一步发展的物质条件和基础。经济强度大的地区,无论在生产设备还是在生产规模方面均占有一定的优势,自然而然其生产能力较强。

由于历史原因,各区域自然条件的差异和长时期的政策倾斜,中国各区域经济强度差异显著。落后偏远的省区经济强度远远落后于沿海发达省份。在此,分别选用单位面积固定资产原值和单位面积基本建设投资来衡量,以此来反映各区域经济发展的空间强度和开发状况。其中单位面积固定资产原值反映了各地区经过长期积累已形成的财力物力;而单位面积基本建设投资表示在此基础之上的进一步积累。

9.3.2　资本形成能力

资本存量的多寡、资本能力形成的快慢,是决定区域经济增长的又一基本因素。学者认为,资本积累与经济增长率成正比,资本积累量的大小是决定经济增长率高低的关键。在哈罗德-多马经济增长模型中,资本积累被提升到经济增长中唯一决定性因素的地位。

在工业化的初期,资本约束是一个重要特征。改革开放以前,中国用于再生产的资本积累主要源于“低消费、高投资”的政策,20世纪80年代以后,这一特征有弱化的趋势。可以预见的是,在中国到2020年的经济发展中,资金供给不足仍将是处于不同发展水平地区的共同发展障碍。区域除了利用自身储蓄之外,还必须大力开拓其他的资金渠道,例如区外投资以及国外投资。储蓄是投资的最稳定和最可靠的来源,充足的储蓄是生产投资的保证。根据以上分析,我们将从两个方面揭示区域资本形成能力:投资和储蓄。在此我们选用了投资率和人均投资来反映投资状况;选用了储蓄率和人均储蓄来反映储蓄状况。

9.3.3 市场表现

经济发展的最终目的是提高人民物质文化生活的水平,其最终成果也应表现为人民生活质量的提高。为了客观地衡量区域之间发展水平的差异,必须从生活消费品市场水平去加以考察。此外,从社会再生产过程去认识,也不难发现消费品市场在区域经济发展中的重要地位。中国发展至今,经济运行的约束机制已逐渐由“供给约束”转变为“需求约束”,大部分产品出现供求平衡,甚至供大于求的状况。在这种情况下,市场需求对经济增长和区域发展的拉动作用日益明显。对于特定区域来讲,区内市场需求始终占据最重要的作用,表现在:区内市场受大环境波动的影响较小;区内市场需求的规模与水平决定区域竞争优势产业的培育。

我们关注经济发展水平的市场表现,更多地将注意力放在生活消费领域,原因在于:最终消费的数据容易获得和生产过程的中间消费为最终消费服务。据此,采用人均居民消费水平和人均社会商品零售总额这两个指标来衡量区域市场表现。

9.3.4 经济增长速度

区域经济的发展不仅体现在产出的数量指标上,而且体现在速度指标上。GDP增长率是研究经济发展问题时最普遍、最常用的一个指标。GDP增长率是对该地区经济发展活力,以及在国际和区际的竞争力大小的更直接、更直观的度量指标。保持区域经济适当的正增长,是区域可持续发展战略目标必须加以关注的重要度量手段。

人均GDP增长率指标的选取在于强调人口数量对经济增长的影响。中国对人口众多的消极“分母效应”已有太多的体会,因此,在衡量经济发展速度时,不能忽略区域人口总量的影响。不但要衡量区域总体增长率水平,而且要衡量区域人均经济产出的增长速度。后者对于区域之间的比较,尤其是在中国各地区人口分布不均的现实情况下,更有实际意义。

9.3.5 各基本指数分析

以下所有分析的数据都来自于中国可持续发展战略报告。

1. 生产能力指数分析

从分析的结果我们可以知道,我国现在区域之间的生产能力差异很大,大多数都是区域生产能力偏低,处于工业化的起步时期。从分析的结果看,上海的生产能力最雄厚,有实物基础、完善的基础设施和密集的经济强度作支撑,一直处于领先地位。见表9.4。

表 9.4　生产能力指数得分排名

项目	前五名	后五名
生产能力指数	泸、京、津、辽、粤	琼、桂、赣、黔、藏

2. 资本能力指数分析

投资会改变区域的产业结构,完善市场的环境,优化资源的配置方式,提高劳动力的素质。一般认为,资本的形成能力是决定我国的经济增长速度的重要因素,而从分析来看,我国的各大地区的资本分布有着显著的差异。见表 9.5。

表 9.5　资本能力指数得分排名

项目	前五名	后五名
资本能力指数	京、泸、津、琼、粤	滇、湘、川、皖、黔

3. 市场表现指数分析

经济发展的主要目的就是使得人民的生活水平提高,而经济的发展却和很多的因素相关,这些因素都时刻影响着经济的发展,而市场表现的活跃程度在很大程度上影响着经济的发展。我国的经济的市场表现呈现出很大的区别,市场表现比较活跃的地区主要是沿海地区,而市场表现比较低迷的地区主要是大西北等地区。见表 9.6。

表 9.6　市场表现指数分析

项目	前五名	后五名
市场表现指数	泸、京、粤、津、浙	滇、豫、藏、甘、黔

4. 发展速度指数分析

广东省受到其优越的地理和政策的作用,成为发展最快的城市。同样由于国家政策的原因,使得浙江、福建、江苏等地的发展速度很快。值得注意的是,虽然所有的省区增长率很高,但是有的省份的人口出现了过度的膨胀现象,使得经济的发展速度逐渐减缓。见表 9.7。

表 9.7　发展速度指数分析

项目	前五名	后五名
发展速度指数	粤、浙、闽、苏、琼	甘、陕、宁、青、黔

9.4　区域发展潜力

发展是一个动态进化的过程,区域未来发展的能力和可能性是可持续发展所关心的、决定区域兴衰的关键因素。因此,对区域发展现状的评价和分析并不是我们的最终目标,还必须从现状分析出发,研究特定区域未来持续发展的活力、能力和潜力,以及思考为保证区域未来可持续发展而必须采取的战略和措施。

从我国国情来说,我国正处于由计划经济向市场经济的转轨阶段,正处于由工业化低级阶段向高级阶段攀升的过程中。为保证目前这一过程的顺利完成,实现经济增长方式由粗放型向集约型转变是必然的选择。对于各个区域而言,同样如此。经济生产的集约化程度直接决定了该区域对可持续发展目标的保障程度,它是对于各个区域都适用的度量标准。另外,各区域的空间差异和各自的独特性,也是未来发展的一个不可回避的因素。特定区域的产业结构、经济效益和社会组织能力等,都是影响未来发展的决定变量。

因此在构建度量区域发展潜力的指标体系时,我们主要从区域竞争能力和区域集约化程度两方面加以考虑。

9.4.1 竞争力指数

在当代科学技术迅速发展,各国综合实力消长变化,国际竞争力日益激烈的特定历史条件下,"国际竞争力"这个概念已成为各国所关注和研究的焦点。关于国际竞争力,目前有以下几种观点:古典经济学认为,生产要素,如劳动力、资金与自然禀赋的相对组合优势是决定国际竞争力的最重要因素;经济历史学强调,经济体制及制度在国际竞争力形成中的重要作用,它推进经济面向市场并缔造现代社会经济体制;发展经济学把政府政策放在重要地位;增长经济学更强调人力资本的重要作用;企业经济学重视企业实力的重要作用;世界经济论坛和瑞士洛桑国际管理学院认为,国际竞争力的强弱取决于以下五种因素组合:变革因素、变革过程、环境、企业自信心和工业序位结构。

作为国家的缩影,区域发展同样受到其竞争力强弱的制约和控制。尤其是在决定其未来发展潜力时,竞争力是决定区域在国家和国际环境中能否迅猛发展的关键指标。所谓区域竞争力,是指区域国民经济在国内竞争中表现出综合实力的强弱程度,即意味着区域竞争力的衡量,是在国际、国内市场上区域之间相互进行的整体比较和被其他区域依赖的强度。区域竞争力主要表现在如下几个方面:在国内市场中的地位(市场占有率、产销率等);区内产业结构的合理程度;区域宏观经济效益状况。因此,在衡量区域竞争力时,我们选取了以下两组指标。

1.产业结构合理度

从国家层次来看,产业结构随经济发展水平呈现出规律性的动态变化。中国总体的产业结构呈现出资源开发导向的特征,对自然资源的依赖程度较高,消耗量大。随着经济的发展,总体产业结构将向着低耗、高效、优化、高附加值、资源节约型产业结构的方向演化。

从区域层次来看,产业结构特征呈现出多样性和差异性。衡量各个区域产业结构的比较优势,一方面,要分析其结构中各产业部门的比例是否符合产业结构高级化的大趋势;另一方面,要分析其结构中各部门之间的配合与协调程度。从这两方面的综合分析可以判断出一个区域产业结构在比较意义上的合理度。

中国三次产业结构呈现出两头小、中间大的格局,其中农业生产中存在的主要问题是小型、分散、对自然资源依赖性强,生产粗放;第二产业中存在的问题主要是生产的集约化水平、规模化水平还远远不够,资源消耗严重;第三产业的规模与水平均不适应一、二产业的发展及人民生活的要求。

2. 经济效益水平

区域综合竞争力的另一个重要组成要素就是该区域的经济效益，因此，选择恰当的指标度量区域经济活动所达到的宏观效益水平就成为研究区域发展潜力必不可少的一环，它反映了该区域的比较优势得以发挥的程度和水平，对区域的可持续发展潜力有直接的作用。

在计划体制下产品经济环境中，只讲生产而不讲销售，产品的消费和企业利润的实现完全通过计划来安排，因此产品的竞争力，乃至区域的竞争力无从体现。在社会主义市场经济体制下，产品的竞争力乃至区域的竞争力是通过市场来评判的。产品的销售率高，销路广，市场占有率高，企业的盈利目标就容易实现，区域整体的经济效益就好；相反，生产的产品没有市场，销路狭窄，甚至积压，企业的赢利目标就无法实现，甚至连投入的成本也无法弥补，区域整体的经济效益水平自然就比较低，区域进一步发展的竞争能力也势必受到影响。

此外，区域的经济效益也体现在生产过程中所投入各类生产要素的产出率及生产效率上。以资本为例，作为一个基本的生产要素，尤其是在中国，作为十分稀缺的生产要素，资本的生产效率是区域经济效益的制约因素之一。资金利税率高、成本收益率高的区域，能够比较迅速地获得用于扩大再生产的资金，不断地去更新改造过时的设备及技术，才能与时代的步伐一致，容易形成一个良性循环。

因此，在选择衡量区域经济效益的指标时，选择了以下五个要素：产销率、市场占有率、利税占有率、资金利税率、成本收益率。其中，前两个指标共同反映着产品的市场表现，后三个指标共同反映着投入要素的生产效益。

9.4.2　集约化指数

区域发展潜力的另一制约因素便是经济增长方式，采用何种经济增长方式——“粗放型”还是“集约型”，是决定区域是否具有发展后劲和可持续发展能力的又一关键。“粗放型”与“集约型”的划分来自于西方经济学的生产理论，按照经济增长的动力因素来源分类，一般认为，“粗放型”增长方式主要依靠增加要素的投入，通过外延扩大再生产来实现经济的增长，因而也被称为“数量型”、“速度型”、“外延型”；相应的，“集约型”增长方式又称为“质量型”、“效益型”、“内涵型”，它的增长动力主要来自于单位投入的产出率的提高，主要依靠科学技术的发展、劳动力素质和质量的改善，通过内涵扩大再生产和提高综合生产率来实现经济增长。“粗放型”增长方式虽然也能够实现经济的增长，但是将带来资源短缺、废物增加、环境恶化的负效应，这种经济增长是以威胁人类的永恒发展为代价的短期行为，资源和环境的限制都否决了这种增长方式的可持续性。相反，“集约型”增长方式的要旨在于提高综合要素生产率。通过生产效率的提高，降低对稀缺要素的需求，减少物耗和能耗，减少废物的产生，以支持经济的可持续增长。

因此，从集约化的内涵出发，在衡量区域集约化程度时，我们选取了以下几个指标：

①物资密集度，即每生产单位价值的产品所消耗的物质投入。物资密集度越低，集约化程度越高，即生产相同价值的产出所消耗的物质越少，集约化程度越高。

②能源密集度，即每生产单位价值的产品所消耗的能源。能源密集度越低，集约化程

度越高,即生产相同价值的产出消耗的能源越少,集约化程度越高。

③废物密集度,即每生产单位价值的产品所产出的废物。同样,废物密集度越低,集约化程度就越高,即生产相同价值的产出产生的废物越少,集约化程度就越高。

9.5 区域发展质量概念与核算

9.5.1 工业经济效益指数

工业经济效益指数反映了工业运行的总体水平,是体现企业效益最直观的指数。其计算公式为:

$$\text{工业经济效益指数} = \frac{\text{各个工业经济效益指数原始值}}{\text{对应标准化值}} \times \text{各指标相应权重} \quad (9.2)$$

这一指数于1998年起正式在全国实行,由7项指标构成。一般选取以下几个指标作为工业经济效益指数的表征方法:工业效益总体水平、投入产出水平、运营效率和盈利水平。

9.5.1.1 工业效益总体水平

工业效益总体水平具体由以下三个指标来反映:

$$\text{人均工业增加值}/(\text{万元}\cdot\text{人}^{-1}) = \frac{\text{工业增加值总额}}{\text{地区总人口数}} \quad (9.3)$$

$$\text{人均利税总额}/(\text{万元}\cdot\text{人}^{-1}) = \frac{\text{利税总额}}{\text{地区总人口数}} \quad (9.4)$$

其中"利税总额"包括两项:利润总额以及产品销售税金及其他。其中,产品销售税金及其他又包括了很多部分,例如企业生产经营过程中需要负担的产品本身的税金产品增值过程中所需的税金以及企业提高自身所用到的资源和教育税金。

$$\text{人均主营业务收入}/(\text{万元}\cdot\text{人}^{-1}) = \frac{\text{主营业务收入总额}}{\text{从业人数年平均总额}} \quad (9.5)$$

其中,主营业务收入包括了企业生产销售产品、提供一定劳务活动所获得的收入。

9.5.1.2 投入产出水平

投入产出水平由以下两个参数反映:

(1)工业全员劳动生产率

工业全员劳动生产率是指每个工业劳动人员在特定的时间内生产出的有价值的成果总数量值。其计算公式为

$$\text{工业全员劳动生产率}/(\text{元}\cdot\text{人}^{-1}) = \frac{\text{工业增加值总数}}{\text{全部从业人员平均人数}} \quad (9.6)$$

(2)成本费用收益率

成本费用收益率是指一个企业在生产方面的投入值与其实现相应的利润之间的比值。该指数是一个反映工业投入与经济效益之间关系的指数,同时它也反映了企业减少成本后所获得的效益。其计算公式为

$$\text{成本费用收益率}/\% = \frac{\text{利润总额}}{\text{成本费用额}} \times 100\% \quad (9.7)$$

9.5.1.3 运营效率

运营效率主要是指企业对其资金的运用程度,是企业在特定的资金条件下不断进行周转活动,进而获得了更多更好的效益,最终体现在资金的增加上。由以下两个参数来表征。

(1)流动资产周转率

流动资产周转率是一个反映企业资金利用情况的指数,它表示的是资金周转的好坏程度,可以在一定程度上显现出企业经营的水平。其计算公式为

$$\text{流动资产周转率}/\% = \frac{\text{产品销售总收入}}{\text{流动资产平均额}} \times 100\% \tag{9.8}$$

(2)资产负债率

资产负债率可以反映企业在生产经营中遇到的风险情况,是该企业在年底时资产负债总额的多少。它的值越大,表明该企业遇到的风险越小,企业改变这种状况所需的能力越高,情况越乐观。其计算公式为

$$\text{资产负债率}/\% = \frac{\text{负债总值}}{\text{资产总值}} \times 100\% \tag{9.9}$$

9.5.1.4 盈利水平

盈利水平是指一个企业想要最终获得盈利、资金积累所要有的能力水平。企业想要达到盈利的水平有很多方法和途径,可以从不同的表达参数上进行考虑。

(1)总资产贡献率

总资产贡献率是一个企业获得资金的能力,这个指标是总体上表征盈利水平的参数,具有一定的全局性和参考性。企业提高总资产贡献率对盈利水平高低的把握是最有利的。其计算公式为

$$\text{总资产贡献率}/\% = \frac{\text{税金总数} + \text{利润总数} + \text{利息支出总额}}{\text{资产平均额}} \times 100\% \tag{9.10}$$

(2)净资产收益率

净资产收益率是直接与企业运行成果与效果挂钩的指数,可以直观地表现出企业的相关能力。并且二者一般情况下是呈正相关关系的。因此,想要提高本企业运行的成果,提高资金的结余能力,就必须想办法增加净资产收益率。其计算公式为

$$\text{净资产收益率}/\% = \frac{\text{净利润额}}{\text{资产平均额}} \times 100\% \tag{9.11}$$

(3)运营资金比例

运营资金比例反映一个企业在很短的时间内能否偿还所欠债务的本领。其中,运营资金是指企业中流动的资产去除流动着的负债总额之后所剩的部分。运营资金比例越大,说明企业这方面的本领越高,这对一个企业来说是越有利的。其计算公式为

$$\text{运营资金比例}/\% = \frac{\text{流动资产总额}}{\text{流动负债总额}} \times 100\% \tag{9.12}$$

(4)工业增加值率

工业增加值率反映一个企业在生产中能否降低中间不必要的消耗,从而在有限的投入上增加产出的比例,是反映发展能力水平的指标。其计算公式为

$$\text{工业增加值率}/\% = \frac{\text{工业增加值数额}}{\text{工业总产值}} \times 100\% \tag{9.13}$$

9.5.2 经济集约化指数

经济增长,在传统的观念里,表现为与 GDP 挂钩的增长方式。但是在历史的进程中,这种单纯依靠人均收入提升来表征的经济增长,却没有改变社会和经济的结构模式,因此也就没有实现可持续发展的总体要求。这样的经济增长是粗放型的。经济增长方式在漫长的时间中慢慢转变为集约型是社会发展的必然结果,是一个国家或地区发展到相应水平后的必经之路。集约化的增长方式旨在提高综合要素生产率,从而降低对稀缺要素的过分需求,减少物质消耗与能源消耗,支持可持续发展的持续进行。因此,集约经济是一种以技术密集、资金密集以及内涵增长为主的经济,是一种主要表现为质的变化达到量的增长的经济;也是一个动态的、相对的系统,在不同的时期、不同的条件有着不同的定性定量内涵。在表征该指数时,选取了七个具有代表性的参数,均是用万元产值来表达工业行业不同资源的利用情况。这样的选取方式很具有代表性,可以说明问题,在纵向、横向上都具有比较的意义。具体指标参数如下:

(1)万元产值水资源消耗

万元产值水资源消耗即水资源消耗强度。该参数反映了一个企业利用水资源的现状、管理水平的好坏和水资源消耗的程度及范围,是表征某一行业水资源利用情况与该行业最终产出值之间的关系,在这里,最终产出值用国民生产总值(GDP)来表达。其计算公式为

$$\text{万元产值水资源消耗}/(\mathrm{m}^3\cdot\text{万元}^{-1})=\frac{\text{行业水资源消耗数}}{\text{GDP值}}\tag{9.14}$$

(2)万元产值能源消耗

万元产值能源消耗即能源消耗强度,该参数反映的是一个行业在每创造一个单位的万元产值时所要消耗的能源数量,这里的“能源数量”用标准煤的数量来表达。该参数的值在一定程度上可以反映这个企业技术水平、管理水平以及经济结构水平。其计算公式为

$$\text{万元产值能源消耗}/(\text{吨标准煤}\cdot\text{万元}^{-1})=\frac{\text{标准煤的消耗量}}{\text{GDP值}}\tag{9.15}$$

(3)万元产值建设用地占用

建设用地包括城市住宅、农村住宅、公用设施住宅、工矿占用、交通占用等。其计算公式为

$$\text{万元产值建设用地占用}/(\mathrm{m}^2\cdot\text{万元}^{-1})=\frac{\text{建设用地面积数}}{\text{工业总产值}}\tag{9.15}$$

(4)万元产值工业废水排放量

工业废水包括众多项,例如企业在工业活动中产生的废水、排放到外界的废水、用于矿业等方面的废水。其计算公式为

$$\text{万元产值工业废水排放量}/(\mathrm{t}\cdot\text{万元}^{-1})=\frac{\text{工业废水排放总数}}{\text{工业总产值}}\tag{9.16}$$

(5)万元产值废气排放量

$$\text{万元产值废气排放量}/(\mathrm{m}^3\cdot\text{万元}^{-1})=\frac{\text{工业废水排放量}}{\text{工业总产值}}\tag{9.17}$$

(6)万元产值工业固体废弃物排放量

固体废弃物是指在生产、运输等过程中产生的具有相对性的固态的废弃物。其计算公

式为

$$万元产值工业固体废弃物排放量/(t \cdot 万元^{-1}) = \frac{固体废弃物排放量}{工业总产值} \quad (9.18)$$

(7)全社会劳动生产率

劳动生产率是指劳动从业者在生产过程中对时间、材料、设备等的节约度,它包括多种节约,例如生产产品、劳动过程、产生社会效益等。它是一个综合指标,反映的是企业中生产者综合从业素质的高低以及该地区资源的多寡。其计算公式为

$$全社会劳动生产率/(元 \cdot 人^{-1}) = \frac{净产值(即国内生产总值)}{从业人员数} \quad (9.19)$$

9.6 发展支持系统

发展支持系统是奠定区域可持续发展能力的五大基本支持系统之一,它代表了该区域的各种基本经济要素(资源、人力、技术和资本)对人类的持续发展目标的支持水平和保障程度。区域的这一支持能力包含了三个基本子系统——发展成本、发展水平和发展潜力,它们分别着眼和定位于区域发展的过去、现在和未来等不同时段,从而对区域的发展支持能力作了全方位的、客观的描述和评价。区域发展成本反映了该区域的发展历史所造就的发展的基础条件和能力,尤其强调区域经济起步和腾飞所必需的基础设施水平。

(1)发展成本

发展成本是对区域过去发展进程的积累成效的客观度量。毫无疑问,它成为影响一个区域持续发展的基本条件。

(2)发展水平

发展水平是对区域发展当前的客观水平的度量。现状的描述和认识是进一步发展的前提。真实的即期发展水平是一切发展战略和措施的初始条件,缺少这一条件或对现状的认识脱离实际,制定的任何发展战略都只会是空中楼阁,不堪一击。

(3)发展潜力

可持续发展的目标是面向未来的,未来的持续发展才是人类孜孜以求的终极理想。因此,从发展的历史和现状出发,评价特定区域在可预见的将来所具有的发展的能力和后劲,是一项必不可少的关键内容。通过对区域发展的过去、现在和未来状况的综合度量和分析,区域发展支持系统的整体评价结果和统一比较才能达到真实、客观和科学的水平。

通过定量的研究和分析,能够对中国各区域发展支持系统获得比较清楚的认识,同时也在一定程度上为中国区域发展的理论研究和实践操作提供经验性的证据。各区域发展支持系统的度量结果见表9.8(具体测算方法见10.3节)。

表9.8 中国发展支持系统的能力测算

地区	发展成本	发展水平	发展潜力	发展支持系统
北京	76.43	67.3	44.12	62.62
天津	74.09	46.07	35.57	51.91

续表 9.8

地区	发展成本	发展水平	发展潜力	发展支持系统
河北	51.86	26.28	32.40	36.85
山西	45.52	21.51	18.70	28.58
内蒙古	42.50	15.92	17.67	25.36
辽宁	57.41	36.23	24.91	39.52
吉林	53.94	23.96	17.87	31.92
黑龙江	53.03	19.29	30.71	34.34
上海	96.19	82.77	57.25	78.74
江苏	64.49	40.61	54.71	53.27
浙江	57.85	40.30	47.18	48.44
安徽	52.76	20.31	26.82	33.30
福建	55.77	34.25	52.12	47.38
江西	47.89	16.23	22.94	29.02
山东	55.38	29.66	49.55	50.86
河南	51.76	18.35	31.71	33.94
湖北	49.38	22.23	20.89	30.83
湖南	49.76	15.16	27.14	30.69
广东	66.21	48.15	53.47	56.06
广西	46.94	20.03	29.83	32.27
海南	55.25	33.24	37.48	41.99
重庆	42.18	14.32	24.58	16.92
四川	42.36	14.61	24.28	27.08
贵州	42.73	3.59	17.64	21.32
云南	40.50	11.78	46.13	32.8
西藏	24.25	10.71	14.26	16.41
陕西	45.01	15.36	23.08	27.82
甘肃	39.18	12.27	14.92	22.12
青海	36.35	12.43	16.39	21.89
宁夏	41.95	16.98	14.35	24.43
新疆	40.29	22.93	22.10	28.44

由表 9.8 可以看出,由于良好的区位优势和自然条件及雄厚的经济发展历史基础,上海成为中国改革开放新阶段的排头兵,各项综合指标均遥遥领先,发展支持系统的总体评价位于首列;作为国家政治、文化中心的首都北京,历来各项事业的发展水平都名列前茅,总体评价水平仅次于上海;西北、西南边远地区,自然条件恶劣,发展的历史基础较差,发展水平较低,发展的潜力也明显不足。

9.7　生态农业的发展支持系统

生态农业的发展支持系统的基本特征表现为:人们已不满足直接利用自然状态下的第一生产力(即直接利用太阳能所提供的光合作用生产力),而是进一步通过消耗可更新资源和不可再生资源,应用多要素的组合能力,产生更多的中间产品,形成足够庞大的社会分工体系,以满足除了生存必需的食物、饮用水外的更多更高的需求。在整个可持续发展战略的结构体系中,生存支持系统与发展支持系统不是独立的,也不是并列的,它们之间是有次序和互相联系的。一般而言,“先有生存,后有发展;没有生存,没有发展”,基本上代表了二者的相互衔接的关系。

9.7.1　发展的内涵

“发展”这一术语,最初由经济学家定义为“经济增长”,但是它的内涵早已超出了这种规定,进入了一个更加深刻也更为丰富的新层次。《大英百科全书》对于“发展”一词的释义是:“虽然该术语有时被当成经济增长的同义语,但是一般来说,发展被用来叙述一个国家的经济变化,包括数量和质量上的改善。”可以看出,所谓发展,必须强调动态上的量与质的双重变化。

到了 1987 年,在布伦特兰委员会的报告中,又把发展推向一个更加确切的层次。该报告认为:“满足人的需求和进一步的愿望,应当是发展的主要目标,它包含着经济和社会的有效的变革。”“在这里,发展已从单一的经济领域,扩大到以人的需求为中心和社会领域中那些有进步意义的变革。”1990 年,世界银行资深研究人员戴尔和库伯在他们的合著中进一步指出:“发展指在与环境的动态平衡中,经济体系质的变化。”这一定义使经济与环境之间有机结合,并保持某种动态均衡,强调其是衡量国家与区域发展的最高原则,更有普通意义。

“发展是在人类生存条件被基本满足后,为其更进一步的需求和愿望所付出的健康行为的总和。”这是 1991 年美国国家基金会的定义,它强调:“发展是在一个‘自然 - 社会 - 经济’复杂系统中的行为轨迹矢量。该矢量将导致此复杂系统朝向日趋合理、更为和谐的方向进化。”进一步强调了发展的不可逆性、进步性以及关联到“自然 - 社会 - 经济”的复合性。

9.7.2　发展支持系统的能力谱

发展支持系统,西方学者亦将其称为福利支持系统或区域生产资本。它以经济发展的动力、能力和潜力作为基本的衡量。在世界银行 1995 年所发布的报告中,该组要素以“生产资本”的术语去加以阐述。实际上,它是在生存支持系统的基础上,为进一步满足人类更高级的要求,通过有关的能源、资源(如各种原料、材料)、劳动力(人力资本及其技术能力)、资本(作为一种通用型的财富)、生产设施(厂房、机器、运输工具等)、管理等生产要素的有效组合,去适应或引导人类在基础生存保证之后的消费需求;通过市场交换,把供给与需求有机地联系在一起。

综上所述,从内部逻辑上可以清晰辨识生存支持系统与发展支持系统之间的关系。虽然学者们原则上同意“没有生存就没有发展”以及“先有生存后有发展”,但是在具体的判定中,二者之间的逻辑顺序并非是十分分明的绝对独立,而是具有“模糊”的特性和兼容的内涵,也就是说,生存中包含有发展,发展中也蕴含着生存,只是其程度和比例有所不同而已。

如果我们将人类的生存能力,从低到高划分成五个基本类型,在“统一标准”的制约下,便可生成一个“生存能力谱”:

0.00——无法生存(极贫)

0.25——弱度生存(贫困)

0.50——中度生存(温饱)

0.75——强度生存(小康)

1.00——完全生存(富裕)

这个从0~1的生存能力谱,可以根据不同国家的标准(如按人均国内生产总值等)加以具体化。

吸收国际同类研究的合理成分,结合中国的实际状况,发现在生存能力谱中,“极贫”状态对于“发展”的贡献为零;从“贫困”类型开始(即≥0.25生存能力时),人们虽然仍继续为生存而挣扎,但是已能开始对于“发展”做出贡献了。对于发展的贡献,规定从生存能力谱的0.25起算,每“增长1个百分点”,开始对发展的贡献为“2个百分点”,一直到小康的生存能力0.75结束。超过0.75的生存能力,对于发展的贡献达到100%,它意味着对于发展已不再产生限制。于是:

生存能力小于0.25,对发展能力的贡献等于0;

生存能力大于0.75,对发展能力的贡献等于1;

生存能力处于0.25与0.75之间,对于发展能力的贡献遵循:$2(x-25/100)$,式中x为所规定的生存能力,并且$75\% \geqslant x \geqslant 25\%$。

如此看来,在生存能力达到0.75之前,生存本身已经开始对发展能力产生了贡献。随着生存能力的不断提高,其对发展的贡献往往呈现规律性递增。

9.8 区域技术创新发展支持系统

9.8.1 区域支持创新发展系统的内涵

国家创新系统在地域空间上是由若干个开放的区域技术创新系统所构成的,区域技术创新是国家创新系统的重要组成部分。随着科学技术和知识经济的不断发展,创新对于我国各地区的发展都有着非常重要的作用,区域创新能力正日益成为地区经济取得国际竞争优势的决定性因素和区域发展最重要的能力因素。

区域技术创新系统处于国家技术创新系统和企业技术创新系统之间,是指在一国之内的一定地域空间内、一定社会经济文化背景下,由生产、技术、科学、教育、文化、政府等诸多要素形成的一体化发展机制和体制。区域技术创新系统的核心是企业,并以企业群存在,以高等院校和科研机构为基础,以创新中介机构为纽带,以各相关部门为支撑,并有地方政府参与和调控,充分体现了经济体制与科技体制的有机融合和创新资源的合理配置。

区域技术创新发展支持系统是指有利于区域技术创新发展的各种因素的有机组合。它的内容涉及区域技术创新的外部和内部环境，分别可以称为区域技术创新发展的外部支持系统和内部支持系统。外部支持系统和内部支持系统是与区域技术创新系统进行物质、能量和信息交换关系的事物或存在。区域技术创新发展支持系统并不是区域技术创新系统外部和内部的所有事物，而只是那些与区域技术创新系统有联系的因素。每一个具体的区域技术创新系统都有其具体的外部支持系统和内部支持系统。如图9.9所示。

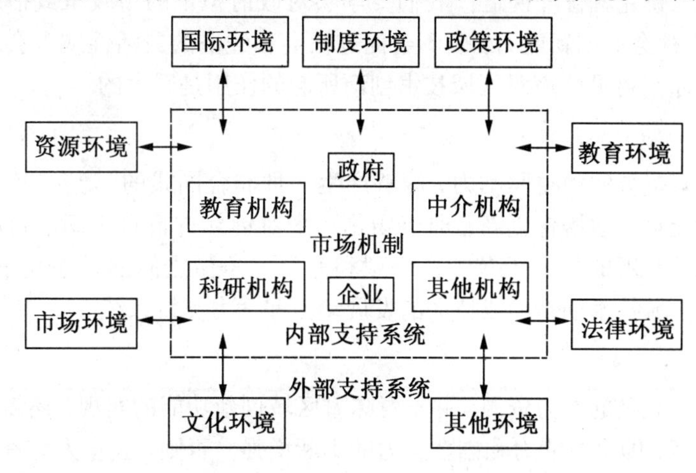

图9.9　区域技术创新发展的支持系统

9.8.2　区域技术创新的外部支持系统

利用区域技术创新发展的外部支持系统，分析区域技术创新系统，总是处于一定的与其相关的复杂外部环境之中，与外部环境存在着密切的联系。区域技术创新发展的外部支持系统是区域技术创新系统存在与演化的必要条件和土壤，并对区域技术创新系统的性质和演化方向起着一定的支配和制约作用。因此，为提高区域技术创新的能力和效率，营造良好的外部支持系统十分重要。区域技术创新系统发展的外部支持系统包括制度环境、政策环境、市场环境、教育环境、法律环境、文化环境、资源环境和国际环境等。

1. 制度环境

(1)经济体制

对区域技术创新系统而言，最重要的制度环境是经济体制和科技体制。

经济体制是规范一个国家国民经济活动中各种经济行为的基本制度，是区域技术创新系统最重要的环境变量，是构成区域技术创新系统运行机制的基础。经济体制为区域技术创新系统提供了特定的运行空间和基本的组织与制度框架，决定着创新资源的配置方式与效率，决定着创新主体的动力。

(2)科技体制

科技体制是一个国家科学技术的基本组织与制度框架。联合国亚太经济和社会发展委员会(UNESCAP)曾指出，一个区域技术创新能力的强弱高度依赖于所处的国家科技环境的好坏，在一个良好的科技环境中，区域的技术创新能力能够被更大程度地激活，区域就可能充分利用现有的技术知识储备，研制开发出具有更明显竞争力的产品。总之，区域制度环境不仅是影响区域经济发展的最关键因子之一，也是解释区域之间经济差异的有力分析工具。

2. 政策环境

政策体现了国家对区域技术创新行为的引导和某种程度的干预。与上述制度环境相比，政策环境对区域技术创新系统的影响更直接、更具体，有时甚至是根本性的。美国著名管理学家彼得·鲁克就曾经说道："我们要学会对政府拟定的新政策或措施提出如下问题：它是否会增强社会的创新能力？会不会促进社会和经济的灵活性或者会不会阻碍和惩罚创新企业家精神？"可见政策对区域技术创新所起的作用是巨大的。

3. 市场环境

市场竞争具有持久的利益驱动力，能够产生一种非合同式的"隐含激励"。市场对创新的激励在于它能自发地培育创新，即市场是一个对创新进行自组织的过程。最有利于区域技术创新活动开展的是介于垄断竞争型和完全竞争型之间的动态竞争型市场环境，它可以从外部使区域技术创新形成持久的发展动力和动力支持系统。

4. 教育环境

一个区域拥有充足的人力资源，并不意味着区域创新功能的实现，还需要区域内劳动力素质的不断提高，即学习能力和创新动力的不断增强。否则，大量人力资源在地域上的集中，只能是沉淀资本的积累。因此，具有创新能力的高素质人才尤其是具有综合素质的人才群体才是区域创新产生的制造者和生产者。他们对知识技术的掌握、对创新的主动性和敏感性、对知识技术的应用与市场的紧密联系以及具有终身学习的能力是产生创新和持续发展的必要条件。可以说经济技术的竞争就是创新人才的竞争，而人才的培养需要教育体系的完善。由于教育和人力资源素质的提高需要较长的时间周期，教育先行就成为区域技术创新系统的先决条件。

5. 法律环境

法律是市场经济的制度前提，它不仅影响区域创新活动的趋势和环境、各类组织和个人在创新活动中的行为以及创新效益的分配等，而且关系到区域生产要素能否根据需要自由流动、知识产权能否得到合法的保护等问题。完善与区域技术创新有密切关系的法律法规，如专利法、环境保护法、知识产权与贸易保护法、科技成果转化法、技术合同法、区域技术创新法等，是区域技术创新系统有效运行的有力保障。

6. 文化环境

美国人类学家林顿(Linton)曾指出：社会文化是"某特定社会成员共享并相互传递的知识、态度、习惯行为模式等的总和"，它直接影响着人们是否有追求创新的热情，人与人之间能否建立起相互信任、相互合作的关系。比如硅谷文化形成了一种知识共享的交流氛围，非正式的交流非常活跃和普遍，对跳槽和裂变也给予足够的鼓励和宽容，这使得信息能够在区域内快速传递，从而为区域的发展适应迅速变化的外部环境准备了条件。此外，区域文化定势也影响和制约着区域间经济、技术的交流与吸收，主要体现在对区外经济发展的先进经验的吸收和借鉴上，如图9.10所示。外来文化经过本区域文化的信息过滤，真实的外来文化和理解的外来文化之间会有一定的差异。尤其是在有漫长历史文化积淀的区域，其在传统社会长期形成的主导文化同当代社会所需求的创新文化有相当大的差异，这也就解释了我国有些地区在大量引进国外经验和先进技术设备后，区域经济发展仍缺乏一种真正的原动力和后继力的根本原因。因此，具有创新潜力的文化应对外界文化持有批判吸收的态度，以使自己的文化对新环境、新时代具有更强的适应力，并更加促进创新的产生。

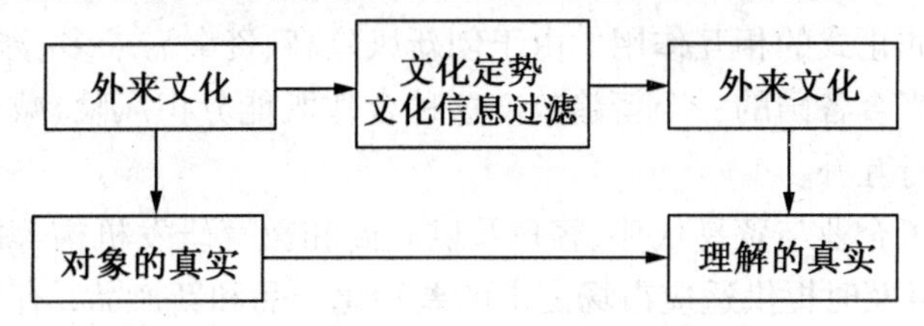

图9.10　文化定势对外来文化的信息过滤

7. 资源环境

资源环境主要包括自然资源状况、生态环境、基础设施、科技资源状况等。一般而言，自然资源要素和环境约束对技术创新是有限定作用的。地区生产倾向于利用当地丰富的、价廉的、并受环境约束较小的要素，水资源丰富区域集聚大耗水工业即为此例。而当地要素稀缺或环境约束形成的瓶颈会刺激创新，正像以色列的农业因缺水而发明了滴灌技术等。另外，生态环境在区域技术创新发展的外部支持系统中正日益受到重视，一个不具有宜人环境的区域是很难成为区域创新的乐土的，创造宜人的生态环境将在区域吸引投资、人才和技术以及实现未来发展与创新中发挥极其重要的作用。

8. 国际环境

国际环境是区域技术创新系统生存与发展的国际空间。在当前日益开放的国际环境下，各区域有了更多的途径和方式学习、借鉴国外先进科技成果。但是，实践一再证明，核心技术和技术创新能力是买不来的。正因如此，强化自主创新能力，集中力量突破影响区域竞争力的关键技术，开发具有自主知识产权的核心技术，抢占国际竞争的战略制高点，应该成为区域技术创新系统发展的基本战略。

9.8.3　区域技术创新发展的内部支持系统分析

区域技术创新发展的内部支持系统是区域内部各个参与要素、行为主体在长期的相互作用下所形成的以增强区域创新能力为目的的相对稳定的网络系统，它是区域经济保持持续竞争力和发展力所必备的物质文化和社会环境。区域技术创新能力的提高，区域内部创新系统的建立、健全与完善是最直接的支撑条件和最关键的环节。支持区域技术创新系统发展的内部系统包括区域内的企业和相关行业的企业群、产学研合作工程、中介机构、政府部门、市场机制等。

1. 企业和相关行业的企业群

技术创新是一个从新思想的产生到产品设计、试制、生产、营销和市场化的一系列活动，它是以企业为主体进行的，并以企业为核心进行生产要素的重新组合，从而产生新的价值。一个持续快速发展的企业，可能拥有灵活的运行机制、以市场为导向的运营方式和严格的成本管理等，但最重要的因素是企业持续的技术创新。因此，企业和相关行业的企业群应采取以下具体措施：

①在构建区域技术创新系统过程中,要努力把企业这一创新主体培育好,使机构、人才、技术、资金等技术创新资源在企业聚集,并实现优化配置。使企业真正成为技术开发和成果转化的主体以及引进、培养和使用人才的主体、技术创新投入的主体、拥有无形资产的主体。

②加强企业合作。在创新系统中，最重要的知识和技术流动来自于企业间的知识技术协作及它们之间非正式的相互作用。由于创新风险高、资金需求多、涉及领域广,企业间的合作创新已成为当今各国的一个新趋势。这种合作既能分担风险、减轻资金压力，又能在人力和技术上实行互补。

③产业群密切了企业与贸易伙伴、客户及供应商和教育研发机构等的联系，使企业能够更了解市场，并可及时提供适应市场需求的差别化产品和新产品，有利于企业的产品创新和市场创新;通过产业群，使企业可以更快地获取符合其某种需要和解决某种问题的知识和技术，提高其自主研制开发能力，也利于引进关键技术和先进技术，进行消化、吸收和"二次创新"。

2. 产学研合作工程

区域技术创新系统是用系统观点在宏观层次上建立起的包括企业、高等院校、科研机构和政府部门参加的网络体系。在这一体系中，企业是技术创新承载的主体、技术创新投入的主体，高等院校、科研单位是重要的技术创新源，政府在创新体系中起着重要的作用。只有将这几个方面有机结合，形成统一的整体，才能构成具有较强整体功能的技术创新体系，具体措施有:

①建立多种形式的产学研联合体。有技术转让型,长期技术协作型,技术入股型,相互吸纳型,企业与科研单位合股组建股份制公司,实行资产重组和科技资源的优化配置等形式。

②建设高科技的人才创业园区。不仅要吸引高科技人才在这里创业，同时要积极争取高等院校、科研单位集体来创办高科技企业，逐步形成产学研共同发展的运行机制，促进区域科技经济一体化发展。

③解决好产学研合作中的利益分配问题。要以风险共担、利益共享为原则，以市场为手段，加强执法力度，完善监督机制，使利益分配达到科学化、规范化、制度化。

④建立科技成果技术市场，根据科技成果的应用前景、成熟程度、投资大小等因素,由市场确定价格，公开透明，自由成交。

3. 中介机构

中介机构是促进技术扩散和知识流动的重要环节，它对促进技术创新实现商业价值，使企业需求方和供给方互动合作生产新的技术发挥着重要的作用。针对我国目前企业尤其是中小企业独立创新能力相对较弱，缺乏发展后劲，而大量的科研机构又独立于企业之外、科技成果产业化的机制不健全、成果转化率不高的状况，要加强中介机构建设，形成技术创新服务网络。以下是具体措施:

①重点扶持和发展三类科技中介机构,即为科技成果转化和高新技术研发及产业化提供服务的机构，利用技术、管理和市场等方面的知识为企业提供咨询服务的机构，以及为科技资源有效流动、合理配置提供服务的机构。

②建立健全科技中介机构信用制度和信用体系，制定和实施科技中介机构行为规范、服务标准、执业操守、违规惩戒、资质认证等行业管理制度，依托行业协会建立科技中介机

构信誉评价体系。

③加强科技中介服务机构的人才队伍建设，吸引、凝聚优秀高素质中介人才，鼓励有实际经验的科技人员从事科技中介服务。同时，对现有从业人员进行资格培训和考核，提高其职业素养。

4. 政府部门

构建区域技术创新系统毕竟是一个复杂的系统工程，各个系统内部及系统之间必须有机结合，形成统一的整体，才能获得整体的高效率。作为一个区域技术创新系统的整体绩效，应该高于各个企业、研究机构、高等院校等各创新执行机构创新绩效的简单叠加。在这里面，既要有各执行机构之间按照市场机制的互动效应，又要有政府的系统整合作用。政府系统整合的具体措施有：

①加强对区域技术创新工作的宏观指导，做好对技术创新活动的管理和服务工作，并对各创新主体的创新活动给予必要的财政支持。

②积极与国内外具有较强实力的高校、科研院所建立长期、稳定的区校、区院(所)合作协议，利用外部智力资源提高本区域的技术创新水平。

③发挥政府双向推动的桥梁作用，协调产学研及各相关部门的关系，促进技术创新系统各组成部分之间以及它们与区域外、国外的经济技术交流与合作。

④制定引导性政策规范，激励科技创新与发展，保障技术创新要素的顺畅流动，形成创新所需的文化氛围和市场环境。

5. 市场机制

在市场经济条件下，区域技术创新说到底就是区域产品有多大的科技含量，能否不断适应经常变化的市场需求，能否在较高的技术起点上保持区域核心竞争力和实现创新带来的超额利润。技术创新不只是一个技术的发现、开发和传播的过程，而且更重要的是它还包括市场开拓、创造新的消费需求、收回创新投入和实现创新利益的过程。区域技术开发和引进改造、技术创新都要面向市场，按照市场需求确定项目，依据市场变动跟踪开发新产品，因为市场是科技工作的出发点和落脚点，是实现区域技术创新的重要因素。实践也证明，一个市场机制比较完善的区域，往往也是技术创新体系比较健全、技术创新能力较强的区域。因此，要充分发挥市场机制在配置资源和引导技术创新活动方面的基础作用，运用市场经济的竞争机制，激励区域技术创新的主动性，促进技术创新资源的合理流动。

发展是人类永恒的主题，它根植于创新。区域技术创新活动应该动态地反映系统内外所处的状态并与之相适应，区域创新的成功要求有良好的发展支持系统。外部支持系统是区域技术创新系统存在与演化的必要条件和土壤，包括制度环境、政策环境、市场环境、教育环境、法律环境、文化环境、资源环境和国际环境等。而内部支持系统的建立、健全与完善是区域技术创新能力提高最直接的支撑条件和最为关键的环节，包括区域内的企业和相关行业的企业群、产学研合作工程、中介机构、政府部门、市场机制等。营造良好的外部内部支持系统，对推进区域技术创新系统建设十分重要。由于我国是一个各区域发展历史、基础条件、科技和经济发展水平差异很大的国家，因此，如何有针对性地实施区域内的技术创新，研究区域技术创新发展支持系统，进而推动区域经济发展，具有很强的理论和实践意义。

第10章　发展支持系统在黑龙江省的应用

10.1　发展支持系统在黑龙江省应用的意义

可持续发展对于人类的意义目前已经是众所周知的了,从国家近年来大力倡导的程度上便可知道。可持续发展战略可以给人们以提醒,提醒民众提高自己的环境保护、资源节约的意识,同时明白发展不应该只是追求量的增加,更应该注重质的提高,要以改善民众生活质量为最终目的。因此,任何生产生活方式都不能以浪费资源、牺牲环境设施为代价,这样的惨痛经历比比皆是,我们要提高自己对历史反省的能力。本章结合黑龙江省的发展特点和近年来发展起来的生态环境,从指标中选取对于黑龙江省更重要、适合此区域的指标进行探索研究,由此达到丰富可持续发展评价体系的内涵,协调自然、经济、生态以及资源环境四者之间的关系,为科学发展观在实际生活中的实行提供必要的依据。

在研究统计时将黑龙江省12个省辖市分开统计,旨在最终显示每个市区域发展的质量之间的差异,对每个市能有一个更好、更直观的认识,也可以提供每个市将来应该努力的方向,这样的研究更具有实际价值。

选取的指标要素侧重于发展中的“工业”领域,因为这方面正是对黑龙江省发展最重要的,并且尽管在别的省市(例如山东省、重庆市)在这方面的研究已经经过了一个比较成熟的阶段,但是在黑龙江省,这个层面上的研究并不多,更多的则是对其他指标体系的阐述。因此,本章的研究可以起到一个抛砖引玉的作用,先对黑龙江省这方面有一个基本的了解,这样的研究也具有一定的创新性。

10.2　黑龙江省发展现状介绍

黑龙江省位于中国东北部,是中国位置最北、纬度最高的省份,东西跨14个经度,南北跨10个纬度。北、东部与俄罗斯为界,西部与内蒙古自治区相邻,南部与吉林省接壤。全省土地总面积居全国第6位,仅次于新疆、西藏、内蒙古、青海、四川。

1. 地貌

黑龙江省的地势大致是西北部、北部和东南部高,东北部、西南部低;主要由山地、台地、平原和水面构成。西北部为东北—西南走向的大兴安岭山地,北部为西北—东南走向的小兴安岭山地,东南部为东北—西南走向的张广才岭、老爷岭、完达山脉,土地约占全省总面积的24.7%;海拔高度在300 m以上的丘陵地带约占全省的35.8%;东北部的三江平原、西部的松嫩平原，是中国最大的东北平原的一部分，平原占全省总面积的37.0%，海拔高度为50～200 m。

2. 土地

黑龙江省土地总面积47.3万km^2（含加格达奇和松岭区），占全国土地总面积的4.9%。根据2007年土地利用变更调查结果，全省农用地面积3 958.3万hm^2，占全省土地总面积的83.69%。建设用地155.8万hm^2，占全省土地总面积的3.3%。未利用地615.5万hm^2，占全省土地总面积的13.01%。

3. 农用地

耕地1 198.95万hm^2，占农用地的30.29%；园地6万hm^2，占0.16%；林地2 443.01万hm^2，占61.72%；牧草地216.23万hm^2，占5.47%；其他农用地94.2万hm^2，占2.38%。

4. 建设用地

居民点及工矿用地120.15万hm^2，占77.12%；交通运输用地13.97万hm^2，占8.97%；水利设施用地21.64万hm^2，占13.89%。

5. 未利用土地

未利用土地443.23万hm^2，占72.01%；其他土地172.27万hm^2，占27.99%。与2006年相比，2007年耕地、林地、居民点及工矿用地、交通用地、水利设施用地面积有所增加，牧草地、园地、其他农用地、未利用土地、其他土地面积有所减少。全省人均耕地面积0.31hm^2（合4.6亩/人），与2006年相比，2007年耕地面积继续呈小幅增加趋势。

6. 气候

黑龙江省属温带，寒温带大陆性季风气候。四季分明，夏季雨热同季，冬季漫长，全省年平均气温在5 ℃～-4 ℃之间，从东南向西北平均每高一个纬度，年平均气温约低1 ℃，嫩江至伊春一线为0 ℃等值线。全省≥10 ℃的积温在2 000 ℃～3 000 ℃。全省无霜期在100～160天，大部分地区的初霜冻在9月下旬出现，终霜冻在4月下旬至五月上旬结束。全省年平均降水量多介于400～650 mm。中部山区最多，东部次之，西部和北部最少。5～9月生长季降水量可占全年总量的80%～90%。全省湿润系数在0.7～1.3之间，西南部地区低于0.7，属半干旱地区。全省太阳辐射资源比较丰富。年太阳辐射总量在46×10^8～50×10^8 J/m^2之间。其中，5～9月的太阳辐射总量占全年的54%～60%。全省日照时数在2 300～2 800 h，其中生长季日照时数占总量的44%～48%。

7. 生物资源

黑龙江省土地条件居全国之首，总耕地面积和可开发的土地后备资源均占全国十分之一以上，人均耕地和农民人均经营耕地是全国平均水平的3倍左右。全省现有耕地1 187.1万公顷，土壤有机质含量高于全国其他地区，黑土、黑钙土和草甸土等占耕地的60%以上，是世界著名的三大黑土带之一。黑龙江省盛产大豆、水稻、玉米、小麦、马铃薯等粮食作物以及甜菜、亚麻、烤烟等经济作物。2006年草原改良建设14.7万hm^2。草质优良、营养价值高，适于发展畜牧业。

8. 矿产资源

黑龙江省已发现的矿产达133种，已探明储量的矿产有81种。石油、石墨、矽线石、铸石玄武岩、石棉用玄武岩、水泥有大理岩、颜料黄土、火山灰、玻璃用大理岩和钾长石等10种矿产的储量居全国之首,煤炭储量居东北三省第一位。黑龙江省现已开发利用的矿产达71种,各类矿产年产值居全国第二位。

9. 森林资源

全省林业经营总面积3 175万hm^2,占全省土地面积的2/3。有林地面积2 007万hm^2,活立木总蓄积16.5亿m^3,森林覆盖率达43.6%,森林面积、森林总蓄积和木材产量均居全国前列,是国家最重要的国有林区和最大的木材生产基地。森林树种达100余种,利用价值较高的有30余种。黑龙江省是全国最大的林业省份之一,林业生态地位十分重要。天然林资源是黑龙江省森林资源的主体,主要分布在大小兴安岭和长白山脉及完达山。

10. 能源

黑龙江省是国家重要的能源工业基地。2007年,全省原油产量4 169.8万t,原煤产量7 997.1万t,天然气25.5亿m^3。其中,东部煤电化基地被国家列为全国7个煤化工基地之一。除此之外,电力也占有重要地位。新中国成立前,黑龙江仅有一座镜泊湖水电站。经过几十年的发展,电力行业有了长足的进步。截至2007年底,省内有大小电站212个,装机总容量1 519万kW,2007年全省发电量达681.5亿kW·h。

11. 动植物

高等植物2 000余种,其中,国家一级重点保护野生植物有东北红豆杉,国家二级重点保护野生植物有野大豆、水曲柳、黄檗等10种。陆生野生动物476种,其中兽类88种,鸟类361种,爬行类16种,两栖类11种。国家一级保护动物17种,如东北虎、丹顶鹤等,有黑熊、白枕鹤等国家二级保护动物66种。

12. 环境保护

黑龙江省是全国生态省建设试点之一。近年来,生态环境质量总体稳定并趋于好转。2007年,省辖城市空气质量优良天数比例达到90.4%,二氧化硫、二氧化氮、可吸入颗粒物年日平均浓度分别较2006年下降7.1%、10%和14.1%。湖泊、水库状况较好,各水期均以三类水质为主,全省河流水质状况总体为轻度污染,松花江干流水质在我国七大流域中,处于中等偏上水平。省辖13个城市中9个城市的区域环境噪声等效声级达标,交通噪声平均等效声级全部达标。全省工业固体废物综合利用率70.06%。环境介质中的各种放射性核素处于正常水平,电磁辐射水平符合我国电磁辐射防护有关标准限值的规定。全省自然保护区总数达186个,其中,国家级17个,省级33个,总面积590余万hm^2,占全省国土面积12.6%。生态示范区32个,其中,国家级21个,省级11个。生态功能保护区5个,其中,国家级1个,省级4个,总面积达964.04万hm^2。国家环保模范城市1个。

黑龙江省分为12个地级市和一个地区,分别为:哈尔滨市、齐齐哈尔市、鹤岗市、双鸭山市、鸡西市、大庆市、伊春市、牡丹江市、佳木斯市、七台河市、黑河市、绥化市和大兴安岭地区。黑龙江省近年来不断发展与进步,经济实力日渐雄厚,在全国省份之间的排名也不断靠前,是一个飞速发展的省份。

10.3　黑龙江省区域发展质量评价分析方法

10.3.1　数据来源

①黑龙江 2011 年统计年鉴。

②黑龙江省统计局统计网站数据公布。

③由于大兴安岭地区部分数据的缺失,本次研究过程中暂未把大兴安岭地区列入其中。

10.3.2　数据标准化

本章选取的指标均是有度量单位的,并且计算出的数值大小在不同指标之间差别很大,这样最终得到的得分值必定会受到原始数据度量单位和量纲的影响,使得数据结构失去一定的真实性和权威,这样统计出的数据也没有太高的现实价值。为了消除这种影响,保证数据的科学性以及客观性,因此必须把数据进行标准化处理,使之具有相同的表达形式,又不失真实效果。标准化处理的方法有多种,如:标准值标准化法、软件处理法、最大最小值法等。由于一般的方法均需要利用决策矩阵,较为复杂。本章的最终目标在于进行黑龙江省 12 个省辖市的相对比较,因此本章选取了其中较为简单的方法——软件法,采用的软件为 spss19.0 统计软件。具体步骤为:打开 spss19.0 软件,点击"分析→统计描述→描述",单击箭头按钮将其选入分析变量框中,同时单击"选项"钮,选中如下统计量:均值、最大值、最小值、标准差、范围,计算出相关数据。利用计算出的"均值"以及"全距"对原始数据进行标准化,方法为:标准化数据 =(原始数据 - 均值)/全距,这样将原始数据归一化到区间[-1, +1]上。归一化后,由于负数的标准化值没有一个确定的取值和研究范围,并且不符合人们的心理习惯,同时也不便于理解比较,因此将所有标准化数据进行扩大,为了数据显示更直观,采取的是(50 + 10 × 标准化值)的方法,这样处理的标准化值均在 50 上下,更具有比较性。

其余省辖市的所有指标标准化方法均与上述相同。最终标准化的值的计量分数越高,表明其代表的指数在这一方面发展水平越高,反之则越低。

10.3.3　对各个指标权重的确定方法

由于在指标的评价过程中,各个指标对我们生活造成的影响是不同的,它们对区域发展质量的贡献率同样也是不同的,同时,在人们日常生活中对不同指标的认知程度也是不一样的。将对每个指标重要性的度量称之为指标的权重。因此要对指标进行权重的计算,目的是消除上述影响,还原指标真实要表达的含义和对区域发展质量造成的影响。目前确定指标权重的方法也有很多,主要有以下几种。

(1)主观赋值法

主观赋值法即专家经验法,由专家和相关的研究人员对每个指标在实际生活中的重视程度来确定其赋权的大小。常用的方法有很多,例如调查法、循环打分法等。该方法的优点是专家和相关研究人员能够根据实际生活中的具体情况来确定不同的指标,使得指标权重不只是刻板的书本上的知识,而是活生生的。但是也有缺点,即这样的方法难免带入了人的主观判断与思想,这样有时候会出现与实际情况不相符合的状况。

(2)客观赋权法

客观赋权法通过确定每个指标之间的内在联系以及相互影响,来确定每个指标真实的重要性。常用的方法有层次分析法变异比重法(如标准差、均方差、平均值)、熵值法等。客观赋权法的优点是体现了数据的科学含义,客观性较强,缺点是该方法过分依赖数据,一旦数据出现错误,将造成很大的误差。同时会出现确定的权重系数与实际情况不符的现象,人们往往认为最重要的指标反而在这种计算方法下权重不是很大,造成很不重要的主观映象。

(3)综合赋权法

综合赋权法结合了上述两种方法,包含了各个方法的优点,因而判断起来也更有说服力,达到了主观与客观的统一。这种方法的赋权结果通常采用的方法是由乘法合成的归一化法以及线性加权的综合法。但这种方法也具有一定的缺点和不足,它无法体现出专家和研究人员对于每个指标不同的重视程度,体现不出人为思想。

综合以上方法,本章采取的权重估计方法是变异比重法,利用 spss19.0 统计软件来完成。具体方法是:将上一步中标准化之后的数据输入软件中,并指定为分析变量,计算出其标准差,标准差的相对数值即可作为各个指标的权重值。当权重总数不为 1 时,可对其标准差与 1 的比例来进行等价修改。

10.3.4 加权处理标准化后的数据

由上述两个步骤已经得到了原始数据标准化后的值和每个数据重要程度的量化值,加权处理的方法是:将标准化之后的值乘以相应指标改进的权重值,最终得出黑龙江 12 个省辖市在各个指标上的得分情况,据此,得出黑龙江省 12 个省辖市区域发展质量的一些具体情况。

10.4 黑龙江省各指标的情况

10.4.1 工业经济效益总体水平指数

根据上文中介绍的每一指标的计算公式,结合黑龙江省 2011 年统计年鉴中的数据,得出以下各指标的标准化后数据情况。

(1)工业效益总体水平指数

工业效益主要是反映企业是否健康发展的主要指标,它的好坏对于经济的发展也起着至关重要的作用。见表 10.1。

表 10.1 黑龙江省 12 个主要省辖市工业效益总体水平

指标 地区	工业效益总体水平		
	人均工业增加值得分	人均利税总额得分	人均主营业务收入得分
哈尔滨	51.10	49.26	49.53
齐齐哈尔	48.75	49.14	49.04

续表 10.1

指标 地区	工业效益总体水平		
	人均工业增加值得分	人均利税总额得分	人均主营业务收入得分
鸡西	49.04	49.10	48.93
鹤岗	49.63	49.21	49.50
双鸭山	49.19	49.20	49.72
大庆	58.16	58.80	58.23
伊春	49.49	48.98	49.01
佳木斯	49.19	49.06	48.89
七台河	50.22	50.48	51.39
牡丹江	48.75	49.08	49.20
黑河	48.31	48.80	48.23
绥化	48.16	48.90	48.32

从表10.1中我们可以看出,黑龙江省的工业效益总体水平最好的是大庆,主要是由于它得天独厚的石油资源以及政策的导向作用,使得它在黑龙江省的工业地位至关重要。大庆的人均工业增加值、人均利税总额、人均主营业务收入都位于全省最高。而全省最低的主要是绥化和黑河,大庆的工业效益总体水平比这些地区的工业效益总体水平高十几倍。而作为黑龙江省的省会城市的哈尔滨的工业效益总体水平也比大庆的工业效益总体水平相差近5倍左右。

(2)投入产出水平指数(表10.2)

表10.2　黑龙江省12个主要省辖市投入产出水平

分类指标 地区	投入产出水平	
	工业全员劳动生产率得分	成本费用收益率得分
哈尔滨	56.95	48.17
齐齐哈尔	49.46	50.25
鸡西	47.79	48.72
鹤岗	47.64	48.09
双鸭山	47.76	47.75
大庆	56.71	57.63
伊春	49.95	48.08
佳木斯	52.76	50.87
七台河	47.67	52.40
牡丹江	48.11	48.30
黑河	48.26	47.63
绥化	46.95	52.13

从表10.2我们可以看出黑龙江省的各大城市的投入产出水平,工业全员劳动生产率最高的是哈尔滨,紧随其后的是大庆;而成本费用收益率最高的是大庆,比哈尔滨的成本费用收益率高出近5倍。工业全员劳动生产率最低的是绥化,相当于大庆和哈尔滨的工业全员劳动生产率的1/8;成本费用收益率最低的是黑河,相当于成本费用收益率最高的大庆的1/7。

(3)运营效率指数(表 10.3)

表 10.3 黑龙江省 12 个主要省辖市运营效率

分类指标 / 地区	运营效率	
	流动资金周转率得分	资产负债率得分
哈尔滨	44.90	50.13
齐齐哈尔	46.92	48.37
鸡西	46.15	53.00
鹤岗	52.71	54.16
双鸭山	51.75	51.53
大庆	54.90	44.16
伊春	47.24	51.22
佳木斯	49.33	49.62
七台河	53.08	51.11
牡丹江	52.30	49.14
黑河	48.97	49.04
绥化	51.74	48.52

从表 10.3 我们可以看出,流动资金周转率最高的主要是大庆、鹤岗等地;而资产负债率最高的主要是鹤岗和鸡西等地。我们还能从表中得出,流动资金周转率最低的是伊春等地;而资产负债率最低主要是大庆,作为省会城市的哈尔滨负债率也超过了 50%。从表中数据我们可以分析得到,黑龙江省的城市总体呈现出资产负债率较高的现象,除了大庆市以外,其他地区的负债率都超过了 50%,这个数据给城市的发展带来了很多不好的影响因素。对发展支持系统具有很不利的影响。

(4)盈利水平指数(表 10.4)

表 10.4 黑龙江省 12 个主要省辖市盈利水平

分类指标 / 地区	盈利水平			
	总资产贡献率得分	净资产收益率得分	运营资金比例得分	工业增加值率得分
哈尔滨	48.61	47.91	54.93	56.13
齐齐哈尔	49.64	50.12	55.23	48.52
鸡西	48.69	48.10	48.37	50.31
鹤岗	49.57	48.61	45.59	50.54
双鸭山	48.71	48.00	46.82	48.11
大庆	57.38	57.12	54.88	51.17
伊春	48.07	47.96	49.79	51.78
佳木斯	49.94	51.13	50.94	51.74
七台河	51.47	52.21	46.30	48.09
牡丹江	49.17	48.76	49.07	48.03
黑河	47.38	47.12	47.22	49.46
绥化	51.37	52.96	50.87	46.13

从表 10.4 我们可以得到黑龙江省主要城市的盈利水平的总体情况,盈利水平主要是总资产的贡献率、净资产收益率、运营资金比例以及工业增加值率。总资产贡献率最高的是大庆,这可能是因为大庆特有的石油资源以及政策的原因;总资产贡献率最低的是黑河市。净资产收益率最高的是大庆,比省会城市的哈尔滨高出了近 5 倍;净资产收益率最低的是黑河市。运营比例最高的是齐齐哈尔,和省会城市哈尔滨差不多;运营资金比例最低的是牡丹江。工业增加值率最高的是哈尔滨,而大庆的增加值率已经没有以前那么高了,可能是它的工业机构单调的原因;工业增加值率最低的是绥化。从以上分析我们可以看出,现在的哈尔滨具有很强的工业性,其工业增加值在不断增加,这为黑龙江省的工业发展提供了很强的经济支柱。

(5)工业经济效益指数总体情况(表 10.5)

表 10.5　黑龙江省 12 个省辖市工业经济效益指数总体情况

分类指标	工业经济效益指数	投入产出水平	运营效率	盈利水平	工业经济效益指数
哈尔滨	2.58	3.24	2.5	2.84	2.79
齐齐哈尔	2.53	3.04	2.62	2.79	2.75
鸡西	2.53	2.95	2.54	2.66	2.67
鹤岗	2.55	2.92	2.75	2.64	2.72
双鸭山	2.55	2.92	2.71	2.61	2.70
大庆	3.01	3.49	3.02	3.01	3.13
伊春	2.54	3.00	2.57	2.70	2.70
佳木斯	2.53	3.17	2.71	2.78	2.80
七台河	2.62	3.04	2.85	2.69	2.80
牡丹江	2.53	2.94	2.74	2.66	2.72
黑河	2.50	2.93	2.60	2.61	2.66
绥化	2.50	3.01	2.83	2.75	2.77

10.4.2　经济集约化指数(表 10.6)

表 10.6　黑龙江省 12 个主要省辖市经济集约化指数得分

分类指标 / 地区	经济集约化指数			
	万元产值工业废水排放量得分	万元产值工业废气排放量得分	万元产值工业固体废弃物排放量得分	全社会劳动生产率得分
哈尔滨	46.07	51.36	57.24	48.07
齐齐哈尔	51.99	50.43	48.97	48.15
鸡西	52.36	48.28	53.63	48.28
鹤岗	55.79	48.10	49.50	48.13
双鸭山	54.12	57.44	51.04	48.51
大庆	48.17	52.61	49.05	56.75
伊春	49.14	48.04	48.46	47.57
佳木斯	51.31	48.45	47.75	50.34
七台河	49.72	49.89	51.00	49.15
牡丹江	48.78	50.08	48.71	49.31

续表 10.6

分类指标 地区	经济集约化指数			
	万元产值工业废水排放量得分	万元产值工业废气排放量得分	万元产值工业固体废弃物排放量得分	全社会劳动生产率得分
黑河	45.79	47.90	47.40	48.18
绥化	46.76	47.44	47.24	57.57

从表 10.6 我们可以看到黑龙江省的经济集约化指数情况,万元产值工业废水排放量最大的是鹤岗,最低的是黑河;万元产值工业废气排放量最高的是双鸭山,最低的是绥化;万元产值工业固体废弃物排放量最高的是哈尔滨,最低的是绥化;全社会劳动生产率最高的是绥化,最低的是伊春。

10.4.3 各指标的权重(表 10.7)

表 10.7 黑龙江省 12 个主要省辖市发展支持系统各指标权重

指标名称	权重值
人均工业增加值	0.0508
人均利税总额	0.0528
人均主营业务收入	0.0512
工业全员劳动生产率	0.0668
成本费用收益率	0.0554
流动资金周转率	0.0600
资产负债率	0.0482
总资产贡献率	0.0494
净资产收益率	0.0549
运营资金比例	0.0652
工业增加值率	0.0489
万元产值水资源消耗	0.0491
万元产值能源消耗	0.0553
万元产值建设用地占用	0.0592
万元产值工业废水排放量	0.0599
万元产值工业废气排放量	0.0533
万元产值工业固体废弃物排放量	0.0549
全社会劳动生产率	0.0646
总计	1.0000

从表 10.7 我们可以看出,发展支持系统主要指标的权重之间的比例比较平衡,相差不大,其中最大的是工业全员劳动生产率,最低的是资产负债率。其实我们通过各个指标的权重就能知道各个指标在发展支持系统里的重要性,以及它们的存在或者说它们的数据的高低对发展支持系统影响的大小。

10.4.4　各个指标最终得分情况汇总

(1)工业经济效益指数(表 10.8)

表 10.8　黑龙江省 12 个主要省辖市的主要经济效益指数

分类指标	工业经济效益指数	投入产出水平	运营效率	盈利水平
哈尔滨	2.58	3.24	2.50	2.84
齐齐哈尔	2.53	3.04	2.62	2.79
鸡西	2.53	2.95	2.54	2.66
鹤岗	2.55	2.92	2.75	2.64
双鸭山	2.55	2.92	2.71	2.61
大庆	3.01	3.49	3.02	3.01
伊春	2.54	3.00	2.57	2.70
佳木斯	2.53	3.17	2.71	2.78
七台河	2.62	3.04	2.85	2.69
牡丹江	2.53	2.94	2.74	2.66
黑河	2.50	2.93	2.60	2.61
绥化	2.50	3.01	2.83	2.75

(2)经济集约化指数(表 10.9)

表 10.9　黑龙江省 12 个主要省辖市经济集约化指数

分类指标	万元产值水资源消耗	万元产值能源消耗	万元产值建设用地占用	万元产值工业废水排放量	万元产值工业废气排放量	万元产值工业固体废弃物排放量	全社会劳动生产率	经济集约化指数
哈尔滨	2.41	2.66	3.39	2.76	2.74	3.14	3.11	2.89
齐齐哈尔	2.38	2.73	3.00	3.11	2.69	2.69	3.11	2.82
鸡西	2.48	2.89	2.92	3.14	2.57	2.94	3.12	2.87
鹤岗	2.48	2.94	2.87	3.34	2.56	2.72	3.11	2.86
双鸭山	2.37	2.80	2.85	3.24	3.06	2.80	3.13	2.89
大庆	2.44	2.69	3.26	2.89	2.80	2.69	3.67	2.92
伊春	2.48	2.86	3.03	2.94	2.56	2.66	3.07	2.80
佳木斯	2.45	2.65	2.86	3.07	2.58	2.62	3.25	2.78
七台河	2.47	3.13	2.88	2.98	2.66	2.80	3.17	2.87
牡丹江	2.82	2.66	2.86	2.92	2.67	2.67	3.19	2.83
黑河	2.33	2.61	2.80	2.74	2.55	2.60	3.11	2.68
绥化	2.34	2.57	2.79	2.80	2.53	2.59	3.72	2.76

(3)区域发展质量得分(表 10.10)

表 10.10 黑龙江省 12 个主要省辖市区域发展质量得分

分类指标	工业经济效益指数	经济集约化指数	区域发展质量
大庆	3.13	2.92	3.03
哈尔滨	2.79	2.89	2.84
七台河	2.80	2.87	2.84
双鸭山	2.70	2.89	2.80
鹤岗	2.72	2.86	2.79
佳木斯	2.80	2.78	2.79
齐齐哈尔	2.75	2.82	2.79
牡丹江	2.72	2.83	2.78
鸡西	2.67	2.87	2.77
绥化	2.77	2.76	2.77
伊春	2.70	2.80	2.75
黑河	2.66	2.68	2.67

10.4.5 绘图统计

1. 工业经济效益指数(图 10.1)

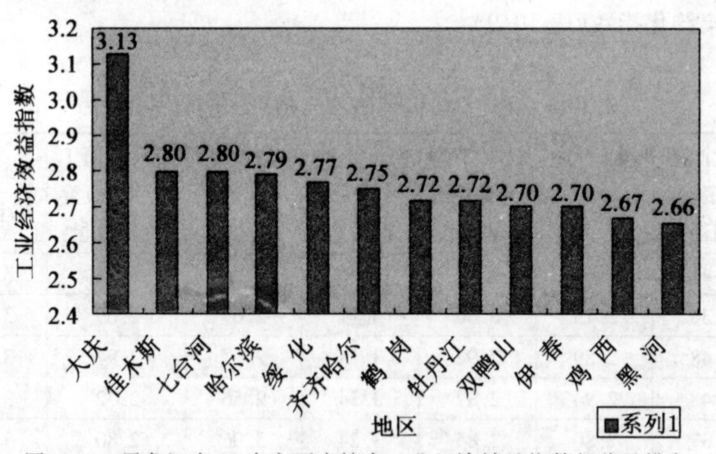

图 10.1 黑龙江省 12 个主要省辖市工业经济效益指数得分及排名

从图 10.1 我们可以清晰地看出黑龙江省 12 个主要省辖市的工业经济效益指数的排名。大庆的总体工业经济效益指数最高,达到 3.31;而黑河的总体工业经济效益指数最低,为 2.66。从图中我们还可以看出,除了大庆的总体工业经济效益指数比较高,其他主要省辖市的工业经济效益指数主要集中在 2.7 ~2.8 左右。

2. 经济集约化指数(图 10.2)

从图 10.2 我们可以看出黑龙江省 12 个主要省辖市的经济集约化情况。其中大庆的经济集约化指数最高,而黑河的经济集约化指数最低。从图中我们可以看出,黑龙江省的经济集约指数主要集中在 2.7 ~2.8 之间。这反映出了黑龙江省的总体经济集约情况。

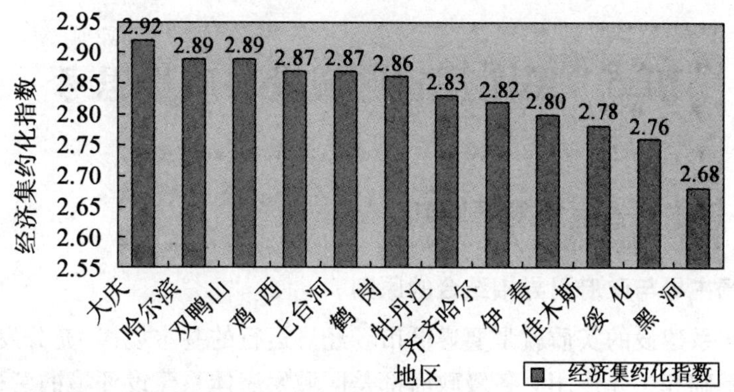

图 10.2　黑龙江省 12 个主要省辖市经济集约化指数得分及排名

3. 区域发展质量(图 10.3)

从图 10.3 我们可以看出,黑龙江 12 个主要省辖市的区域发展质量统计情况。其中,大庆的区域发展质量最高,而黑河的区域发展质量最低。我们还可以看出,除了大庆的区域发展质量较高外,其他城市的区域发展质量主要集中在 2.7 ~ 2.8 之间,这反映出了黑龙江省的总体区域发展质量情况。

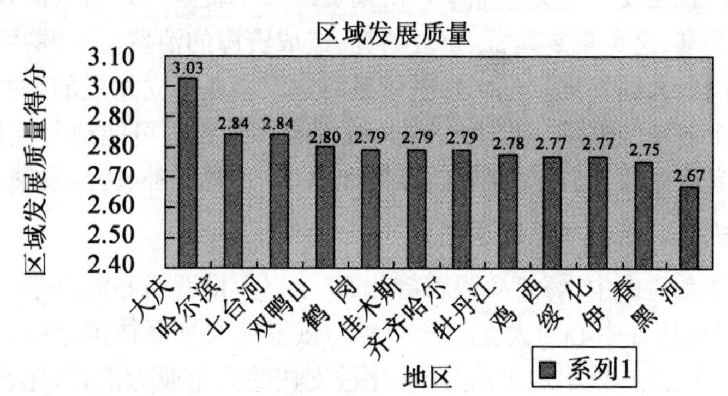

图 10.3　黑龙江省 12 个主要省辖市区域发展质量得分及排名

10.4.6　黑龙江省发展支持情况总结

根据上文的分析我们可以得出以下的结论:

①黑龙江省 12 个省辖市工业经济效益指数排名情况为:大庆→佳木斯→七台河→哈尔滨→绥化→齐齐哈尔→鹤岗→牡丹江→双鸭山→伊春→鸡西→黑河。

②黑龙江省 12 个省辖市经济集约化指数排名情况为:大庆→哈尔滨→双鸭山→鸡西→七台河→鹤岗→牡丹江→齐齐哈尔→伊春→佳木斯→绥化→黑河。

③黑龙江省 12 个省辖市区域发展质量排名情况为:大庆→哈尔滨→七台河→双鸭山→鹤岗→佳木斯→齐齐哈尔→牡丹江→鸡西→绥化→伊春→黑河。

④在工业经济效益指数和经济集约化指数两项指数的横向比较上,差异较大的是佳木斯市和双鸭山市,最终这两个市的区域发展质量得分在 12 个省辖市中排名大概居中,这说明佳木斯市和双鸭山市在两项指数上发展相比其他市而言是不均衡的。

⑤无论是工业经济效益指数还是经济集约化指数,或者是总体的区域发展质量指数,排名第一的都是大庆市,最末的都是黑河市。

10.5 黑龙江省区域发展质量思考

10.5.1 黑龙江省区域发展原则

1. 坚持市场主导与政府引导相结合的原则

区域发展体系建设的实质就是要遵循市场经济运行的基本规律,充分发挥市场机制在资源配置中的基础和主导作用。各级政府都是区域发展体系建设环境的营造者,政府的作用和职能在于通过对市场秩序的规范和影响,有效实施对区域发展体系建设的宏观调控和引导,通过政策性的资金投入,促进风险投资的形成,引导社会资源流向科技创新。坚持市场主导和政府引导相结合的原则,从某种意义上说,就是要使政府走出政府是区域发展体系的建设者的误区,从而更好地发挥市场在区域发展体系建设中的主导作用。

2. 实现有序合作、资源共享的原则

所谓有序合作就是要避免无序竞争。所谓资源共享就是从人力资源到硬件资源、软件资源等都要体现共享,避免重复购置、重复研究,造成资源的浪费。资源共享是建立在双赢基础上的,互惠互利,共同发展。区域发展体系的建设不是孤立发展的事物,是不断同外部联系与合作的一个复杂的系统。黑龙江省区域发展体系要尽可能地与其他区域发展体系形成合作伙伴或者战略联盟,以便能够实现资源共享、优势互补、协同发展。

3. 建立开放式区域创新体系的原则

在区域发展体系建设中,每年要跟踪孵化 50 个以上俄罗斯和海外学人科技项目,以项目为载体,鼓励和支持各中心与大企业合作参与俄罗斯及独联体国家技术引进、吸收和产业化工作,以合作基础好、技术水平高、产业化进度快的大企业为依托,建设一批牵动力大、影响力强的对俄罗斯科技合作产业化示范基地。努力开拓国际科技合作人才资源特别是海外华人的智力资源,继续办好海外学人创业洽谈会,积极鼓励海外学者携技术、项目来我省合作,重点支持对我省六大基地建设和高新技术产业发展贡献大的项目。

4. 制度完善、政策完善与区域发展体系建设协同推进的原则

制度完善是指对有关的制度进行调整、完善,进而形成一套有利于区域发展的新制度。关键是要在以下几个主要制度层面进行发展:知识产权保护制度完善;与技术发展有关的投融资制度完善;政策完善系统的功能是可以为区域发展活动提供一个具有灵活性、指导性、协调性的支持环境。要从黑龙江省地方立法、监督、行政三个层面整体推进制度完善和政策完善,使科技、经济、教育、文化等领域的政策创新能够产生有效的链接,从而为区域科技资源的优化配置提供良好的制度和政策环境。

5. 自主创新与引进消化吸收相结合的原则

自主创新战略是指创新主体通过自身的努力和探索产生技术突破,攻破技术难关,并在此基础上依靠自身的能力推动创新的后续环节,完成技术的商品化,获取商业利润,达到预期目标的创新活动。从黑龙江省的实际出发,应当选择“自主创新为主,引进消化为辅”

的战略。之所以选择自主创新为主,是因为黑龙江省有一批高水平的科研队伍,目前总体科技实力在全国属于中上等水平,应当充分发挥这支队伍的协同攻关能力,力争在国家区域创新体系建设中占有一席之地。同时,要充分利用国际国内两种科技资源,补充我省科技开发能力的相对不足。

6. 整体推进与典型示范相结合的原则

黑龙江省区域发展体系建设必须要从实际出发,整体上要有战略,有思路,有通盘考虑;具体实施中要量力而行,分阶段、有步骤地逐一落实,不能搞"村村点火、户户冒烟"的形而上学的大跃进模式,也不能超越客观条件搞一些不切实际的花架子政绩工程,而是要脚踏实地,在认真调研、充分论证的基础上,审慎地选择那些基础好、条件成熟的城市、行业、企业、单位进行区域发展体系建设的产业示范或典型试点,通过反复总结正反两方面的经验教训,为其他区域或者产业提供模式,由点到面逐渐推广。

10.5.2　必须处理好的关系

1. 立足传统产业与加快高新技术产业发展

黑龙江省是我国东北老工业基地,装备制造、石油化工、煤炭、森工、军工等传统产业是全省经济发展的主要力量,通过区域创新体系建设,提高传统产业的科技含量,是今后经济发展要解决的核心问题。同时也要看到,提高传统产业竞争力的关键是用高新技术改造传统产业,走新型工业化道路。近几年来,黑龙江省高新技术产业有了长足发展,但是无论其自身规模和实力,还是对传统产业的带动、渗透与辐射都还远远不能满足经济发展的现实需求。因此,黑龙江省创新体系建设要注意对传统产业的改造和高新技术产业提速发展的协同推进和有机结合。

2. 国有企业的制度创新与民营企业的做大做强

黑龙江省国有企业尤其是大型和特大型国有企业在整个国民经济发展中占有举足轻重的特殊地位。因此,必须要在区域创新体系建设中高度重视国有企业产业结构、产品结构、制度创新等问题的研究。另一方面也要看到,黑龙江省民营经济发展相对弱小,尤其是民营科技企业还没有形成规模发展的强劲态势,进一步做大做强民营科技企业是今后区域创新体系建设中一项十分紧迫的任务。

3. 中心城市竞争力的提升与资源枯竭型城市接续产业的发展

黑龙江省要通过区域发展体系建设来推动中心城市的技术辐射和产业带动,使资源枯竭型城市的产业体系重建并与全省产业结构的改造升级同步。例如,随着大庆石油的逐年开采已出现枯竭,哈尔滨市有较为发达的电子、信息工业,可以为大庆石化工业和接续产业的发展提供必要的支持;齐齐哈尔市在大型机械、设备制造、安装及石化产品深加工等方面可对石化工业起到重要的补充作用。

4. 省内开展区域研究与东北三省战略合作研究

从区位优势上看,东北三省具有很强的经济互补性和产业发展的趋同性,辽宁省沈阳市曾经一度是东北地区政治经济活动的中心;大连市是东北地区对外开放的窗口;吉林省长春市是我国汽车制造业的发源地;黑龙江省哈尔滨市是全国装备制造业和电机、锅炉、汽轮机生产的重要基地。建议联合开展三省科技发展战略、中长期科技发展规划和区域创新体系建设规划研究。在指导思想、发展战略、总体目标、基本原则、政策措施、科技攻关、产业集群、人才交流、国际合作等方面定期交流、互相借鉴、形成协调共赢的区域共同体。

10.5.3 黑龙江省区域发展体系建设的实施对策

1. 建立以企业为主体地位的区域发展基地

①加快建立现代企业制度,使企业真正成为 R&D 投入主体、风险承担主体、成果收益主体,实现科技投入体制模式的转变,即以政府为主、企业为辅变为企业为主、政府为辅。

②建立具有龙江特色的六大科技体系。服务于我省特色和优势产业发展需要,以市场为导向,以企业为创新主体,以制度和机制创新为核心,以科技资源的优化配置为主要方式,加大增量投入,盘活存量资本,在全国创新体系的大背景下建设开放式的六大科技体系。

③完善大中企业的管理机制,加快运用高新技术改造传统产业的步伐。要积极与有关部门合作,重点支持大型企业,特别是行业支柱企业的工程技术中心等研发机构建设,探索在大中型企业和重点科研院所设立总经理(院所长)科技助理,进一步推进“政产学研金介”结合,拓展合作的方式和领域,尽快实现重点企业和优势行业的技术发展战略由引进跟踪向自主创新转移。

④建立健全以市场需求为导向的企业开发机制,通过技术与低廉劳动力的结合,利用高新技术创新对传统的劳动密集型产品进行精深加工,提高其附加值,使全省企业生产的劳动密集型产品更具特色,具有价格竞争优势。通过技术创新把传统产业的原有资源禀赋优势转化为市场竞争优势,使全省企业生产的高新技术产品成本更低,具有竞争优势。

2. 构建门类齐全、功能完善的社会化服务体系

①深化改革,努力发挥市场机制在科技中介服务活动中的作用。要遵循市场规律,按照独立、中立、公正的执业原则,逐步建立起与市场经济相适应的科技中介服务运行机制。加快转变政府职能,将一些政府可以不做,但社会有需要的科技中介服务积极稳妥地转移或委托科技中介机构和行业协会主办,重点推进科技中介组织的独立性与社会化转制进程;鼓励发展股份制、合伙人制的专业科技中介组织,鼓励探索创建有限责任与无限责任相结合的公司;非盈利的公益性科技中介服务机构内部运行也要走市场化道路,形成强有力的内部激励机制。

②积极培养建立高水平、专业化的科技中介服务队伍。加强对现有科技中介服务机构从业人员的教育、培训,逐步建立一支科技素质高、市场意识强、信息渠道宽、经营信誉好的科技中介队伍,争取更多的从业人员获得国家科技部颁发的“技术经纪人”资格证书。

③建立网络动态的服务组织系统。采取“小核心、大网络”的组织形式,有效整合科技中介资源。“小核心”是指科技中介服务体系的核心层,由科技中介服务机构自身的人员组成;“大网络”是指充分利用社会优势资源,选择适合科技中介服务机构业务开展的合作伙伴,形成动态联盟,逐渐形成目标一致、相互协调、动态有序、不断发展的网络化的科技中介服务组织体系。当前,应重点抓好科技风险投资中介服务网络、科技信息网络、企业孵化器网络、技术交易电子网络、专家人才网络和中小型企业技术创新服务网络的建设,并在此基础上,进一步形成纵向到底,横向到边的全方位、多层次、宽领域的科技中介服务网络体系。

④瞄准市场需求,努力打造服务品牌。要瞄准市场需求,结合自身优势,准确定位发展空间。要加快建立信息、人才、技术及客户等中介信息资源库,形成统一的服务流程、质量控制程序和项目管理办法,建立健全相关制度。在条件成熟的情况下,要逐步实现服务范围的扩大和服务规模的提升,形成规模效益。

3. 建立科技人员培养和激励机制

①加快建立开放的科研机制和宽松的科研环境。加快实施我省科研机构聘任制,并建立公正、公平和透明的选聘机制,为选拔尖子人才创造宽松的环境。加快制定鼓励政策,以促进科技系统内部的开放。

②积极推进公平竞争的机制。本着"开放、流动、公平、竞争"的原则,构建我省创新体系和管理机制。同时,重视培养人才的创造灵感,为青年人提供创新的平等机遇,保持在真理面前人人平等的社会文化氛围。在科学研究中,注重对具有很强学术性、探索性、创新性的项目给予资金支持,鼓励年轻人敢于探索、敢于提出新观点,营造容许在科研中失败的宽松氛围。

③加快制定科学合理的科研成果评价机制。目前,科研成果评价体系存在一定的弊端,我省要根据不同的创新目标,完善相应的激励机制,逐步形成为社会和科技界公认的科研成果评价体系,建立国内同行评议专家库,重要项目聘请国外专家参加评估,积极探索建立评审专家信誉制度。

④制定激励政策。制定相关政策,鼓励优秀人才进入企业,参与企业的技术创新活动,降低人才在区域内自由流动的成本,加快知识、技术、信息的扩散和转移,从而提高区域的知识创造和技术创新能力。

4. 以科技产业园区为重要基地

①进一步促进科技园区的建设和发展,充分发挥其在高新技术产业化中的龙头作用。科技园区在区域创新体系建设中有着重要的地位和突出作用。要继续推动以提高技术创新能力为核心的国家高新区"二次创业"。

首先,要进一步完善和不断创新高新区管理和运行体制,这是高新区保持持续活力的重要条件;其次,要结合科技基础条件平台建设,共同增加对高新区创业服务机构的投入,完善创业服务体系;最后要加快建立适应高新技术产业化要求的风险投资和信用担保体系。全省高新技术产业年均增长达到20%以上,到2005年我省高新技术产业产值要突破1 200亿元。通过高新区的创新产业集聚效应,增强辐射地方经济和社会发展的能力,为区域创新体系的建设发挥更大的作用。

②建立高新技术产业科技创新平台。依托哈尔滨、大庆两个国家级高新区,四个民营科技企业示范区和国家大学科技园,医药、农业科技园区,进一步加强和完善高新技术产业创新平台建设。围绕我省高新技术产业发展的重点和优势领域,进一步加强重点实验室、工程技术研究中心、中试基地和企业技术研发中心的建设,形成具有我省特色和优势的高新技术产业创新平台。重点发展领域为:信息技术、新材料、生物技术、新能源、环保等高新技术产业。

10.6 国外农业发展支持系统的特点及启示

10.6.1 国外农业发展支持系统

1. 美国农业发展支持系统

长期以来,美国农业的政策目标包括:粮食及农产品供应、农业支持与保护、资源与环境保护、农村社会发展。围绕这四大政策目标,美国在扶持其农业发展中采取了许多重要的农业政策手段,比如美国非常重视对农业科技的扶持,尤其是美国的农业科技推广是其他国家所无法比拟的。

①美国在不同发展阶段采取不同的农业政策。

②美国的农业立法维持农业的先进性。美国政府从产前、产中和产后三个环节实施农业立法政策。目前,美国已形成以农业法为基础和100多个重要法律相匹配的一个比较完善的农业法律体系。这套比较完整的指导农业和农村发展的法律体系,规定了政府对农业政策的基本取向、政府干预农业经济发展的权限、国家对农业的保护和支持体系。

③美国政府对农业的补贴政策。美国政府主要通过农业计划来支持大田作物的生产、销售和贸易,尤其是价格支持计划来影响农产品价格。价格支持计划主要由三部分组成:抵押贷款、目标价格和差价补贴。农场主可自由决定是否参加政府计划。

④美国的农业保险制度美国农业保险的特点,是美国联邦农作物保险公司(FICC)、私营保险公司、农作物保险协会共同参与开办,实行强制与自愿保险相结合,对农作物保险通过保费补贴、业务费用补贴、再保险、免税形式给予扶持。政府向承办农业保险的私营保险公司提供保费补贴、费用(包括定损费)补贴、再保险支持和税赋上的优惠,并承担联邦农作物保险公司的各项费用,以及农作物保险推广和教育费用。

⑤独具特色的三位一体的农业推广模式。在农业科技、教育和推广领域,美国最大的特点就是立法建成以州立大学为依托,农业教育、科研、推广有机结合的"三位一体"的推广模式。该模式最大的特点是:第一,"三位一体"的中心和依托是各类州立大学。第二,合作是"三位一体"模式的另一重要特点。合作主要指联邦政府、州政府、地方政府的合作,也指大学与各级政府之间的合作。第三,"三位一体"的重要内容是进行推广和服务。农民可以从大学农业科学研究和推广中受益,也可以通过与大学的合作研究受益。第四,"三位一体"开展庞大的成人教育工程。其中,尤以帮助农村青年树立信心、学习技能、"德智体能"诸方面健康成长的"4H"(Head、Heart、Hands、Health)工程最为庞大,惠及人群最多。

2. 欧盟农业发展支持系统

(1)欧盟农业公共政策的主体框架

①不同发展阶段欧盟不同的农业政策。

②欧盟农业公共政策的政策目标《2000年议程》明确提出了六大新目标:第一,共同农业政策要保证粮食安全;第二,从公民健康的角度出发保证食品安全;第三,确保农业劳动者有一个稳定和公平的收入水平;第四,保证环境不受损害;第五,促进农村就业,维护农村

发展;第六,改善农业生产者的工作和生活环境,提供相当的竞争机会。

③欧盟农业公共政策的政策手段:

a)价格支持政策,包括三个主要的方面,即目标价格、门槛价格和干预价格。

b)收入直接补贴政策,分两大类:不挂钩的收入补贴和挂钩的收入补贴。

c)对农业的公共服务政策,主要是中央和地方各级财政为农业发展提供的各种服务性支出,包括农业科研、病虫害控制、农民培训、推广和咨询、检验检测、市场服务和基础设施服务等支出。

d)信贷支持政策,是通过政策性农业金融机构发放低息贷款,鼓励农户增加农业投入。

e)贸易促进政策,包括采取传统的关税措施控制进口;设置技术性贸易壁垒限制进口;实行出口补贴和出口信贷,降低农产品出口价格;采取营销宣传、信息服务、贸易服务以及技术、食品援助等手段,扶持行业团体、协会,开拓国际农产品市场;利用双边或多边贸易谈判,签订双边或多边贸易协议,促使对方降低关税,开放市场等。

f)农业保险。政府对农产品在备耕、种植、管理和销售四个阶段进行保险,与农民分担风险。

(2)欧盟共同农业政策的特点

①政策目标定位于农村发展。

②把保障食品安全提升到一个新的高度,体现在:制订严格的法律、法规和标准体系;成立专门的管理机构;形成了一整套易于操作和管理的农产品生产与安全管理体系。

③农业政策长期采用政府扶持手段。

3. 日本农业发展支持系统

①日本在经济发展的不同阶段采取不同的农业政策。

②日本农业政策的特色与可借鉴之处。

日本农协发展迅速,其原因在于:

第一,有法律后盾。早在1947年,日本就颁布了《农业协同组合法》,并在60年代进行重新修订。这是日本为保护和促进农协的发展而制定的专门法律。

第二,有政策支持。在发展过程中,日本农协也得到了日本各级政府在农业税收、金融政策等方面的大力支持。

第三,有农民拥护。日本农协以把分散农民组织起来,共同组织生产,进入市场为宗旨,不以盈利为目的,坚持服务第一,得到了广大农民的拥护。

农村劳动力转移政策问题值得我们借鉴:如实行鼓励发展兼业;鼓励土地兼并;鼓励小家庭农场和合作型农业企业的发展。农业保险极具特色:日本的农业保险以市、乡、镇、村的农业共济组合为基层组织(农民自愿参加的相互合作组织)直接承办农业保险,在县级机构(都、道、府、县)成立农业共济组合联合会,承担共济组合的分保,以政府领导的农业保险机关承担共济组合份额以外的全部再保险额,形成了政府领导与农民共济组合相结合的自上而下的农业保险组织体系。

10.6.2 启示

1. 建立完整的法律体系保证发展基础

①在诸多领域制订新的法律、法规、条例、规划等,达到完善立法的目的。

②在食品安全方面进一步加大立法和执法力度。

③确立依法支农的条例。

④制订保护环境、发展山区的具体条例和制度。

2. 完善的科技、教育和推广体系

①建立农业科研、推广和教育的新型服务体系。

②加大科技步伐,为农业科技、教育和推广的三结合提供法律保护。

③加大农业扶持中的资金和政策倾斜力度。

10.7 可持续发展能力建设

东北老工业基地发展支持系统只有通过加快老工业基地的经济体制改革,转变传统的经济增长方式,加强发展支持系统能力建设;加大东北地区资源开发与环境保护力度,增强可持续发展的生存支持系统和环境支持系统能力建设;控制东北地区人口数量,提高人口素质,构建人才开发新机制,加强可持续发展的智力支持系统能力建设,才能推动东北老工业基地的振兴,进而实现东北地区社会经济的快速、协调和可持续发展。

10.7.1 东北老工业基地的现状

从总体上看,东北地区土地肥沃,自然资源丰富,森林面积覆盖率高;东北地区具有完整的重化工业体系和配套能力,还具有发达的交通运输条件;东北地区的教育事业发展水平和科技力量也高于全国平均水平,这些是全国大多数地区发展经济难以企及的条件。在新中国工业化的初期,东北经济凭借自身所拥有的这些雄厚的经济发展条件,其发展速度一直处于全国领先地位,为我国国民经济的恢复和发展做出了巨大贡献。但是,自从20世纪80年代以来,东北地区在全国的经济地位逐年下降,可持续发展能力较弱,呈现出明显的相对衰落趋势。究其原因,主要是经济结构不合理及体制缺陷、经济环境变差、生态环境遭到破坏、思想观念落后等方面的不利因素造成的。

第一,经济结构不合理,体制存在缺陷。从产业结构上看,由于我国东北老工业基地大多形成于20世纪50~60年代,重化工业比重大,轻工业短腿,且产业结构高度集中于采掘工业及原材料工业,属于比较单一的资源型产业。随着自然资源的日益减少,资源萎缩和衰竭成为制约其经济发展的瓶颈。单一的产业结构呈现出明显的刚性,而且缺乏较好的弹性,使产业结构脆弱,当主导产业部门受到冲击时,工业基地很快就陷入困境,这样的产业结构是造成改革开放初期老工业基地经济周期性振荡的主要因素。从产品结构上看,由于长期搞资源开发和产品的初加工,东北的工业经济形成了复杂的产品制造与初级产品加工并重,最终产品、中间产品多的局面,且产品附加值低,导致经济效益低下。

第二,城市功能不完善,投资环境不健全。受过去那种"先生产,后生活"等方针的影响,东北老工业基地在相当长的一段时期内不重视城市的建设和发展,在调整改造中往往又只关注产业如何振兴的问题。以致迄今除了省会城市外,大多数中小城市尤其是矿业城市基础设施严重不足,城市社会负担沉重,社会保障体系建立滞后,而且城市往往建设得比较分散,各项服务性功能存在严重缺陷,市政、通信、道路、金融、市场、文化、旅游等跟不上经济发展的步伐,政府的服务意识不强、行政效率不高,这些不利因素的存在致使老工业基地在振兴过程中陷于被动的地位。

第三,生态环境遭到破坏,城市污染严重。由于长期的过量采伐,东北地区森林资源总量减少,整体功能下降。东北一些地区的草原沙化、碱化、退化严重,承载能力大幅降低。森林资源质量下降,森工企业困难程度加剧。老工业基地的大部分城市都是依靠当地资源而发展起来的资源型城市,资源的初次加工给城市环境带来沉重的压力。城市环境污染和采煤沉陷区没有得到有效治理,许多城市上空烟囱林立,浓烟滚滚,废水在没有得到安全处理之前,就径直流向附近河流,废渣堆积成山,这些严重地影响了城市的空气和水资源质量,是可持续发展的潜在制约因素。

第四,思想观念落后,市场经济意识淡薄。山于东北老工业基地是我国计划经济体制发育最充分的地区,政企不分十分严重。计划经济体制的惯性大,体制变革的沉淀成本和摩擦成本巨大,这样一来,不但使其原有的体制问题累积程度加深,而且产生了双重体制下的新问题,导致市场化程度低。长期以来,一直处于计划经济体制束缚之下的人们,思想观念落后,竞争意识薄弱,职工择业观念守旧,“小富即安”及“等、靠、要”思想严重,这些都极大地制约着老工业基地社会经济的发展。

基于此,东北老工业基地的振兴不能盲目仿效东南沿海地区的经济发展模式,也不能走过去那种资源浪费、破坏生态环境的老路,只有加强老工业基地的可持续发展能力建设,才能实现老工业基地的振兴。

10.7.2　可持续发展的建设

什么是全面、协调和可持续发展？国内外有很多不同的认识,但有些观点还是取得了广泛的共识。全面、协调和可持续发展观是人们的传统发展观,即以经济的增长为目标、以资源的高消耗为支撑的发展观点的反思和创新。传统的发展模式虽然促进了生产力的巨大提高,但也造成了贫富差距扩大,人民生活质量往往未能提高,有些国家甚至出现了有增长无发展的现象。另外,随着经济的进一步发展,大气污染、环境恶化、资源衰竭、物种减少、生态失衡、温室效应等问题日益突出,威胁着人类的生产和生活。这说明传统发展观已经破产,人类迫切需要一种全新的发展观以创造更美好的未来。在这个背景下,1987年,联合国环境与发展委员会在其报告《我们共同的未来》一文中,首次提出了一个相对较为世人所公认的可持续发展定义:满足当代人的需要,又不损害子孙后代满足其需求能力的发展。1992年联合国大会在“里约宣言”中把这个定义进一步发展为“人类应享有的以与自然相和谐的方式过健康而富有生产成果的生活权利,并公平地满足今世后代在发展与环境方面的需要,求取发展的权利必须实现”。从上述定义可以看出,全面、协调和可持续发展的基石是人与自然、人与人关系的和谐,它是以经济发展为核心,以保护生态平衡为前提,以科技进步为条件,以改善、提高人类生活质量为目的的发展。

第一,全面、协调和可持续发展首先要求经济的发展。这不仅包括数量的增长,而且要求经济素质的提高,即产业结构合理、经济体制完善、经济效益提高,变粗放型经济增长方式为集约型经济增长的方式。

第二,全面、协调和可持续发展要求经济和社会的发展不能超越资源和环境的承载能力。在经济发展中必须控制环境污染,保护生态资源,合理地开发和节约使用矿产资源,使经济和社会的发展与资源和环境的承载能力相协调。

第三,全面、协调和可持续发展应以科技进步为条件。经济增长方式的转变与经济效益的提高,资源的开发与利用,环境的治理与改善,都离不开科技的进步与人才的培养。

第四,全面、协调、可持续发展的目的是不断提高人们的生活质量。它既包括横向发展,即满足当代人消除贫困、缩小贫富差距的需要,实现代内公平;又包括纵向发展,即考虑到未来发展和不损害后代人满足需要的能力的发展,实现代际公平。

今天,这种强调人口、资源、环境与经济的全面、协调和可持续发展的观点已经成为各国的共识。1995 年,党的十四届五中全会正式把实施经济社会"可持续发展"作为主要奋斗目标和指导方针。2003 年底,中央又提出了全面、协调、可持续的科学发展观,这些对于老工业基地振兴道路的选择具有重要的指导意义。正因如此,协调人民群众眼前、长远利益与根本利益的要求和老工业基地振兴的前提制约因素,决定了振兴老工业基地只能走全面、协调和可持续发展的道路。

实施全面、协调和可持续发展战略需要建立完善的保障体系和支撑体系,而这就需要进行能力建设,因为可持续发展能力建设是实现可持续发展的一个必要保证。所谓可持续发展能力是指一个特定系统在规定目标和预设阶段内可以成功地将其发展度、协调度、持续度稳定地约束在可持续发展限度内的能力,其本质是这个特定系统可以达到可持续地满足人们基本的需要。关于可持续发展能力建设,联合国环境与发展大会 1992 年通过的《21 世纪议程》对此有明确的表述:"一个国家的可持续发展能力,很大程度上取决于在该国的生态状况与地理条件下的人民与体制的能力,具体来说,能力建设指的是一个国家在人力、科学、技术、组织、机构和资源方面的能力的培养与增强。能力建设的基本目标是提高对政策与发展模式进行评价、选择的能力,这个提高能力的过程取决于该国人民是否对环境约束与发展需求之间的关系具有正确的认识。所有国家都有必要增强在这个意义上的能力。"可见,可持续发展能力建设的内容涉及政府决策、法制建设、经济社会发展、国家的资源与生态环境、科技与教育水平和人力资源开发等各个方面。在中国科学院可持续发展研究组的《2001 中国可持续发展战略报告》中,评估区域可持续发展能力的系统共有五个,即生存支持系统、发展支持系统、环境支持系统、社会支持系统和智力支持系统。当然,可持续发展能力建设本身也是一项长期的和持续不断的工作,必须结合本国国情,建立完善机制,设立长远目标,制订工作计划与实施方案,并切实地付诸行动。

10.7.3 东北老工业基地生存支持系统主张

以实施可持续发展能力建设战略来推动东北老工业基地的振兴要有新的思路,要充分考虑到国内外市场需求的新变化,立足东北实际,按客观规律办事。与东南沿海开放开发相比,振兴老工业基地的环境条件已发生了重大变化。在 20 世纪 70 年代末我国东南沿海地区开发时,正处于发达国家向外转移劳动密集型产业和我国短缺经济时期,沿海地区依靠国家优惠政策和区位优势大力发展消费品工业以及加工工业,开发过程呈明显的数量扩张特征。而今天振兴老工业基地面临的形势,从国际上看,以知识为基础的新的经济形式即知识经济已经崛起,与其相适应的经济全球化、网络化,正日新月异地改变着世界经济的传统结构和运行机制,知识或智力资源的占有、配置、生产和运用,已成为经济发展的重要依托;从国内看,经过三十多年的改革开放,已初步建立起社会主义市场经济,短缺经济已成过去,买方市场已经形成并经历了较长时期的有效需求不足的困扰,以出口导向的东南沿海外向型的经济高速发展,由于外部市场相对缩小的挤压而被迫放慢了增长速度。这就要求东北地区应结合本地区实际情况和国内外变化了的新形势,打破传统发展模式想问题、办事情,把发展的视野拓宽到按照社会主义市场经济的要求,以深化改革、扩大开放来推动老工业基地的振兴,进而实现跨越式发展。在这个过程中,要加强老工业基地全面、协调、可持续发展的社会支持系统、发展支持系统、生存支持系统、环境支持系统和智力支持系统的能力建设。

首先,加快老工业基地经济体制改革,转变传统经济增长方式,加强社会支持系统和发展支持系统的能力建设。长期以来,东北地区那种高消耗、低产出的粗放型的经济增长方式,造成经济效益低下,增长慢,企业技术难以更新,产品结构难以调整,在市场竞争中越来越处于劣势。只有把经济增长转移到依靠技术进步与生产要素的优化配置和充分利用上来,即以低消耗、高产出的集约型经济增长方式替代粗放型的经济增长方式,才能实现东北地区的经济持续发展。为此,东北地区应深化体制改革,加快市场化进程,为经济发展提供一个良好的体制环境。制度是高效的、公平的市场交换的基本保证,市场的有效运行是以市场背后的制度建立和完善为前提的。当前老工业基地仍有较明显的计划经济特征,政府参与市场、管理经济的色彩还很浓厚,加之各地区、部门利益的相互争夺,机构冗肿造成办事效率低下,以及企业和居民负担过重,这些都直接影响了老工业基地的投资环境,造成了大量投入浪费,限制了寻求高投资收益的外部资金向老工业基地的流入。可以看出,有效的市场经济制度的建立是老工业基地经济转变增长方式的关键。

这就要求:

①转变政府职能。政府应由主导型转为服务型,即由原来的直接干预经济转变为间接宏观调控。如做好规划、提供公共服务、消除垄断和市场障碍、保护知识产权、依法维护正常的市场秩序等。

②调整所有制结构,大力发展非公有制经济。

③从经济全球化和全国生产力布局出发,加快产业结构的调整,发挥比较优势,依靠科技进步发展特色经济、优势经济产业。如老工业基地在医药、机械制造、电子信息、飞机、船舶、汽车等高科技产业已有一定的经济优势,这些产业的共同特征在于技术含量较高,具有很强的规模经济要求,发展起来能产生较强的经济辐射能力。

④建立现代企业制度,改革原有的经济组织和激励机制,用保护产权、必要的补贴等制度安排促进技术创新,逐步把企业培育成振兴老工业基地的主体。

⑤开放市场,积极培育要素市场,特别是充分利用资本市场和人才市场,加强交通、管道、水利等基础设施建设。只有这样,才能形成老工业基地经济集约型增长的有利的内外条件。

其次,加大老工业基地资源开发与环境保护力度,增强可持续发展的生存支持系统和环境支持系统能力建设。东北地区资源丰富,除了许多旅游资源和生态资源外,在目前全国已探明的主要矿藏储量中,东北地区的铁矿石储量占22%,石油储量占45%,原煤储量占10%,金矿、钼矿、镍矿和铝土矿都居全国前列。丰富的资源是东北地区的比较优势,在振兴老工业基地的过程中,一方面应坚持市场和效益并重的原则开发能矿资源,以产品和产业结构调整为重点,开展技术创新,变资源优势为市场优势,进而形成经济优势;另一方面,为保证经济的持续发展,必须坚持资源开发和资源保护并重的方针和“谁开发谁保护,谁破坏谁恢复,谁利用谁补偿”的政策,加强对资源开发利用的管理,建立自然资源核算体系,防止乱采滥挖,提高资源使用水平和效率,走出一条资源节约型的经济发展新路子。另外,在振兴老工业基地的过程中,应始终坚持“在开发中保护环境,在保护环境中促进发展”的方针。着重恢复东北地区的林草植被,通过多种途径,加大天然林保护工程实施力度,搞好河流的综合治理开发。通过合理规划,加快老工业基地的城镇化建设,尽快完成资源枯竭型城市的经济转型,建设新型工贸小区,推进郊区城市化进程,积极发展接续产业和支柱产业,全面推进以电子、信息为主的城市新型工业化进程。这不仅能形成新的经济增长点,而且可以把人从环境容量超负荷的地区撤下来,以减轻对环境的压力。

最后,控制老工业基地的人口数量,提高人口素质,构建人才开发新机制,加强可持续发展的智力支持系统能力建设。现代经济增长和发展理论以及西方发达国家已经取得的成就充分证明,推动现代经济增长最重要的因素是人力资源。据世界银行1990年的测算,在依靠普及教育知识和扩展技术进步因素带来劳动者素质提高而形成的劳动生产率的增长对经济增长的贡献作用,发达国家为49%,发展中国家也达到31%。另据世界银行测算,全体人口平均受教育的时间增加1年,可能使GDP提高3%。在知识经济初见端倪的今天,各国间竞争的实质是科技竞争,但归根到底是人才的竞争,转变经济增长方式以及资源开发和环境保护、生态建设,都需要科技创新和劳动者素质的提高。因此,能否造就一支懂得高新技术知识及管理、经营的人才队伍,是振兴老工业基地成败的关键性条件。这就要求在振兴老工业基地的进程中加强人力资源能力建设。

一方面在严格控制人口数量的基础上,要大力发展教育。除了增加教育和科研经费的投入、改变教育方式外,还要优化教育结构,重点发展基础教育、职业教育,强化高等教育。拓宽投资渠道,逐步形成多层次、多元化、全社会参与的教育投入新机制。另一方面,构建人才开发新机制,用好人才。东北地区人才的数量及其占总人口的比例,均居全国前列。该地区有高等院校142所,占全国高等院校总数的11.6%,每万人中在校的高等院校学生比全国平均水平高40%。东北地区共有自然科学研究机构700多个,国有企事业单位的专业技术人员为215.18万,占全国的9.9%。拥有如此丰富的科技人才资源,那么老工业基地经济发展缓慢的原因又何在呢?众多研究成果表明,东北地区缺少良好的人才成长和发展环境,缺少充满活力的用人制度和灵活有效的激励机制。

因此,在振兴老工业基地的过程中,以制度创新为突破口,构建符合市场要求和人才成长规律的人才开发机制尤为必要。为此,要建立新型的政府宏观人事管理体制,政府职能部门要从繁杂的定员、定编、提职晋级、调整工资等事务性工作中摆脱出来,集中力量为人力资源市场化运作搞好宏观管理和宏观指导,进行诸如档案、户籍、社会保障等相关配套改革,负责制定人力资源市场运行的行为规定,为人力资源市场化运作提供各种有效的服务;构造完善的人才市场,组建诸如人才测评公司、人事法规咨询公司等专业性和综合性的人才管理、人才开发和人才服务性机构,通过专业化和社会化服务来剥离企事业单位原有的包揽一切的人事管理功能,以提高人才管理的效率;探索新的股份制企业组织形式,通过劳动股、技术股、经营股等途径构造新型股权结构和收益分配机制,鼓励科技人才创新与创业,推动科技成果向市场转化,为留住人才、吸引人才和创造人才提供新型企业制度的基础。只有这样,才能充分发挥人才在振兴老工业基地进程中的重要作用。

第 11 章　环境支持系统的概念与核算

11.1　环境支持系统概述

11.1.1　环境支持系统简介

可持续发展分为五大方向，而其中的环境支持系统是可持续发展限制的上限，而我们常说的环境支持系统（环境容量系统）或者说是环境缓冲的能力，它主要是指环境在多大限度内能够承受的最大能力，也就是说环境的容量问题。在经济社会不断发展的过程中，我们要保证对自然资源的利用以及开发、废弃物的处理以及回收利用都必须做到维护现有的生态系统的多样性和完整性，防止因过度使用和浪费使得生态系统出现严重的不平衡状态，我们应该让生态系统维持在它能够承受的最大的环境容量以内，以此来保持它的完整性和平衡性。

所谓的环境支持能力就是说环境一定要坚持以人类为主体的整个外部世界的总和，这些都是人类在生活中赖以生存和发展的物质基础，人类的生产生活以及繁衍都是离不开这些资源的，它们还影响着人类的生存空间和社会经济活动等。综合以上解释，我们可以得出环境支持能力就是影响人类生产生活、生存空间以及社会经济活动的一个综合体。环境的支持能不但是影响人类的一个综合体，它同时还是能够对区域环境容量的一个动态识别的重要指标之一。人类社会要想得到更加完好的发展和生存，他们对自然资源的开发和利用以及对自然环境的改造，都不能随意为之，都必须让这些变化或者改变维持在环境能够承受的最大范围以内，以此保证环境系统的正常运作。这样的定义也就是我们经常说到的缓冲能力、抗逆能力以及自净能力等，只有将人类对环境系统的破坏维持在环境自净能力以内，不超出所允许的范围，才能够使我们的经济社会的发展逐渐稳步健康地发展。其实说到环境，我们就不得不说到生态问题，如果将环境系统从生态学来解释的话，我们就应该生态的平衡性、自然环境被保护的情况以及水资源等对环境支持系统的影响，环境保护在国民经济中占有很重要的分量，我们一定要将环境保护和经济的健康发展结合起来，做到在经济健康稳定发展的同时，不使环境支持系统超过其最大的环境容量。我们应该将这两者之间的平衡发展作为可持续发展的基础。

环境支持系统主要是从区域环境质量、区域生态质量以及区域抗逆能力三大方面进行研究的，其中每个方面下面还有很多详细的指标。其中区域环境质量主要是从排放密度、人均负荷指数以及大气污染指数几个方面进行研究；区域生态质量主要是从生态的角度来进行研究，包含了水土流失率以及水土流失强度等；区域抗逆能力主要是从三废的处理情况、三废的利用情况以及地表的保护情况来进行研究的。

我国在国际社会中是一个大国的形象,而要使中国更加富强,在国际社会的地位更高,得到更多国家的尊重,实现我们的社会主义现代化,我们就必须要做到将发展放到第一位,在发展中将环境建设作为各项工作的重要组成部分,始终坚持环境和经济社会的友好和谐发展,更好地促进经济社会的发展,改善人们的生活质量,使人们早日过上小康生活。

11.1.2 环境支持系统指标体系原则

对环境支持系统的评价我们不仅仅要做到定性,还要做到定量,这是对区域环境能力表现的整体情况最全面的评价,也是我们进行环境支持系统评价的基础和本质所在,最终我们将各个指标的结果用具体的数值来表示,通过数值的大小比较就能看出区域环境能力或者说区域的环境容量的现状,而且能对中国的各个地区的区域环境情况进行一定程度的纵向或者横向的比较,但是要建立这样的评价指标,我们首先要进行指标的制定,在指标的制定过程中,我们一定保证指标能够满足以下要求。

1. 指标具有科学性

所建立的指标都能够十分准确地去区别开环境质量的保护情况,能够进行纵向或者横向的比较,对中国各个地区都能够进行比较评价,要想满足这些条件,就必须让我们建立的指标建立在经过充分科学论证的基础上,只有这样才能够反映出环境容量的情况。

2. 指标具有可比性

可持续发展环境支持系统所建立的指标、能够使我们在区域环境的纵向或者横向比较中,不同的生态环境、不同的地区进行比较时,除了有类别上的区分外,还要求我们建立的指标能够在地区分布上有一定的区别,在结构和功能上也必须有一定程度的差别。我们必须将这些差别用一种统一的指标或者物质来进行反映,这就是我们建立指标体系的又一核心所在,要使得建立指标具有能够反映出公共的信息,具有统一的变量,还得具有基本的特征,这就使得我们建立的指标必须具有可测性、可比较性,能够对其进行量化处理。

3. 指标具有综合性

可持续发展是一个综合体,环境支持系统只是其中很小的一部分,但是即使是其中很小的一部分,环境支持依然必须满足可持续发展最基本的要求,那就是必须满足自然、社会以及经济这三者之间的关系。也就是说我们制定的指标必须能够体现出这三者之间的关系,必须是一个正确的、能够很容易被操作的指标体系,能够将我们觉得十分抽象的东西具体化,能够将我们觉得抽象的东西进行形象化或者模型化。

11.2 环境支持系统影响因素

环境支持系统的影响因素很多,而且各种影响因子之间相互作用,相互依存,使得环境支持系统是一个庞大的复杂体系,而针对可持续发展的环境支持系统,我们主要从三个方面来对其进行评价,这三个方面的内容分别是区域环境水平、区域生态水平以及区域抗逆性水平,而且每个影响因素的下面我们还总结了相关的指标的详细内容对其进行综合的评价。

11.2.1　区域环境水平

区域环境水平主要是从污染物对大气、水资源以及土壤等的危害情况进行的综合的描述,它最明显的特点就是造成这些指标的原因都是人为的,都可以在较短的时间内完成,并且可能对环境造成不可恢复或者即使能够恢复但是都必须得付出严重的代价。而这些污染或者说这些问题主要是发生在工业生产过程中产生的三废对环境系统的损害,在不断的积累过程中就有可能超过环境的最大容量而对环境支持系统造成一定程度的伤害,给人类的健康、赖以生存的环境和经济社会的发展以及经济的平稳健康发展带来很大的影响。表 11.1 是我们对国内外区域环境水平的评价的相关指标进行研究后,总结出来的区域环境水平评价的相关指标。

表 11.1　区域环境水平相关指标

影响要素	主要内容	具体指标
区域环境水平	排放密度指数	单位国土面积废气的排放强度
		单位国土面积废水的排放强度
		单位国土面积的固体废物
	人均负荷指数	人均固体废物量
		人均废气量
		人均废水量
	大气污染指数	二氧化碳排放量(人均二氧化碳排放量、单位面积二氧化碳排放量)
		二氧化硫排放量(人均二氧化硫排放量、单位面积二氧化硫排放量)
		烟尘排放量(人均烟尘排放量、单位面积烟尘排放量)

从表 11.1 中我们可以清楚地看出区域环境水平指标的具体内容,从表中我们可以知道,区域环境水平主要是从排放密度指数、人均负荷指数以及大气污染指数这三个方面的内容来进行评价和研究的。而且每个指标的下面还细分了很多小的具体的指标对其相应的内容进行综合评价。其中排放密度指数主要是从单位国土面积废气的排放强度、单位国土面积废水的排放强度以及单位国土面积的固体废物三个方面来进行评价的;而人均负荷指数主要是从人均固体废弃物量、人均废气量以及人均废水量三个方面来进行综合评价的;而大气污染指数主要是通过人均二氧化碳排放量和单位面积二氧化碳排放量,人均二氧化硫排放量和单位面积二氧化硫排放量,人均烟尘排放量和单位面积的烟尘排放量三个方面来进行综合评价的。通过对这些指标的认识,我们不难发现,其实区域环境水平的这些影响指标都很好计算,数据的来源也很好收集,收集的数据在后期的整理过程中也不是很复杂,通过归类就能很方便地计算出所有的指标,这些指标的计算都是我们平时经常用到的。所以区域环境水平的指标选取具有简单性、可操作性,能够很方便地进行评价而且能够很好地反映我们要知道的情况。

11.2.2　区域生态水平

区域生态水平主要是指生态的发展情况,生态包含生态的自然或者人为的灾害和生态的退化两部分,这两部分就是生态水平对环境支持系统的影响因素。生态水平的主要特点就是具有长时间的积累才能够使得环境支持系统通过区域生态水平反映出来，它同时还具有自然和人为的共同作用，自然主要体现在自然的灾害，而人为主要是指人类在平时的生产生活中对生态环境的破坏。它的形成速度很慢，因此往往是人类在进行破坏的时候人类自己有时也没有发现，而当环境条件逐渐恶劣时，它就可能瞬间爆发，使得人们猝不及防。而我们所说的生态灾害和生态退化就是生态系统的变化给社会经济生活造成的潜在的危害，它是在不断的积累过程中形成的，也是各类环境条件受到破坏表现出不平衡的状态而导致的。它对人类生产生活以及赖以生存的条件除了直接或者间接的灾害以外，更重要的是表现在人们生活的环境的在逐渐恶化，使得人们的生活环境受到严重的威胁。生态的灾害具有周期性，其周期性比较长，但是它产生的负面效应确实很大，对人类的生活环境有的时候具有毁灭性的威胁，而且有的生态环境的破坏需要很长时间来进行修复或者说一旦有的生态环境受到破坏，它就具有不可逆转性。见表 11.2。

表 11.2 区域生态水平相关指标

影响要素	主要内容	具体指标
区域生态水平	水土流失指数	水土流失率 水土流失强度
	气候变异指数	干燥度指数 受灾率
	地理脆弱指数	地震灾害频率 地形起伏度指数

由表 11.2 我们可以十分清晰地看到区域生态水平的相关指标，从表中我们可以知道，区域生态水平主要受到三个方面内容的影响，主要是水土流失的指数，气候变异指数以及地理脆弱的指数等对可持续发展环境支持系统的区域生态水平进行的综合评价。其中水土流失指标主要包含两个方面的内容，它们分别是水土流失率以及水土流失强度，这部分主要是从水土的保护情况以及治理方面来进行评价和研究的。而气候变异指数主要包含两个方面的内容，主要是干燥度的指数以及受灾率等来对气候变异指数进行的综合评价，这部分主要是从气候的好坏、气候的变化情况以及自然的灾害方面来对气候变异指数进行综合评价的。地理脆弱指数主要包含两个方面的内容，主要是地震灾害频率以及地形的起伏度指数，这部分的内容主要是从地理的变化情况方面来对地理脆弱指数进行综合评价的。通过对表中指标的详细内容的分析我们不难发现，可持续发展环境支持系统的区域生态水平评价指标主要是从生态方面进行阐述，人类的活动或者自然的灾害对生态环境的破坏为基本的指向来进行指标的制定。其中，制定的指标和区域环境水平一样具有可操作性，指标的计算过程不复杂，能够很简单地计算出来，都是我们平时在评价相关指标时经常计算的指标。

11.2.3 区域抗逆水平

区域抗逆水平主要表现在两个方面，分别是人类对自然环境的保护能力和自然的自净能力，这两者的综合表现就是我们所说的区域抗逆水平，也就是人类和自然对生态灾害的抗衡能力。人类对自然环境的保护作用以及自然的自净能力对环境支持系统起到了培育和增强的效果,使得环境支持系统更加全面。同时区域抗逆水平也主要是说明环境在进行自我发展的过程中对外来事件或者一些破坏性的影响因素的一种自我抵抗的能力,而可持续发展环境支持系统的区域抗逆水平想要表现出这方面的内容,还主要得依靠人类对其生存环境系统的维护情况以及治理的情况。人类对环境系统的保护以及对环境系统的破坏程度都是区域环境抗逆水平发展能力强弱的主要影响因素。见表 11.3。

表 11.3　区域抗逆水平相关指标

影响要素	主要内容	具体指标
区域抗逆水平	区域治理指数	废水处理率
		废气处理率
		废物处理率
	地表保护指数	森林覆盖率
		自然保护区

由表 11.3 我们可以清楚地看出区域抗逆水平的具体影响因素。对于区域抗逆水平主要是从两个方面来进行研究的,主要是区域治理指数和地表保护指数。区域治理指数主要是从三个方面来进行研究和评价的,主要包含废水处理率、废气处理率以及废物处理率;而地表的保护指数主要是从两个方面的内容来进行研究和评价的,主要包含森林覆盖率和自然保护区。通过对这些指标的研究我们不难发现,这些指标主要是从人类对环境系统的保护情况等方面来进行研究和评价的。其中区域治理指数方面主要是从工业三废的处理情况来进行描述的,而地表的保护指数主要是从森林以及自然保护区的情况来进行研究的。从指标的具体内容来看,区域抗逆水平的指标选取符合环境支持系统的指标制定原则,具有很强的科学性和可操作性,从指标来看,对于指标的数据来源我们可以从国家的统计数据得到,这些数据能够很具体地反映出相关的情况。并且在对数据进行处理的时候,我们只需要将数据进行适当的归类,然后进行简单的计算,再将指标计算的结果进行归类和比较,就可以得到指标所需要反映的结果。

11.3　环境支持系统的特点

根据以上环境支持系统建立的相关原则,我们从生态的发展水平、环境的退化以及自然灾害等几方面对环境支持系统做了比较详细的介绍。这些指标的建立主要是对中国的各个省、市等进行环境支持能力的评估以及对各个地方的环境支持能力进行排序。以上几个小节简单地介绍了环境支持系统的组成部分以及具体的指标要素群,从这些要素群的组合中我们不难发现,环境支持系统具有以下几个方面的特点。

(1)指标体系简单

从以上的分析我们可以得到,环境支持系统主要从区域环境水平、区域生态水平以及区域抗逆水平几个方面进行评价,一共有 8 个一级指标和 23 个二级指标,比国际上的指标体系简单得多,能够很清晰地表达想要表达的意思,使得人们能够很好地理解。指标体系不是很复杂或者说很庞大,能够在合理的范围以内进行评价,主要是其指标体系的数量很少,能够对某些专一的地方进行集中的评价,这样反映出来的情况也更加贴近实际。

(2)指标针对性强

环境支持系统所选取的指标主要是针对生态环境方面的指标,针对性强,能够很好地反映出生态环境的发展情况,而且环境的破坏都是以人们的表现而产生的结果,这样的评价能够使得人们提早认识到环境恶化的情况,并根据相应的情况及时地制定出相应的措施来进行预防或者进行防治。

(3)指标计算简单

从环境支持系统的指标选取中我们不难发现,整个体系选择的指标都是我们平时经常使用的一些计算公式,并且计算过程比较简单,没有复杂的变换或者假设等,都是比较普通的工业化指标,但是指标却十分实用,而且获取数据的来源也比较简单,数据真实可靠。

(4)指标具有可比性

环境支持系统的指标能够对中国的各个地区以及各个小的区域进行单独计算,可以通过计算数值的大小对中国各个地区的环境支持系统的能力进行纵向或者横向的比较,使得环境的容量能够很直观、清晰地呈现在我们面前,将抽象的东西进行形象化或模型化。

11.4 我国环境支持系统现状

改革开放以来,我国的经济得到了飞速发展,但是这些都是建立在以牺牲环境为代价的基础上发展起来的,随着经济的逐渐发展,国家已经意识到我国目前的环境问题的严重性,因此国家将环境保护作为基本国策之一,同时将可持续发展确定为国家的发展战略。1978 年至 2009 年,我国的 GDP 增长了 600 多倍,按照国家统计局 2006 年公布的数据来看,中国已经进入了中低收入的国家。城市化水平也得到了很大程度的提高。中国的贫困人口已经减少了上亿,但是中国目前还是有很多人处于国际贫困线以下。每年的排污量在逐年减少,但是达到国家空气二级标准的城市比例增加不大,还保持在较低的水平,这就说明我国目前的空气质量还比较差。中国目前经济发展的基础还比较低,经济发展和科学技术的水平比较落后,经济的增长主要是以牺牲自然资源和环境的容量作为代价在发展,一些低效益、重污染的企业目前仍然是中国经济增长的动力,资源的利用率比较低,环境保护的措施不完善。

中国目前的资源还相对不足,而且水资源的分布情况极度两极化,南北东西水资源差距很大,而且农业灌溉用水的利用率不高,造成了水资源的大量浪费。森林覆盖面积、森林储存量在逐年减少。矿产资源由于开发的技术落后,使得大量的资源被白白浪费,再加之加工的技术不够先进,使得很多的污染气体和废弃物直接被排放了出来,造成了环境的极度破坏。单位 GDP 二氧化硫的排放量比日本高出了差不多 70 倍,单位 GDP 氮氧化物的排放量是日本的 30 倍左右,这些使得我国的污染情况逐渐加大,加剧了人与自然之间的矛盾。其中水污染物化学需要量以及大气污染的二氧化硫的排放量居世界首位。在国家的水资源监控体系中我们发现,国家的七大水系监测的断面中有 60% 左右的水质不能达到国家的Ⅲ级标准。全国城市生活垃圾量极大,但是这些垃圾都没有得到有效处理,大部分的垃圾都是被直接处理,对大气和当地的环境质量造成了极大的危害。除此之外,我国由于是农业大国,各种农药被大量使用,有的农药还不符合国家的相关标准,这使得我国的土质以及土壤的坏死面积在逐年增加。而且由于我国大量采伐森林资源,使得我国森林资源在锐减的同时,水土流失的面积在逐年加大,荒漠化的程度在逐年加剧。再加之各种自然因素复杂的相互作用,使得我国的环境问题正在日益严重,并且环境问题日益具有严重性和复杂性。

11.4.1　中国环境支持能力评价

根据我国目前的经济发展结构以及逐年出现的环境问题等诸多因素我们就可以知道,我国的环境在逐渐恶化,这些重污染的工业使得我国的环境受到了严重的污染,而且我国资源的浪费情况也相当严重。下面我们就具体地从我国的区域环境水平、区域生态水平以及区域抗逆水平来研究目前的环境状况。

(1)我国区域环境水平评价

按照区域环境评价的指标,我们分别对我国的各省、自治区以及直辖市等地的排放密度指数、人均负荷指数以及大气污染指数等相关的数据进行了收集和整理,并通过一定的计算,得到了我国各个地区的区域环境评价的水平,具体内容见表 11.4。

表 11.4　中国区域环境水平

地区	排放密度指数	人均负荷指数	大气污染指数	区域环境水平
全国	39.9	77.9	56.4	58.1
北京	9.5	44.9	15.6	23.3
天津	11.4	58.7	16.2	28.8
河北	27.0	69.3	48.9	48.4
山西	30.4	53.4	35.4	39.7
内蒙古	59.8	63.8	49.6	57.7
辽宁	20.4	35.5	34.9	30.3
吉林	36.3	68.9	46.7	50.6
黑龙江	42.2	68.7	49.3	53.4
上海	1.6	15.1	20.2	12.3
江苏	21.1	81.8	50.8	51.2
浙江	28.3	83.6	54.2	55.4
安徽	27.3	83.8	54.9	55.3
福建	35.3	86.2	65.8	62.4
江西	31.6	74.7	61.2	55.8
山东	24.4	80.7	43.4	49.5
河南	27.6	87.4	56.5	57.2
湖北	29.2	78.9	56.9	55.0
湖南	34.7	88.4	60.7	61.3
广东	28.5	80.5	59.4	56.1
广西	37.7	84.7	59.0	60.5

续表 11.4

地区	排放密度指数	人均负荷指数	大气污染指数	区域环境水平
海南	45.4	94.4	76.3	72.0
重庆	40.1	84.4	53.0	60.1
四川	38.2	85.7	54.8	59.6
贵州	41.0	88.2	53.4	60.9
云南	46.0	84.4	67.0	65.8
西藏	100.0	98.8	100.0	99.6
陕西	37.7	82.0	49.3	56.3
甘肃	50.8	77.9	59.6	62.8
青海	78.3	82.2	74.2	78.2
宁夏	40.9	63.5	44.9	49.8
新疆	71.8	79.0	61.9	70.9

从表 11.4 我们可以清楚地看出中国目前的区域环境发展水平的基本状况,从表中我们看出全国的平均排放指数为 39.9,而西藏和新疆等地的排放指数比较高,分别达到了 100.0和 71.8,其中上海的排放指数比较低,为 1.6,从表中我们可以发现高于全国平均排放指数的城市达到 10 个,低于全国平均排放指数的达到 18 个。其中人均负荷指数全国的平均指数为 77.9,高于全国人均负荷指数的城市达到 17 个,低于全国人均负荷指数的城市达到 11 个。大气污染指数的全国平均水平为 56.4,高于全国大气污染指数的城市一共有 14 个,低于全国大气污染平均指数的城市达到 15 个。就我国区域环境水平的总体水平来看,全国的区域环境平均水平为 58.1,低于全国区域环境水平的地区达到 19 个,高于全国区域环境水平的地区达到 9 个。从这个数据我们可以看到,目前我国的区域环境水平还比较低,区域环境发展水平较差的地区的数量是区域环境发展水平较高的地区的数量的 2 倍左右。通过对以上数据的分析我们可以知道,我国目前的区域环境发展水平面临很严重的问题,虽然在近几年国家采取了相应的措施来解决我国的环境问题,但是效果还不够明显,很多地区的环境问题还是很严重,政府等相关的职能部门应该加强这方面治理的力度,力争尽快调整经济发展的结构,使得更多的污染较严重的或者生产工艺以及生产技术较落后的产业能够得到改善,为环境的治理做出一定的贡献。

(2)我国区域生态水平评价

按照区域生态水平的影响因子,我们对我国各个省、自治区以及直辖市等地区的水土流失指数、气候变异指数和地理脆弱指数的相关数据进行了收集和整理,并通过一定的计算,得到了我国各个地区的区域生态水平的评价情况,具体内容见表 11.5。

表 11.5 中国区域生态水平

地区	水土流失指数	气候变异指数	地理脆弱指数	区域生态水平
全国	30.5	28.2	36.9	30.8
北京	39.0	33.5	52.8	41.8
天津	50.3	30.4	72.1	50.9
河北	27.7	25.1	28.1	27.0

续表 11.5

地区	水土流失指数	气候变异指数	地理脆弱指数	区域生态水平
山西	7.0	9.7	26.2	14.3
内蒙古	31.9	18.3	26.9	25.7
辽宁	28.2	25.2	43.9	32.4
吉林	31.6	21.4	52.4	35.1
黑龙江	34.7	25.6	46.9	35.7
上海	91.3	100.0	92.5	94.6
江苏	39.5	26.7	48.9	38.4
浙江	28.8	35.6	63.3	42.6
安徽	32.4	29.8	48.6	36.9
福建	27.3	32.0	45.5	34.9
江西	20.2	38.0	45.6	34.6
山东	27.4	25.9	47.2	33.5
河南	27.2	28.9	48.2	34.8
湖北	23.0	27.3	33.1	27.8
湖南	24.3	30.7	58.9	38.0
广东	32.8	31.6	34.2	32.9
广西	29.3	30.8	29.5	29.9
海南	35.8	29.0	56.6	40.5
重庆	24.0	31.2	2.8	19.5
四川	25.9	31.0	2.9	19.9
贵州	23.4	32.3	38.6	31.4
云南	27.4	39.4	1.9	22.9
西藏	64.8	33.2	13.5	37.2
陕西	0.3	13.4	34.9	16.2
甘肃	10.0	11.1	20.0	13.7
青海	42.4	18.5	13.5	24.8
宁夏	11.1	9.0	25.7	15.3
新疆	66.5	34.2	9.6	36.8

由表 11.5 我们可以清楚看到目前我国的区域生态水平发展情况，其中全国水土流失的平均指数为 30.5，高于全国平均水土流失指数的地区共 13 个，低于全国平均水土流失指数的地区共 18 个。其中全国气候变异平均指数为 28.2，高于全国气候变异平均指数的地区共 18 个，低于全国气候变异平均指数的地区共 13 个。全国地理脆弱平均指数为 36.9，高于全国地理脆弱平均指数的地区共 16 个，低于全国地理脆弱平均指数的地区共 15 个。全国区域生态的平均水平为 30.8，其中高于全国区域生态水平平均指数的地区共 18 个，低于全国区域生态水平平均指数的地区共 13 个。其中水土流失情况最严重的地区是陕西，水土流失情况最轻微的地区是上海；气候变异情况最严重的地区是宁夏，气候变异情况最轻微的地区是上海；地理脆弱情况最严重的地区是云南，地理脆弱情况最轻微的地区是上海。通过对以上数据的分析我们可以发现，我国目前区域生态发展水平较好的地区是上海，区域生态水平发展较差的地区是山西。从总体数据来看，全国的区域生态水平发展还可以，但是有的地方的区域生态水平实在太低，特别是山西的区域生态发展水平才 14.3，这个数据远远低于全国的平均生态

生平。通过对以上数据的分析,我们对我国的生态发展水平有了较详细的了解后,应该针对中国目前面临的情况,及时制定出相应的措施来保护我国的生态环境,使得我国能够进行生态系统的可持续发展,使得我国的赖以生存的环境能够得到一定程度的保护。

(3)我国区域抗逆水平评价

按照区域抗逆水平评价指标的要求,我们对我国的各个省、自治区以及直辖市等地的区域治理指数以及地表保护指数的相关数据进行了收集和整理,并通过一定程度的计算,得到了我国区域抗逆水平的基本统计情况,具体内容见表11.6。

表11.6 中国区域抗逆水平

地区	区域治理指数	地表保护指数	区域抗逆水平
全国	53.80	65.55	62.53
北京	62.60	61.00	61.80
天津	80.60	66.70	73.70
河北	78.80	60.40	69.60
山西	68.00	58.40	63.20
内蒙古	52.20	69.20	60.70
辽宁	64.20	84.30	74.30
吉林	54.60	89.30	72.00
黑龙江	59.50	86.50	73.00
上海	79.30	19.60	49.50
江苏	68.10	63.70	65.90
浙江	73.20	75.80	74.50
安徽	63.30	66.80	65.10
福建	49.60	78.40	64.00
江西	46.60	76.90	61.80
山东	57.30	67.50	62.40
河南	73.60	62.90	68.30
湖北	58.20	77.20	67.70
湖南	58.70	82.00	70.40
广东	72.10	81.60	76.90
广西	57.10	84.70	70.90
海南	60.30	84.10	72.20
重庆	22.90	70.10	46.90
四川	23.50	70.80	47.20
贵州	32.70	70.70	51.70
云南	39.20	82.20	60.70
西藏	22.00	78.30	50.20
陕西	57.20	72.50	64.90
甘肃	48.00	70.00	59.00
青海	40.50	41.70	41.10
宁夏	47.30	54.00	50.70
新疆	47.40	48.90	48.20

由表 11.6 我们可以看出中国区域抗逆水平的基本情况，其中全国区域治理平均指数为 53.8，高于全国区域治理平均水平的地区共 19 个，低于全国区域治理平均水平指数的地区共 12 个。全国地表保护平均指数的水平是 65.55，高于全国地表保护平均指数的地区共 22 个，低于全国地表保护平均指数的地区共 9 个。全国的区域抗逆平均水平为 62.53，其中高于全国区域抗逆水平的地区共 16 个，低于全国区域抗逆平均水平的地区共 15 个。其中区域治理水平最低的地区主要是西藏，区域治理水平最高的地区是天津；地表保护情况最好的地区是吉林，地表保护情况最差的地区主要是上海，并且上海的地表保护情况远远低于全国的地表保护平均情况；我国的区域抗逆水平最好的地区主要是浙江，最差的地区主要是青海。通过对以上数据的分析我们不难发现，我国的区域治理情况还比较好，但是有一个明显的现象，我国经济比较发达的地区的地表保护情况并不好，两者之间虽然不是呈明显的相反态势，但是经济发达地区的地表保护情况在全国都处于较低的水平，我国相关的职能部门应该注意这些方面的问题，及时做出相应的预防和保护措施。通过对以上数据的分析和研究我们可以发现，我国目前的区域抗逆水平并不是很好，很多地区的抗逆水平都低于全国的平均水平，并且环境的生态问题还比较突出，这些都是严重影响和威胁我们赖以生存的环境的，从总体来看，全国的区域抗逆水平不是很好，处于一般的水平。为了解决这些问题，使得我国的环境系统能够进行可持续性的发展，我们应该积极倡导保护环境以及可持续发展的思想。

通过对以上全国各地的区域环境发展水平、区域生态水平以及区域抗逆水平的分析与研究，我们可以发现目前我国的区域环境发展还处于较低的水平，区域环境欠发达的地区是区域环境具有优越性的地区的 2 倍左右，而我国的区域生态水平和区域抗逆水平还可以，处于正常发展的范围。通过以上的分析我们可以知道，我国的区域环境质量较差。

11.4.2　中国生态环境压力指数

生态环境压力指数主要是由生态压力指数和环境压力指数构成的。生态压力主要是指在可持续发展的道路中，由于我们在生产生活中长期对生态系统的结构或者功能进行了一定程度的破坏，而这些破坏在短时间内是无法恢复的。环境压力指数主要是指人类在生产生活过程中短期对生态系统的结构和功能造成一定程度的破坏，但是在一定的时间内它是可以修复的，不会对其本质造成太大的威胁。这两者相互作用致使人类生存空间、公共健康、生活质量、经济发展进程和财富积累与分配遭到不断恶化，而生态环境压力指数就是评价这方面恶化程度的指标。

在这里，我们将生态环境压力指数分成两部分来进行研究，也就是长时间的作用对环境的破坏和短时间的作用对环境的破坏，主要是为了让人们在认识环境问题上和治理环境问题上能够更加明确，能够有更加清晰的思路。

1. 生态压力指数

根据其性质，我们主要将其分为四个方面的内容来进行研究，分别是水土流失压力指数、土壤侵蚀压力指数、荒漠化压力指数和森林压力指数。其中水土流失压力指数由水土流失率计算得出，土壤侵蚀压力指数由水蚀压力和风蚀压力计算得出。

通过对我国各省以及地区的数据的收集和综合统计，利用中国生态压力指数的相关内容对我国各个地区的生态压力指数进行了计算,表 11.7 就是我们得到的中国 2008 年生态压力指数情况。

表 11.7 中国生态压力指数(2008 年)

地区	水土流失压力指数	土壤侵蚀压力指数	荒漠化压力指数	森林压力指数	生态压力指数
全国	0.36	0.22	0.16	0.52	0.32
北京	0.57	0.07	0.01	0.63	0.32
天津	0.07	0.08	0.02	0.81	0.25
河北	0.53	0.17	0.40	0.67	0.44
山西	0.87	0.69	0.16	0.80	0.63
内蒙古	0.22	0.20	0.69	0.70	0.45
辽宁	0.53	0.16	0.08	0.33	0.28
吉林	0.28	0.17	0.02	0.16	0.16
黑龙江	0.16	0.18	0.00	0.11	0.11
上海	0.00	0.03	0.00	0.94	0.24
江苏	0.15	0.09	0.00	0.90	0.28
浙江	0.36	0.13	0.00	0.00	0.12
安徽	0.29	0.11	0.00	0.59	0.25
福建	0.20	0.19	0.00	0.00	0.10
江西	0.35	0.25	0.00	0.00	0.15
山东	0.47	0.16	0.14	0.73	0.38
河南	0.52	0.16	0.00	0.74	0.36
湖北	0.56	0.17	0.00	0.47	0.30
湖南	0.30	0.20	0.00	0.18	0.17
广东	0.10	0.16	0.00	0.08	0.09
广西	0.11	0.21	0.00	0.37	0.17
海南	0.01	0.30	0.05	0.22	0.15
重庆	0.60	0.12	0.01	0.46	0.35
四川	0.62	0.13	0.01	0.49	0.31
贵州	0.62	0.16	0.00	0.63	0.35
云南	0.18	0.19	0.01	0.39	0.19
西藏	0.00	0.02	0.49	0.85	0.34
陕西	0.96	0.83	0.19	0.40	0.59
甘肃	0.54	0.77	0.59	0.89	0.70
青海	0.05	0.17	0.38	0.99	0.40
宁夏	1.00	0.52	0.88	0.96	0.84
新疆	0.00	0.18	1.00	0.98	0.54

由表 11.7 我们可以看出中国的生态压力指数,其中水土流失率压力的全国平均指数为 0.36,高于水土流失率压力全国平均指数的地区达到 14 个,低于水土流失率全国平均水平的地区共有 17 个。土壤侵蚀压力全国平均指数为 0.22,高于壤侵蚀压力全国平均指数的地区共有 6 个,低于壤侵蚀压力全国平均指数的地区一共有 15 个。荒漠化压力全国平均指数为 0.16,高于漠化压力全国平均指数的地区共有 8 个,低于漠化压力全国平均指数

共有 13 个。森林压力全国平均指数为 0.52,高于森林压力全国平均指数的地区共有 16 个,低于森林压力全国平均指数的地区共有 5 个。生态压力全国平均指数为 0.32,高于生态压力全国平均指数的地区共有 13 个,低于生态压力全国平均指数的地区共有 8 个。从以上的分析我们可以看出,目前我国的生态压力指数比较低的地区比生态压力指数比较高的地区的数量要少,生态压力指数越小越好,说明我国现在的生态压力虽然不是很严重,但是也不容忽视,也在受到一定程度的破坏,有差不多一半的地区都受到了生态压力的严重威胁。

2. 环境压力指数

通过对我国各省以及地区的数据的综合统计和收集,利用环境压力指数的相关内容对我国各个地区的环境压力指数进行计算,表 11.8 就是我们得到的中国 2008 年环境压力指数情况。

表 11.8　中国环境压力指数(2008 年)

地区	废水压力指数	固体废弃物压力指数	废气压力指数	二氧化碳压力指数	环境压力指数
全国	0.42	0.43	0.41	0.34	0.40
北京	0.67	0.68	0.80	0.87	0.75
天津	0.64	0.57	0.69	0.79	0.67
河北	0.40	0.67	0.51	0.41	0.50
山西	0.38	0.77	0.62	0.66	0.61
内蒙古	0.29	0.49	0.45	0.37	0.40
辽宁	0.55	0.91	0.69	0.70	0.71
吉林	0.42	0.49	0.54	0.48	0.48
黑龙江	0.42	0.48	0.47	0.47	0.46
上海	1.00	0.79	1.00	1.00	0.95
江苏	0.49	0.49	0.47	0.34	0.45
浙江	0.51	0.37	0.44	0.33	0.41
安徽	0.44	0.49	0.42	0.22	0.39
福建	0.46	0.33	0.41	0.22	0.36
江西	0.43	0.62	0.37	0.16	0.39
山东	0.42	0.52	0.50	0.31	000
河南	0.42	0.43	0.45	0.22	0.38
湖北	0.54	0.41	0.41	0.31	0.42
湖南	0.43	0.38	0.36	0.25	0.36
广东	0.55	0.35	0.46	0.33	0.42
广西	0.46	0.37	0.36	0.16	0.33
海南	0.43	0.25	0.26	0.14	0.27
重庆	0.41	0.35	0.36	0.24	0.31
四川	0.42	0.40	0.36	0.25	0.35
贵州	0.35	0.39	0.38	0.31	0.36
云南	0.37	0.42	0.29	0.21	0.32
西藏	0.19	0.02	0.01	0.00	0.06
陕西	0.39	0.45	0.39	0.30	0.38

续表 11.8

地区	废水压力指数	固体废弃物压力指数	废气压力指数	二氧化碳压力指数	环境压力指数
甘肃	0.33	0.40	0.39	0.34	0.37
青海	0.25	0.20	0.25	0.43	0.28
宁夏	0.39	0.51	0.59	0.46	0.49
新疆	0.29	0.19	0.35	0.57	0.35

由表 11.8 我们可以清晰地看到我国的环境压力各方面的指数情况,其中废水压力的全国平均指数为 0.42,高于废水压力的全国平均指数的地区共有 19 个,低于废水压力的全国平均指数的地区共有 12 个。固体废弃物的全国压力指数为 0.43,其中高于固体废弃物的全国平均压力指数的地区共有 16 个,低于全国固体废弃物的平均压力指数的地区共有 15 个。废气的全国平均压力指数为 0.41,其中高于废气全国平均压力指数的地区共有 16 个,低于废气全国平均压力指数的地区共有 15 个。二氧化碳的全国平均压力指数为 0.34,其中高于二氧化碳全国平均压力指数的地区共有 12 个,低于二氧化碳全国平均压力指数的地区共有 19 个。全国平均环境压力指数为 0.4,高于全国平均环境压力指数的地区一共有 10 个,低于全国平均环境压力指数的地区共有 21 个。从以上数据的分析我们可以看到目前我国的环境压力还是很大的,有差不多三分之一的地区都面临着严重的环境压力。但是这些压力都是可以通过我们在日后的发展中时刻注意,并且通过相应的措施是可以慢慢缓解的。

3. 中国可持续发展生态环境压力总指数

生态环境压力指数主要是将生态压力指数和环境压力指数进行平均加权后,得到了我国各个省市的生态环境压力指数,表 11.9 就是 2008 年的全国生态环境压力指数。

表 11.9 中国生态环境压力指数(2008 年)

地区	环境压力指数	生态压力指数	生态环境压力指数
全国	0.40	0.32	0.37
北京	0.75	0.32	0.54
天津	0.67	0.25	0.46
河北	0.50	0.44	0.47
山西	0.61	0.63	0.62
内蒙古	0.40	0.45	0.42
辽宁	0.71	0.28	0.50
吉林	0.48	0.16	0.32
黑龙江	0.46	0.11	0.29
上海	0.95	0.24	0.59
江苏	0.45	0.28	0.36
浙江	0.41	0.12	0.27
安徽	0.39	0.25	0.32
福建	0.36	0.10	0.23
江西	0.39	0.15	0.27
山东	0.44	0.38	0.41

续表11.9

地区	环境压力指数	生态压力指数	生态环境压力指数
河南	0.38	0.36	0.37
湖北	0.42	0.30	0.36
湖南	0.36	0.17	0.26
广东	0.42	0.09	0.26
广西	0.33	0.17	0.25
海南	0.27	0.15	0.21
重庆	0.34	0.30	0.32
四川	0.35	0.31	0.33
贵州	0.36	0.35	0.35
云南	0.32	0.19	0.26
西藏	0.06	0.34	0.20
陕西	0.38	0.59	0.49
甘肃	0.37	0.70	0.53
青海	0.28	0.40	0.34
宁夏	0.49	0.84	0.66
新疆	0.35	0.54	0.45

由表11.9我们可以清晰地看出我国2008年的生态环境压力情况,其中全国的生态环境平均压力指数为0.37,其中高于全国生态环境平均压力指数的地区共12个,低于全国生态环境平均压力指数的地区共19个。从这些数据的分析我们可以发现,我国现在的生态环境面临着严峻的形势,有差不多三分之一的地区在全国的生态压力指数之下,这些地区都必须关注环境的发展情况,努力做好环境和自然经济之间的协调发展。

11.5　提高环境支持系统能力的对策

目前我国的区域生态水平、区域环境指数、区域抗逆性指数、生态压力指数以及环境压力指数还处于较低的发展水平,我国有一半的地区的环境状况低于全国平均水平。我国的环境支持系统表现出来的脆弱性,和我国经济的高速发展是分不开的。尽管在联合国大会后,我国政府意识到环境对于社会稳定发展的重要性,采取了一系列积极有效的环境保护措施,并且取得了很多环境方面的佳绩。但是为了使经济高速发展,很多地方在追求经济发展的同时,往往是在以牺牲环境的不可修复性为代价对环境系统的发展造成了很多毁灭性的破坏。从目前我国的人均经济总量和人均单位面积的污染负荷来看,我国的环境支持系统不堪重负。因此,为了使我国的经济能够平稳快速健康地发展,实现我国的可持续发展,应该在以下几方面提高我国环境支持系统的发展能力。

(1)加强水资源环境的监管和治理力度

水资源是人类赖以生存的自然资源,也是我国最宝贵的自然资源之一,水资源合理可持续利用是我们保护水资源最有效的方法。首先我们要提高对水资源治理理念的认识,把对水资源的治理和可持续利用放到和经济发展同样重要的地位上,制定出一个科学、合理以及长期的水资源治理规划的政策。对数量有限的水资源进行合理保护,因为这是我们能够直接饮用的珍贵资源,我们要注意对地下水的开发和利用,不要造成浪费。在水资源治理情况复杂多变的局势下,我们要改变治理水资源的政策机制,要对水资源进行统一管理以及合理开发,特别是要加大政府执行的力度,制定统一的规划。各个地区根据实地的情况,也要制定出相应的管理措施。

(2)加强对固体废弃物的处理效率以及监管制度

固体废物是人类生产生活所遗留下来的资源耗损的问题,但是固体废弃物也不是完全没有,从某种意义上来讲固体废弃物还能够重复利用,也是我国重要的资源之一。我们要利用新的科学技术加强对固体废弃物的回收利用,使更多的资源能够得到最优化的配置。与此同时,制造固体废物的群体也要引进先进的科学技术,减少对固体废弃物的制造。除此之外政府还要建立相应的环境监管措施,加强对各种资源的监管情况,督促相应的地区减少对固体废弃物的制造,以防对环境保护造成较大的障碍。

(3)强化废气治理,改善大气质量

改善我国的废气治理现状首先就必须从源头抓起,由于我国为了取得经济的高速发展,很多技术不高的、污染较大的技术在很多工厂被作为主要的生产技术来使用。为了提高我国的环境治理现状,首先我们要改变这些技术,引进新的生产技术,改变传统的生产方式。同时改善能源结构,扩大供气供热范围,淘汰燃煤锅炉和炉灶;严格控制火力发电厂的规模或装机容量,控制水泥生产规模、降低对大气的污染;大力发展公交事业、控制私家车发展,淘汰燃油助动车,以减少机动车尾气污染;加强建筑、道路施工的管理,提高绿化覆盖率,以降低扬尘污染。

(4)大力推行工业清洁生产

清洁生产能源目前是国际社会比较提倡的一种资源的节约方式,清洁能源以及清洁生产能够提高企业对资源的利用效率,还能够从环境污染的源头对污染源进行控制。我国在大力推进清洁能源生产的同时,要做好相关方面的工作。首先我国政府应该出台一些相应的措施,先鼓励企业积极使用清洁生产的工业,给企业提供相应的税收以及信贷方面的优惠政策,使得企业在新技术的使用方面能够有充足的资金以及很好的企业效益。逐步完善国家对清洁生产的相关服务以及管理监管的政策,以便企业能够更好地做好资源的最优化配置以及综合利用、改进工艺以及生产设备,使得企业资源浪费情况逐渐减少。

(5)全面加强生态保护和生态建设

在进行生态保护和生态建设的时候,我们首先要根据国家出台的相关生态环境的保护措施的基本要求,制定出一个符合各个地区实际的生态环境保护措施,以此来加强我国生态环境的建设力度,主要是要加强我国的森林覆盖面积,森林储量以及林木的育龄情况,努力提高城市的绿化效果。对于农村我们要倡导农业生态环境以及生态农业等生态项目的建设,以便减少农业以及相关的副业产生的污染。在全国范围内倡导自然保护区的建设,加强风景名胜以及森林生态公园的建设和管理。

(6)加强宣传,倡导绿色生活

为了加快我国可持续发展的道路,加强我国环境可持续发展的力度以及我国环境支持系统的发展能力,我们要努力提高人们环境保护的意识。以宣传为主导,让生态环境建设的意识深入人心,健全环境法规,完善利益导向机制。

第12章 环境支持系统在黑龙江省的应用

12.1 黑龙江省环境支持系统的特点

12.1.1 黑龙江省自然生态对本省及周边国家和地区的影响

1. 森林的作用

(1)森林为我国贡献了数量巨大的木材

黑龙江省森林占地面积达2 053万 hm^2,森林覆盖率达45.2%,森林蓄积量2010年达到15.5亿 m^3。大、小兴安岭活立木总蓄积量103 357万 m^2。大、小兴安岭的植被类型分别为寒温带针叶林和温带阔叶落叶林,分别以落叶松、红松为代表植物。大、小兴安岭每年大约为国家提供1 000万 m^2 的商品木材,约占全国木材产量的1/5,由此可见大、小兴安岭对全国木材行业发展的重要性。

(2)森林对周边环境的保护作用

大、小兴安岭林带能够阻挡来自西伯利亚的寒流。相关资料表明,大、小兴安岭林区比松嫩平原降水量多出17.8%,而蒸发量少了34%,平均风速降低了25%,土壤侵蚀模数减少了53%。由此可知,森林对于积聚雨水、挡风固沙、维护土壤、调适气候起着重要的作用。其次,森林具有吸收粉尘、洁净空气、美化环境的功能,为居民营造一个健康舒适的生活空间。据分析,空气中的氧气大约有60%是由森林植物的光合作用所释放出来的,而每立方米的森林大约可吸收粉尘68 t。

(3)森林具有重要的国防意义

大、小兴安岭位于我国东北边境,沿边界线长达1 300 km,宽300多km,构成了一条天然的森林边界防护线。对于我国和俄罗斯的边界管理具有不可估量的意义。

2. 草原的作用

黑龙江省草场占地753.18万 hm^2,占全省草场面积的16.4%,产草量约为4 581 953万 hm^2,较大的草场有松嫩草场、三江草场等。草原鲜草种类丰富,产草量大,适合牛、羊等的生存,推动了黑龙江省畜牧业的发展。同森林一样,草原也具有蓄积雨水、维护土壤、挡风固沙、调适气候、洁净空气等功能。

3. 水资源的作用

松花江为黑龙江省内最大的水系,其源头位于中国和朝鲜交界的长白山天池,流经辽宁、吉林,并跨越祖国边界线,最后在位于俄罗斯的鄂霍次克海流入辽阔的太平洋。松花江为周边地区工业、农业、渔业的发展以及居民的日常生活提供了充足的水资源。由此可见,松花江沟通了三省、两国,航运业发达,对周边地区经济的发展起到了极大的促进作用。

4. 湿地的作用

黑龙江省湿地占地面积达 5 815 542 hm^2,主要分布在 16 个地区。其中,三江平原湿地系统是黑龙江省也是中国表面积最大的湿地。湿地是各类飞禽走兽聚集生存、繁衍后代的家园,亦是水稻、大豆等粮食作物、渔业和芦苇的优良生产基地,能调控气候,促进黑龙江省经济的发展。

表 12.1 为黑龙江省 2005 ~ 2010 年间的农林渔牧业总产值的总体情况。从中可知黑龙江省独特的自然环境给当地人们所带来的巨大利益。

表 12.1　黑龙江省农林牧渔业总产值(2011 年统计)

年份	总产值/亿元	农业/亿元	林业/亿元	渔业/亿元	牧业/亿元
2005	1 294.4	718.6	67.3	27.4	461.2
2006	1 391.1	817.5	68.0	21.1	448.7
2007	1 700.6	971.9	79.1	25.1	585.0
2008	2 123.4	1 143.3	89.6	35.0	813.1
2009	2 251.1	1 206.8	85.2	45.2	870.2
2010	2 536.3	1 369.2	95.5	53.7	965.8

注:表中数据摘自 2011 年黑龙江省统计年鉴。

从表 12.1 我们可以看到,黑龙江省农林牧渔业的总产值随着时间的增长,在逐年增长,从 2005 年的总产值 1 294.4 亿元增长到了 2010 年的 2 536.3 亿元,增长了 2 倍左右。其中的农业、林业、渔业以及牧业的产值都在逐年增加。从表中我们可以看出,黑龙江省农业和牧业的产值额度比较大,这与黑龙江省特有的地域资源息息相关。

12.1.2　环境支持系统在黑龙江省应用的意义

本章节主要研究可持续发展体系中的环境支持系统在黑龙江省的实地运用情况以及通过黑龙江省的环境支持系统的发展能力反映出来的问题,具体分析了黑龙江省的自然环境的特点以及作用,根据可持续发展体系中的环境支持系统的相关具体指标对黑龙江省的相关数据进行了收集以及数据的处理。通过相关的数据收集及分析,具体研究了黑龙江省各个主要辖区的区域环境水平、主要辖区的生态水平指数以及主要辖区的环境抗逆性水平等。通过对黑龙江省的区域环境水平、生态水平指数以及环境抗逆性水平的研究,来评价黑龙江省的环境支持系统的可持续发展能力。环境支持系统作为可持续发展的一个分支,构成它的指标要素都影响着黑龙江省的可持续发展。通过黑龙江省的环境支持系统未来的发展能力,找出黑龙江省在经济发展中的不足,找出黑龙江省生态环境建设方面的缺点,以此为黑龙江省生态环境建设的指导思想,指导黑龙江省的生态环境建设的规划和具体的实施方针。

12.2 黑龙江省环境支持能力评价分析

12.2.1 黑龙江省区域环境发展水平

对于区域环境发展水平,目前国际上比较通用和认可的评价指标比较多,为了使得可持续发展体系中的环境支持系统在黑龙江省的应用能够更加贴近于黑龙江省的实际情况,我们根据黑龙江省的地域以及资源的分布特点,主要从黑龙江省各地废物的排放量、各地区污染物排放强度以及污染物人均负荷指数三个方面来对黑龙江省的区域环境发展水平进行评价。其中各地废物的排放量主要包括废水排放总量、废气排放总量、固体废物产生量、二氧化硫排放量、烟尘排放量、粉尘排放量、化学需氧量排放量、氨氮排放量等相关的指标。各地区的污染物排放强度主要包含人口数、土地面积、废水排放密度、废气排放密度、固体废物排放密度、单位面积二氧化硫排放量、单位面积烟尘排放量、单位面积粉尘排放量等指标。污染物人均负荷主要包括人均废水量、人均废气量、人均固体废物量、人均二氧化硫排放量、人均烟尘排放量、人均粉尘排放量、人均化学需氧量排放量、人均氨氮排放量等相关指标。具体的分析数据见表12.2。

(1)黑龙江省各地区废物排放量

表12.2 黑龙江省各地区废物排放量(2010年)

类别	废水排放总量/万吨	废气排放总量/亿标 m^3	固体废物产生量/万t	二氧化硫排放量/t	烟尘排放量/t	粉尘排放量/t	化学需氧量排放量/万t	氨氮排放量/万t
合计	38 921	10 111	5 405	417 051	296 834	57 099	44.44	3.81
哈尔滨	3 283	1 181	1 443	53 941	29 515	5 794	7.90	0.58
齐齐哈尔	6 090	940	302	46 730	25 809	4 489	4.03	0.42
鸡西	3 057	386	945	19 762	23 695	1 168	2.86	0.28
鹤岗	2 705	339	376	32 703	14 739	3 568	2.68	0.18
双鸭山	3 597	2 748	587	35 957	19 249	7 082	1.64	0.24
大庆	8 788	1 503	313	60 517	29 717	1 700	3.57	0.28
伊春	813	323	232	10 515	27 137	6 086	2.62	0.30
佳木斯	3 185	429	134	37 268	15 900	2 857	3.73	0.24
七台河	1 408	800	582	33 657	20 555	7 958	2.44	0.13
牡丹江	2 793	852	266	42 691	29 471	2 767	4.07	0.29
黑河	161	287	86	16 626	5 238	1 698	1.73	0.18
绥化	1 173	168	63	13 118	30 820	490	3.29	0.38
大兴安岭	599	65	23	4 331	8 811	16	1.13	0.11
农垦总局	12 169	90	53	9 234	16 178	11 426	2.76	0.21

注:表中数据来自于2011年黑龙江省统计年鉴。

从表12.2我们可以看出,黑龙江省各地区的废物排放指标中,二氧化硫的排放量最高,其次是烟尘排放量,而排放量最低的主要是氨氮排放量。黑龙江省的废水排放总量最高的是农垦总局,其次是大庆。废气的排放量最高的是双鸭山,其次是哈尔滨,最低的是大兴安岭。固体废物排放量最高的是哈尔滨,其次是鸡西,最低的是大兴安岭。二氧化硫的排放量最高的是大庆,其次是哈尔滨,最低的是农垦总局。烟尘排放量最高的是大庆,其次是哈尔滨,最低的是大兴安岭。粉尘排放量最高的是农垦总局,其次是七台河,最低的是大兴安岭。化学需氧量排放量最高的是哈尔滨,其次是牡丹江,最低的是大兴安岭。氨氮排放量最高的是哈尔滨,其次是齐齐哈尔,最低的是大兴安岭。从以上分析我们可以发现,各个指标排放量较低的地区是大兴安岭,这与其独有的林区资源有关。

(2)黑龙江省各地区污染物排放强度(表 12.3)

表 12.3 黑龙江省各地区污染物排放强度(2010 年)

类别	人口数/万人	土地面积/万 km^2	废水排放密度/($t\cdot km^{-2}$)	废气排放密度/(亿标 $m^3\cdot$万 km^{-2})	固体废物排放密度/($t\cdot km^{-2}$)	单位面积二氧化硫排放量/($t\cdot$万 km^{-2})	单位面积烟尘排放量/($t\cdot$万 km^{-2})	单位面积粉尘排放量/($t\cdot$万 km^{-2})
合计/平均值	3 939.6	45.4	857.3	222.7	119.1	9 186.1	6 538.1	1 257.7
哈尔滨	992.0	5.31	618.3	222.4	271.8	10 158.4	5 558.4	1 091.1
齐齐哈尔	568.1	4.30	1 416.3	218.6	70.2	10 867.4	6 002.1	1 043.9
鸡西	189.2	2.30	1 329.1	167.8	410.9	8 592.2	10 302.2	507.8
鹤岗	109.1	1.48	1 827.7	229.1	254.1	22 096.6	9 958.8	2 410.8
双鸭山	151.6	2.25	1 598.7	1 221.3	260.9	15 980.9	8 555.1	3 147.6
大庆	279.8	2.22	3 958.6	677.0	141.0	27 259.9	13 386.0	765.8
伊春	127.0	3.3	246.4	97.9	70.3	3 186.4	8 223.3	1844.2
佳木斯	252.7	3.27	974.0	131.2	41.0	11 396.9	4 862.4	873.7
七台河	92.9	0.62	2 271.0	1 290.3	938.7	54 285.5	33 153.2	12 835.5
牡丹江	268.9	4.04	691.3	210.9	65.8	10 567.1	7 294.8	684.9
黑河	173.3	5.44	29.6	52.8	15.8	3 056.3	962.9	312.1
绥化	586.2	3.52	333.2	47.7	17.9	3 726.7	8 755.7	139.2
大兴安岭	52.0	8.46	70.8	7.7	2.7	511.9	1 041.5	1.9
农垦总局	166.8	5.54	2 196.6	16.2	9.6	1 666.8	2 920.2	2 062.5

注:表中数据来自于 2011 年黑龙江省统计年鉴。

由表 12.3 我们可以清楚地看到黑龙江省各个地区的污染物排放强度,其中各个指标中数值最大的当属单位面积二氧化硫的排放量。其中,黑龙江省各个地区的废水排放密度最大的地区是大庆,其次是七台河,最低的是黑河。黑龙江省的废气排放密度最高的地区是七台河,其次是双鸭山,最低的地区是大兴安岭。黑龙江省的固体废物排放密度最高的地区是七台河,其次是鸡西,最低的地区是大兴安岭。黑龙江省的单位二氧化硫的排放密度最高的地区是七台河,其次是鹤岗,最低的地区是大兴安岭。黑龙江省单位面积烟尘排放量最高的是七台河,其次是大庆,最低的地区是黑河。黑龙江省单位面积粉尘排放量最高的地区是七台河,其次是双鸭山,最低的地区是大兴安岭。从以上分析我们可以看出,七台河在黑龙江省各个地区的污染物排放强度中的各个指标都较高,说明七台河是黑龙江省环境状况最差的地区。

(3)黑龙江省各地区污染物人均负荷(表 12.4)

表 12.4　黑龙江省各地区污染物人均负荷(2010 年)

类别	人均废水量/(t·人$^{-1}$)	人均废气量/(万标 m^3·人$^{-1}$)	人均固体废物量/(t·人$^{-1}$)	人均二氧化硫排放量/(t·万人$^{-1}$)	人均烟尘排放量/(t·万人$^{-1}$)	人均粉尘排放量/(t·万人$^{-1}$)	人均 COD 排放量/(t·万人$^{-1}$)	人均氨氮排放量/(t·万人$^{-1}$)
平均值	9.8	2.6	1.4	105.9	75.3	14.5	112.8	9.7
哈尔滨	3.3	1.2	1.5	54.4	29.7	5.8	79.6	5.8
齐齐哈尔	10.7	1.6	0.5	82.3	45.4	7.9	70.9	7.4
鸡西	16.2	2.0	5.0	104.5	125.2	6.2	151.2	14.8
鹤岗	24.8	3.1	3.4	299.8	135.1	32.7	245.6	16.5
双鸭山	23.7	18.1	3.9	237.2	127.0	46.7	108.2	15.8
大庆	31.4	5.4	1.1	216.3	106.2	6.1	127.6	10.0
伊春	6.4	2.5	1.8	82.8	213.7	47.9	206.3	23.6
佳木斯	12.6	1.7	0.5	147.5	62.9	11.3	147.6	9.5
七台河	15.2	8.6	6.3	362.3	221.3	85.7	262.6	14.0
牡丹江	10.4	3.2	1.0	158.8	109.6	10.3	151.4	10.8
黑河	0.9	1.6	0.5	95.9	30.2	9.8	99.8	10.4
绥化	2.0	0.3	0.1	22.4	52.6	0.8	56.1	6.5
大兴安岭	11.5	1.3	0.4	83.3	169.4	0.3	217.3	21.2
农垦总局	72.9	0.5	0.3	55.4	97.0	68.5	165.5	12.6

注:表中数据来自于 2011 年黑龙江省统计年鉴。

由表 12.4 我们可以看出黑龙江省的人均负荷总体情况。在黑龙江省人均污染物负荷的各项指标中,人均二氧化硫的负荷最大。其中,黑龙江省的人均废水量最高的是农垦总局,其次是大庆,最低的地区是黑河。人均废气量最高的地区是双鸭山,其次是七台河,最低的地区是绥化。人均固体废弃物量最高的地区是七台河,其次是鸡西,最低的地区是牡丹江。人均二氧化硫的排放量最高的地区是七台河,其次是双鸭山,最低的地区是绥化。人均烟尘排放量最高的地区是七台河,其次是伊春,最低的地区是黑河。黑龙江省的人均粉尘排放量最高的地区是七台河,其次是农垦总局,最低的地区是大兴安岭。人均化学需氧量最高的地区是七台河,其次是鹤岗,最低的地区是绥化。人均氨氮排放量最高的地区是伊春,其次是鹤岗,最低的地区是绥化。从以上的分析我们可以看出,七台河在黑龙江省的人均污染物负荷的各个指标中指数都较高,说明七台河的人均负荷压力是黑龙江省各个地区人均负荷最严重的。

(4)黑龙江省的区域环境发展水平(表 12.5)

表 12.5　黑龙江省各地区环境水平(2010 年)

地区	排放强度指数	水污染指数	大气污染指数	区域环境水平
哈尔滨	148.3	154.5	170.3	157.7
齐齐哈尔	144.4	145.1	132.0	140.5
鸡西	74.1	70.1	135.6	93.3

续表 12.5

地区	排放强度指数	水污染指数	大气污染指数	区域环境水平
鹤岗	59.3	52.4	49.1	53.6
双鸭山	34.9	82.8	51.5	56.4
大庆	57.6	92.7	100.7	83.7
伊春	180.0	47.9	104.9	110.9
佳木斯	176.5	89.3	113.1	126.3
七台河	30.8	56.1	21.1	36.0
牡丹江	121.0	82.2	106.1	103.1
黑河	933.9	103.1	315.0	450.7
绥化	691.0	175.2	608.9	491.7
大兴安岭	1524.9	48.8	12270.3	4614.7
农垦总局	609.1	72.6	187.7	289.8

注:1. 所用数据均为 2010 年数据;

2. 各类要素平均值为 100.0,污染物指数 =(100.0×各地污染物平均值)/某地污染物的量。

由表 12.5 我们可以清楚地看到黑龙江省各个地区的区域环境情况。区域环境水平高于平均水平(指数为 100.0)的地区有大兴安岭、绥化、黑河、农垦总局、哈尔滨、齐齐哈尔、佳木斯、伊春、牡丹江,其他地区均低于黑龙江省的区域环境的平均水平。对黑龙江省各地区的水污染指数进行比较我们可以知道,伊春的水污染指数最低,说明伊春的人均化学需氧量、人均氨氮排放量最低,水污染严重;对黑龙江省各地区的大气污染指数进行比较分析,我们可以清楚地知道,七台河的大气污染指数最低,大兴安岭地区的大气污染最高,说明七台河地区二氧化硫、粉尘、烟尘排放量最高,大气污染严重;大兴安岭地区区域环境水平最高,为 4 614.7,这也充分证明了森林对提高环境水平的重要性。见表 12.6。

表 12.6 中国区域环境水平

地区	排放密度指数	人均负荷指数	大气污染指数	区域环境水平
全国平均值	421.6	99.5	1 432.5	513.8
黑龙江	341.84	90.91	1 026.16	486.31

由表 12.6 我们可以清晰地看出黑龙江省的区域环境水平与全国区域平均环境水平的比较。其中黑龙江省的排放密度指数为 341.84,比全国的排放密度平均指数要低,说明黑龙江省的工业方面还是不够发达或者说黑龙江省的环境治理情况比较乐观。黑龙江省的人均负荷指数为 90.91,比全国的人均负荷平均指数要低一点,说明黑龙江省目前还是一个比较适合居住的地区,其人均的环境负荷指数不高。黑龙江省的大气污染指数为 1 026.16,比全国的大气污染平均指数要低,说明黑龙江省的空气质量还比较好,受到污染气体的污染情况不是很严重。从总的区域环境水平来看,黑龙江省的区域环境水平低于全国的区域环境平均水平,说明黑龙江省的区域环境保持着较高的发展能力。

12.2.2 黑龙江省生态水平

区域生态水平主要是指生态灾害和生态退化对环境支持系统影响的程度。概念中所涉及的生态灾害和生态退化是指生态系统和生态过程的不正常变动对社会经济发展所产生的不利影响。物质和能量的流入、流出不均衡或系统内各部分的平衡失调导致了这一结果。它们同样阻碍着社会经济的发展,表现为极端气候(如干旱、台风)以及生态系统中各种资源的供给能力的减弱。

生态灾害的主要特点为:循环性、不可逆性、反馈放大效应,严重威胁和阻碍了社会经济的发展。许多历史数据和事实证明,经济社会的发展和生态密切相关,生态是经济社会发展的一个重要因素,假如人类继续任意妄为,不考虑所做事情的后果,生态灾害和生态退化将会造成整个社会的不可恢复性衰退。区域生态水平的组成要素见表 12.7。

表 12.7 黑龙江省区域生态水平(2010 年)

地区	土地退化指数	气候变异指数	地理脆弱指数	区域生态水平
全国平均值	21.6	32.7	45.8	32.9
黑龙江	35.9	25.2	45.3	36.5

由表 12.7 我们可以清楚地看到黑龙江省区域生态水平各个指标与全国平均指标的比较情况,从表中可知,黑龙江省的土地退化指数为 35.9,比全国土地退化指数 21.6 要高,说明黑龙江省水土流失率较低,这和黑龙江省丰富的森林资源以及一直以来的林木栽种是分不开的,森林、草原、湿地等能起到防风固沙、保持土壤的作用。黑龙江省的气候变异指数为 25.2,比全国平均气候变异指数 32.7 要高,说明黑龙江省受灾率较高,气候变化较大。虽然黑龙江省拥有大、小兴安岭等森林地区,但其地理环境仍然比较脆弱,其地理脆弱指数为 45.8,与全国平均地理脆弱指数相当。也正是因为黑龙江省拥有林区,其丰富的林区资源在黑龙江省的区域生态发展水平中占据着重要的作用,所以其区域生态水平比全国的平均区域生态水平要高。

12.2.3 黑龙江省抗逆水平

影响区域抗逆水平的主要因素包括人类为治理环境的投资、各种污染物的处理水平、排放达标率以及生态保护水平。它的主要作用是培育和加强环境支持系统。根据黑龙江省 2010 年的统计年鉴,我们通过对数据的分析和整理得到以下结论:

①黑龙江省的总污染治理投资为 49 494 万元,2010 年黑龙江省 GDP 为 11 311.1 亿元,污染治理投资占 GDP 比例为 0.044%。

②工业废水排放达标率为 92.7%。

③工业固体废弃物综合利用率 = 工业固体废弃物综合利用量/(工业固体废弃物产生量 + 工业固体废弃物往年储存量) = 4 169 万 t/(5 405 万 t + 994 万 t) = 65.15%。

④森林覆盖率为 45.2%;水土流失治理率为 90%。

⑤自然保护区面积为 636.0 万 hm^2,国土面积为 45.4 万 km^2,自然保护区面积占国土面积的比例为 14.01%。

⑥造林总面积为 23.4 万 hm^2,造林面积占国土面积的比例为 0.52%。

⑦湿地总面积为 556 万 hm^2,湿地面积占国土面积的比例为 12.25%。

黑龙江省区域抗逆水平(2010 年)见表 12.8。

表 12.8 黑龙江省区域抗逆水平(2010 年)

地区	区域治理指数	地表保护指数	区域抗逆水平
全国平均值	53.8	65.55	62.53
黑龙江	59.50	86.50	73.00

由表 12.8 我们可以清楚地看到黑龙江省的区域抗逆水平与全国平均抗逆水平之间的比较,黑龙江省的区域治理指数为 59.50,比全国的区域治理指数要高,说明黑龙江省在环境保护方面很重视,投入的资金水平高于全国的平均水平。其中,黑龙江省的地表保护指数为 86.5,远远高于全国地表平均保护指数,说明黑龙江省的水土保持比较良好,在资源开放方面,注重了环境的保护。从黑龙江省的区域抗逆水平看,黑龙江省的区域抗逆水平为 73.0,其区域抗逆水平比全国的平均区域抗逆水平要高,说明黑龙江省具有较高的区域抗逆水平。

12.3 黑龙江省环境状况和成因分析

12.3.1 黑龙江省的生态环境现状

(1)水环境现状及问题

地表水系中,年径流深约在 250 到 500 mm 之间变化,水资源时空分布不均。受到污染比较严重的是地表水,各种有机物污染了黑龙江省多个城市的地表水,居民的饮水安全得不到保证,从而影响了居民的正常生活,工业生产也受到了严重的冲击;本来地下水的储量就不够,加上人们的过度使用,总量得不到补给,区域地下水位已有了不同程度的下降。

(2)土壤现状及问题

①水土流失,2000 年时,黑龙江省水土流失面积已达到 1 120 万 hm^2,水土流失面积扩增速度为 1.21%,全省每年流失的土壤量大于 2 亿 m^3。由于水土流失,导致土壤黑土层和有机质、养分的流失,土壤物理化学性质变差,土壤肥力下降,粮食产量和质量不断下降。

②土壤沙化,目前黑龙江省的沙漠化面积达到 37.8 万 hm^2,比很多国家的总面积还大,而这个数字正是黑龙江省沙漠化的土地面积,在沙区总面积中占 13.6%。由于人口和土地复垦面积的快速增长,许多地方出现了草灌丛沙堆、沙脊和风蚀劣地,沙化面积不断增加,沙化程度不断上升。

③土壤盐渍化,全省土壤盐渍化面积不断扩大,截至 2002 年,已经达到 72.50 万 hm^2。盐渍化土壤主要分布在松嫩平原、乌裕尔河和双阳河的湿地及低洼地带,包括大庆、安达、肇东、齐齐哈尔等 20 个县(市)。

(3)植被现状及问题

①森林资源不断锐减,生态功能降低。黑龙江省林业用地面积 2 131 万 hm^2,林业用地总体呈减少趋势,森林覆盖率为 45.2%,呈逐年上升趋势。然而,一方面,具有水土保持、涵养水源、保护生物多样性等功能的天然林、混交林、成熟林比例减少,森林生态系统结构过于单一,森林资源枯竭;另一方面,森林采育不平衡,有些林地虽然增加,但新增林木生长却

相对缓慢,森林质量下降,生物多样性受到破坏,森林常见的生态功能,如蓄水保土、挡风固沙等衰退。

②草原面积不断减少,草场灾害不断出现。黑龙江省草地资源十分优厚,质量和数量都相当可观,各种属于草原的资源共433 万 hm^2,松嫩平原和三江平原是主要的分布地区。但情况不容乐观,草原面积一直在减少,从 1986 年到 2000 年,在短短的十四年间共减少了 120.7 万 hm^2。由于人口不断增长及环保意识的普遍缺乏,大量的草原得到开垦,又加上超载放牧等人为活动,破坏了地表植被,进而引起了草原的沙化和退化。全省不可用的草地面积不断上升。草原质量衰退,生产能力下降,鼠害及其他病虫害频发。

③湿地遭受破坏,生态作用下降。400 万 hm^2 沼泽湿地是黑龙江省沼泽湿地的现状。不幸的是,为了经济的发展需要,湿地遭到严重破坏,被大量开垦,直接的结果就是湿地面积急剧下降,在数量减少的同时,质量也赶不上以前了,所以,湿地不能很好地发挥其生态功能,直接导致了局部区域气候的变坏,生物种类减少。尤其是三江平原湿地破坏最为严重,40 年间湿地沼泽由 534.5 万 hm^2 变为 190 多万 hm^2,破坏了区域的生态平衡,引起了土壤沙化、土壤盐碱化、河川径流量减少、土壤肥力下降、动植物资源减少、灾害性天气频发等一系列生态环境问题。

④物种减少,生物资源遭受破坏。由于人为活动(包括化肥农药的使用、非法捕杀)的影响,对自然资源的不合理开发和利用,野生动物生存栖息的环境受到严重的威胁和破坏,生物种类越来越少,直接的结果是动物和植物都不断减少,有的甚至所剩无几。

12.3.2　生态环境影响因素分析

1. 自然因素

(1)气候方面

黑龙江省春季干旱多风,致使西部地区沙尘暴影响到全省;全省各个不同的地区,同一个地区在不同的时间,降水量都不同,直接带来了春旱夏涝、东涝西旱的不好局面。

(2)地形地貌方面

与人们的已有想法不同,黑龙江省并不是平原占主要地位,而恰恰相反,山区和丘陵地带居多,面积占全省面积的60%,这种地形有一个主要特点,虽然坡度小,但却十分长,带来的结果是集中了很多雨水,冲刷地表严重,随着时间的推移,侵蚀沟不断变多变大,水土流失和土壤生态环境恶化就不可避免了。

2. 人为因素

人自出生起,就需要消耗资源,所以人口的增加必然导致资源、环境的压力增大,又加上大多数人环保意识不强,一部分人砍伐森林、过度放牧、滥用湿地、乱采珍稀植物和捕食珍稀动物等,这都加速了生态环境的退化。

3. 经济因素

东北地区相对来说是我国比较偏远的地区,而黑龙江省却恰好地处于此,所以整体的经济水平不高,直接导致居民收入水平偏低,进行产业结构调整十分困难,特别是落后地区,为了短期利益,过度消耗资源,资源和环境都受到了极大的冲击,不容乐观的是,资源丰富的地区却没有好好利用当地的资源,从始至终只靠一种产业带来收入,严重地破坏了当地的自然环境。黑龙江省是国家老工业基地,尽管工业污染的达标排放取得了阶段性成果,但从总量来看,工业污染排放量仍较大,环境污染严重。由于结构性污染本身所具有的特点,彻底清除不是那么容易。根据经济发展的大方向来看,将来必然是第三产业的舞台,但因为第三产业的基础薄弱,结构不科学,必然会给生态环境带来更大的影响。目前虽然国家和各地政府投入了大量的人力和资金,但并未从根本上改变生态环境退化的趋势,生态环境越来越差。

4. 政策因素

(1)长期超采森林

在新中国成立后的60余年里,黑龙江省约为社会主义建设支援了木材6.8亿m^3,而这几乎都是超额砍伐树木的结果。森林资源的超采不仅减少了森林的面积和降低了森林的植被覆盖率,还造成了动植物资源的枯竭,生物多样性下降,区域生态功能下降,各种生态灾害逐年加重。

(2)过度开垦荒地

1949年后,当时国家的政策是"以粮为纲",为了多产粮食,必须增加耕地面积,在35年间,黑龙江省累计开垦荒地573.3万hm^2,耕种面积增加了近一倍,平均年开垦耕地14万hm^2。耕地的过度开垦导致了水土流失、土壤盐渍化、生物多样性资源受到破坏等生态问题。

(3)大量开垦湿地

新中国成立后,大面积的湿地被开发,一些地区缺乏统一规划,开发者根据自身的利益,胡乱开发,或毁苇开垦,或割青放牧,或断水种地,湿地植被遭到严重破坏,垦建失调,使湿地生态环境发生巨大变化,湿地生态功能急剧退化,湿地景观也随之发生急剧改变,以生态环境的转变为诱因,湿地生态环境不断变坏。虽然从1998年开始,湿地已经得到保护,但是想要使湿地行使它的基本功能还很遥远,需要人们的进一步保护和补救。

(4)矿产开发过快

黑龙江省对建材、非金属矿石等的开采多采用倒推法、分期分区开采法等较为落后的方法,破坏了地形地貌。同时,开采时的废水、废气也污染了附近的植被。例如,每年有5 000万t以上的原油从大庆油田被开采出来,经过这么多年的开发,大庆油田已严重损失。原油的枯竭不单单只是影响到油田今后的发展,而且给油田地区的其他一切都带来了影响,如草原、农田、河流和地下水资源等,加重了本省西部地区松嫩平原的生态破坏和环境污染。

12.4 黑龙江省环境可持续发展能力的建设

12.4.1 森林保护

(1)植树造林,使森林覆盖率的百分比提高

一是要尽可能利用每一寸土地,植树造林,增加林木量。大小兴安岭、老爷岭林区和张广才岭是黑龙江省最主要的林业用地,要充分发挥这些林地的作用。除此之外,还要想方

设法扩大其他林业用地的面积,使森林覆盖率不断提高。

二是要使森林总量的绝对值增加,通过这种方式使林木的生长量增加。人们应该主动植树造林,使人工林的面积增加,增加人工林在森林总面积中的比例,改变以往人工林的单一结构,使具有特殊用途的林木,如经济林、防护林、薪炭林出现在人工林中,与此同时,速生林同样不可忽视,也应大力发展;“柞矮林”也必须同时改造,因为它大多被火灾或人为破坏了;在疏林中则新添幼树,使疏林变成混交密林,提高林木的生长量和林木产出量。

三是不准乱砍滥伐。要因地制宜确定合理的采伐方式、采伐量,采伐量必须少于当地的森林生长量,以保证林木的正常生长。

(2)提高经营水平,加快林木的抚育

幼壮林在黑龙江省林区比较多,所占比重较大,而且需要培育的面积大。利用分区管理的办法来管理林区,用不同的方法管理速生经营区、常规经营区和保护经营区。如:在速生经营区主要培育如杨树、落叶松等用于造纸和提供木板的林木;在常规经营区则培育直径较大的原木和珍稀阔叶林;在保护经营区则主要培育生命力强的防护林。

(3)加强森林保护和自然保护区的建设

一是在林区内建立有关森林资源消耗的监测体系,定额管理资源的消耗,确保森林在计划内采伐。二是在林区建立完整的防火体系,防范火灾于未然,如果已经发生火灾,应积极进行补救;为了促使林木健康生长,应运用科学合理防治病虫害。三是将森林保护起来,不许社会上的闲杂人进入林区;成立保护小组,专门负责看管林区。

12.4.2　治理水污染

(1)强化各类工程减排

把减排指标(化学需氧量、氮磷量、重金属等)全部纳入各地的环境目标考核体系,明确地方政府和企业的职责。

(2)推动结构减排

坚决使高污染、高能耗的工艺和企业不复存在,对于达不到国家标准的工艺和企业必须淘汰。全面推进全省焦化企业的产业升级,在全省焦化行业中进行重点整治,必要时可关闭或停业。为了保证居民的饮水安全,对于饮用水必须严格监管,走访调查水源地环境,及时排除危害,饮用水源地的排污口及附近的排污口必须关闭。

(3)加强环境执法

对于违反国家法律法规的排污企业,必须严厉惩处,以保障居民的切身利益。检查排污费的征收情况,确保费用能及时上交。

(4)环境准入政策必须严格执行

对于向各大江排放有毒重金属和持续性有机化合物等有毒有害物质的工程,要停止审批。污染源总量问题是重中之重,是其他一切工作的前提。

12.4.3　草原保护

①各级政府在草原上的投入应该有所加大,个人对草原做贡献应该得到政府的支持和鼓励。

②要可持续地利用草原。草原承包经营者不应为了个人利益,过度开垦利用草原,而

应该一切以国家规定为前提,合理放牧,并通过合理的措施,如种植和储存草料、调整畜群结构等让草原持续发展。对承包者的征用或使用,必须严格审批。

③通过自然保护区的方式来保护草原。对盲目开垦草原的行为必须禁止,对已经出现问题的草原,如土壤流失较轻微、有沙漠化盐碱化趋势的正在利用的草原,则应停止耕地,恢复原来的草原状态;而对于那些已经遭到严重破坏的草原,如严重沙化、盐碱化和草木不能正常生存的草原,正常的放牧也要禁止;防范草原火灾于未然,对于已经被破坏的草原,要及时补救,认真管理草原鼠害、病虫害防治工作;另外,对于特殊情况应该特殊对待,政府应该对诸如典型的草原类型、濒临灭绝的动植物的聚集区和对科学研究和经济发展有显著价值的草原投入更多的人力和物力,确保这些宝贵的地方得到特殊的保护。

④加强草原的管理。草原的建设和管理应该与国家的法律法规联系起来,成立专门的组织负责草原的管理,对以任何形式破坏草原的行为给予坚决的打击。

12.4.4 湿地保护

①要应用科学,走可持续开发道路利用沼泽资源。应明确黑龙江省的沼泽面积、类型及特征,监测沼泽生态系统的结构及人类活动对其的影响;对不同的沼泽资源进行不同的利用,且在开发之前要进行环境影响评价。

②要保护和开发芦苇。加强监管,严禁破坏已有的芦苇,对芦苇进行除虫害、施肥等,增加芦苇的产量;同时,因地制宜,扩大芦苇种植面积。

③建立自然保护区。对适宜建立保护区的地方应尽快规划筹备建立自然保护区,对湿地资源进行特殊保护。

12.5 本章小结

本章主要研究环境支持系统,具体分析了黑龙江省的自然环境特点及作用,黑龙江各地区区域环境水平,黑龙江省生态水平和抗逆水平,得出区域环境水平最高的地区是大兴安岭,最低的是七台河,但整体环境水平较低,生态水平和抗逆水平都较高。此外,还分析了黑龙江省的环境现状及原因,提出具体应对措施,为加强黑龙江省可持续发展能力的建设提供一些思路。

第 13 章　社会支持系统的概念与核算

13.1　社会支持系统概述

13.1.1　社会支持系统的重要性

生存支持系统、发展支持系统和环境支持系统，这三个支持系统主要涉及的是“自然与人”的关系，而对于社会支持系统更主要的是牵涉到“人与人”的关系。社会支持系统是可持续发展的重要环节之一，主要是因为如果在这个环节出现了问题，那么可持续发展过程也不能完好地进行下去，即使是环境支持系统、生存支持系统以及发展支持系统都表现出良好的发展情况，可持续仍然难以继续。因此前面我们所讲到的那些支持系统，最后就是归结到社会支持系统，它们良好发展的前提就是社会支持能够良好发展的根本所在。因此，我们如果要研究可持续发展，就必须研究社会支持系统。如果可持续发展想要能够平稳有次序地稳固发展，那么就必须要求我们的社会状况表现出良好的社会秩序以及良好的社会稳定性，只有达到这些基本要求，可持续发展才有可能健康稳定地运行下去。而现实社会却是复杂多变的，它是一个复杂多变问题的结合体，这些复杂的问题之间相互作用，相互影响，又相辅相成，使得社会变成了一个复杂多变的容器。而社会支持系统中的问题也不是突然就出现的，它有一个积累的过程，任何东西都是由量变到质变的过程，只有当这个问题积累到一定的程度，才可能产生对社会的发展以及稳定的威胁。而这归根结底就是人与自然、人与人之间的关系的平衡受到了威胁或者破坏。而这些内容主要表现在社会财富调控体系的不完备，区域发展调控体系的不完备，社会保障调控体系的不完备，社会就业调控体系的不完备，社会公德调控体系的不完备，社会法制调控体系的不完备，社会抗逆能力调控体系的不完备，社会观念调控体系的不完备，自然灾害调控体系的不完备，各利益集团分配体系的不完备，经济结构调整的不完备，中枢重大决策的失误，外来敌对势力的侵犯或干扰等。

这些影响社会持续发展的因素之间作用在一起，是一个复杂的反应过程，如果它们的损害达到一定的空间阀值，那么就达到了它们的最大极限，一旦这种状态持续下去就会突破这个阀值，使得问题表现出来，对社会的平稳发展产生一定的影响。而我们研究社会支持系统的目的就在于对这些因素进行分析，分析它们在一定的空间和时间的长度上对社会的贡献情况，在和突破社会稳定的那个阀值的时候，对社会的动乱和社会不稳定发生的地点、时间、影响的范围以及危害的严重程度等进行一定程度的判断，以便我们能够更好地对出现的问题进行防范和解决。我们只有将这些因素互相联系在一起，通过对它们的综合分析才能够了解它们的具体表现情况，才可能使得社会更加平稳健康发展，才能够给可持续发展提供一个良好的社会发展的环境。通过人类在自然界的不断生存经验的积累,我们知道社会的发展更加注重的是社会的公平、社会的稳定等内容,而要实现这些内容最主要的就是实现人与人、人与自然之间的和谐共处。

社会从远古时代发展到今天,社会的进步是我们大家都看到的伟大成就,我们也享受到了社会发展给我们带来的优越性和舒适性。虽然社会的进步很明显,但是我们国家目前的情况还是不容乐观,我国目前还是处于社会发展的底层,我们在世界上的富裕程度还是排在了中等偏下的水平,我们还处在社会发展中的国家,我们的社会制度和评价社会的相关指标还不够完善,我们的社会发展状况还保持着十分强劲的发展势头。

13.1.2 社会支持系统发展历程

要研究社会支持系统就不得不研究社会进步的尺度,而社会进步却不是一下就来到了文明的社会,而是通过一步一步来实现,目前国际上大家公认的结论是:社会发展主要有四个方面的历程。

(1)古希腊,柏拉图以社会由哲学家(智者)进行统治为社会进步的标尺

这一个时期古希腊主要是将哲学的发展作为社会进步的发展的尺度,而这个由哲学治理的国家是一个至善的、关爱人民的国家,因此在柏拉图的书中就将哲学家进行的社会的统治作为理想国,作为评判社会进步的尺度。

(2)中世纪,以是否符合宗教教义的要求为社会进步的标尺

我们都知道宗教在社会的发展中是不能去除的一部分,它们主要是通过一定的宗教信仰或者宗教的理念来对人们进行教化。这个时期主要是宣传博爱,反对用斗争来表达对社会的不公,来争取解放。这个时期主要是将宗教的信仰作为社会的进步尺度。

(3)近代以来,以经济发展(GDP)为判定社会进步的标尺

随着时间的不断推移,社会的逐渐进步,人们感受到了科学的力量,感受到了科学带给社会发展的动力,同时也感受到了科学对于人类社会进步发展的重要性,科学对于社会经济的发展起着至关重要的作用。这个时期主要是将经济的发展作为社会进步发展的尺度,主要是因为经济的发展使得人们逐渐感受到了生活的舒适,逐渐地感受到了经济发展使得人们的生活质量不断改变和逐渐提高。GDP的增长被认为会自动地改善人民生活水平、消除贫困的动力所在。

(4)当下,以社会全面协调、可持续发展为社会进步的标尺

随着人类社会的逐渐发展,人们对自然环境的破坏日益严重,使得人们意识到了社会的发展和自然分不开,和经济分不开,如果它们之间的关系受到了威胁那么社会就不能够维持现状,更别说社会能够进步。因此如何实现社会的全面可持续发展成为目前社会进步的评判标准。主要是要实现社会经济、政治、文化以及社会建设的全方面的协调发展。

根据社会进步的发展历程我们可以知道,社会发展的评判标准也在随着时代和当时环境的要求而时刻发生着一定程度的变化。这个过程是和社会当下发展的形式和人们的文明程度密不可分的。社会的进步是在动荡中逐渐一步一步地完善的。

13.1.3 中国社会支持系统概念

中国社会的进步与发展是世界发展中的重要组成部分,而且在人类史的发展历程中也

有着不可磨灭的功劳。目前中国的人均国民生产总值在世界上处于领先的地位,还有很多的评价社会发展的指标中国都处在一定的世界领先的地位。中国社会的进步受到了来自很多国家的赞扬和支持,中国也成为世界很多国家发展社会的模范。而我国在社会支持系统的框架面前,还有不够完善的地方,中国政府在深刻反思社会发展历程以及社会发展的相关内容后,总结了中国未来在社会支持系统方面的发展内容。

(1)政府的培育与调控

中国社会的性质和西方的资本主义的社会性质是不一样的,我国目前面临的主要是经济结构转型的重要问题,这一步如果走好了,将会为我国的社会发展带来很大的促进作用。而在社会经济的发展和社会经济的结构转型过程中,不能指望市场运行机制会自发地加以促进,而必须在发挥市场机制有效作用的同时,依靠政府职能,运用公权力和公信力,并且通过法治和精神文明建设,去引导和调控其良性发展,实现经济增长与社会发展的相互协调。否则,将会导致三个严重的后果:

①社会贫富的差异扩大。

②地区发展水平的差异扩大。

③中央政府的施政控制能力下降。

如果这些现象真的发生的话,就势必会对社会的发展产生严重的后果,会对经济的发展产生严重的制约和阻碍的作用,那就更谈不上社会的可持续发展,因此,在发展社会支持系统的能力这个问题上,我们首先要加大政府的调控能力,使得我国社会的可信度得到更一步的提高,以便其对社会稳定的贡献能够更加突出。政府加大社会的调控能力,主要是要实施更多的利于社会发展的条例,对社会财富的分配逐渐实现合理化,加强社会不公现象的监管能力,使得社会安全的保障制度更加进一步完善,从而使得社会的发展能够符合可持续发展的相关要求,为可持续发展提供必要的环境基础和社会基础。

(2)关注“保障生存”与“持续发展”

所谓生存的保障情况就是指能够为人们的生存提供一定的保障的措施,能够为人类社会的发展提供一定的空间。各项具体的工程都要以社会的发展作为基本的要求去进行建设,通过强有力的政府的监督和管理使得社会的公众都参与到社会的建设中去。加大对贫困地区的支持,通过引进先进的技术和教育教学的经验,通过工业的手段使得地区的经济更加发达,为社会的发展和稳定提供一定程度的保障能力。而持续发展主要是指在进行经济社会发展的同时要注重社会的和谐情况,在发展经济的同时,我们要努力地改变人们的生活发展水平以及生活环境等方面的公益性社会工程。持续的方面还表现在社会发展的同时,还不断地为后代人的生存打下坚实的基础和为后代人的发展提供一些有力保障。因此我们可以分析出,社会支持系统的最低保障就是保障生存的空间,最高的保障就是能够使得这个这个生存的空间实现可持续发展的情况。社会支持系统从质量和数量两个方面对社会的发展提出了相应的要求。因此结合中国社会的相关国情,要实现可持续发展的社会支持系统的完善,我们就要实现共同富裕以及民富国强等相关的战略思想,充分地分析社会的发展现状,使得保障能够实现可持续发展的势头和趋势。

(3)坚持效率与公平的统一

经济社会的发展和社会的发展是分不开的,两者之间有着千丝万缕的联系,经济发展是社会发展的前提和基础,社会发展就是经济社会发展到一定程度的目标或者说需要实现的计划等。只有将经济的发展放到第一位,努力提高社会的生产力,提高经济发展的效率,同时稳固社会的发展,使得社会发展和经济发展能够完美地结合在一起,能够进行和谐的相互发展。经济的发展主要是在社会发展的要求下进行的,而社会主要是在经济发展的促进下进一步发展的。因此,经济发展和社会发展两者是相互依存、相互作用的,两者是缺一不可的。但是这两者之间还会出现相应的问题就是,经济的发展在一定程度上能够对社会的发展带来一定的促进作用,但是经济发展过程中会出现一些问题是社会发展的有害因素,那就是经济发展过程中出现的生态环境破坏等问题就成了社会发展的障碍。而要解决这些问题就只有进行社会的全面发展,只有靠我们人为地去改变,只有依靠社会发展,社会的进步去改变,而不能靠经济的发展去改变。因此我们要注意效率和公平之间的关系,进行协调的发展,为实现中国的现代化发展打好坚实的基础,为实现中国的可持续发展打好坚实的基础。

(4)社会支持系统的基本任务

社会的基本任务就是提高人们的生活质量,改善人们的居住环境,这也是我国社会主义本质的根本要求所在。我国社会现在面临的问题就是社会的发展跟不上经济的发展,满足不了人们对物质文化的需求的日益膨胀,我们要实现这方面的要求,就必须在教育问题上,加强我国的教育发展事业,在卫生方面,努力保障人们就业以及看病的难度,科技方面,要努力发展科学技术,用科技来提升社会发展的生产力,在文化方面,要努力丰富社会的文化知识,同时还要引进社会先进的文化知识。除了在这些方面进行努力改进以外,我国还要在社会的基础设施的建设方面以及法律法规的建设方面付出更多的努力,通过这些方面的建设,使得社会的不公以及社会的发展不平衡等现象逐渐减弱,使得这些现象逐渐在社会的发展中得到依次解决。我们应该在多方面、多角度以及多层次进行发展,使得社会能够和谐发展。

(5)寻求和维系"环境与发展"的广义平衡

环境问题是经济社会发展的必然结果,是经济发展过程中不注重发展与自然之间关系而产生的,这些问题对社会的发展会带来很严重的阻碍作用,会对人们的消费习惯、生活方式以及社会的利益分配等诸多问题产生严重的影响,这些都是制约我国经济发展的根本所在。而在我国的现实情况下,想要解决这些问题我们就必须进行环境可持续发展,因此我们要努力处理好以下几方面的问题:提高国家综合国力的艰巨性,有效利用资源的困难性,建立完备社会保障体系的长期性,未来环境变异和社会经济发展的不确定性,实现人口数量、资源消耗、生态环境退化速率"零增长"的复杂性,保护自然资源和生态环境,需要付出的巨大代价,提高教育水平和科技进步能力,需要付出巨大的努力,促进可持续发展的艰巨性,保持社会长期稳定的艰巨性。要想维持环境的发展,使得经济的发展和社会的稳定能够和谐发展,只有将这几者和谐有机地结合在一起,才能够使得各方面的发展和谐地进行。

(6)强化社会的十大调控体系

要实施社会的发展我们还必须对社会发展的相关次序问题进行总结和研究,制定出一个可以适合当下经济社会发展的制度。我们都知道一个有效的社会管理手段和一个有效的社会运行机制就可以使得社会的发展能够稳定进行。经济发展就是为社会的进步提供一定的物质基础,而且还有很多的复杂的因素都时刻的影响着社会的发展,而这些因素之间共同构成了社会发展的复杂关系系统,而为了能够使得社会向着对人类可持续发展的方向进行下去，我们就必须在有关的方面实施相应的措施，使得社会的发展能够平稳健康地进行。因此我们必须做好以下几方面：社会财富公正调控体系，区域发展均衡调控体系，国民教育普及调控体系，社会保障制度调控体系，生活环境舒适调控体系，社会道德认同调控体系，社会抗逆能力提高的调控体系，科技、文化提高的调控体系，社会公益事业壮大的调控体系，可持续发展的综合调控体系。

13.2　社会支持系统的评价

通过上面的分析和研究，我们已经认识到社会支持系统的稳固发展对于可持续发展的持续性具有重要的作用，既然社会支持系统对于可持续发展以及社会的稳定具有如此重要的作用，那么研究如何评价社会支持系统就显得尤为重要和迫切了。目前国际社会比较公认的可持续发展的社会支持系统主要包含了三个方面的内容，即社会文明的程度、社会进步的动力以及社会安全的能力。社会文明程度主要是从社会健康的有序水平的自觉维护的能力方面进行研究的；社会安全能力主要是从社会的稳定程度方面来进行研究的，它是社会稳定的内在的表现形式；社会进步的动力主要是从社会发展的能力以及社会发展的潜力方面来进行研究的，它是社会发展的最根本的动力所在。可持续发展的社会支持系统主要是从社会秩序的维护情况、社会发展的内在表现以及社会发展的本质要求几个方面来进行研究的。而关于这几方面的研究，其还有很多下属的分支，主要是通过这些下属的分支来对其进行研究和综合评价的。可持续发展社会支持系统的详细的框架结构情况见表 13.1。

表 13.1　社会支持系统主要指标

系统	主要内容	详细指标
社会支持系统	社会文明程度	人文发展指数（平均寿命、人均 GDP），社会结构指数（第三产业劳动者比率、城市化率），生活质量指数（消费能力、生活条件），社会安全指数（人均刑事案件数、治安案件数），社会公平指数（城乡收入、消费水平差异），社会稳定指数（城镇失业率、物价涨幅、贫困发生率），社会保障指数（赡养比、抚恤和社会福利救济费/ 财政支出）
	社会进步动力	创造能力指数（科学家工程师比例、第三产业从业人数比例），劳动者素质（文盲比例、小学文化程度人数比例、中学文化程度人数比例、大专文化以上程度人数比例）
	社会安全能力	生活质量指数、社会公平指数、社会稳定指数和社会保障指数

13.2.1　社会文明程度

针对可持续发展社会支持系统中的社会文明的程度，我们主要是从人文发展指数以及社会的结构共同来进行研究的。

人文发展指数是联合国开发计划署于 1990 年创立，用以评价世界各国的社会发展水平，并得到全世界的认同，它由健康水平（用出生时的预期寿命标识）、教育程度（综合入学率)和生活质量(人均GDP)三项组成,是综合衡量社会平均水准的权威性指标。对于人文发展指数我们在前面已经进行了比较详细的研究,在这里就不再赘述了。

社会结构指数由社会结构、产业结构和家庭结构共同组成,以此来表达整体社会结构的合理程度。目前社会结构指数主要受到人口结构表现的日益严重性、社会利益结构的日益分化情况、社会就业结构的不合理性、城乡结构的失衡性以及阶层结构的日益膨胀性等几方面的威胁。

通过人文发展指数和社会结构指数的综合表现,我们就能够衡量一个地区的社会文明的程度,我们对中国2004年的社会文明程度的相关数据进行收集和整理,通过一定程度的计算,得到了中国各个地区省、自治区以及直辖市等的社会文明程度的排序情况,具体的内容见表13.2。

表13.2 中国社会文明程度

地区	社会结构指数	人文发展指数	社会文明程度
北京	91.8	86.1	89.0
天津	78.6	79.4	79.0
河北	25.4	57.1	41.3
山西	33.4	55.1	44.3
内蒙古	43.0	45.8	44.4
辽宁	63.0	65.8	64.4
吉林	58.5	57.7	58.1
黑龙江	57.7	59.1	58.4
上海	90.5	100.0	95.3
江苏	40.3	64.6	52.5
浙江	42.1	65.2	53.8
安徽	22.7	49.0	35.9
福建	24.3	54.8	39.6
江西	27.7	44.3	36.0
山东	35.8	57.1	46.5
河南	18.3	51.6	35.0
湖北	34.4	48.1	41.3
湖南	27.9	48.4	38.2
广东	36.5	68.7	52.6
广西	14.5	50.7	32.6
海南	21.0	53.9	37.5
重庆	38.0	47.1	42.9
四川	35.9	46.4	41.2
贵州	16.5	31.3	23.9
云南	10.1	25.5	17.8
西藏	3.4	0.0	1.7
陕西	24.9	46.4	35.7
甘肃	25.2	34.5	29.9
青海	24.2	22.0	23.1

续表 13.2

地区	社会结构指数	人文发展指数	社会文明程度
宁夏	25.2	40.9	33.1
新疆	33.7	46.1	39.9

由表 13.2 我们可以清晰地看到中国 2004 年各个地区的社会文明程度,其中社会结构指数排名前三的地区是北京、上海和天津,社会结构指数排名后三的地区是广西、云南和西藏;人文发展指数排名前三的地区是上海、北京和天津,人文发展指数排名后三的地区是青海、云南和西藏。通过对以上数据的分析我们可以发现,人文发展指数和社会结构指数都较高的地区主要是北京、上海和天津等地,社会文明程度较高的地区主要是北京、上海和天津等地,而社会文明程度较低的地区主要是西藏等地。通过这些比较我们可以发现,我国的文明程度分布是不均匀的,社会文明程度比较高的地区主要集中在沿海等地区,而社会文明程度比较低的地区主要集中在中西部等地区。

13.2.2　社会安全能力

社会安全能力是可持续发展社会支持系统的重要组成部分,社会安全是可持续发展的基本的要素之一,社会的安全主要表现在人与人相处的情况以及人与人的和谐情况,社会的安全主要建立在人类之间和谐相处的基础上,只有这样社会才会表现出较强的安全度,只有这样可持续发展才会得以实现。而我们目前评价社会安全的指数主要包含四个方面的内容,这四个方面的内容分别是生活质量指数、社会公平指数、社会稳定指数和社会保障指数。这四方面的内容相互作用,相互影响,通过它们之间的相互影响的关系对社会的安全能力进行综合评价。

社会生活质量指数主要是指社会发展所必需的物质基础,这是社会发展的基本要素之一,也是最根本的要素之一,缺少了它,社会就谈不上发展。省会生活质量的提高主要表现在五个方面的内容,这五个方面的内容分别是人们衣食的多样性和精致性、居住环境的宽敞化与人文化、生活用品的高档化、人口素质的不断提高以及生活休闲生存状态的不断改善等。主要通过这几个方面的内容对社会生活质量进行综合的评价。

社会公平指数主要是指个人基本权利的实现、基本社会保障的满足以及收入和财富公平的分配情况,它主要是指权利的公平性、分配的合理性、机会的均等性以及司法的公正性等。目前主要是从机会的公平、程序的公平以及结果的公平几个方面来对社会公平指数进行综合的评价。而在中国社会的公平主要经历了计划经济体制下的平均主义公平观和市场取向改革后的公平观两个阶段。

社会稳定指数主要是指通过一定的方法或者手段,使得社会的次序能够有效地运行,这是一种制度化的状态以及一种被控制的状态的结果。在联合国大会上社会的稳定主要被分为了两个方面的内容,这两个方面的内容主要是社会的问题和社会的控制能力。社会控制主要在于政府以及社会在维持次序方面的控制能力,而社会的问题主要是指影响社会发展以及社会稳定的一些不和谐的因素,主要表现在犯罪率、群体性事件以及社会事件等方面。

社会保障指数是现代化国家的重要的社会经济制度之一,社会保障主要是说一个国家或者地区能够为其控制的国家或者地区提供一定的保障能力，使得人们能够安居乐业，能够保障国家的长治久安等方面的内容。而社会的保障主要包含社会保险、社会福利、优抚安置、社会救助以及住房保障等方面的内容。社会保险主要是指能够保障人们的各种社会需要的保险；社会福利主要是指老年人的福利、儿童福利以及残疾人福利；社会救助主要是指城市的最低生活保障、灾害救助以及社会互助等方面的内容；而住房保障主要是指住房公积金、经济房以及廉租房等方面的内容。

社会安全能力这四方面的内容，分别代表了各个利益集团的协调控制能力，它们都是由不同的指标进行综合评价的，它能够反映出社会存在的脆弱性以及社会生活的混乱程度等方面的内容。通过对中国2004年的社会安全能力方面内容的数据进行分析研究而得到的中国社会安全能力的排序情况，见表13.3。

表13.3 中国社会安全能力

地区	生活质量指数	社会公平指数	社会稳定指数	社会保障指数	社会安全指数
北京	55.0	94.9	91.1	93.5	83.6
天津	31.6	80.9	97.1	56.2	66.5
河北	25.4	69.2	55.5	73.3	55.9
山西	20.7	57.6	56.8	69.4	51.1
内蒙古	22.6	78.4	33.5	60.4	48.7
辽宁	27.4	78.5	66.1	78.0	62.5
吉林	25.1	79.4	64.4	84.3	63.3
黑龙江	26.6	80.4	52.0	66.1	56.3
上海	53.3	98.6	78.9	46.4	69.3
江苏	30.5	87.5	71.5	77.3	66.7
浙江	40.0	78.7	71.2	71.6	65.4
安徽	19.8	64.2	68.7	63.6	54.1
福建	21.1	86.5	70.3	36.9	53.7
江西	17.9	82.5	61.3	54.9	54.2
山东	26.2	69.8	64.2	74.4	58.7
河南	18.9	62.6	53.7	54.1	47.3
湖北	27.0	68.2	52.8	53.5	50.4
湖南	27.2	52.6	53.6	56.8	47.6
广东	48.1	65.4	83.9	19.2	54.2
广西	27.6	42.9	39.2	36.1	36.5
海南	20.3	57.9	74.6	28.0	45.2
重庆	19.8	50.7	42.6	66.7	44.8
四川	22.1	51.4	43.6	69.5	46.7
贵州	15.2	36.6	25.9	47.2	31.2
云南	21.6	37.9	34.7	56.7	37.7
西藏	9.2	0.0	45.1	24.1	19.6
陕西	21.7	45.0	36.6	57.0	40.1
甘肃	14.2	37.2	16.2	57.9	31.4
青海	16.4	52.4	17.4	69.7	39.0

续表 13.3

地区	生活质量指数	社会公平指数	社会稳定指数	社会保障指数	社会安全指数
宁夏	25.1	51.2	30.4	31.9	34.7
新疆	30.7	68.3	56.2	29.5	46.2

由表 13.3 我们可以清楚地看到中国 2004 年的社会安全能力的情况，从表中我们可以知道社会生活质量最高的地区是北京，社会生活质量最低的地区是西藏；社会公平指数最高的地区主要是北京，社会公平指数最低的地区是西藏；社会稳定指数最高的地区是天津，社会稳定指数最低的地区是甘肃；社会保障指数最高的地区是北京，社会保障指数最低的地区是广东。通过对以上这些数据的分析我们可以知道，社会安全能力较高的地区主要分布在我国的北京、上海以及江苏等地。中国的社会安全能力较高的地区主要集中在北京以及沿海江、浙一带的地区，而中国社会安全能力较低的地区主要集中在中国的中西部地区以及西藏等地。因此，政府相关部门应该通过对这些数据的分析，了解中国目前的社会安全状况，及时制定出合理的社会发展的制度，使得社会的安全能力能够平稳地提高，能够保证社会的安全得到一定的保障。

13.2.3　社会进步动力

所谓社会进步动力，主要由一个区域的创新能力水平和全社会劳动效率所决定。而评价社会进步的动力主要有两方面的内容，即创造能力指数和社会效能指数。

创造能力指数主要是由联合国开发计划署进行定义的，它主要是将体能、技能以及智能三个方面的内容结合在一起，通过三者的综合表现来研究其对社会发展的贡献程度。

社会效能指数主要是度量的一种标准，主要对社会的发展进行衡量。它主要依据联合国教科文组织对社会效能指数的定义。这方面的指标主要包含社会的管理体制、社会的管理工程以及社会政策机制等方面的内容。

通过对中国 2004 年的社会进步动力的相关数据进行收集和整理，对数据进行归一化、方差化以及最后的量化得分，得到了中国 2004 年的社会进步动力的具体得分情况，具体的内容见表 13.4。

表 13.4　中国社会进步动力

地区	社会效能指数	得分	创造能力指数	得分	社会进步动力
北京	205.44	100.00	3.23	96.13	98.06
天津	184.38	75.45	2.88	84.84	80.14
河北	161.09	48.30	1.54	41.61	44.96
山西	170.41	59.16	1.51	40.65	49.90
内蒙古	165.07	52.94	1.07	26.45	39.69
辽宁	175.90	65.56	2.06	58.39	61.98
吉林	175.67	65.29	1.43	38.06	51.68
黑龙江	171.74	60.71	1.59	43.23	51.97
上海	196.39	89.45	3.35	100.00	94.72
江苏	168.07	56.44	1.91	53.55	54.99

续表 13.4

地区	社会效能指数	得分	创造能力指数	得分	社会进步动力
浙江	161.72	49.03	2.04	57.74	53.39
安徽	154.56	40.69	0.99	23.87	32.28
福建	152.30	38.05	1.24	31.94	34.99
江西	153.81	39.81	0.97	23.23	31.52
山东	162.62	50.08	1.41	37.42	43.75
河南	161.35	48.60	1.14	28.71	38.66
湖北	159.52	46.47	1.15	29.03	37.75
湖南	159.74	46.72	0.98	23.55	35.14
广东	162.36	49.78	1.58	42.90	46.34
广西	156.30	42.71	0.67	13.55	28.13
海南	161.96	49.31	0.58	10.65	29.98
重庆	159.87	43.25	0.99	23.57	34.59
四川	155.84	42.18	0.99	23.87	33.02
贵州	147.24	32.15	0.59	10.97	21.56
云南	144.44	28.89	0.60	11.29	20.09
西藏	119.66	0.00	0.25	0.00	0.00
陕西	162.34	49.76	1.17	29.68	39.72
甘肃	147.77	32.77	0.93	21.94	27.35
青海	146.19	30.93	0.95	22.58	26.75
宁夏	156.39	42.82	1.04	25.48	34.15
新疆	162.96	50.48	0.83	18.71	34.59

由表 13.4 我们可以清楚地看到中国社会的进步动力的评价结果情况,通过表格的内容我们可以知道,社会效能指数得分最高的地区是北京,社会效能指数得分最低的地区是西藏;创造能力指数得分最高的地区是上海,创造能力指数得分最低的地区是西藏;社会进步动力最高的地区是北京,社会进步动力最低的地区是西藏。通过对以上数据的分析我们可以了解到,中国社会的进步动力较高的地区主要集中在沿海地区,而中国社会进步动力较低的地区主要集中在中西部地区。

上述三大组成部分,即社会文明程度、社会安全能力、社会进步动力,共同组成了中国可持续发展的社会支持系统。通过对这些数据的分析我们可以清晰地看到,中国的社会支持系统能力较高的地区主要集中在沿海等地,而中国的社会支持系统能力较低的地区主要集中在中西部等地区。通过这些分析能够让我们了解到中国目前的社会支持系统的现状以及其发展的趋势主要的集中地以及其社会支持系统发展能力有待改进的地区。这些结果将更加进一步促进培育社会支持系统的能力,为中国可持续发展战略的成功实施做出应有的贡献。

13.3　社会支持系统核算指标

13.3.1　人口发展指数

人口发展是人口安全的确保、科学发展观的落实乃至国家安全的战略基础。从人口自身的发展水平、人口能力的可持续发展和人口与社会经济发展水平三个层面建立人口发展评价指标体系,并依照层次分析法、熵值法集成确定评价指标的权重,计算黑龙江省各地区的人口发展评价指数。下面先来了解一下人口发展指数的前史。

人类发展指数(Human Development Index)是由联合国开发计划署在《1990 年人文发展报告》中提出的,是用来衡量联合国各成员国社会经济发展水平的指标,是对传统的 GNP 指标挑战的结果。

人文发展指数由出生时的预期寿命标识、综合入学率和生活质量三项组成。预期寿命,根据出生时的预期寿命测定;综合入学率,可由成人识字能力(2/3 权数)和小学、中学、大学三个阶段的综合入学注册率(1/3 权数)两项值的加权组合来测定;生活质量,用实际人均 GDP 测定。为表示这项指数,为下列指标设定最大值和最小值:

①出生预期寿命:25 岁和 85 岁。

②成人识字率:0% 和 100%(指 15 岁以上识字者占 15 岁以上总人数的比率)。

③综合入学注册率:0% 和 100%(为学生人数占 6 岁至 21 岁总人数的比率)。

④实际人均 GDP:100 美元和 40 000 美元。

对于任何人文发展指数的组成部分来说,每一个指数都可用下列一般公式进行计算:

$$\text{指数} = \frac{\text{实际 } X \text{ 值} - \text{最少 } X_i \text{ 值}}{\text{最大 } X_i \text{ 值} - \text{最小 } X_i \text{ 值} } \tag{13.1}$$

随着社会的发展,人文发展指数的计算方法也有所改变。

2009 年以前的旧计算方法是:

$$\text{预期寿命} = \frac{LE - 25}{85 - 25} \tag{13.2}$$

$$\text{教育指数} = \frac{2}{3} \times ALI + \frac{1}{3} \times GEI \tag{13.3}$$

其中

$$\text{成人识字率指数 } ALI = \frac{ALR - 0}{100 - 0} \tag{13.4}$$

$$\text{综合入学率指数 } GEI = \frac{CCER - 0}{100 - 0} \tag{13.5}$$

$$GDP \text{ 指数} = \frac{\log(GDP_{\text{pc}}) - \log(100)}{\log(40\,000) - \log(100)} \tag{13.6}$$

式中　LE——预期寿命;

ALR——成人识字率;

$CGER$——综合入学率;

GDP_{pc}——人均 GDP。

2010 后开始用的新的计算方法是：

$$\text{预期寿命指数}:LEI=\frac{LE-20}{83.2-20} \tag{13.7}$$

$$\text{教育指数}:EI=\frac{\sqrt{MYSI\times EYSI}-0}{0.95-0} \tag{13.8}$$

$$\text{平均学校教育年数指数}:MYSI=\frac{MYS-0}{18.2-0} \tag{13.9}$$

$$\text{预期学校教育年数指数}:EYSI=\frac{EYS-0}{20.6-0} \tag{13.10}$$

$$\text{收入指数}:II=\frac{\ln(GNI_{pc})-\ln(163)}{\ln(108.211)-\ln(163)} \tag{13.11}$$

人文发展指数的指标值即为三个基本指数的几何平均数：

$$HDI=\sqrt[3]{LEI\times EI\times II} \tag{13.12}$$

式中 LE——预期寿命；

MYS——平均学校教育年数（一个大于或等于 25 岁的人在学校接受教育的年数）；

EYS——预期学校教育年数（一个 5 岁的儿童一生将要接受教育的年数）；

GNI_{pc}——人均国民收入。

人文发展指数从动态上对人类发展状况进行了一定的反映，为全球各个国家尤其是发展中国家提供一定的理论依据，从而有助于发现一国经济发展的潜力并且展示了一个国家的优先发展项。通过分析人文发展指数、社会发展中的薄弱方面可以为经济与社会的发展提供预策。接下来我们就具体看一下现在的人口发展指数的具体计算方法。

（1）出生时的平均预期寿命指数

平均预期寿命也叫平均寿命。指 0 岁年龄组人口的平均生存年数。它是生命表中的重要内容，是国际上用来评价一个国家人口的生存质量和健康水平的重要参考指标之一。人口平均预期寿命（Life Expectancy）是指假设当前的分年龄死亡率一定，同一时期出生的人预期能继续生存的平均年数。它以当前分年龄死亡率为基础计算，但事实上，死亡率是在一直发生变动的，因此，平均预期寿命仅仅是一个假定的指标。平均预期寿命是我们最常用的预期寿命指标，它表明了新出生人口平均预期可存活的年数，是度量人口健康状况的一个重要指标。但是不同地区、不同种族之间是不一样的，需要分别计算。

出生时平均预期寿命的计算方法是：追踪记录在同一时间出生的一批人，分别记下在各个年龄段的死亡人数到这群人中最后一个的寿命结束为止，然后根据这一批人活到各种不同年龄的人数来计算这个时间段人的平均寿命。用这批人的平均寿命来假设一代人的平均寿命即为平均预期寿命。但是事实上有很大的难度，要跟踪记录同一时间段出生的一批人的整个的生命过程，往往在实际计算的时候，我们可以利用同一年各年龄人口的死亡率，来替代同一代人在不同年龄的死亡率，然后计算出各年龄段人口的平均生存人数，由此推算出这一年的人口平均预期寿命。

（2）人口自然增长率指数

人口自然增长率是指在一段的时期内（一般指一年）人口自然增加数（出生人数减去

死亡人数)与该时期内的平均人数之比。人口的自然增长指数主要是用以表达人口平衡状况以及人口结构的情况,通过对人口自然增长率指数的计算,我们可以分析出社会的人口状况、结构,以便相关的职能部门能够根据具体人口特征的表现制定相应的人口控制制度以及相应的法律法规。人口自然增长率的计算公式为

人口自然增长率=(人口出生率-死亡率)×100%

=(年内出生人数-死亡人数)/年平均人口数 (13.13)

当全年出生人数超过死亡人数时,人口自然增长率为正值;当全年死亡人数超过出生人数时,则为负值。所以人口自然增长水平取决于出生率和死亡率两者之间的相对水平,它反映了人口再生产活动的综合性指标。人口自然增长率是反映人口计划的制订和人口发展速度的重要指标,也是计划生育统计系统中的重要指标,它表明了人口自然增长的程度和趋势。

(3)成人文盲率指数

文盲率的定义是指一个地区当中,15岁以上的成年人不能读写文字的人占该地区总人口的比率。文盲率不但能反映出一个地区的发展水平,还可以反映出一个地区教育普及的程度;从另一方面来讲,文盲率的降低以及国民义务教育的实施等有着紧密的关系。通过某个地区文盲率指数的研究还可以知道当地的教育发展水平以及当地教育普及的程度。成人文盲率的计算公式为

成人文盲率=(15岁以上不识字的人口/总人口)×100% (13.14)

成人文盲率主要是指当地的人口受到教育的程度,通过对其的研究,我们不难发现教育水平的缺陷性以及教育普及的程度性。它从另一方面也反映出我国的社会经济以及社会发展程度。一般情况下,社会发展程度比较高的地区,其教育发展水平也就较高,相对应的成人文盲率就比较低。

(4)赡养比指数

赡养比是指15~64岁劳动年龄人口赡养65岁以上老年人口的比例。通常用百分比表示。意思是每100名劳动年龄人中要负担多少名老年人。赡养比是从经济学角度反映人口老化所产生的社会后果指标。赡养指数的计算公式为

赡养比=(65岁以上的老年人数/15~64岁的劳动年龄人数)×100% (13.15)

通过对赡养指数的计算我们可以对一个地区或者以国家的人口老龄化情况进行对比,还可以通过这个指标对社会的发展进行相关制度的制定以及状态的调节等调控手段。赡养比指数在反映人口结构的同时也反映出了社会人口计划出现的问题,我们应该通过这个指标对人口的结构等存在一定程度问题的方面进行改进。

13.3.2 社会结构指数

(1)第三产业劳动者占社会劳动者比例指数

第三产业指的是在再生产过程中为生产和消费提供各种服务的部门产业,也就是服务业。包括除了第一和第二产业以外的其他各行产业。这部分产业主要是集中在繁华城市以及发达国家等地区,主要是从事服务以及金融等,第三产业也是很多国家进行经济结构转型发展的方向,因为这部分在经济的发展中占有很大的比重。其中,第一产业包括农业、林业、畜牧业、渔业和农林牧渔服务业。第二产业包括制造业、采矿业、建筑业、电力煤气以

及水的生产和供应业。

(2)城市化率指数

城市化率是城市化的度量指标,一般采用人口统计学指标的方法,即城镇人口占总人口(包括农业的与非农业的)的比重。只有将中心城区、县及建制镇,还包括已经列入建设规划的城镇以及城区建设已经延伸到乡镇、村委会及居委会并已实现水、路、电全通的,都算入市镇人口计算中,这样才能更客观地反映城市化进程。通过城市化率可以对一个地区或者一个国家的发展进行城市化程度的研究。我们还可以通过城市化率指标对一个城市的可持续发展进行研究,这也是城市发展的指标之一。城市化率在很大程度上能够反映一个地区的经济发展水平,根据大量的研究以及统计我们可以得出,一个地区或者一个国家的城市化率指数越高,城镇人口所占的比例越大,那么这个地区或者国家的经济发展程度也越高,社会发展也比较稳定。

(3)性别比例指数

性别比例主要指的是人类的性别构成。其表示方法是计算在一定范围和一定时间内的男女比例。性别比是人口统计学中的一个重要指数,不同的性别比将显著地影响社会人口的发展。人口性别比例会受出生、死亡、迁移、生育观念以及战争等因素的影响。性别比例除了受到这些因素的影响外,还可能受到政府的相关制度的影响,反过来我们还可以通过性别比例的失衡,来显示出社会可能出现的稳定以及安全等问题,通过这些我们就可以进行相关制度的制定,以便使得社会能够得到一定程度的安全以及稳定的保障。

13.3.3 生活质量指数

这里主要讲解国际上常用的两个指标的计算方法以及指标的具体含义,这两方面的内容主要是居民生活条件以及居民消费水平。

(1)居民生活条件

居民生活条件包括城市居民家庭人均可支配收入指数、人均住房面积、医疗条件三项指标。城市居民家庭可支配收入是指居民家庭在支付个人所得税之后,所余下的全部实际现金收入,其中不包括借贷收入。其计算公式为

$$可支配收入 = 家庭实际收入 - 副业生产支出 - 记账补贴 - 个人所得税 \tag{13.16}$$

人均可支配收入即用家庭可支配收入除以家庭人口所得;医疗条件包括千人拥有医生数、千人拥有病房数和人均公共卫生财政经费支出。但是由于年鉴中的数据有限,这里就不能全部计算了;人均年住房面积包括城镇和农村,因为差异比较大所以要分开计算。

(2)居民消费水平

居民消费水平包括人均消费支出、恩格尔系数和文化消费支出三项指标。人均消费支出也分为城市人均消费支出和农村人均消费支出,需要分别计算。人均消费支出是指城镇或农村居民,每人平均用于满足家庭日常生活消费需要的全部支出,包括食品、衣着、居住、医疗保健、家庭设备及服务、娱乐教育文化服务、杂项商品、交通通信及服务八大类。

恩格尔系数是指食品支出总额占个人消费支出总额度的比值。文化消费支出中的文化消费指的是用文化产品或者服务来满足人们精神需求的一种消费形式,主要包含教育、体育健身、旅游观光、文化娱乐等方面。在现今社会潮流下,文化消费被赋予了新的意义,表现出了高科技化、全球化、主流化、大众化的特征。

13.4　中国社会支持系统的问题及建议

13.4.1　中国社会支持系统存在的问题

(1)人口及素质问题

人口问题一直是困扰我国发展的重要的因素之一,我国的土地资源少,却承载着国际社会最多的人口,并且人口的结构有严重的问题。这些问题主要表现在我国人口的结构和社会经济的发展模式不相适应,我国的人口数量较大,人口素质较低以及人口出现的老龄化情况比较严重;目前我国的社会还有很多的地区存在一定程度的文盲人数,这些都是制约我国社会发展的重要因素。

(2)就业问题

我国的就业问题很严重,主要是跟我国的社会的科技发展程度、人才的技能知识掌握程度以及社会经济发展的结构有关。我国的就业压力空前严重,社会的弱势群体的就业问题比较突出,劳动力就业的市场的矛盾比较大,我国社会的聘用制度还不够完善,再加之国际社会的金融危机,使得我国的就业问题出现了严重的问题。这些都是影响社会发展、社会稳定的关键的因素。

(3)经济效益问题

东西部经济发展差距过大,这是我国经济发展最为明显的现象。主要表现在我国的产业分工对中、西部的资源以及环境的破坏比较严重,地区的贫困比较突出、区域的差距给社会的稳定带来严重的威胁。中国的经济发展区主要集中在沿海等地,这些地区的经济发展目前还不足以带动中西部等贫困的地区。而且经济发展的产业结构也不合理,在中西部这些欠发达的地区的经济主要是一些重工业,污染比较严重,多数是以牺牲环境以及资源为代价进行的。而沿海等地主要是靠服务性的第三产业的发展。

(4)社会秩序问题

我国的社会秩序性还比较差,我国的周边国际情况以及国内的某些反政府组织的存在,都给社会的稳定带来一定的威胁。而且我国还有一个比较明显的现象就是我国经济越是发达的地区,社会的次序稳定情况却是越差,这主要跟经济的发达与社会的各个阶层的人口聚集在一起有关。

(5)经济与社会发展不协调

我国的经济与社会的发展并不协调,很多地方是经济发展起来了,但是社会却没有出现明显的进步,这主要是经济和社会的发展没有进行有机的结合,使得我国的经济社会发展不平衡。现在我国加入了 WTO,以及我国社会的改革开放,使得我国社会与国际社会进行了广泛的接触,我国人民对物质文化以及新鲜的事物的要求日益高涨,而我国的社会发展能力却不能满足人们对这些方面的要求。

13.4.2　中国社会支持系统的发展建议

(1)创建绿色经济制度

可持续社会的发展不是简简单单的经济的发展,这个经济的发展必须和社会的资源、社会的环境状况结合在一起,经济的发展不能以牺牲环境的代价来进行。首先必须依托市场经济的力量,合理配置资源,有效保护环境,约束主体的经济行为,更换经济行为的主要规则和考核指标,用绿色经济规则和指标作为评价经济行为和衡量经济增长的尺度,这必然要求创设新的经济体系,更换新的增长模式,这就是绿色经济制度。

(2)完善决策支持系统与宏观政策调控系统

传统的经济模式在可持续发展的社会中是不适合的,它除了要依靠市场经济的体制外,还必须要依靠国家的宏观调控才能够得以实现。而为了使得社会的发展能够具有更加强劲的动力,我们需要在政府的决策能力上进行一定的提高,充分发挥政府职能部门的作用。主要表现在要及时收集相关的国际国内的有价值的信息,根据市场的需要适时制订出相应的措施,根据社会各个方面的协调发展进行协调机制的制订,建立起适合我国国情的可持续发展指标体系。

(3)强化法律的奖惩力度

如果要想社会能够有次序,能够使社会的安全程度得到一定程度的保障,使社会的文明程度进一步提高,我们就应该根据我国的国情走出一条属于自己的道路。针对我国现在社会的稳定状态,我们要依靠法律来进行一定的约束,我们要将法律制度的建立约束到社会的各个方面,与经济、自然环境都联系起来,使这几者成为一个有机的整体,以便使得法律的奖惩制度能够符合可持续发展的相关思路。通过法律使得经济可以持续,使得环境能够持续,使得自然资源能够持续,我们要使法律的可持续性具有生态性、代际性以及公平性。同时我们还得使法律反映出社会存在的现象,改变中国社会的官僚性、人情性以及监管的缺乏力度性。通过加大法律的奖惩力度使得人们更加具有公民意识,使得可持续发展有一个稳定的发展环境。

(4)科技创新与应用

科技对于社会的进步和发展具有无尽的能量,科技作为先进的生产力,在社会经济的发展中具有不可估量的作用。我们要加强科学技术的应用,主要从加强科学技术的创新、推广使得科技能够在更加广泛的领域进行运用。还需要加强企业对科学技术的推广作用。企业是科学技术的具体运用和操作者,它们的实践经验对于科学技术的完好应用具有至关重要的作用。运用高新科技,走新型产业化之路。要依靠科技进步,扩展现代化的内涵,实现整个社会的现代化。依靠高新科技改造传统工农业,大力发展清洁环保产业,把生产与环保结合起来,走生态经济发展之路。积极推广有利于改善环境的新方法、新技术和新工艺,走资源节约型发展道路。

第14章　社会支持系统在黑龙江省的应用

14.1　黑龙江省发展现状

在考察一个国家或地区的发展现状时,经济因素往往是一个比较重要的指标,它可以从侧面反映出一个地区的真实水平。因此在分析认识黑龙江省发展现状的问题上我们可以从下面几方面进行分析。

2010年,面对纷繁复杂的国际和国内环境,黑龙江省上下在省委、省政府的领导下,加快调结构、转方式、促发展、惠民生的步伐,着实推进实施“八大经济区”和“十大工程”的建设,全省宏观经济保持了平稳较快增长态势,从年度统计监测结果看,绝大部分指标好于全年预期目标和全国平均水平,实现了“十二五”良好的开局。具体从以下十个方面分析:

(1)宏观经济接着保持平稳较快增长

2010年,全省宏观经济运行状况良好,主要经济指标保持了较高的增长幅度,总体上呈现出平稳增长的区势。初步计算得,全省地区生产总值12 503.8亿元,按可比价格计算与上年相比增长了12.2%,增长幅度比全年目标高0.2个百分点,比全国高3.0个百分点,连续十年都是增长两位数。第一产业增长了6.2%,第二产业增长了13.0%,第三产业增长了13.1%,它们的增加值分别为1 705.6、6 317.3亿元、4 481.0亿元,其增幅均比全国的平均水平高,分别高出1.7、2.4和4.2个百分点。

(2)农林、畜牧、渔业均衡发展

2010年全省实现农林牧渔业增加值1 705.6亿元,总量比上一年增加402.7亿元,按可比价格计算比上年增长6.2%。农林业、畜牧、渔业协调均衡的发展,其中,农业增长了8.0%,增加值为1 167.8亿元;林业增长了4.8%,增加值为60.3亿元;畜牧业增长了1.7%,增加值为423.5亿元;渔业增长了5.0%,增加值为22.1亿元;它们的服务业增长了5.6%,增加值为31.9亿元。

(3)工业生产稳定增长

2010年,全省有规模以上的企业和工业实现了增加值4 808.6亿元,增长了13.5%比上年,增幅比全年目标高0.5个百分点,比全国平均水平低0.4个百分点。主要特点:从企业类型看,集体企业比国有及国有控股企业增长快,集体企业增长了14.0%,增加值为153.9亿元;国有控股企业和国有企业增长了12.9%,增加值为3 443.0亿元。从企业规模看,小型企业增长较快,实现增加值为783.8亿元,增长了15.1%;大型或中型企业增长了13.2%,增加值为4 024.8亿元。从产业结构看,四大主要产业增加值为4 253.2亿元,占有规模以上工业的88.4%,比上年增长了11.8%,其中,石化工业和食品工业快速增长,分别增长15.9%和19.6%;能源工业和装备工业分别增长了7.7%和9.8%。从行业划分看,高耗能行业生产增速较快,六大行业增长了14.8%,完成增加值960.7亿元,增长幅度比规模以上工业增速高1.3%。

(4)固定资产投资保持较快增长

2010年,全省实现全社会固定资产比上年增长了31.8%,投资7 523.8亿元,增幅比全年目标高1.8个百分点,其中固定资产(不含农户)比上年增长了33.7%,投资7 206.3亿元,增幅比全国平均水平高9.9个百分点。主要特点:从施工情况看,全省施工项目8 841个,增长了25.6%,其中新开工项目7 191个,增长了24.6%。亿元以上施工项目比上年增加577个,共1 673个;完成投资3 523.8亿元,增长了36.2%,带动全省投资增长17.4个百分点。从经济类型看,民间投资占全部投资的半个江山。民间投资3 694.4亿元,增长43.2%,分别高于国有控股和外商及港澳台投资18.7和4.7个百分点,占固定资产投资的51.3%。第二、三产业比重较高,分别占44.5%和49.3%,第一、二产业增幅较高,分别为97.6%和38.5%。

(5)消费品市场繁荣兴旺

2010年,全省消费品市场实现零售总额为4 705.1亿元,比上年增长了17.6%,增幅高于全年目标的2.6个百分点,比全国平均水平高了0.5个百分点。主要特点:从消费行业来看,零售市场居主导作用。全省零售业零售额比上年增长了16.5%,共3 510.7亿元,占全部零售总额的74.6%;批发业零售额比上年增长了21.5%,共611.5亿元。从热销商品种类来看,热点消费商品较为集中。物价上涨导致几类商品零售额快速增长,特别是居民生活必需品被动消费增多。饮料食品类商品零售额增长了33.8%,穿着类商品零售额增长了34.6%,日用品类商品零售额增长了18.5%。全省汽车实现零售额比上年增长了23.2%共317.1亿元,增速比上年回落5.6个百分点;家具类零售额比上年增长35.8%共22.9亿元,增速上年回落了6.7个百分点。

(6)对外贸易高速增长

2010年,全省实现进出口总值比上年增长了50.9%达到385.1亿美元,增幅比全年目标高35.9个百分点,比全国平均水平高28.4个百分点,位居全国各省第12位。其中,出口176.7亿美元,增长了8.5%,比全国平均水平低11.8个百分点;进口208.4亿美元,增长1.3倍,高于全国的平均水平。主要特点:从贸易方式来看,一般贸易高速增长,边境小额贸易平稳增长。全省一般贸易进出口总值295.8亿美元,比上年增长了66.0%;边境小额贸易进出口总值64.5亿美元,增长了28.5%。从商品类别来看,原油、铁矿砂实现倍增,全省原油进口增长2.5倍为1 750.6万t,进口额增长4.0倍共142.2亿美元;铁矿砂进口增长了94.9%共564.0万吨,进口额增长1.5倍为9.0亿美元。原油、铁矿砂进口拉动全省进口增长128.9个百分点。从企业类型来看,私营企业成为出口主力,国有企业拉动进口攀升。

(7)财政一般预算收入创新高

2010年,全省地方财政收入完成1 620.3亿元,增长了32.5%,增幅高于全年目标的17.5个百分点;一般预算收入增长了32.0%,完成997.4亿元,增幅比去年高14.2个百分点,创1986年以来最新高。其中国内增值税、营业税、企业所得税和个人所得税等主体税种分别增长了17.8%、32.0%、31.1%和35.8%。2010年,全省地方财政支出比上年增长了26.3%为3 398.0亿元。其中,一般预算支出增长了24.0%共2 794.1亿元。财政支出向民生继续倾斜，其中社会就业和保障、城乡的社区事务和医疗卫生等民生支出增长的较快，增幅分别为 28.1%、27.3% 和 26.3%。

(8) 存贷款增势不减

全省的金融机构中各项存款呈现持续增长的趋势。截至 12 月末，全省金融机构人民币各项存款余额 14 328.4 亿元，当年新增 14 44.6 亿元，增长了 11.2%。其中，单位存款同比增长了 9.2%，余额为 5 718.9 亿元，当年新增为 483.3 亿元；个人存款余额为 8 189.8 亿元，一年新增 934.7 亿元，同比增长了 12.9%。截至 12 月末，全省金融机构人民币各项贷款余额 8 548.7 亿元，同比增长 19.8%，当年新增 1 431.1 亿元，同比多增 189.0 亿元。从信贷的投向来看，批发和零售业（占 18.2%）、制造业（占 16.1%）、水利环境和公共设施管理业（占 12.6%）等行业所占比重较大，公共管理和社会组织（增 142.6 亿元）、制造业（增 89.0 亿元）、水的生产和供应业及电力燃气（增 81.6 亿元）等行业增量较多。

(9) 物价涨幅超过年初预期

2010 年，全省居民消费价格指数比上年上涨了 5.8%，涨幅超过 4% 左右的宏观调控目标值 1.8 个百分点，比全国平均性水平高 0.4 个百分点。从八个类别看，当前物价上涨的主要源头仍是“吃”和“住”，食品类、居住类价格涨幅居高不下，同比分别上涨 12.4% 和 6.1%。在食品价格中，猪肉上涨了 42.4%，油脂上涨了 19.1%，淀粉及制品上涨了 31.6%，粮食上涨了 11.2%。医疗保健和个人用品、烟酒、家庭用品及服务分别上涨 4.5%、3.6%、2.1% 和 2.0%。工业生产者出厂价格（PPI）上涨了 12.0%，其中，生产资料上涨 12.9%，生活资料上涨了 8.4%；工业生产者购进的价格就上涨了 11.1%。

(10) 城乡居民收入均保持快速增长

2010 年，全省城镇居民人均可支配收入比上年增长了 13.3% 共 15 696 元，增长幅度比上一年高 3 个百分点，比全年目标高 3.3 个百分点，比全国的平均水平低 0.8 个百分点。工薪收入所占比重为 59.8%，是城镇居民收入的主要来源，增长了 12.6%；财产性收入增幅相对比较高，增长了 38.4%。2010 年，全省农村居民人均纯收入比上一年增长了 22.2% 为 7 590.7 元，比全年目标高 12.2 个百分点，比全国平均水平高 4.3 个百分点。其中，家庭经营性收入和工资性收入分别为 4 784.1 元和 1 496.5 元，分别增长了 21.4% 和 20.5%。

从整体上看，黑龙江省经济发展基础在不断巩固中，产业动能在不断增强着，众多有利因素推动经济的快速发展。但是面对当前国内外复杂的情况，“稳中求进”的压力依然很严峻，需要确保宏观经济各项指标达到预期水平，顺利实现“十二五”经济社会发展和民生改善的总体要求。

14.2　社会支持系统指标核算

社会支持系统是可持续发展支持系统中一个非常重要的支持系统，它的存在对维护地区或者国家的安全起着至关重要的作用。而针对黑龙江省的具体实际的情况，我们依然是从社会发展水平、社会发展动力以及社会安全水平等方面对黑龙经省进行分析，下面我们来看看黑龙江省的具体的情况。

14.2.1 社会发展水平

社会发展水平包括人口发展指数、社会结构指数还有生活质量指数。

①人口发展指数:出生时平均预期寿命指数、人口自然增长率指数、成人文盲率指数和赡养比指数。

②社会结构指数:第三产业劳动人数占社会劳动人数比例指数、城市化率指数和性别比例指数。

③生活质量指数:居民生活条件和居民消费水平(居民生活条件包括:城市居民家庭人均可支配收入指数、医疗条件、人均住房面积;居民消费水平包括:人均消费支出、恩格尔系数、文化消费支出。)

注明:①医疗条件包括:千人拥有医生数目指数、千人拥有病床数目指数、人均公共卫生财政经费支出指数。

②人均住房面积:城市每人平均住房面积指数、农村每人平均住房面积指数。

③人均消费支出:城市每人平均消费支出指数、农村每人平均消费支出指数。

④恩格尔系数:城市人恩格尔系数指数、农村人恩格尔系数指数。

⑤文化消费支出:城市居民人均文化消费支出指数、农村居民人均文化消费支出指数、城市居民人均文化消费支出占人均文化消费支出指数、农村人均文化消费支出占人均文化消费支出指数。

14.2.2 社会安全水平

社会安全水平包括社会公平指数、社会安全指数还有社会福利保障指数。

①社会公平指数:城乡收入水平差异指数、劳动者收入最大最小值之比指数、男女登记失业率指数、男女文盲率比值指数。

②社会安全指数:城镇登记失业率指数、贫困发生率指数、通货膨胀率指数、万人交通事故发生率指数、交通事故直接损失占 GDP 比例指数、万人火灾事故发生率指数、火灾事故直接损失占 GDP 比例指数。

③社会福利保障指数:城镇每万人拥有的社区服务设施数指数、社会保障财政支出占财政支出比例指数、人均社会保障财政支出指数、城镇职工失业保险涵盖率指数、城镇职工医疗保险涵盖率指数、城镇职工养老保险涵盖率指数。

14.2.3 社会进步动力

社会进步动力包括社会创造力指数、社会潜在效能指数。

①社会创造力指数:第二产业者参与比数指数、未受教育者参与比数指数和工程师、科学家参与比数指数。

②社会潜在效能指数:劳动者文盲人口比例指数、劳动者小学文化程度人口比例指数、劳动者中学文化程度人口比例指数、劳动者大学文化程度以上人口比例指数。

由于社会支持系统的分支太多,在此我们只对社会发展水平具体研究分析,每项指标的定义及解释见上一章,并依据《2011 年黑龙江省统计年鉴》中的数据进行一定的计算分析得出具体结果,根据中国可持续发展能力评估指标体系(1999 年由中国科学院战略研究组提出的)推出相应的结论。

14.3　黑龙江省社会支持系统分析

数据的来源是2011年黑龙江省统计年鉴、中国可持续发展数据库和黑龙江省统计局统计网站的数据。但是由于一些数据不全面,所以一些指标只能算的全省的,不能具体的算出每个省市的。比如人均预期寿命指数、赡养比指数、恩格尔系数等。还有一些因为数据不够而且能力有限所以暂时不能计算了。处理方法有软件法、最大最小值法和标准值标准化法。最后进行数据的对比分析。

14.3.1　人口发展指数

1. 平均预期寿命指数

通过对黑龙江省2011年的寿命等指标数据的收集和整理,在根据相关的公式进行计算,我们得到了黑龙江省的出生时的平均预期寿命指数情况,具体见表14.1。

表 14.1　黑龙江省出生时的平均预期寿命指数情况

年龄分段	人数	死亡率/%	预期寿命	指数
0～14	4 580 422	5.12	88.76	1.09
15～64	30 543 478			
65 以上	3 188 324			

由表14.1可以得出黑龙江省到2011年人口在每个年龄段的分布情况,在0～14岁之间,有458万左右人;在15～64岁之间,有大约3 054万左右人;而65岁以上的,有大约318万人。通过对黑龙江省人口分布的年龄段的情况,我们可以知道黑龙江省的人口主要分布在15～64岁之间,而且这部分人口占总人口数量的比例还比较大。从表中我们还可以看出黑龙江省2011年的平均人口死亡率为5.12%,而黑龙江省的社会支持系统的人口发展指数中的平均预期寿命为88岁左右,这也可能是黑龙江省得天独厚的森林资源的原因,提供了较好的生存环境。从这一数据可以得出黑龙江省的人口寿命普遍还是比较高的,已经高出了全国的平均水平,而且现在黑龙江省的人口大多都还不集中在预期寿命的附近,说明目前黑龙江省的老龄化情况不严重。但是我们从数据可以看出,黑龙江省的人口主要集中在了中间的年龄段,这就是说还过20年或者10年左右,黑龙江省将会面临十分严重的人口老龄化的现象,届时黑龙江省的大部分人都进入了老龄化的阶段,这将使得黑龙江省的社会发展的压力更大。为此,黑龙江省的相关的职能部门,应该根据黑龙江省的实际情况,抓紧时间对针对黑龙江省的老龄化情况制定出相关的预防措施,以便使得黑龙江省的经济社会稳定不受到过多的影响。

2. 成人文盲率指数

成人文盲指数主要是反映一个地区或者国家的教育水平的发展程度的一个指标,我们队黑龙江省2010年的人口以及文盲人口等相关的数据进行了收集和整理,并通过一定的计算,我们得到了黑龙江省2010年的成人文盲率等指数情况,具体的内容见表14.2。

表14.2 黑龙江省成人文盲率指数情况

指标名称	指标详细
2010年总人口	38 312 224
2010年15岁以上不识字人口	787 848
2010年文盲率	2.06
2009年文盲率	5.13
文盲率指数	40.16

从表14.2我们可以看出黑龙江省2010年的成人文盲情况,根据这个指标来了解黑龙江省的教育水平发展情况。从表中我们可以看出2009年黑龙江省的文盲率为5.13%,而到2010年黑龙江省的文盲率为2.06%,比2009年的文盲率较少了两倍左右,说明随着经济的不断发展,黑龙江省的教育事业也在进行着突飞猛进的飞跃发展。其中黑龙江省的文盲人口主要集中在农村等地,由于经济的落后,使得教育事业无法优先发展,但从近几年的数据我们可以看出黑龙江省的教育事业在很快速的发展。从对2010年的文盲相关数据的统计我们可以看出黑龙江省2010年的总人口是38 312 224人,而其中不识字的人口是787 848人,从这个数据我们可以知道黑龙江省的2010年的文盲率虽然较2009年的文盲率下降了很多,但是黑龙江省2010年的文盲的人数还是很庞大,这部分人可能是主要集中在偏远的农村等地,但是这个庞大的人群对于社会的发展构成了一定程度的威胁。因此,为了解决黑龙江省文盲情况,增强黑龙江省的教育发展水平,黑龙江省相关的职能部门应该针对这一方面的内容制定出相关的措施,以便为教育的普及以及教育的发展做好坚实的基础工作。

3. 赡养比指数

赡养比指数是反映社会人口结构的一个指数,同时根据这个指数也能检验出我们社会针对这方面的相关的服务性措施的完善情况。针对黑龙江省2010年的赡养比的相关的数据进行了收集和整理,通过一定的计算,得到了黑龙江省的赡养比情况,具体的内容见表14.3。

表14.3 黑龙江省赡养比指数情况

年龄分段	人数	赡养比
15~64	30 543 478	10.44
65以上	3 188 324	

从表14.3我们可以看出黑龙江省的人口赡养情况,如果以64岁为分界线我们进行分析,从表中我们可以看出黑龙江省在15~64岁之间的人口数量是30 543 478人,而65岁以上的人口数量是3 188 324人,通过比较我们可以得出黑龙江省年轻的人口数量是年长人口数量的10倍左右,换句话说就是如果按赡养老人来说,黑龙江省平均每10个人就得

赡养一位年老的人,通过这个数据我们可以知道黑龙江省的人口老龄化情况还不是很严重,用 10 个人的生活状况来养活 1 个老年人的压力不是很大。由此说明黑龙江省的人口结构的情况,主要是年轻的人占据了黑龙江省的主要人口情况,而老年人占人口总数的比例还比较小。但是不能以此而无忧无虑,我们知道现在黑龙江省的老龄化情况不严重,可是在过 20 年,黑龙江省可能就是和现在完全相反的情况了,可能就是 1 个年轻的人需要养活 10 个老年人口,这个压力是非常之大,而且这时候的老龄化情况非常的严重。这就提醒了有关的政府职能部门,应该更加快速和高效的完善老年人的赡养制度,为社会的年轻人减轻负担,为社会发展过程中可能出现的情况采取适当的预防措施,让老年人能够很好地享受生活,提高他们的生活质量,完善社会养老制度,使得社会的压力减小,使得能够将更多的精力投入到社会经济的发展中去。

4. **人口自然增长率指数**

人口自然增长指数能够反映出一个地区或者国家的人口发展的趋势,我们针对黑龙江省的具体情况,对黑龙江省的人口自然增长的相关数据进行了收集和整理,并通过一定程度的计算得到了黑龙江省的人口自然增长指数的情况图标,具体的内容如图 14.1 所示。

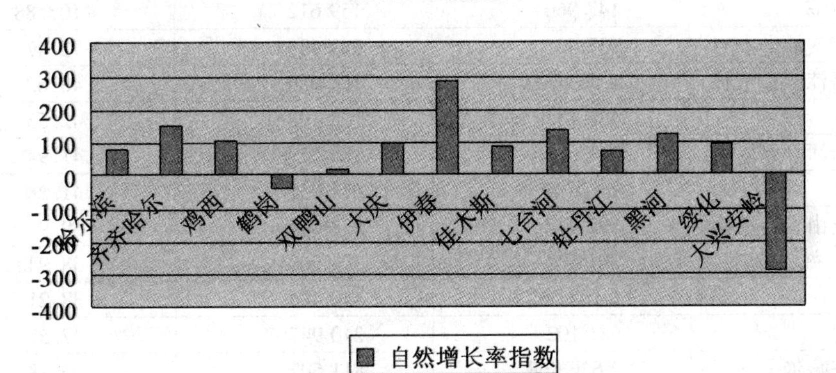

图 14.1　黑龙江省人口自然增长率情况

从图 14.1 我们可以知道黑龙江省的人口自然增长情况,从图中我们可以看出黑龙江省处于人口自然增长的地区主要是哈尔滨、齐齐哈尔、双鸭山、鸡西、大庆、佳木斯、七台河、牡丹江、黑河以及绥化等地。其中黑龙江省处于人口自然负增长的地区主要是大兴安岭和鹤岗。通过图中我们可以看出处于人口自然增长最快的地区主要是伊春,其人口自然增长率达到了 300%;而黑龙江省处于人口自然负增长最严重的地区主要是大兴安岭等地区,其人口自然负增长达到了 300%,根据这两个数据的分析我们可以知道黑龙江省处于人口自然增长最高的地区与黑龙江省处于人口负增长最严重的地区的比例相差了 600 倍,这个数字之大,由此我们也可以看出黑龙江省的人口结构经过一段时间的发展后一定会出现很严重的人口的断层等现象。根据分析我们可以发现大兴安岭的人口的死亡率明显的大于人口的出生率,而且比例达到了 300%,如果政府部门不采取相应的措施进行适当的干涉,将来大兴安岭可能会出现严重的人口以及人口失调等现象。而反过来说出生率远远大于死亡率的伊春等地,如果不进行适当的政策干预,可能会使得人口出现一定程度的爆发,这些都将为社会的发展、社会的压力带来更加严重的威胁。我们应该讲人口的自然增长率维持在合理的范围以内,而不是出现这样的极端的现象,像这种极端的现象我们一定要进行坚决的控制,以便为社会的稳定和安全带来一定的威胁。由此可见黑龙江的人口在逐渐趋于老龄化,新生人口较少,我们应该多给予关注。应该加快社会制度以及社会福利的逐渐完善,为人民提供一个良好的生存环境,为已将到来的人口老龄化现象做好准备。

14.3.2 社会结构指数

1.第三产业劳动者占社会劳动者比例指数

第三产业主要是服务行业,但是第三产业是我国现在经济结构转型的主要方向,因此,我们队黑龙江省的第三产业的劳动者的相关数据进行了收集与整理,并通过计算,我们得到了黑龙江省各个地区的第三产业劳动者占总劳动者的比例情况,具体的内容见表14.4。

表14.4 黑龙江省第三产业劳动者占社会劳动者比例指数情况

地区	总就业者	第三产业劳动者	比值/%
全省	14 096 790	5 398 390	38.30
伊春	49 644	198 995	400.84
哈尔滨	147 960	159 612	107.88
大兴安岭	537 401	389 439	72.47
牡丹江	1 563 220	760 036	48.62
鹤岗	435 235	185 192	42.55
七台河	447 608	187 719	41.94
大庆	1 626 873	671 631	41.28
双鸭山	592 977	236 611	39.9
鸡西	781 532	304 360	38.948
佳木斯	1 152 562	440 426	38.21
黑河	641 102	240 947	37.58
齐齐哈尔	2 636 868	811 507	30.78
绥化	2 596 526	658 213	25.35
农垦总局	887 282	153 702	17.32

从表14.4我们可以看出黑龙江省第三产业的劳动者占社会劳动者的比例情况,从而根据这些数据来分析黑龙江省的第三产业发展情况以及第三产业在黑龙江省经济发展中的重要地位。我们从表中可以看见黑龙江省的全省的第三产业劳动者占黑龙江省总就业者的38.%。而黑龙江省第三产业劳动者占就业者比例高于黑龙江省第三产业劳动者占就业者比例的平均值的地区主要有伊春、大兴安岭、牡丹江、鹤岗、七台河、大庆、双鸭山以及鸡西等地,黑龙江省第三产业劳动者占就业者比例低于黑龙江省第三产业劳动者占就业者比例的平均值的地区主要有佳木斯、齐齐哈尔、绥化以及农垦总局等地区。从表中我们可以看出黑龙江省地区第三产业劳动者占总就业者比例最大的主要是伊春,其比例达到了400.84%,其数据比全省的第三产业劳动者占总就业人数比例的平均值38.30高出了近10倍。而黑龙江省地区第三产业劳动者占总就业者比例最小的地区主要是农垦总局,其比例达到了17.52%,其数据比全省的第三产业劳动者占总就业人数比例的平均值38.30低了

近 22 倍左右。从表中我们可以知道黑龙江省地区第三产业劳动者占总就业者比例最高的地区比黑龙经省第三产业劳动者占总就业者比例最低的地区高出了 20 多倍，这个差距之大，说明了黑龙江省的第三产业的分布还是不怎么均匀。从黑龙江省第三产业的总体情况来看我们可以知道黑龙江省的第三产业的比重在黑龙江省的经济发展的结构中占有很大的比重，其第三产业的劳动者占了总就业者的三分之一还要多，说明第三产业在黑龙江省的经济发展中具有不容忽视的地位。而作为黑龙江省的省会城市哈尔滨第三产业的比例才 46% 左右，占收入的一半不到。而且黑龙江省的第三产业在收入成分中的比例不是很大，说明黑龙江省在第三产业方面还有很大程度的提高，这也是黑龙江省未来发展经济的、调整产业结构，增加收入的重要途径。

2. 城市化率指数

城市化率能够从一个侧面反映出地区或者国家的具体的经济发展情况，针对黑龙江省的具体的发展情况，我们对黑龙江省的城市化率相关数据进行了收集和整理，并通过计算，我们得到了黑龙江省的城市化率的总体情况，具体的内容如图 14.2 所示。

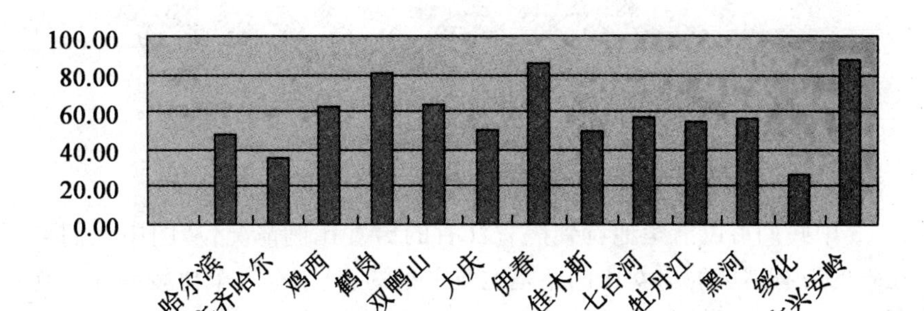

图 14.2　黑龙江省城市化率指数情况

从图 14.2 我们可以看到黑龙江省主要城市的城市化状况，通过对黑龙江省的城市化率情况的分析比较我们可以发现，黑龙江省的城市化率较高的地区主要是哈尔滨、鸡西、鹤岗、双鸭山、大庆、伊春、七台河、牡丹江、黑河以及大兴安岭等地区。而黑龙江省城市化率情况较差的地区主要有齐齐哈尔、佳木斯以及绥化等地。从图中我们可以看出黑龙江省城市化率最高的地区是鹤岗、伊春以及大兴安岭，它们的城市化率的比例达到了 80% 左右，大兴安岭以及伊春主要是国家的国有林区所在地，这可能和当地的具体的经济发展机构以及行政划分的原因。而黑龙江省城市化率最低的地区主要是齐齐哈尔和绥化等地，它们的城市化率是 38% 和 25%，特别是绥化的城市化率比例实在是太低，经济发展的能力不足，大多数的人们都生活的农村以及山区，生活质量、生活环境以及经济来源等都是困扰他们更好生活的重要的因素。而作为黑龙江省的省会城市的哈尔滨的城市化率也只有 50% 左右，其城市化率并不高，也就是说哈尔滨还有一半以上的人生活在城镇的外源等地区，主要生活在农村等地，而这些地区的人们的生活质量的水平并不高，而人群的数量却占了哈尔滨的一半的人口数量，说明哈尔滨还应该进一步的采取相应的措施加大城市化率的建设，使得更多的人能够进入城镇享受良好地生活环境，为人们提高必要的生活的保障。而且黑龙江省的总体城市化率也不是很高。出现这些的原因可能是因为经济的结构和政策的原因，因此黑龙江省应该注意经济产业的结构，为人们创造更多的就业机会以及出台更多的惠民政策。

3. 性别比例指数

性别比例主要是能够反映出一地地区或者一地国家人口发展情况，反映人口发展是否失衡，能否正常的进行发展。针对黑龙江省的具体实际的情况，我们对黑龙江省的性别比例相关的数据进行了收集和整理，并通过一定的计算我们得到了黑龙江省的性别比例指数的情况，以100作为男女比例平衡的标准，具体内容如图14.3所示。

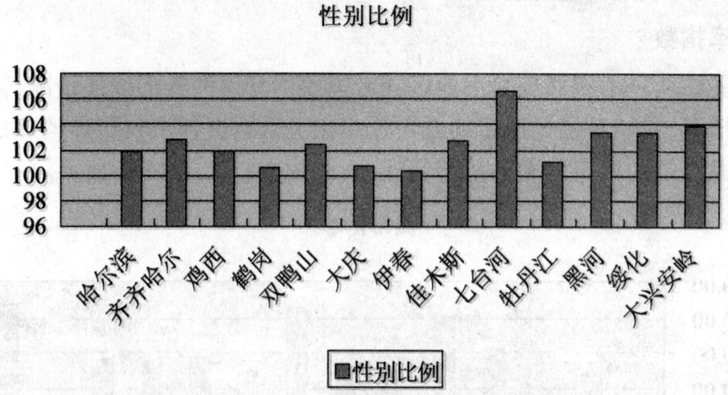

图14.3 黑龙江省性别比例指数情况

从图14.3中我们可以清楚地看到黑龙江省的男女比例情况，从图中我们可以清楚地看到黑龙江省的所有地区的男女比例还是比较平稳的，其中有一个比较明显的现象就是黑龙江省的所有的地区的男性的人数比女性的人数要高。其中黑龙江省男女比例情况最大的地区主要是七台河，其比例大概是100∶107，而黑龙江省男女比例最好的地区是伊春等地，从黑龙江省的总体男女比例来看，黑龙江省各地区的男女比例基本保持一致。通过这个数据可以说明，以前传统的重男轻女的传统观念已经从人们的生活中去除了，这对于社会人口结构以及人口的可持续发展是一个很重要的杰出的成绩。虽然目前黑龙江省的人口性别比例比较良好，但是我们并不能就因为这样而放松了对人口方面的管理措施，因为人口性别比例会受到很多的因素的影响，比如当地的社会发展情况、经济情况等诸多因素的影响，因此我们还要继续的实施计划生育的优生优育的政策，使得黑龙江省各个地区的人口的比例以及人口的出生率搏斗保持在合理可以控制的范围以内。

14.3.3 生活质量指数

生活质量指数主要是反映人们生活状态好坏的主要的指标之一，而针对黑龙江省具体的实际的情况，我们不能统计到社会支持系统中所有的生活质量指数相关的数据，因此我们主要选择了恩格尔指数以及人均住房面积作为评价黑龙江省可持续发展社会支持系统的生活质量指数。

1. 恩格尔系数

恩格尔指数主要是反映人们的消费水平的一个指数，针对黑龙江省的具体实际情况，我们对黑龙江省的居民消费情况和人均生活消费情况的相关的数据进行了收集和整理,并通过一定的计算,我们得到了黑龙江省的恩格尔系数的具体的情况统计,具体内容见表14.5。

表14.5 黑龙江省恩格尔系数情况

分类	居民年消费水平	人均生活消费支出	恩格尔系数
农村	4 536	4 391	33.8
城市	12 402	10 684	35.4

从表14.5我们可以清楚地看出黑龙江省的恩格尔系数统计情况,从表中我们可以看黑龙江省的平均的农村居民年消费水平是4 536元,而人均黑龙江省的城市居民年消费水平是12 402元,通过比较我们可以发现黑龙江省的城市居民消费水平比黑龙江省的农村居民消费水平高出了近3倍左右。其中黑龙江省农村的人均生活消费支出是4 391元,而黑龙江省城市的人均生活消费支出10 684元,通过比较我们可以发现黑龙江省的城市居民的人均生活消费支出是黑龙江省农村居民人均生活消费支出的2倍多。而我们对黑龙江省的农村居民年消费水平以及人均生活消费支出的比较可以发现,黑龙江省的农村居民的生活消费情况占到了总消费的90%多,这个比例很大;而我们通过对黑龙江省的城市居民的居民年消费水平和人均生活消费支出的比较,我们可以发现黑龙江省的城市居民生活消费占据了总消费水平的90%以上,这个比值也相当的大。通过对黑龙江省的城市和农村等消费水平的纵向和横向的比较,我们不难发现黑龙江省的居民的消费主要是用于维持了正常的日常生活,说明黑龙江省的生活质量环境并不是很高,经济发展的水平也不高,人们将大量的经济来源以及消费用在了维持正常的生存生活上了。但是总的来说黑龙江省的城市的消费水平还是比黑龙江省的农村的消费水平要高。黑龙江省的城市恩格尔系数比黑龙江省农村的恩格尔系数要高,通过对黑龙江省的恩格尔系数的比较,可以发现黑龙江省的生活消费水平还是在逐渐缩小。根据黑龙江省的具体情况,政府应该在继续加大缩小黑龙江省城镇差距等相关的措施,缩小差距,使得更多的人能够安居乐业,享受到良好地生活生存环境质量。

2. 人均住房面积指数

人均住房面积指数主要是反映一个地区或者国家的住房保障的能力情况以及经济发展的情况。针对黑龙江省的具体情况,我们分别对黑龙江省2009年、2010年的城市和农村等地区的人均住房面积等数据进行了收集和整理,并通过一定的计算得到了黑龙江省的人均住房面积指数的统计情况,具体的内容见表14.6。

表14.6 黑龙江省人均住房面积指数情况

住房面积	2009人均面积	2010人均面积	指数
农村	22.5	22.8	101.33
城市	24.6	25.7	104.47

从表14.6我们可以清楚地看到黑龙江省的人均住房面积的统计情况,从表中我们可

以看到黑龙江省2009年的农村人均住房面积为22.5 m^2，而2010年的人均住房面积社会22.8 m^2，通过对黑龙江省2009年和2010年的人均住房面积的比较，我们可以发现这两年的人均住房面积变化不大，但也有一定程度的增长。而黑龙江省2009年的城市人均住房面积是21.6 m^2，而黑龙江省2010年的城市人均住房面积是25.7 m^2，通过对黑龙江省2009年和2010年的城市人均住房面积的比较我们不难发现黑龙江省的城市人均住房面积变化不大，但是还是有一定程度的比较。从表中我们还可以看到黑龙江省2009年和2010年的农村和城市的人均住房面积的差距都不是很大，只有一小部分的差距，这说明黑龙江省的农村和城镇人口的居住面积差不多，从黑龙江省的人均住房面积的指数我们也可以看出，黑龙江省的农村人均住房面积指数是101.33，而黑龙江省的城市人均住房面积指数是104.47，两者之间的差距不大。通过对黑龙江省的城市和农村居民的人均住房面积的纵向和横向的比较我们可以发现，黑龙江省的人均住房面积在不断的增大，人们的生活生存的空间在逐渐的增大，但是这个增长的效率很低；而且黑龙江省的城镇和农村的人均住房面积差距不大，这说明城镇和农村的住房保障差不多。针对黑龙江省这些实际的情况，我们应该进一步的对黑龙江省的经济进行发展，加大相关的经济刺激措施，使得经济更好的发展，逐渐的改善人们的生活居住条件。

14.4 黑龙江省社会支持系统建设建议

14.4.1 加大人口管理制度的完善

要求积极实施人口和计划生育‘惠家工程’，认真落实计划生育奖励政策，关注计划生育弱势家庭和特殊人群，推动流动人口计划生育服务均等化。“要紧紧抓住人口计生投入这个关键环节，全面落实人口计生民生工程。

(1)保持人口计生投入持续增长

进一步加大公共财政预算支出，人口计生投入增长幅度要高于经常性财政收入增长幅度，保障人口计生经常性工作、奖励政策、基本项目免费服务等基础工作和民生项目的资金需求。

(2)坚决落实《黑龙江省人民政府关于认真落实计划生育奖励政策的意见》

积极出台相关政策，确保奖励金额按时到位。目前，有些地方仍然拖欠独生子女父母奖励费、下岗人员独生子女父母退休一次性补助，且沉积时间长、数额较大。对于这件事情，要认真调查摸底，弄清真实情况，制定还欠计划，明确偿还责任，尽快予以解决，绝不能一拖再拖。

(3)监督企业承当法定的社会责任

提倡全社会共管人口计生事业，引导企业加大计生投入，通过多方筹措，解决奖励政策兑现问题。要进一步加强对各地奖励政策落实情况的监督和检查，对投入和奖励不兑现，或欺上瞒下、弄虚作假地方和部门的主要领导和相关人员，要严肃查处。”

(4)推进人口计生服务体系建设

围绕实施惠家工程和群众需求，深化人口计生公共服务管理体系改革，加强服务站规范化标准化建设,实现与公共卫生服务有效衔接,搭建好服务全人口和生命全过程的平台。设立城市社区人口计生公益性服务岗位,加强基层人口计生网络建设,完善鼓励义务工作者的配套政策,促进人口计生公共服务与社会管理创新。扎实推进“强基提质”工程,全面提升人口计生队伍职业化水平。要重视和加强计划生育协会的组织建设,充分发挥其重要作用。

(5)做好民生普惠政策与人口计生优先政策的衔接

各地各部门在出台养老保障、医疗保障、城乡低保、土地流转、征地补偿、科技扶持、发展教育和促进就业等普惠民生的重大公共政策时,要确保与人口计生优先优惠政策的衔接。

(6)促进改善民生和增强家庭发展能力

重点做好农村部分计生家庭奖励扶助和城乡计生特殊家庭特别扶助工作,深入开展结“帮扶对子”送温暖行动。完善计生家庭优生优育、子女成才、抵御风险、生殖健康、家庭致富、养老保障等福利政策体系,在提升人口生命质量和增强家庭发展能力中增进人民群众福祉,在构建和谐人口、民本计生中使人民群众的生活更加殷实、更有尊严。

14.4.2 加快第三产业发展

(1)破除传统思想观念,完善地方性法规,促进社会体制改革

发展第三产业,必须转变观念,摆脱长期计划经济体质的束缚,纠正第三产业只是商业、饮食等狭小的认识。要把第三产业当成提高国民经济的重要产业。进一步深化市场的运作体制,推动原有的财政负担的事业型等部门的社会化,努力引进外资。由于黑龙江在我国的北方,比较偏远,因此黑龙江省应该降低第三产业的门槛,加快铁路运输、通信业以及公共事业的体制改革。对传统的已经开放的行业要继续鼓励其形成多种经济成分的股份制,培养出多元化的竞争主体。

(2)优化第三产业内部结构,发展新兴、劳动密集型产业

加快黑龙江省第三产业发展的主要任务就是在黑龙江省等老工业基地振兴的总体规划下,把旅游业和现代的服务行业作为发展第三产业的重中之重,兼顾传统的产业及文化产业并行发展。

(3)区分不同类型的城市,改善第三产业的区域不均的状况

哈尔滨、大庆等中心城市,应该从过去的以第一、第二产业为主的产业结构逐步转变为以发展第三产业为主的经济发展结构。把与中心城市功能不相符合,与省会城市未来发展相背离的产业逐渐从中心城市撤离,可以将其转到其他欠发达的城市,这样既能表现出中心城市的经济结构和地位,又能使欠发达的地区引进一些产业,为其经济的增长注入新的动力和活力。

(4)加大对高科技和人才的引进

振兴黑龙江省的老工业基地,不能单纯地增加数量和扩大产业的规模,不是搞重复建设和产业趋向。而要实现科学技术的创新,用高新技术来改造传统的产业,使得传统产业的生产成本减少,同时使得其生产产量和质量出现质的飞跃。但是这些就对人才的素质和创新的能力提出了新的要求。人才是发展的动力。努力为全面振兴黑龙江省的老工业基地造就高素质的人才,要充分发挥哈尔滨工业大学、东北林业大学等重点大学为黑龙江省提供理论性的人才;要大力发展黑龙江的职业技术学校,为黑龙江省的高级技术人才提供一个平台。

(5)充分利用沿边优势,发展外向型经济

进一步加大"南联北开"的力度,充分利用中俄经济的互补性,利用国内外两种资源、两个市场,建立强大的面向国际的企业集团,积极发展对外贸易、外向型农业等外向型经济类型。

14.4.3 加快城市建设

(1)加快全省城市现代化、国际化发展进程,建设区域性和专业性国际性城市,为黑龙江省与世界经济一体化接轨创建良好的发展机遇

将哈尔滨市建设成为寒地国际性城市;借鉴国外边境国际化都市的发展模式,将黑河、绥芬河等边境口岸城市与其所对应俄方城市建设成为跨国合作的边境国际性城市;将五大连池市等建设成为具有国际意义的旅游城市。

(2)注重城市发展质量,进一步完善城市基础设施和社会设施建设,提高城市建设档次

完善城市住宅、道路、给排水、电力、电信、供热、燃气、环境卫生、园林绿化、防灾体系等基础设施的建设,强化城市商业、医疗、卫生、教育、体育等社会设施的配套发展,建设方便、舒适、安全、优美的可持续的城市人居环境。

(3)创造城市风貌特色,促进城市文化发展

根据各城市不同的自然、人文、经济等要素,创造出具有鲜明地方特色、优美景观风貌、高水准建筑艺术、特别是体现资源、边境、寒地省情特点的景观风貌特色体系。

(4)制定合理宽松的政策,促进农村人口向小城镇的合理流动。逐步改变二元户籍结构,放宽农民常住地户口迁移政策,准许农民在一定条件下迁移到小城镇落户;同时加强小城镇常住人口、流动人口、外来人口的管理,建立起适应新体制的小城镇户籍管理制度。

(5)正确处理城市综合发展与专门化的关系,促进城镇体系职能结构优化

中心城市应重点完善城市的中心地职能;小城市应逐步提高专业化水平,改变产业结构趋同、低水平竞争的状况,有效组织小城市间的协作;资源型城市应着重改变产业结构单一、层次偏低的状况,强化城市综合职能,加强在市场经济中的竞争力和应变力。

(6)促进资源型城市过于分散的城市空间结构的聚集

适应资源型城市经济结构由粗放式向集约式转化的趋势,加强资源型城市中心区的发展,完善其各项城市功能,逐步实现城市空间的优化聚集。

(7)促进中心城市的发展,加快若干城市群的建设

重点建设哈、齐、牡、佳、大庆等实力较强的中心城市,以高标准、高效率、辐射力强的中心城市带动整个区域社会经济的增长。借鉴国内外"城市群"、"都市圈"等发展模式,加强对已具雏形的哈-大-齐城市群及其进一步拓展形成的南部城市带和若干中小城市群内部的有机联系。

(8)加强与城市化和人居环境发展相关的地方性法规的建设

促进全省城市化进程与人居环境的协调发展和宏观控制,特别是重点加强对全省发展具有重要战略意义的自然资源保护、边境开放、寒地开发等方面的立法。

14.4.4 住房建设

(1)住房保障政策

以城市棚户区改造为切入点,促进住房保障体系的建立。各地城市棚户区改造项目中

经济适用住房和廉租住房的配建比例必须达到总规模的30%以上;对棚户区内符合经济适用住房和廉租住房政策条件的被拆迁居民就地落实政策,一次性解决住房困难。城市棚户区改造项目中回迁安置用房享受经济适用住房政策。

(2)税费减免政策

棚户区改造项目一律免收城市基础设施配套费等各种行政事业性收费和政府性基金;以划拨方式取得土地使用权的棚户区改造项目不征土地契税;棚户区居民因拆迁而重新购买的普通住房价款未超出拆迁补偿款的免征契税。

14.4.5　教育建设

(1)加强农村教师待遇

人才是社会发展的基础,由于条件差,待遇不好,很多教师都不愿意去乡村教书,这使得很多乡村的教育跟不上时代的步伐,教育水平远远低于应有的基本水平,因此加强农村教师的待遇,使得他们能够在农村教书,提高农村的教育水平,是我们目前发展教育的第一步。

(2)加强人才的培训

黑龙江省要努力建设教育事业,为高级人才建立一个学习交流的平台,多开展一些培训,为人才的交流提供便捷的服务,使得他们的知识面更加广阔,并且能够符合企业发展的要求,不断学习,不断进步。

(3)合理规划教育等级

要认清黑龙江省的教育规模、教育水平以及教育资源等情况,我们要努力以哈尔滨工业大学、哈尔滨工程大学、东北林业大学等国家重点院校为平台,培养更多的高级研究型人才,提供更多的国际交流项目以及更多的学术交流等;努力发展黑龙江省的职业技术类院校,为黑龙江省的企业输入大量的符合企业要求的专业技术型人才;努力发展黑龙江省的二类高等院校,为黑龙江省的教育事业、人口受教育程度提供保障,使得更多的人能够学习到更多的科学文化知识。

第15章 智力支持系统的概念与核算

15.1 我国智力支持系统发展阶段

可持续发展概念的提出,主要是人类社会意识到不可持续发展给人类带来的生存危机,使得人们不得不思考如何与自然和谐相处。而这些生存危机主要表现在世界人口的急剧增长、自然资源的持续浪费以及自然资源的供给越来越显得短缺、环境污染问题日益严重和经济社会发展动力逐渐减弱等。而想要解决人类社会当前面临的这些危机,就不得不依赖于科学技术的参与。因此,加强以科学技术的社会发展和应用为主导的可持续发展体系中的智力支持系统的建立就显得尤为重要,智力支持系统能够完整有效地促进和保障可持续发展的动力,加强智力支持系统的建设以及制度的完善,也是发展可持续道路的必要措施。而我们经常说到的智力支持系统主要包含三个方面的内容,分别是国家教育能力、国家创新能力以及国家管理能力和决策能力。其中国家教育能力主要代表的是产生科技创新能力的基本要素,也就是说代表了智力支持系统的基础。国家创新能力主要代表了国家财富的积累和社会经济增长的动力,也就说代表了智力支持系统的核心部分。而国家管理能力和国家决策能力主要是代表如何优化组织人力资本、自然资本、社会资本以及生产资本的枢纽,它是让资源达到最优化的主要控制中心,换句话说就是智力支持系统的灵魂所在。

智力支持系统的这三个方面的内容之间相互影响,相互作用,共同组成了智力支持系统的完整性,担负起了可持续发展战略的制定、施行、监测、调控、推进,以及整体把握的角色。其中科学进步这一方面的内容,使得智力支持系统主要是依靠它的力量而存在,因此科学进步是智力支持系统的核心所在。科学进步不仅仅是智力支持系统的核心所在,而且是一个国家或者地区的区域创新能力、智力水平以及竞争能力的标志性指标。一个国家或者一个地区缺少了科学进步也就没有了可持续发展的智力支持系统,也就谈不上可持续发展,更谈不上社会的进步。

换一种方式来说,智力支持系统就是一个国家或地区的经济发展,一般要经历三个基本阶段,即要素(资源)驱动阶段、投资(资本)驱动阶段和技术(发明)驱动阶段。其中,技术驱动阶段被认为是这三个阶段中最重要的阶段,但是技术驱动阶段的完成又离不开前两个要素之间的相互作用。

(1)要素驱动阶段

要素驱动阶段经济的发展主要是依靠当地的自然资源或者说是当地特有的优势资源及其所拥有的基础设施条件等来完成的。要素驱动阶段的主要特征是由当地的各类资源以及廉价或者半成熟的劳动力为其提供源源不断的能力供应。而其发展的工业产品生产的基础主要是利用外来的资源进行投资,通过整合相应简单的资源来进行发展。这种资源依赖性的生产经济地区是社会经济发展的基础,也是社会经济发展的最原始的状态。国际社会经济的波动或者是利益之间的交换价值对其的影响力很大,因为这些都直接影响着其生产的动力以及利润的价值所在。

(2)投资驱动阶段

这个阶段的主要目的是运用相关的技巧有目的地去进行相关领域的投资引进,通过这种方式引进现代化的技术设备,以便生产出更具经济价值和竞争力的产品,在经济社会中占有一席之地,以此来推动区域经济的发展。也就说这个投资驱动的阶段,不仅包含投资引进,还包括更新设备系统或者生产线的升级改进。这个阶段和要素驱动阶段一样对国家社会的经济的波动以及利益之间的转化价值十分敏感,只要有稍微的一点波动就可能对其造成很大程度的影响。

(3)技术驱动阶段

在完成要素驱动阶段和投资驱动阶段后,也就是说当经济实力达到一定的程度,引进先进的技术和设备已经在一定程度上达到国际的相关领域的水平,如果要想经济更进一步发展,就势必会去依靠技术的进步来推动经济的进步,通常出现以下情况时,就不得不依靠技术的进步来进行:

①通常生产技术和设备引进达到两轮之后,再引进时的投资成本呈指数式增长,致使引进国难以承受经济负担。

②进入国际市场的产品,永远处于追随型和无超额利润可获的状态,其生产经营受到技术供给者和市场需求的双重挤压。

③随着资源消耗越来越大,废弃物增加越来越多,势必面临着经济效益和边际收益递减等的威胁。因此,必须发展独立自主和创新的技术体系,以促进自身经济的持续发展。

根据对上述三个要素进行分析我们知道,有效的经济增长的方式主要还是来自于科技进步的力量以及在其作用下的创新发明的水平和技术的应用情况。科学技术的进步需要经济的发展来对其进行需要才会产生,而科学技术的进步对经济发展又起到了促进的作用,两者相辅相成,这就说明经济的发展需要科学技术的发展,经济的发展离不开科学技术的日益更新,而且科学技术的不断发展也为可持续发展注入了源源不断的能量。

经济的发展除了依靠科学技术的进步以外,还必须得向集约化生产方式转变。科学技术的进步对经济的发展有一定的促进作用,但是其对经济的发展主要是依靠高素质的人才资源来实现的。因此要使科学技术进步,我们还必须得引进高素质的人才,在现代经济建设中,只有不断地提高物质要素的高新技术含量和劳动力资源的技术素质,提高决策、经营和管理者的综合知识素养及敬业精神,才能充分发挥各生产要素的内在潜力,从而推动社会经济较快发展。

科学技术为中国的经济社会的繁荣做出了不可磨灭的积极贡献,为中国的经济发展打下了坚实的基础。目前我国的技术按照每年 4.58% 的速度在逐年发展,对经济总值的增长的贡献率达到了经济增长的 30% 左右(2009 年,国家统计局)。但是从回顾中国的历史来看,中国在很长一段时间内,并没有把科学技术的进步作为一个经济增长的助力来看待,并没有给予科学技术进步足够的重视。

但是从历史演变角度看,中国在相当长的时期内,并未把技术进步的作用和价值真正地放在一个比较突出的地位予以足够的重视,也还未真正地将其作为经济发展和国力增强的催化剂。从历史的角度来进行分析，我国为了使得经济的发展大量地耗损能源资源，从统计的数据来看，我国平均每年资源的消耗的增长率都大于国民生产总值，并且数值还在逐年增大。如果与别的国家进行比较，我们可以发现，我国在每万美元 GDP 中，很多材料的消耗都是美国、日本等发达国家的好几倍。从这个数据来看，如果我国的科学技术足够先进，那么我们每年节约的能源，足够某些小的国家一年的消耗总量。目前我国已经明确提出未来十年内，我国一定要改变经济发展的产业结构，加大第三产业的发展，改变我国当前的粗放式经济增长模式，将这种模式改变为集约式的经济增长模式。其中衡量由粗放式经济增长模式转变为集约性经济增长模式的主要方面包含了四个方面的内容，分别是单位产值的能量消耗应接近或低于世界平均水平；单位产值的物料消耗应接近或低于世界平均水平；单位产值所产生的废弃物应接近或低于世界平均水平；企业全员劳动生产率应接近或高于各自领域的世界平均水平。

15.2 智力支持系统概述

从人类社会发展的经历可以得出，科学技术是第一生产力，是一种无形的、潜在的生产力，如果能够将其符合实际的要求运用到实践中去，那么科学技术就会变成强大的物质能源，会成为经济社会发展生产力的主要力量源泉，也会是可持续发展的核心支柱。中国实施"科教兴国"战略的根本就是将先进的科学技术成果转化为现实的生产力，只不过作为主体的是社会的人类。将科学技术成果转化为生产力，也是国家建设的需要，它能够为国家的建设提供无尽的力量支撑。但是想要实现科学技术成果转化为生产力并非一件轻松的事，它受到了诸多方面的影响，除了上面我们讲到的相关内容外，它还受到了诸多内在和外在因素的影响，而且这些因素之间相互作用，相互影响，其成因十分复杂。但是如果我们想要使得智力支持系统能够更加完善和具有很强的支持能力，我们就得对智力支持系统进行评价，以此来判断智力支持系统的发展支持能力。表 15.1 是智力支持系统的基本框架结构。

表 15.1 智力支持系统指标体系框架

系统	主要内容	详细指标
智力支持系统	区域教育能力	教育投入指数(教育事业费/GDP、人均教育事业费)，教育质量指数(小学教师/学生数、中学教师/学生数、万人拥有大学教师数、小学升学率、初中升学率、中等以上学校升学率)
	区域科技能力	科技资源指数(科技人力资源、科技经费资源)，科技产出指数(科技论文产出发表比例、科技贡献指数、企业转化能力)
	区域管理能力	政府效率指数(政府财政自给率、党政机关和社会团体人数占总人数的比例、行政管理费/财政支出、重大决策失误率)，经济调控指数(财政收入/GDP、经济波动系数、城乡消费水平变幅、城乡收入水平变幅、人口自然增长率、失业率的变化率)，环境管理指数(环境影响评价执行力度、污染源限期治理及目标责任制执行力度、环境污染来访问题处理率)

从表15.1我们可以清晰地了解可持续发展的智力支持系统详细的指标体系框架结构,其中可持续发展智力支持系统主要从三个方面进行了阐述,这三个方面分别是区域教育能力、区域科技能力以及区域管理能力。每一个大类的下面还分属了很多的小类,这些小的指标都是评价智力支持系统发展能力详细的指标。

区域科技能力主要是从科学技术实力、科学技术能力以及科学技术效率三个方面来进行研究的,每个方面的下面都还有很多小的指标来进行评价。

(1)科学技术实力

科学技术实力主要用来衡量一个国家或者地区的科学技术发展情况,它也是评价科技进步众多指标中最重要的一个指标。它一般由每万人中科学家和工程师的比重、国家级及地方级科研所的数目、大型成套科学仪器的数量、技术中心或装备中心的数量、国家开放实验室的数目、科学家与工程师的工作量、企业中技术人员占职工的比例等指标,进行单一或组合判别。科学技术实力,实质上是可能提供科学创新和技术发明的基础力量,即钱、人、物的数量和质量,亦即指一个国家或地区的科学技术总体实力。

(2)科学技术能力

科学技术能力主要是指科学技术实力转化为科学技术成果的过程,也是衡量一个国家或者地区的科学技术成果转化水平的指标。而科学技术实力和科学技术成果有着这样的关系,也就是有科学技术实力不一定有科学技术成果,因为只有经过转化后才能成为科学技术成果,因此有科学技术成果它就一定具有一定程度的科学技术实力。而这个转化过程的评价指标主要有:资金投入的有效性、科学家与工程技术人员的素质和水平、大型科研仪器和设备的先进性与完备率、科技管理水平的高低、科研选题的先进性和实用性,以及对科技发展前沿和实践应用潜力的判断力等。这些指标都是对一个国家或者地区的科学技术实力的评价。还有一个问题就是科学技术成果不一定适用于所有的其适应的环境,还得根据其使用的环境等复杂的外在和内在的环境作用,来最终确定其科学技术的竞争力。一个国家和地区要想发展,就必须尽可能地将大量可能运用到实践中的科学技术保存下来,并且运用到实践中去,尽可能地提高区域科技实力的转化系数以便来增强自身的发展能力,这个思路也是当前国际上众多国家发展的基本思路,同时也是我国在现代科技革命的推动下,促进社会发展的指导思想。

(3)科学技术效力

科学技术效力主要是说科技成果进一步转化为现实的生产力的效率或者说效用。从我们目前的分析和研究来看,我们可以很肯定地得出一个结论,那就是目前的科技成果或者说科学技术的能力,并不具备能够直接运用于实践的能力,并不能够满足社会对其相关经济产品的需要。因此我们需要更进一步研究的就是将我们在实验室中或者在中间过程实验室的科技成果通过一定的形式,比如说经过一定程度的加工、调制或者说组合,并在适宜的条件下,考虑其在某种情况下的可行性、先进性以及其所带来的经济价值或者附加的各种价值等,更重要的是看其是否能够对生产力有一定程度的提高能力,是否能够很好地融入经济社会的运行机制中,以便能够正常地发挥其作用,为可持续发展提供一定的技术保障和一定的发展助力。在这一过程中,科技成果的调试和规模化生产,一直到最终产品的形成并进入消费者手中,然后又把废物回收、资源化的良性循环建立起来,才是科学技术效力的“最终映象”。

从上面的分析来看,科学技术的实力、科学技术的能力以及科学技术的效力,这三者在经济社会的发展中相辅相成,相互作用,相互影响,在进行转化和运用的整个过程中,三者缺少其中的任何一个都无法达到相应的要求。这三者之间的关系可以这样进行理解,将科学技术的实力主要是对科学技术生产力的蓄积过程,而科学技术的能力主要是科学技术生产力的转化过程,而科学技术效力主要是指科学技术的释放或者运用的过程,这三个过程就是科学技术生产在不同阶段的具体表现。一个国家或者一个地区如果没有雄厚的科教能力,使得科学技术不断地积累,从量变到质变的过程,就不可能出现或者孕育出能够运用于社会经济体制的科学技术生产力,也不可能对社会的发展起到一定的促进作用,更不可能对可持续发展的智力支持系统起到相应的支持作用。但是反过来对科学技术生产力进行理解,那就是如果科学技术能量蓄积到了一定的程度而不进行相应的科学技术成果或者科学技术效力的转换,那无疑就是对资源、人力、物力以及财力的极大的浪费。因此,科学技术实力、科学技术能力以及科学技术效力之间的关系是复杂的,它不仅仅是正向的有利的作用,同时它还存在着逆向的反馈作用,这就使得社会生产力的发展能够在一定程度上指导我们需要进行研究的科学技术的方向以及需要研究的相应领域的深度,更能够指导我们在哪些方面存在科学技术的弱项。这样就能够使得我们在社会经济的运行机制下,通过正向和逆向之间的相互作用,使得资源的配置能够达到最优化,能够加快科学技术成果的转化以及科学技术成果在社会经济制度的运行机制下能够很好地发挥出其强大的社会生产力。从而推动社会经济有效健康地发展,成为协调人与自然演化冲突的根本手段,以便保障人类社会的可持续发展。

15.3 智力支持系统的评价指标

15.3.1 区域教育能力

教育能力是一个国家或者一个地区社会经济发展中不可或缺的一部分,同时也是一个国家或者一个地区经济综合实力的基本组成部分。在可持续发展的智力支持系统中,其智力的营养物质或者说基层的土壤主要是教育的规模、教育的程度以及教育事业的发展水平,而可持续发展体系中的智力支持系统的最根本的表现是全民族教育水准,也是智力支持系统有无坚实的基础的最终标志。

根据目前对国际相关领域的分析研究我们可以发现,区域教育能力的形成,主要有三个部分的内容,这三个部分的内容主要是教育投入的指数、教育规模的指数以及教育质量的指数,这三个指数之间相互作用,又相互联系,它们之间的共同作用使得区域教育能力沿着教育体系、教育水平以及教育成就的相关思路逐步发展。并且每个部分的下面还有很多相应的小的指标对这些部分进行相应的描述,它们都是评价区域教育能力的综合指标。

区域教育能力的形成,是三个基本环节的互相联系、相互促进的体现,即教育投入指数、教育规模指数和教育质量指数,是沿着教育体系、教育水平、教育成就的系列所表达出来的综合结果。

1. 教育投入指数

这部分主要是说国家投入到教育事业的投资力度，主要是指教育经费在国民生产总值中的比例，当地的教育事业投资费用在全国总教育投资事业中的比重，人均教育事业费用；主要是运用这些指标对教育投入的指数进行研究，以此来反映一个地区对教育事业的重视程度，或通过其与全国各个地区教育投入费用情况的比较，来确定当地教育事业的发展情况。大量的分析和研究表明，一个地区或者一个国家投入到教育事业的投资额占国民经济总量的比值越高，那么这个地区或者这个国家的总体发展水平以及其未来的发展潜力就会越大。教育事业给其经济社会发展带来的动力是无法估量的，因此我们要努力发展教育事业，倡导教育科技兴国战略。表 15.2 是我国的教育经费投入情况。

表 15.2　我国教育经费投入情况

年份	教育经费		财政性教育经费		
	总投入/亿元	增长率/%	投入/亿元	增长率/%	占总投入比
1990	659.38	10.88	563.98	8.85	85.5
1995	1 877.95	26.14	1 411.52	20.16	75.2
2000	3 849.08	14.93	2 562.61	12.04	66.6
2004	7 242.6	16.66	4 465.86	15.98	61.7

由表 15.2 我们可以看出我国在 1990 年至 2004 年的教育经费投入情况，其中我国的教育经费总投入从 1990 年的 658.38 亿元增长到了 2004 年的 7 242.6 亿元，教育经费总投入增长了 11 倍左右。财政性教育经费也是在逐年增加，从 1990 年的 563.98 亿元，增长到了 2004 年的 4 465.86 亿元，财政性教育经费增长了近 8 倍。由此可以看出，我国的教育投入在逐年增加，这对于教育事业的发展具有很大的推动作用，而且我国的财政性教育经费在总投入中的比例在下降，说明社会已经认识到教育事业的发展，社会已经有很多的组织机构在从事教育事业的投资，这位教育事业的发展注入了新的活力。

2. 教育规模指数

教育规模指数主要是指一个地区或者一个国家在教育事业有了一定程度的基础上，其对于其教育体系的内部结构的调整优化、对于教育事业的素质的长期的演变推进过程所起到的实质性的进步。而评价教育规模指数的指标我们一般都是采用每万人在校小学生数、每万人在校中学生数、每万人在校大学生数，以及平均每所学校的学生数等。通过大量的研究表明，如果一个国家或者地区在社会经济制度的运行机制下，在适当的时期以及适当的条件下，能够使得教育体系的结构达到一定程度符合当时经济条件的规模，那么这样的规模对于教育事业、教育水平有着很大的提高作用。表 15.3 主要是我国的教育规模情况。

表 15.3　我国教育规模概况

年份	学校数/万所	学生数/万人	教师数/万人	教育人口/万人	教育人口占总人口的比例/%
1985	144	21 753	1 261	23 014	22.0
1990	136	23 654	1 432	25 086	22.2
1996	155	30 401	1 549	31 950	26.2

续表 15.3

年份	学校数/万所	学生数/万人	教师数/万人	教育人口/万人	教育人口占总人口的比例/%
2000	149	32 093	1 592	33 685	26.8
2004	68	32 516	1 537	34 113	26.4

由表 15.3 可以看出我国的教育规模情况，其中我国的办学数量从 1985 年的 144 所减少到了 2004 年的 68 所，但是我国的在校人数，却从 1985 年 21 753 万人增加到了 32 516 万人，说明我国在精简学校结构的同时，加大了学校的办学规模。其中教师的人数从 1985 年的 1 261 万人增加到了 1 537 万人，说明我国的教育事业正在蒸蒸日上。教育人口占总人口的比例也在逐年增加，而且 1985 年至 2004 年正是我国人口增加的时间，但是我们的教育人口占总人口比例却还是在增加，说明我们的办学规模在逐年加大，学校的在校生容纳量在逐年增加。

3. 教育质量指数

教育质量主要是用来衡量一个国家或者一个地区在教育事业方面的教育水平、教育的目的主要是使得全民的素质得到一定程度的提高，为我们现行的经济社会培养出更多的具有一定程度的竞争力的高级人才，还需要为我们的现行经济社会培育出一批具有创新能力，能够代表先进生产力的高级创新人才。而评价一个地区或者一个国家教育质量指数的指标，国际上通常采用的指标有每个教师所负担的学生数目，万人拥有大学教师数，一个国家的平均受教育年限，中等学校以上学生数与总学生人数之比等。通过这些指标来对教育质量进行评价，通过纵向或者横向的比较，能够对不同地区或者国家的教育质量进行比较，从而能够分析出一个国家或者地区的教育水准。而在我国经常是对各个省市、自治区等进行评价和比较。见表 15.4。

表 15.4 我国各级各类学校发展情况

年份	普通高等学校	中等学校	小学	幼儿园	特殊教育学校
1949	205	5 216	346 769	—	—
1980	675	124 760	917 316	170 419	292
1990	1 075	100 777	766 072	172 332	746
2000	1 041	93 629	553 662	175 836	1 539
2004	1 731	97 144	463 635	117 899	1 560

由表 15.4 我们可以看出我国各级各类学校的发展情况，其中普通高等院校从 1949 年的 205 所增加到了 2004 年 1 713 所，增加了 8 倍多；中等学校的数量由 1949 年的 5 216 所增加到了 2004 年 97 144 所，增加了近 20 倍左右；小学的数量由 1949 年的 346 769 所增加到了 2004 年的 463 635 所，增加了差不多 100 000 多所小学；幼儿园的办学数量由 1980 年的 170 419 所到 2004 年有了适当的减少情况；其中特殊教育学校的数量由 1980 年的 292 所学校增加到了 2004 年的 1 560 所学校，增长了近 5 倍左右；根据以上数据的分析我们不难发现我国的教育事业正在逐步向高等学校迈进，使得更多的人能够接受到高等教育的熏陶，为社会经济的发展培养出更多的高级技术人才。

15.3.2　区域科技能力

区域科技能力主要是指一个地区或者一个国家在科技资源上的投入比例占国民生产总值的比重，科技成果的产出量以及科学技术对经济社会生产力的发展有多大的贡献来进行描述的。也就是说，构成区域科技能力的四个要素指标，即科技资源指数、科技产出指数、科技贡献指数和科技综合能力。这四者之间的关系是只有我们首先保证在科技资源上提供足够的资金来进行研究，保障科技的资源质量和科技资源的数量，只有这样才能够有更多的、更好的科技成果的产出，然后才会通过这些科技成果将其转化为能够在社会经济体系中运行的生产力，最终为社会和经济的发展做出一份积极的贡献，只有这样才能够使得一个地区或者一个国家能够真正地具备科技能力。这四者之间的关系相互作用，相互影响，如果中间发展过程缺少任何一个指标或者细节都不能使得一个地区或者一个国家的科技能力得到提高，也不可能将科技成果转化为先进的生产力。

1. 科技资源指数

科技资源主要是指一个国家或者一个地区投入到科技研究中的费用在国民生产总值的比重。而科技资源指数又可以进行细分，它主要由三方面的内容组成，他们分别是科技人力资源、科技资源经费以及科研机构数量。

科技人力资源评价的指标主要有一个区域内科学家、工程师占全国总数之比；每万人中科学家、工程师的人数。它们主要是反映一个地区或者一个国家在科技人力资源方面的资源情况以及它在科技人力资源方面的发展能力的基本状况。图 15.1 是我国 1991 年至 2004 年科学工作者的统计情况。

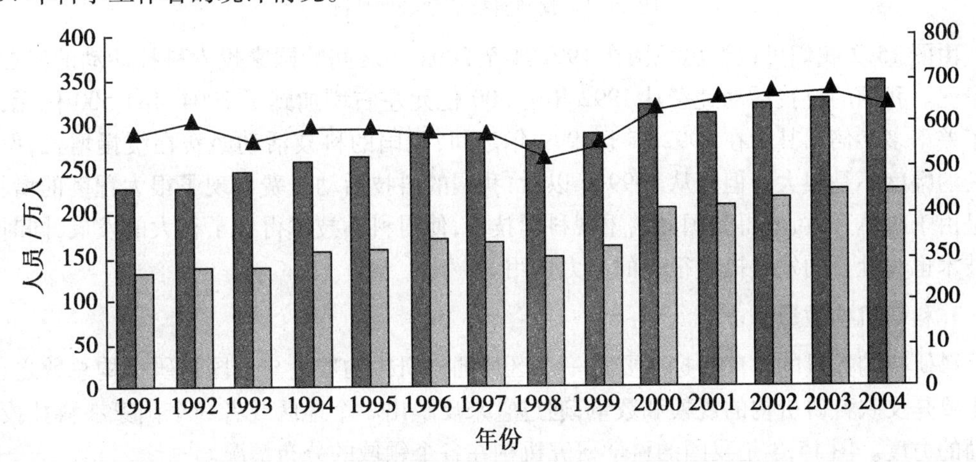

图 15.1　我国科研技术人员比例情况

由图 15.1 我们可以看出我国科研技术人员的分布情况，其中我们可以了解到科学家和工程师在科技活动人员中所占的比例较高，说明我国的高级技术人才资源还是很丰富的，并且科学家和工程师的比例每年都在出现一定程度的增长。我国的科技活动人员也在随着时间的变化出现不同程度的增长，从 1991 年的 225 万人左右增加到了 2004 年的 350 万人左右，为我国的科学研究注入了更多的活力和动力。正是由于我国科研工作者的逐年增多,使得我国的科研工作成果也在逐年增多,为社会经济的发展提供了有利的人才资源和科学技术的保障。

2. 科技经费资源

科研经费资源的主要评价指标有一个区域的科技投入经费占本地区 GDP 比例(%),本地区科技投入经费占全国的比例,本区域科学家、工程师平均获得科研经费数量,总产品收入中科研经费的百分比,财政支出中科技事业费,科技三项费所占比重。以上基础指标分别反映了 R&D 投入的总量状况,人均科研经费投入强度,以及政府对科技投入的重视程度和实际支持力度。图 15.2 是我国 1992 年至 2004 年的科技活动经费情况。

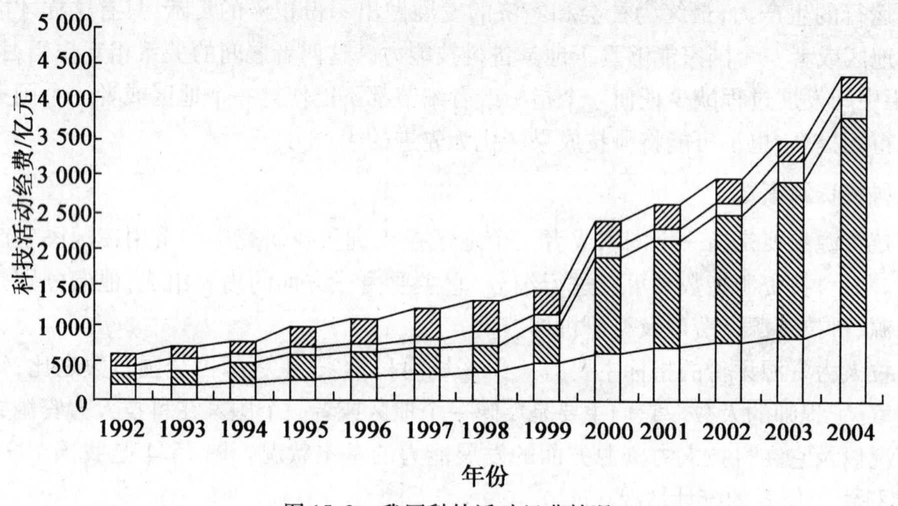

图 15.2 我国科技活动经费情况

由图 15.2 我们可以看出我国在 1992 年至 2004 年之间的国家投入科技活动的经费总体情况。我国的科技活动经费从 1992 年的 500 亿元左右增加到了 2004 年 4 500 亿元,增长了差不多 9 倍。其中在 1992 年至 1999 年之间,我国的科技活动经费在缓慢增长,但是增长的幅度不是很大。但是从 1999 年以后,我国的科技活动经费出现了很大程度的增长,正是由于改革开放,使得我国开始重视科学技术,使得科学技术得到了很大的发展,同时科学技术也为社会的发展提供很多的助力作用。

3. 科研机构数量

科研机构数量的评价指标主要有一个区域的科研机构数量与全国科研机构总数之比,它主要是反映科研机构的规模和数量,通过它来反映出一个地区或者一个国家在科技投入方面的力度。图 15.3 是我国的科学研究机构在各个领域的分布情况。

由图 15.3 我们可以看出我国的科学研究机构的具体分布情况,这些领域分别是信息科学、工程科学、生命科学、国际实验室、数理科学、材料科学、地理科学以及化学科学等,说明我国的科学研究遍布各个领域。其中各个领域的研究机构在我国总的研究机构中所占的比例分别是:信息科学占 15%、工程科学占 16%、生命科学占 25%、国际实验室占 4%、数理科学占 6%、材料科学占 11%、地理科学占 11%、化学科学占 12%,其中生命科学所占的比例最大,国家实验室所占的比例最小。通过对我国科学研究机构的分布情况可以知道,我国目前的科学研究分布的领域比较广,对社会的各个方面都有一定程度的研究,也正是由于这些科研机构的组成结构使得我国的科研成果在各大领域都有一定的体现,使得各个领域的先进生产力得到了明显的提高,为社会经济的平稳健康的发展提供一定物质基础保障。

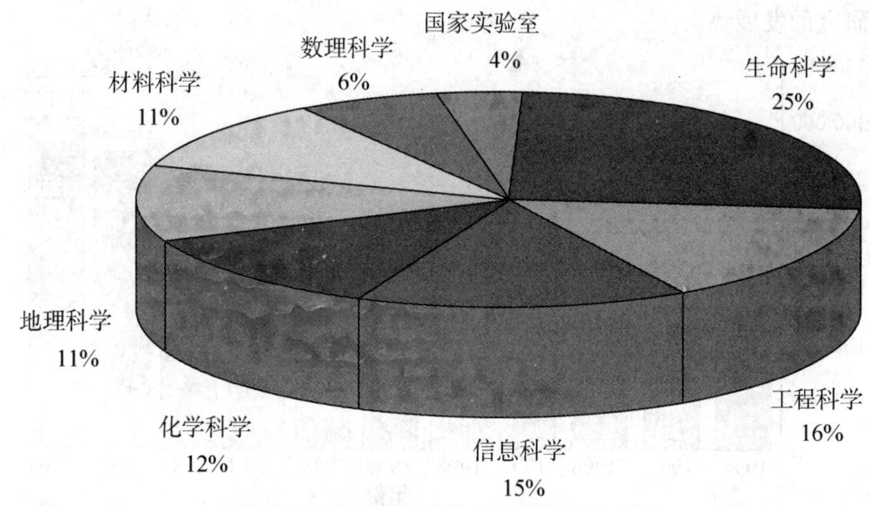

图 15.3　我国科研机构分布情况(2004 年)

4. 科技产出指数

科技产出指数主要是指科学技术到达一定规模后,通过一定的程序将科学技术转化为科学成果的过程,而科技产出指数主要由两个方面的内容组成,这两个方面的内容分别是科技论文的产出以及专利产出的能力。它们之间的关系虽然不如其他指标之间的关系那么密切,但是它们共同综合在一起就可以对科技产出的情况进行综合的评价,通过这个评价就能知道我国的科技产出能力。

(1)科技论文产出

评价科技论文产出的指标主要有各省(自治区、直辖市)论文与全国论文总数之比,科技效率指数,每千名科学家、工程师发表论文数。科技论文的产出主要通过这三方面的指标来进行评价,通过这三个指标的综合表现,就可以反映出一个区域的论文总量在全国论文总量中的产出情况,反映出一个地区在科学技术的效率的高低程度,同时也能够反映出一个地区的科学技术发达程度。

(2)专利产出能力

评价专利产出能力的指标主要是通过发明专利申请量,专利授权量占专利申请量之比,发明专利占总专利之比,各省(自治区、直辖市)专利占全国总专利之比。主要是通过以上四个指标对专利产出的能力进行评价,它们反映出了一个地区或者一个国家在科学研究成果方面取得的成就。选择这些指标来对专利产出能力进行评价,主要原因是它们能够代表一个地区或者一个国家的创造能力以及科学技术的质量方面的状况,还可以反映出一个地区或者一个国家在科技研究方面的相关实力表现。图 15.4 是我国的论文产出数量统计情况。

由图 15.4 我们可以看出我国的论文发表数量的统计情况,1994 年至 1998 年,我国每年论文增加的数量不大,仅仅从 1994 年的107 492篇增加到了 1998 年的 133 341 篇,增长的幅度很小。但是从1999年开始我国的论文数量出现了很大的变化,论文每年发表的数量逐年增加,而且增加的数量还比较大,从1999年的162 779篇增加到了2004年的309 952篇,增加了2倍左右,而且每年还在以更高的增长速度在逐年增加,让我们看到了我国科学研究的发展势头。

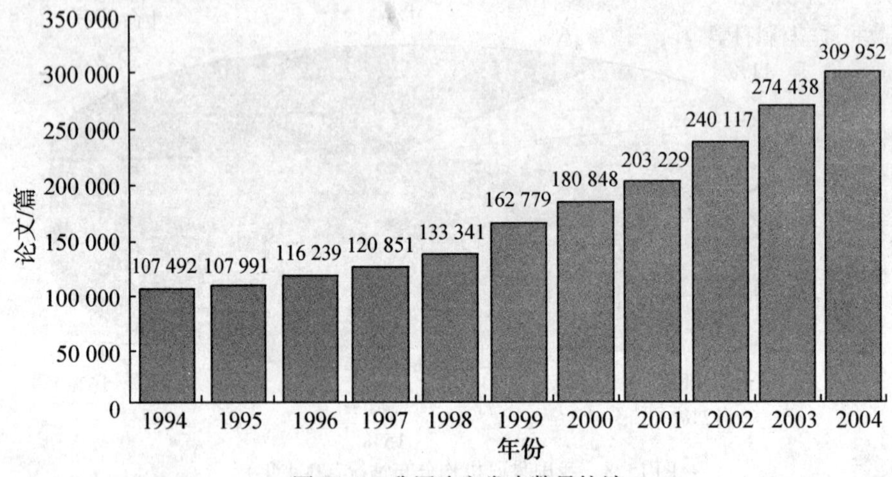

图15.4 我国论文发表数量统计

5. 科技贡献指数

科技贡献指数主要是说科学技术成果运用到社会经济体制中给一个地区或者国家或者说是一个企业后,对其产生的利润效果。它主要从两个方面的内容来进行研究,这两方面的内容是技术市场化能力和企业转化能力。

(1)技术市场化能力

技术市场化能力主要是指一个地区或者一个国家的科学技术成果运用到实践中的数量与一个国家或者一个地区的总的科学技术成果数量之间的比值。主要是通过这个指标反映出科学技术的运用实践能力或者说叫科学技术的成熟度。同时,还通过这个指标来反映出政府对科学技术成果转化的重视程度和其提供的相关支持的状况。

(2)企业转化能力

企业转化能力主要是指企业将科学技术成果运用到企业的生产中后,这项科学技术给企业带来的相关方面的经济效果。评价企业转化能力的指标主要包含了大型企业技术开发支出占销售收入的百分比,新产品收入占产品总收入百分比,人均创造新产品的销售收入,新产品收入占企业R&D的比例,每单位支出所获得新产品收入等。这些指标都从不同的方面来对科学技术对于提高企业的竞争力加以评价。科学技术运用到企业中后,产生的新产品其实就是科学技术转化为先进生产力的具体的表现结果,它还包括了前期进行科学技术研究所付出的劳动价值。企业转化科学技术的能力越大,其对社会的促进作用就越大,其对经济的发展以及生产力的发展就具有更高的促进作用。

这部分主要是对科技资源指数、科技产出指数以及科技贡献指数的综合评价,也就是科技创新能力或者说是科技综合实力,在此基础上我们就能够通过相关的数据收集以及数据处理,对科技综合实力进行评价。

15.3.3　区域管理能力

现代意义的区域管理能力主要是对区域管理、决策管理和优化管理三方面的内容进行综合的管理,而它的由来主要是借鉴与传统的管理方法,主要是融合了行政、司法、经济、社会以及市场等诸多方面的管理方式和形式。而区域管理能力在可持续发展体系中的智力支持系统中,被看成是可持续发展能够正常运作的重要因素。因此国际社会对管理水平的研究以及管理水平的高低作为经济社会发展的基本条件,同时管理能力还是可持续发展智力支持系统中不可或缺的一部分。而在可持续发展指标体系中研究区域管理能力,我们经常从三个方面进行,这三个方面分别是政府效率指数、经济社会的调控指数以及环境管理指数。这三者之间相关影响,相互作用,共同决定了区域管理能力的高低程度。

(1)政府效率指数

政府效率指数主要是指政府的办事效率,在一定程度上反映了政府办事能力方面的指数。评价政府效率指数主要是从党政机关及社会团体人数占总就业人数之比、行政管理费占据财政支出的比例、政府的财政自给率等指标进行评价。通过以上方面对政府的效率进行评价,其实这也是反映政府管理绩效的一个重要的指标。

(2)经济、社会调控指数

经济社会调控指数主要是指在某种特殊的经济社会形势下,通过一定程度的手段,使得经济社会的发展能够更加平稳健康的发展。而评价经济社会调控指数的指标主要有财政收入占据 GDP 的份额、经济波动系数、城乡消费水平变幅、城乡收入水平变幅、人口自然增长率和失业率的变化率。其中财政收入占据 GDP 的份额和经济波动系数主要是说明政府或者是社会对于经济的管理能力方面的体现。而城乡消费水平变幅和城乡收入水平变幅主要是对社会的公平程度的管理,它主要体现在消费的收支平衡上,这两项指标也是社会稳定的前提所在。人口自然增长率和失业率的变化率主要是说明对于人口活动的管理能力,两项指标同时能够表现出经济的活跃程度以及社会的稳定状况。其实每个地区或者国家的具体的经济社会的调控措施或者说是手段都是不一样的,这个还得根据当地的实际情况来进行制定。但是经济社会的调控能力在稳定社会、促进社会发展中却具有不可忽视的作用,它不但能够使得社会平稳健康地发展,还能作为可持续发展的重要内容,同时也是实施可持续发展战略保障之一。

有很多地区还将经济社会的调控能力进行了更加详细的说明,主要是从政府通过某些手段来对经济社会进行管理。主要将经济社会的调控能力分成了六大部分,它们分别是财政的聚集能力、经济平衡运行能力、消费差别的调控能力、收入差别的调控能力以及人口控制的能力。

(3)环境管理指数

区域环境中找到一个能够适合生存和发展的环境,而这个环境就是通过一定的管理而创造出来的,而这就是环境管理指数的具体内涵。它是现代化管理中不可或缺的一部分。而这一指标主要是鼓励有关的地区或者相关的职能部门能够将社会经济的发展融合到环境质量问题的改善中,将管理和实施结合起来,为可持续发展创造出更加和谐的生存发展环境,这同时也是可持续发展战略对于区域管理的基本要求之一。

而对环境管理指数的评价我们一般从环境评价执行力度、环境制度执行力度、环境目标执行力度和环境问题处理能力四个方面来进行。

15.4 中国智力支持系统发展建议

智力支持系统作为可持续发展的重要体系之一,对于可持续发展能够正常运行起着不可忽视的作用,在经济快速增长的同时,我们要努力使得智力支持系统能够符合可持续发展的基本要求。因此我们要努力做好以下几方面工作,以便使得智力支持系统具有更强的发展潜力。

15.4.1 中国教育可持续发展

中国教育的可持续发展评估是一件责任重大的事情,需要运用科学的方法来进行。教育的可持续发展是中国教育能够满足可持续智力支持系统的基本要求,它是一件系统的工作。我们主要是从地区的教育可持续发展工作评估、学校教育可持续发展工作评估和教育的可持续发展中的教师评估三个方面的指标体系进行。由于我国目前的教育可持续发展指标体系大多局限在学校的教育评估方面,而对于各个地区的宏观评估和教育的可持续发展中的教师的研究还不多,因此这些指标是一种试探性的评价,希望能够对中国以后的可持续发展道路带来一定的参考意义。

1. 地区教育可持续发展评估指标体系

从地区推行教育可持续发展来看,根据我国的实际情况,将教育可持续发展分成四个方面的指标,它们分别是目标与规划、条件与保障、过程与实施以及结果与成效。每个指标下面还有很多下属的详细指标。

(1)目标与规划

目标与规划主要依赖于当地的政府或者教育系统的工作人员,因为它们是当地教育事业的决策者,他们的管理规划或者水平就是当地的教育水平的发展规划和水平。因此,地区政府和教育事业的工作人员要将教育的可持续发展纳入政府的工作议程中,使得教育的可持续发展能够得到保障,主要从可持续发展的目标定位、中长期发展规划、工作计划、教育可持续发展的管理情况以及教育可持续发展的宣传情况等几方面来进行评估。

(2)条件与保障

这部分主要是从师资队伍、经费投入、场地设施以及制度的建设几方面来对其进行评价,换句话说就是从当地的人、财、物以及学校建设用地四个方面来对教育的可持续发展进行评价。其中师资队伍是人力资源的保障,而评价师资队伍主要是从校长、教师为可持续发展服务的意识,组织校长、教师参加可持续发展的活动,注重在教学过程中的可持续发展的原则和方法,要发展多种人才资源,组成可持续发展的专家队伍等。经费的投入是教育可持续发展的财力保障,缺少了它教育事业难以继续下去。而评价经费的投入主要是从地区设立的可持续发展专项资金,各种形式以及层次的专项活动,经费监督制度,对各个下属单位的经济扶持情况,建立发展专项基金等方面进行评价。场地设施主要是指保障教育的可持续发展能够具有实施的地方,主要是从能否结合当地情况进行教育设施的建设、建立各个场所的可持续宣传栏、提高场所的利用率等方面进行评价。制度的建设主要是使得地区教育能够得到适当的监督管理,主要是从当地的教育部门是颁布教育可持续发展监管措施、健全管理体制以及完善规章制度等方面进行评估。

(3)过程与实施

过程与实施主要是从组织管理和教育过程两个方面来进行评价的。其中组织管理主要是由当地教育教学管理结构建立的管理教育可持续发展的组织机构,各个结构的责任以及工作任务明确,积极创建教育可持续发展的示范,借助小区等条件营造良好的教育环境。而教育过程主要是从教育的综合优势,开展教育可持续研究以及培育情况,对基础课程进行可持续发展的改革,提高当地普通人群的可持续发展意识,做好各种形式的宣传等指标进行评价。

(4)结果与成效

结果与成效主要是从创建区域特色的教育经验和地区公民可持续发展意识的提高程度两个方面来进行评价。其中创建区域特色的教育经验主要是从地区编辑、出版有关的教育可持续发展的读物,以及地区教育工作人员的获奖情况等方面进行评价。地区公民的可持续发展意识主要是从公众参与教育可持续发展的积极性、公众具有环境保护的意识、青少年在科技作品上的获奖情况及表现情况等方面进行评价。

2. 学校教育可持续发展的工作评估

这部分主要是从组织管理、课程建设、生态节约型校园的建设和教育效果四个方面来进行评价,主要是根据当地的经济形势以及相关的政策进行制定。

组织管理工作是任何一个单位都必须进行考核的一部分,这是能否实施好可持续发展的主要前提之一。其主要是从建立可持续发展领导小组、将教育纳入学校的规划发展中、职能部分能够发挥相应的作用以及是否能够稳步推进学校教育可持续发展四个方面进行评价。

课程建设这部分是学校实施教育可持续发展的主要方法和手段,是学校教育可持续发展工作中的核心环节。评价课程建设的主要是从领导干部的可持续发展理念,积极推进可持续发展的服务意识,将教育可持续发展纳入课程教学体系中,激发学生的创新思维的能力等方面进行评价。

生态节约型校园的建设是教育可持续发展的一个标志性的工程,在教育可持续发展工作中占有重要的地位。而评价生态节约型校园建设的主要指标有能否对校园进行生态化的整体设计,在建筑材料、办公设施、教学用具的选用应该具有环境节约型的理念,用水用电节约情况,是否设有特色的宣传栏进行宣传工作的建设。

教育效果在学校的教育可持续发展的整体评估体系中具有很大的权重,这一指标能够具体地反映出学校教育可持续工作的实施情况以及取得的相关的成绩。而评价教育效果的指标主要指学校是否能够提供一些对教育可持续发展起到促进作用的证明。对受众者产生了良好的引导作用,学生参加环保与节约活动的普及率等指标对教育效果进行评估,还有一个最重要的指标那就是能够罗列出一定数量的教育可持续发展的专题公开课、案例以及论文等相关的教学成果。

3. 教育可持续发展中教师的评估工作指标体系

这部分内容主要是针对教育事业发展的教师进行评估,主要从教师的思想意识、知识与能力、教育教学过程以及工作绩效四个方面进行评价。通过这些评价来了解教师的工作情况以及教师的可持续发展教育能力等。

思想意识决定着教育可持续发展的前进道路，评价这部分的主要指标有教师树立教育可持续发展的社会责任感，教师对教育可持续发展理念的深刻认识程度，在教育可持续发展中能否努力地提高自己的整体素质等。

知识与能力主要是指从事教育可持续发展实践活动的教师的综合素质能力。评价这方面的指标主要有教师注重和掌握的能力，教师在各个领域的知识积累情况，教师能否运用教育可持续发展的理念进行创新，将课程密切地与环境、资源等相结合和教师能够和其他的单位或者组织开展教育可持续发展合作。

教育教学过程主要是教师实施教育可持续发展的主要方法和手段。这部分评价的主要指标有将学生的主动创新放在首位，对学生进行创新思维的引导，引导学生关注社会的可持续发展，积极培养学生的环境保护可持续发展意识。

工作绩效方面主要是指教师实施教育可持续发展的效果。这方面的评估指标主要有三个方面的内容：使学生的学习积极性普遍增强，学生的可持续发展思维得到加强，有一定数量的专题公开课、案例以及论文等。

15.4.2 中国科技的可持续发展

科学技术是一个国家发展的基本要素之一，同时科学技术也是经济社会发展潜在的、根本的动力，只有在科学技术活动比较活跃的地区，它的经济社会的发展才可能得到很大程度的提高，才可能生产出先进的生产力。因此，为了提高可持续发展的智力支持系统的发展能力，我们要在以下几方面进行努力。

(1)制定符合当代经济社会发展的具体指导思想和实施方针

我国政府根据国际上的大环境，再结合我国的实际发展情况，找出我国面临的主要挑战和存在的主要问题，及时提出一系列适合我国国情的具有重大意义的指导性思想和能够实施的战略方针。将科技作为发展的主要内容，努力做到科教兴国，鼓励自主创新等科学技术发展的方针。

(2)强化科学技术的法律配套措施

我国现在面临很严重的知识产权保护的问题，我们一定要制定出相应的法律法规对这些科学技术的产权进行保护，只有这样才能够提高科研工作者的积极性。

(3)科技政策体系结构需要进一步完善

在目前众多的科学技术发展体系中，供给政策相对很多，但是需求政策却很少。目前我国的科技政策主要是通过资金的注入使得科研工作者进行科学技术的研究，我们应该更多地鼓励自主创新，从社会的需求方面来对科技的发展进行推动。

(4)加强科研院校机构的建设

加大我国的高校研究工作，让各个高校能够独立自主地进行科学技术的研究和发展，并通过高校等研究机构与国际上的相关领域进行合作，引进先进的科学技术，使得我国的科学技术在一定程度上能够跟上世界科学技术发展的步伐。

(5)承认和尊重企业技术创新的主体地位

企业是研究开发活动的主体，我们要对其充分尊重；企业在许多情况下已经成为科学技术的主体，特别是在产业技术知识方面是主要的生产者；同时，企业还是技术创新的主要承担者，企业也承担着很多的科学技术的研究，更重要的是科学技术的研究最后都必须经过企业生产的实际检验才能符合生产力提高的要求。

(6)努力培养出创新集聚机制是全球化背景下促进知识交流的有效方式

创新集聚是伴随产业集聚而产生的，主要是对各个方面进行有效分工，然后进行有效整合等使知识的创造与知识的使用形成有机整体。

(7)加强高新区与区域科技的发展

通过建立相关的科技工业园区来推动产业的集聚、发展高新技术产业、带动经济的增长，聚集更多的高级人才，促使科技成果和生产应用相结合，推动科学技术的发展。

第16章　智力支持系统在黑龙江省的应用

16.1　研究黑龙江省智力支持系统的意义

智力支持系统是可持续发展中不可或缺的部分,它为可持续发展注入了无尽的能量供应。对黑龙江省可持续发展智力支持系统的研究意义在于能够更好地实现可持续发展的理念与目标,能够了解黑龙江省在智力支持系统方面存在的缺点以及需要努力改进的地方。可持续发展作为国家的一项基本国策具有坚实的知识基础和理论基础,科学工作者依靠开放式的思考框架建立起一套整体系统,使空间域在全球尺度、国家尺度、区域尺度上达到健康、全面、协调的可持续发展目标。

目前在可持续发展方面制订的相关法律存在滞后于各方面发展需要的情况。建议政府实行奖罚分配管理,奖励维护环境和保护资源的贡献者,处罚破坏资源环境者;要进一步推进科研论证工作的步伐,各地可结合当地实际,制定相应配套的法律法规,真正把可持续发展纳入法律轨道。进入20世纪90年代,在世界经济社会可持续发展的大形势下,我国经济发展战略也进行了调整并进一步推进了体制改革,但随着市场经济的不断发展,我国多数地区智力支持系统面临的矛盾日趋尖锐,严重影响了国民经济发展。为此,国家和社会各界都日益关注资源型区域的智力能力发展的问题。

经济的发展既要保持经济的稳定增长,又要保证环境的不断改善,必须保证人类对环境资源的利用要永续,所以我们必须要在环境保护中适当地开发资源。本章主要是以黑龙江省为研究对象,从全省各方面的保护、经济的发展、社会的进步、民生的改善等指标入手,用综合的评价方法,对生态建设和指标的定量判断,进行描述、归纳和评价,了解黑龙江省建设的发展状况、发展趋势及存在的主要问题。

16.2　黑龙江省区域教育能力评价

进入21世纪以来,人类对地球的改造正发生着深刻的变化,在对地球不断的探索过程中,人们越来越认识到科技、知识、教育对人类更好生存的重要性。知识的传承和科技的研发都离不开教育,教育促进可持续发展正成为国际社会的共识,准确定位区域教育能力与可持续发展的关系便成为对一个国家或地区可持续发展能力的重要依据。

黑龙江省处于全面建设现代化省份的重要时期,科技进步、自主创新和国民素质的提高越来越成为促进社会经济发展、提高国际竞争力和构建和谐社会的依靠。在我国资源十分有限、国际竞争日趋激烈的形势下,全面落实科学发展观、明确教育促进可持续发展的方向,培养高素质的公民,具有重大的战略意义。

教育承担着为可持续发展服务的重要功能,是全民族共同的事业。具备可持续发展的科学观念和科学素养成为在新时期实现可持续发展的关键因素。我国可持续发展教育实力还不够强大,这应当引起人们的重视。区域教育可持续发展是指某一国家或地区的教育能力能否适应该区域社会经济发展的需求。区域教育可持续发展有发展性、协调性、持续性的特征。以黑龙江省基本情况为基点,探索区域教育可持续发展方面的基本情况,将区域教育能力分为教育投入指数、教育规模指数和教育成就指数三个子指标,下面依次对这三个指标进行分析探讨。

16.2.1　教育投入指数

教育投入是教育事业改革和发展的物质基础,也是制定国家教育改革发展规划的核心指标。教育投入指数中包含三个子指数,分别是教育经费支出占 GDP 比例、教育经费占全国份额和人均教育经费支出。将黑龙江全省 2010 年以上三个指数的具体数值查阅并计算出来,列出图表以方便读者对其进行直观比较。表 16.1 为黑龙江省的区域教育能力教育投入指数统计表。

表 16.1　黑龙江省教育投入指数(2010 年)

类别	比例
教育经费支出占 GDP 比例/%	2.50
教育经费占全国份额/%	1.33
人均教育经费支出/(元·人$^{-1}$)	677.39

由表 16.1 我们可以看出黑龙江省的教育投入指数情况,其中教育经费的支出占 GDP 的 2.5%,而在当年全国的教育经费的支出占总 GDP 的比例为 3.15,根据以上数据的比较我们不难发现,黑龙江省的教育经费支出偏低,政府应该加大在教育支出方面的比例,以便使更多的人能够接受到知识的熏陶。教育经费占全国份额的 1.33%,按照全国所有的省、自治区以及直辖市来进行平均分配,黑龙江的教育经费的支出远远低于全国的平均教育经费的支出。还有一项就是黑龙江省的人均教育经费支出为 677.39 元/人。根据以上对黑龙江省的教育投入指数的分析我们可以知道,黑龙江省的教育经费投入的额度不够大,远远低于全国的平均教育经济投入额度,政府应该在这方面引起足够的重视,以便为教育事业的发展做出一定的贡献。

中共中央和国务院颁布的《中国教育改革和发展纲要》中提出,到 2000 年末,国家财政性教育经费占 GDP 的比例达到 4%,但实际执行结果却只有 2.58%,到目前为止这一目标仍未实现。尽管我国教育经费近几年来稳步快速增长,但公共财政教育经费支出占 GDP 比重在世界上仍居于较低水平。我国这一比重的排名在世界 182 个国家和地区中位列第 135 位,甚至低于邻国尼泊尔。这一比重即使达到我国提出的目标 4%,也只上升到第 103 位,下面一组数据直观地比较了我国教育总经费占 GDP 比例与世界上重视人力资源开发的国家的差距。见表 16.2。

表 16.2 全社会教育总投入占 GDP 比重(2008 年)

国家或地区	比重/%
世界平均水平	5.9
以色列	8.5
马来西亚	8.1
美国	7.5
韩国	7.5
泰国	6.8
中国	4.6

由表 16.2 我们可以看出我国的社会教育投入比重在全社会的总体情况。2008 年我国全社会教育总投入占 GDP 的 4.62%,这一比重不仅低于全世界国家的平均水平,更远低于重视人力资源开发的美国、韩国、以色列等国家,以及马来西亚、泰国等新兴发展中国家的水平。

黑龙江省教育经费占全国份额很小,仅为 1.33%,人均教育经费支出为 677.39 元/人,低于全国一千元左右的平均水平。改革开放以来黑龙江省的教育投入总体上呈现稳步快速增长的趋势,但从未来十年教育经费需求看,当前比重的教育经费投入与支撑黑龙江省各级教育的发展需求所需的经费并不相当。

16.2.2 教育规模指数

教育规模指数主要衡量一个国家或地区的受教育人口占总人口的比重,通常用每百万人中各类在校学生数来表示。在具体研究黑龙江省的教育规模情况时,我们将教育规模指数分为万人中等学校在校学生数、万人在校大学生数、万人拥有中等学校教师数和万人拥有大学教师数四个子指标,用以分析比较黑龙江省各地区教育规模情况。

(1)万人中等学校在校学生数

通过对黑龙江省万人中等在校学生的数量的数据的收集和整理,得到黑龙江省各地区的万人中等高校在校学生的数量排名表,具体内容见表 16.3。

表 16.3 黑龙江省各地区万人中等学校在校学生数排序(2010 年)

地区	排名	人数/(人·万人$^{-1}$)
全省	—	528.7
佳木斯	1	659.0
大庆	2	652.3
鹤岗	3	627.0
鸡西	4	580.8
双鸭山	5	550.4
黑河	6	542.3
绥化	7	532.5
七台河	8	518.5
伊春	9	502.4
牡丹江	10	495.4

续表 16.3

地区	排名	人数/(人·万人$^{-1}$)
哈尔滨	11	493.4
大兴安岭	12	493.3
齐齐哈尔	13	439.3

由表 16.3 我们可以清晰看到黑龙江省万人中等学校的在校生的总体分布情况。我们对黑龙江省的 13 个地区进行了分析,得出了相应的图表,从表中我们可以看出黑龙江全省的万人中等学校在校学生数目的平均值为 528.7 人/万人,而高于全省万人中等学校在校学生数目的地区主要有鸡西、鹤岗、双鸭山、大庆、佳木斯、黑河以及绥化,总计 7 个地区,占到了总的地区的一半以上。万人中等学校在校学生数最高的是佳木斯,其万人中等学校在校学生数量达到 659 人/万人,紧随其后的是鹤岗和大庆,它们的万人中等学校在校学生数目分别达到了 627 人/万人和 652.3 人/万人。万人中等学校在校学生数目低于全省平均值的主要有哈尔滨、齐齐哈尔、伊春、七台河、牡丹江以及大兴安岭地区,其中万人中等学校在校学生数目最低的是齐齐哈尔,其万人中等学校在校学生数目为 439.3 人/万人。通过以上分析我们不难发现,全省各市万人中等学校在校学生数的数量相差不大,排序第一和排序最后的地区相差 219.7 人/万人;排序前三位的地区分别是佳木斯、大庆和鹤岗,排序后三位的地区分别是齐齐哈尔、大兴安岭和哈尔滨。

(2)万人在校大学生数

通过对黑龙江省各个地区的万人在校大学生的数量进行收集和整理,得出了黑龙江省 2010 年的各个地区的万人在校大学生的数量的排序表格,具体内容见表 16.4。

表 16.4　黑龙江省各地区万人在校大学生数排序(2010 年)

地区	排序	人数/(人·万人$^{-1}$)
全省	—	187.6
哈尔滨	1	498.0
大庆	2	198.4
牡丹江	3	177.3
佳木斯	4	126.2
齐齐哈尔	5	87.9
大兴安岭	6	61.4
鸡西	7	55.9
黑河	8	48.7
鹤岗	9	24.8
绥化	10	17.2
伊春	11	16.1
七台河	12	16.0
双鸭山	13	10.3

由表 16.4 我们可以清晰地知道黑龙江省 2010 年各地区的万人在校大学生分布情况。从表中我们可以看出黑龙江省的平均万人在校大学生的数量为 187.6 人/万人。其中高于

黑龙江省的万人在校大学生的平均数的地区有哈尔滨和大庆两个地区，低于黑龙江省的万人在校大学生的平均数的地区有牡丹江、佳木斯、齐齐哈尔、大兴安岭、鸡西、黑河、鹤岗、绥化、伊春、七台河以及双鸭山等地。其中万人在校大学生数量最高的地区是哈尔滨，其万人在校大学生数量达到了498人/万人，然后是大庆，其万人在校大学生的数量为198.4人/万人。其中万人在校大学生数量最低的地区是双鸭山，其万人在校大学生的数量为10.3，其与排名第一的哈尔滨相比，少了差不多1/50，说明其教育事业的规模相差很大。通过以上的分析我们可以知道，黑龙江省的大学生主要集中在哈尔滨和大庆等地，并且其在校大学生的分布情况极度的不均匀，这为黑龙江省教育事业的发展带来了很大的阻碍作用，相关政府职能部门应该加强这方面的管理以及控制。

(3)万人拥有中等学校教师数

通过对黑龙江省2010年的万人拥有中等学校教师数量的数据进行收集和整理，我们得到了2010年黑龙江省各个地区的万人拥有中等学校教师数量的排序，具体情况见表16.5。

表16.5 黑龙江省各地区万人拥有中等学校教师数排序(2010年)

地区	排序	人数/(人·万人$^{-1}$)
全省	—	38.2
鹤岗	1	46.7
大庆	2	45.8
伊春	3	42.7
双鸭山	4	42.03
大兴安岭	5	41.98
佳木斯	6	41.3
鸡西	7	41.2
黑河	8	40.9
哈尔滨	9	38.7
七台河	10	38.5
牡丹江	11	36.2
绥化	12	34.5
齐齐哈尔	13	30.3

由表16.5我们可以清楚地看到黑龙江省2010年各个地区的万人拥有中等学校教师的数量分布情况。从表中我们可以看到，黑龙江省的万人拥有中等学校教师的平均数量是38.2万人。黑龙江省万人拥有中等学校教师的数量高于平均数的地区主要有鹤岗、大庆、伊春、双鸭山、佳木斯、鸡西，黑河、哈尔滨和七台河，其中最高的是鹤岗，它的万人拥有中等教师的数量达到46.7人/万人。万人拥有中等学校教师的数量低于黑龙江省万人拥有中等学校教师的平均数的地区主要有牡丹江、绥化和齐齐哈尔，其中最低的地区是齐齐哈尔，它的万人拥有中等学校的教师的数量为30.3人/万人。通过对以上的分析我们知道，黑龙江省主要地区一共有10个地区的万人拥有中等学校的教师数量高于全省的平均数量，有3个地区的万人拥有中等学校的教师数量低于全省的平均数量。其中万人拥有中等学校教师的数量最高的地区与万人拥有中等学校教师的数量最低的地区之间的数量相差16.4人/万人。根据这些数据我们可以发现，黑龙江省的万人拥有中等学校的教师的数量

分布还是比较均匀的。但是这些数据还不足以反映出黑龙江省的教育事业的规模的情况。

(4)万人拥有大学教师数

通过对黑龙江省各个地区的万人拥有大学教师数量的数据进行收集和整理,得到黑龙江省2010年各个地区的万人拥有大学教师数量的排序,具体情况见表16.6。

表16.6 黑龙江省各地区万人拥有大学教师数排序表(2010年)

地区	排序	人数/(人·万人$^{-1}$)
全省	—	11.5
哈尔滨	1	31.4
大庆	2	10.9
牡丹江	3	9.3
佳木斯	4	8.2
齐齐哈尔	5	5.2
大兴安岭	6	5.0
鸡西	7	3.0
黑河	8	2.6
鹤岗	9	2.0
伊春	10	1.6
七台河	11	1.3
双鸭山	12	1.05
绥化	13	0.98

由表16.6我们可以清楚地看到黑龙江省2010年各个地区的万人拥有大学教师的数量统计情况。其中黑龙江省的平均万人拥有大学教师的数量是11.5人/万人。万人拥有大学教师的数量高于黑龙江省平均万人拥有大学教师的地区主要有哈尔滨,而哈尔滨也是唯一一个万人拥有大学教师数量高于全省万人拥有大学教师平均数量的地区,它的万人拥有大学教师的数量达到31.4人/万人,比全省万人拥有大学教师的数量高出了近3倍。其中万人拥有大学教师数量高于平均数量的地区有大庆、牡丹江、佳木斯、齐齐哈尔、大兴安岭、鸡西、黑河、鹤岗、伊春、七台河、双鸭山和绥化。万人拥有大学教师数量最低的地区是绥化,其万人拥有大学教师的数量是0.98人/万人。通过分析我们可以发现,万人拥有大学教师数量最高的地区比万人拥有大学教师最低的地区的数量相差了30倍左右,这个数据的差值之大,说明黑龙江省的万人拥有大学教师的数量分布极度不均匀。黑龙江省的大学教师主要分布在哈尔滨,其他地区的大学教师的数量分布较少,这种极端的分布情况,不利于教育事业的发展,出现教育事业的地区严重两极分化的情况。因此,政府工作者以及政府的职能部门应该在这些方面引起足够的重视,使得黑龙江省的教育事业能够平稳健康地发展。

通过对万人中等学校在校学生数、万人在校大学生、万人拥有中等学校教师的数量和万人拥有大学教师的数量四个指标的分析我们可以发现,黑龙江省的各个地区的教育资源分布是很不均匀的,从在校学生人数和师资力量来看,大庆、佳木斯、哈尔滨、鹤岗、牡丹江这四个市的实力在全省中位于前列。特别是哈尔滨的师资力量和在校大学生都很强大。

16.2.3　教育成就指数

(1)中等学校以上在校生占学生总数比例

通过对黑龙江省的中等学校以上的在校生以及黑龙江省的学生总数等相关数据的收集和整理,我们得到了黑龙江省2010年的中等学校以上在校学生占学生总数的统计情况,并得到了黑龙江省各个地区的中等学校以上的在校学生占学生总数的排列顺序的情况,具体情况见表16.7。

表16.7　中等学校以上在校学生数占学生总数比例排序(2010年)

地区	排序	比例/%
全省	—	59.36
哈尔滨	1	68.10
大庆	2	62.25
鸡西	3	59.09
鹤岗	4	58.64
大兴安岭	5	57.52
伊春	6	57.04
牡丹江	7	56.90
七台河	8	55.20
齐齐哈尔	9	54.70
绥化	10	53.92
佳木斯	11	51.48
双鸭山	12	50.89
黑河	13	50.53

由表16.7我们可以清楚地了解到黑龙江省2010年的中等以上学校的在校学生在学生的总数中所占的比例。其中黑龙江省中等以上学校的在校学生在学生总数中的比例的平均数为59.36%。而中等以上学校的在校学生在学生总数的比例高于黑龙江省中等以上学校的在校学生占学生总数比例的地区主要有哈尔滨和大庆两个地区,它们的中等以上学校的在校学生占学生总数的比例分别是68.10%和62.25%。中等以上学校的在校学生在学生总数的比例低于黑龙江省中等以上学校的在校学生占学生总数比例的地区主要有鸡西、鹤岗、大兴安岭、伊春、牡丹江、七台河、齐齐哈尔、绥化、佳木斯、双鸭山和黑河。中等以上学校在校学生占学生总数比例最低的地区是黑河,它的中等以上学校在校学生占学生总数的比例是50.53%。黑龙江省中等以上学校在校学生数占学生总数比例最高的地区比黑龙江省中等以上学校在校学生数占学生总数比例最低的地区高出了差不多20个百分点,这个数值的差距也比较大。通过对以上数据的分析我们可以知道,黑龙江省中等以上学校的在校生主要分布在哈尔滨和大庆两个地区,分布数量较少的是佳木斯、双鸭山和黑河等地。通过这些分析我们可以发现,黑龙江省各个地区的中等以上学校的在校生占学生总数的比例都超过了50%,说明黑龙江省中等以上学校的在校学生的数量较多。

16.3 区域科技能力

区域科技能力是一个国家或地区经济增长和财富积累的动力,是一个国家或地区的科技资源投入、科技成果产出、科技对社会的贡献方面所具备的综合实力。而我们在进行黑龙江省的区域科技能力研究时,主要是对三个方面的内容进行研究,这三个方面的内容分别是科技资源指数、科技产出指数和科技贡献指数,而在它们的下面还细分了很多小的指标对其进行综合评价。科技资源指数方面主要包含科技人力资源和科技经费资源两个方面的内容,科技产出指数方面主要包含科技论文产出和专利产出能力两个方面的内容,科技贡献指数方面主要是从经济间接利益来进行研究。这些指标的选择都是在结合可持续发展的具体要求以及黑龙江省的具体情况进行的,希望通过这些数据的分析能够对黑龙江省以上的区域科技能力发展有一定的借鉴作用。

16.3.1 科技资源指数

某一地区的科技资源投入的数量与质量是该地区科技创新能力的重要基础,从根本上决定着这个国家的创新水平和创新绩效。针对黑龙江省的具体情况,我们选择了科技人力资源和科技经费资源两个方面来进行描述。

(1)科技人力资源

科技人力资源是指实际从事或有潜力从事系统科学和技术知识的产生、发展、传播和应用活动的人力资源,既包括实际从事科技活动(或科技职业)的人员,也包括具有从事科技活动(或科技职业)潜能的人员。针对黑龙江省的具体情况我们选择了万人拥有科技人员数来对科技人力资源进行评价,具体内容见表16.8。

表16.8 黑龙江省各地区万人拥有科技人员数排序表(2010年)

地区	排序	人数/(人·万人$^{-1}$)
全省	—	46.2
大庆	1	207.4
哈尔滨	2	77.1
伊春	3	35.8
佳木斯	4	33.5
大兴安岭	5	30.8
鸡西	6	18.1
七台河	7	17.6
鹤岗	8	15.7
黑河	9	14.1
齐齐哈尔	10	12.0
双鸭山	11	11.9
牡丹江	12	11.4
绥化	13	6.5

由表16.8我们可以清楚地知道黑龙江省2010年各个地区的万人拥有科技人员的数量排名情况。黑龙江省2010年各个地区的万人拥有科技人员数量的平均值为46.2人/万人。其中万人拥有科技人员数量高于黑龙江省万人拥有科技人员平均数量的地区是大庆和哈尔滨。而万人拥有科技人员数量低于黑龙江省万人拥有科技人员平均数量的地区主要有伊春、佳木斯、大兴安岭、鸡西、七台河、鹤岗、黑河、齐齐哈尔、双鸭山、牡丹江和绥化。万人拥有科技人员数量最高的地区是大庆,其万人拥有科技人员数量为207.4人/万人,比黑龙江省的平均万人拥有科技人员数量46.2人/万人高出了差不多5倍。万人拥有科技人员数量最低的地区是绥化,其万人拥有科技人员的数量是6.5人/万人,比黑龙江省的平均万人拥有科技人员数量46.2人/万人低了1/7左右。黑龙江省万人拥有科技人员最高的地区比黑龙江省万人拥有科技人员最低的地区的科技人员数量高出了30多倍。这说明黑龙江省的科技人力资源分布不是很均匀,其科技人力资源主要集中在了大庆等地。相关部门的工作人员应该对于这个问题十分重视,以便使得黑龙江省的科技发展能够平衡地发展。各地区之间对科技人力资源的争夺越来越激烈。我省在提高科技能力水平上面临的一个重要问题是如何加大力度吸收更多的科技人才,建立起强有力的人力资源队伍,使我省的科技能力在全国乃至全世界更具有竞争力,以此为我省经济的持续快速增长提供坚实的后盾和强有力的保障。

(2)科技经费资源

科技经费资源主要是指企业或者科研单位获得的用于研究科学技术的经费支持在国民生产总值的比例。而针对黑龙江省的具体情况,我们选取了大型企业科技活动的经费占产品销售收入比例来作为科技经费资源的统计情况,黑龙江省2010年的大型企业科技活动经费占产品销售收入的比例,具体见表16.9。

表16.9 大型企业科技活动经费占产品销售收入比例(2010年)

地区	比例/%
全省	0.99

由表16.9我们可以看到黑龙江省2010年的大型企业的科技活动经费的情况。通过对以上数据的分析,我们可以看出黑龙江省大型企业科技活动经费占产品销售收入比例很低,还不到1%。黑龙江省科技经费资源规模不大、水平较低,这样的小规模、低水平科技经费资源投入比例严重影响黑龙江省的科技发展。

16.3.2 科技产出指数

科技产出主要是指一个地区或者一个国家在科学技术方面的生产能力。针对黑龙江省的具体情况,我们选择了科技论文产出和专利产出作为评价黑龙江省的科技产出指数的指标。

(1)科技论文产出

科技论文是对学术见解、科研过程、科研成果的文字表述,是进行学术交流的工具,科技论文产出数量是衡量科技人员创造性劳动的效率和成果的重要标志。

(2)专利产出

专利产出是科技研究与发展活动的结果,是对科技研究与发展活动效率考察的一个很重要的指标。

表16.10是黑龙江省2010年科技产出指数基本数据。

表16.10 黑龙江省科技产出指数(2010年)

科技产出指数	指标详情	数量
科技论文产出	千名科技人员发表国际论文数/(篇·千人$^{-1}$)	1 565.1
	单位科研经费的国际论文产出/(篇·万元$^{-1}$)	0.192
专利产出	万人专利授权量/(件·万人$^{-1}$)	1.77

由表16.10我们可以看出黑龙江省2010年的科技产出情况。其中科技论文产出情况主要是从千名科技人员发表国家论文数量和单位科研经费的国际论文产出数量两个指标来进行评价的,其中千名科技人员发表国际论文数量为1 565.1篇/千人,单位科研经费的国际论文产出数量为1.192篇/万元。通过分析我们可以知道,黑龙江省的科技论文产出量并不高,而且产出论文的科研经费较高。针对专利产出主要通过万人专利授权量来进行评价,黑龙江省的万人专利授权量为1.77件/万人。

16.3.3 科技贡献指数

科技贡献指数是评价一个国家或地区科技能力的主要参数之一,反映的是个地区的科技投入的科研成果和经济效益。针对黑龙江省的具体情况我们主要选择了间接的经济效益来进行评价。

间接经济效益是指有害物质排放减少、回收和无害化后处理费用降低,从而减小环境的压力所带来的经济效益。针对间接经济效益我们主要选择了万元产值能耗下降率和万元三废下降率两个指标来进行评价。

(1)万元产值能耗下降

通过对黑龙江省2010年的产值能耗情况的数据进行收集和整理,得到黑龙江省各地区万元产值能耗下降率排序表,具体内容见表16.11。

表16.11 黑龙江省各地区万元产值能耗下降率排序表(2010年)

地区	排序	下降率/%
全省	—	5.00
伊春	1	7.70
鹤岗	2	7.10
七台河	3	6.80
双鸭山	4	6.60
鸡西	5	6.30
牡丹江	6	6.10
齐齐哈尔	7	5.80
哈尔滨	8	5.20
佳木斯	9	4.80
大庆	10	4.50

续表 16.11

地区	排序	下降率/%
黑河	11	4.50
大兴安岭	12	4.50
绥化	13	3.00

由表 16.11 可清楚地看出 2010 年黑龙江省各地区万元产值能耗下降率的数据。全省各市万元产值下降率相差不大,其中,伊春市的万元产值能耗下降率最高,为 7.70%,绥化市的万元产值能耗下降率最低,为 3.00%,排序第一和排序最后的地区相差 4.70 个百分点。排序前三位的地区分别是伊春、鹤岗和七台河,排序后三位的地区分别是黑河、大兴安岭和绥化;全省的平均水平为 5.00%,有五个地区的数据低于全省水平,分别为佳木斯、大庆、黑河、大兴安岭和绥化。通过对以上数据的分析我们发现,黑龙江省的万元产值能耗下降的情况不是很明显,政府应该在技术应用上加大引进先进技术的力度和宣传可持续发展的思想。

(2)万元产值三废下降率

通过对黑龙江省 2010 年的三废排放情况的数据进行收集和整理,得到黑龙江省的万元产值三废的下降情况,具体内容见表 16.12。

表 16.12 黑龙江省间接经济效益万元产值三废下降率(2010 年)

“三废”类型	下降率/%
废水排放	5.72
废气排放	16.07
固体废弃物排放	15.14

从表 16.12 我们可以清楚地看到黑龙江省 2010 年的万元产值三废的下降情况,黑龙江省的万元产值三废的下降大小排列情况是废水排放 < 固体废弃物的排放 < 废气排放,其中废水排放的下降率为 5.72%,废气排放的下降率为 16.07%,固体废弃物的排放为 15.14%。

16.4 区域管理能力

区域管理能力是某一国家或地区政府效率、经济社会调控能力和环境管理的重要能力。根据可持续发展智力支持系统的相关要求,结合黑龙江省的实际情况,我们主要选择了政府效率指数、经济社会调控指数和环境管理指数来对黑龙江省的区域管理能力进行评价,在每个指标的下面还选择了具体的指标对其进行评价,希望通过对这些指标的综合评价能够对黑龙江省的区域管理能力有个大致的认识,能够帮助黑龙江省在区域管理能力方面有所提高,也为以后研究黑龙江省的区域管理能力提供一定的参考。

16.4.1　政府效率指数

政府效率指数主要是指政府在工作中的效率情况，而评价政府效率的指标很多，根据黑龙江省的实际情况，主要选择了政府财政效率和政府工作效率进行评价。

1. 政府财政效率

针对黑龙江省的政府财政效率指数的评价，我们主要选择了政府自给率和人均财政收入两个指标来进行评价。

(1)政府自给率

通过对黑龙江省 2010 年各个地区的财政自给情况的统计和分析，我们得到了黑龙江省各个地区的财政自给率的排序表，具体内容见表 16.13。

表 16.13　黑龙江省各地区财政自给率排序表(2010 年)

地区	排序	比例/%
全省	—	33.53
大庆	1	58.39
哈尔滨	2	52.57
七台河	3	48.09
牡丹江	4	31.47
鸡西	5	30.36
鹤岗	6	30.20
双鸭山	7	29.17
齐齐哈尔	8	24.68
佳木斯	9	17.12
绥化	10	17.06
黑河	11	16.16
大兴安岭	12	13.81
伊春	13	13.06

由表 16.13 我们可以知道黑龙江省 2010 年各个地区的财政自给情况。黑龙江省的财政自给率的平均值是 33.53%。而财政自给率大于黑龙江省财政自给率平均值的地区主要有大庆、哈尔滨和七台河，它们的财政自给率分别是 58.39%、52.57% 和 48.09%。财政自给率低于黑龙江省财政自给率平均值的地区主要有牡丹江、鸡西、鹤岗、双鸭山、齐齐哈尔、佳木斯、绥化、黑河、大兴安岭和伊春。其中财政自给率最低的地区是伊春，其财政自给率只有 13.06%。而财政自给率最高的地区比全省财政自给率的平均值高出了近 20 个百分点，财政自给率最低的地区比全省财政自给率的平均值低了近 20 个百分点，换句话说就是财政自给率最高的地区比财政自给率最低的地区高出了近 40 个百分点，说明黑龙江省的财政自给情况差距很大，这主要跟地区的繁华程度和工业情况有关。

(2)人均财政收入

通过对黑龙江省 2010 年的人均财政收入相关数据的收集和整理，我们得到了黑龙江省 2010 年各个地区的人均财政收入排序情况，具体内容见表 16.14。

表 16.14 黑龙江省各地区人均财政收入排序表(2010 年)

地区	排序	收入/(元·人$^{-1}$)
全省	—	4 514.8
大庆	1	6 453.0
哈尔滨	2	5 547.6
七台河	3	5 313.4
牡丹江	4	3 842.5
鹤岗	5	3 230.4
鸡西	6	2 942.3
双鸭山	7	2 573.5
大兴安岭	8	1 792.1
齐齐哈尔	9	1 741.4
黑河	10	1 685.0
佳木斯	11	1 660.9
伊春	12	1 475.5
绥化	13	1 042.0

由表 16.14 我们可以清楚地看出 2010 年黑龙江省各地区人均财政收入的数据。全省各地区人均财政收入相差较大。其中,大庆市的人均财政收入最高,为 6 453.0 元/人,绥化市的人均财政收入最低,为 1 042.0 元/人,排序第一和排序最后的地区相差 5 411.0 元/人,差距悬殊;排序前三位的地区分别是大庆、哈尔滨和七台河,排序后三位的地区分别是佳木斯、伊春和绥化;全省的水平为 4 514.8 元/人,只有三个地区的该数据高于全省水平,分别为大庆、哈尔滨和七台河。

通过对黑龙江省的政府自给率和人均财政收入综合分析,我们可以得出黑龙江省各地区政府财政效率,大庆、哈尔滨、七台河三市的财政效率实力在全省中位列前茅。

2. 政府工作效率

针对黑龙江省的政府工作效率,我们针对黑龙江省的具体情况,主要选择了行政管理费用占财政支出的比例和政府消费占 GDP 的比例情况两个指标来对黑龙江省的各个地区的政府工作效率进行综合的分析。

(1)行政管理费用占财政支出的比例

通过对黑龙江省的行政管理费用占财政支出的相关数据的收集和整理,通过计算我们得到了黑龙江省的行政管理费用占财政支出的比例情况,具体内容见表 16.15。

表 16.15 黑龙江行政管理费用占财政支出比例

地区	比例/%
全省	31.4

由表 16.15 我们可以清楚地看到黑龙江省的行政管理费用占财政支出的比例情况,其中黑龙江省的行政管理费用占财政支出的比例达到了 31.4%,这个数据有点高,说明政府把很多的精力和财力都投入到了黑龙江省的行政管理工作上了,使得财政的负担很重,政

府应该在这些方面给予足够的重视，以便使得政府的工作效率能够更高。

(2)政府消费占 GDP 的比例

下面是通过对黑龙江省各个地区的政府消费情况占 GDP 比例的相关数据进行收集和整理，通过计算得到的黑龙江省各个地区的政府消费情况占 GDP 比例的排序情况，具体内容见表 16.16。

表 16.16　黑龙江省各地区政府消费占 GDP 比例排序表(2010 年)

地区	排序	比例/%
全省	—	20.18
黑河	1	18.58
哈尔滨	2	17.97
佳木斯	3	15.36
牡丹江	4	13.54
伊春	5	13.29
大兴安岭	6	12.30
绥化	7	11.71
鹤岗	8	11.63
七台河	9	10.75
齐齐哈尔	10	10.47
双鸭山	11	9.64
鸡西	12	8.15
大庆	13	3.50

由表 16.16 我们可以清楚地看出 2010 年黑龙江省各地区政府消费占 GDP 比例的数据。全省各地区政府消费占 GDP 比例相差很大，其中，黑河市的政府消费占 GDP 比例最高，为 18.58%，大庆市的政府消费占 GDP 比例最低，为 3.50%，远低于其他地区，排序第一和排序最后的地区相差 15.08 个百分点；排序前三位的地区分别是黑河、哈尔滨和佳木斯，排序后三位的地区分别是双鸭山、鸡西和大庆；全省的水平为 20.18%，全省十三个市的该数据均低于全省水平。通过对以上数据的分析我们可以知道黑龙江省政府消费情况还算是合理，为了进一步提高政府的工作效率，政府应该加大财政节约的思想，倡导节能办公的节约性思想的普及。

16.4.2　经济社会调控指数

经济社会调控指数用来衡量管理的手段及力度。根据可持续发展的智力支持系统的相关要求和黑龙江省的具体情况，我们选择了财政收入占 GDP 比例来作为评价黑龙江省的各个地区的经济社会调控情况。

通过对黑龙江省 2010 年各个地区的财政收入情况以及各个地区的 GDP 情况的收集和整理，通过计算得到了黑龙江省各个地区的财政收入占 GDP 比例的排序情况，具体内容见表 16.17。

表 16.17 黑龙江省各地区财政收入占 GDP 比例排序表(2010 年)

地区	排序	比例/%
全省	—	25.95
七台河	1	16.17
哈尔滨	2	15.02
鹤岗	3	14.04
牡丹江	4	13.51
鸡西	5	13.27
齐齐哈尔	6	11.24
黑河	7	11.18
双鸭山	8	9.84
大兴安岭	9	9.39
伊春	10	9.26
绥化	11	8.33
佳木斯	12	8.19
大庆	13	6.23

由表 16.17 我们可以清楚地看出 2010 年黑龙江省各地区财政收入占 GDP 比例的数据。全省各市财政收入占 GDP 比例参差不齐,其中,七台河市的财政收入占 GDP 比例最高,为 16.17%,大庆市的财政收入占 GDP 比例最低,为 6.23%,排序第一和排序最后的地区相差 9.94 个百分点;排序前三位的地区分别是七台河、哈尔滨和鹤岗,排序后三位的地区分别是绥化佳木斯和大庆;全省的水平为 25.95%,全省十三个市的该数据均低于全省水平。由“财政收入占 GDP 比例”分析黑龙江省各地区经济调控指数,七台河、哈尔滨、鹤岗三市的经济调控能力在全省中位列前茅。

16.4.3 环境管理指数

环境管理指数用来衡量管理的理念及眼光。根据可持续发展的智力支持系统的相关的要求和黑龙江省的具体情况,我们选择了排污许可证发放率来作为黑龙江省对各个地区环境管理指数的评价。

通过对黑龙江省的各个地区的污染物排放许可证的发放情况等数据的收集和整理,通过计算我们得到了黑龙江省 2010 年各个地区的排污许可证发放排序情况,具体内容见表 16.18。

表 16.18 黑龙江省各地区排污许可证发放率排序表(2010 年)

地区	排序	比例/%
全省	—	92.7
大庆	1	100.0
牡丹江	2	98.9
伊春	3	98.8
哈尔滨	4	98.0
鹤岗	5	94.6

续表 16.18

地区	排序	比例/%
佳木斯	6	93.8
黑河	7	93.2
双鸭山	8	92.8
七台河	9	92.7
齐齐哈尔	10	89.7
鸡西	11	83.9
绥化	12	83.5
大兴安岭	13	72.7

由表 16.18 我们可以清楚地看出 2010 年黑龙江省各地区排污许可证发放率的数据。全省各市排污许可证发放率差距不大，其中，大庆市的排污许可证发放率最高，为 100.0%，大兴安岭市的排污许可证发放率最低，为 72.7%，排序第一和排序最后的地区相差 27.3 个百分点；排序前三位的地区分别是大庆、牡丹江和伊春，排序后三位的地区分别是鸡西、绥化和大兴安岭；全省的水平为 92.7%，全省有五个市的该数据低于全省水平，分别是七台河、齐齐哈尔、鸡西、绥化和大兴安岭。由“排污许可证发放率”分析黑龙江省各地区环境管理指数，大庆、牡丹江、伊春三市的环境管理能力在全省中位列前茅。

16.5 黑龙江省智力支持系统综合评价

以上小节对黑龙江省的区域教育能力、区域科技能力和区域管理能力进行了详细的分析，通过对这些数据的分析我们得到了黑龙江省各个地区可持续发展智力支持系统的详细的情况。

(1) 区域教育能力

下面是从万人中等学校在校学生数目、万人在校大学生、万人拥有的中等学校的教师数量、万人拥有的大学教师数量和中等学校以上的在校学生占学生总数四个方面的排序情况对黑龙江省各个地区教育能力进行的评价，具体内容如图 16.1 所示。

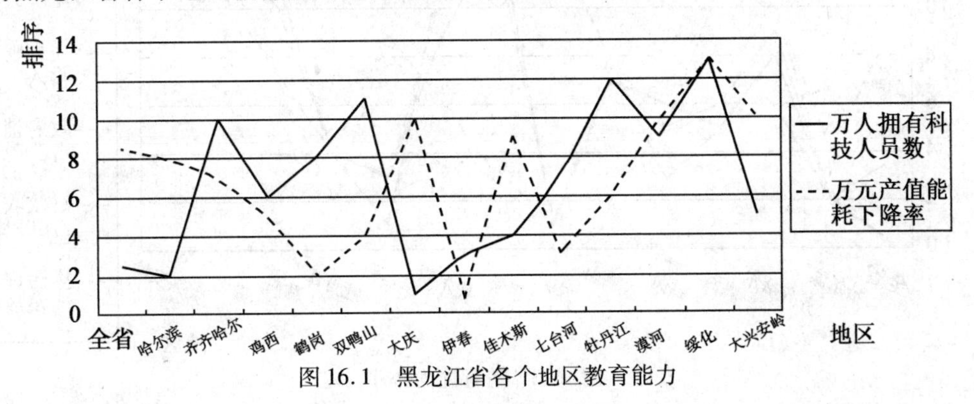

图 16.1　黑龙江省各个地区教育能力

由图 16.1 我们可以清楚地看出黑龙江省的各个地区的教育能力发展情况。其中万人中等学校在校生最多的地区是佳木斯，万人拥有大学教师数量最多的哈尔滨，中等学校以上学生人数占学生总数比例最大的是哈尔滨，万人拥有中等学校教师最多的地区是鹤岗。通过对以上数据的综合分析我们可以得出，哈尔滨、大庆、鹤岗三市在全省中区域教育能力较强。

(2)区域科技能力

下面主要是从万人拥有科技人员的数量和万元产值能耗的下降情况对黑龙江省的各个地区的区域科技能力进行综合的评价，具体内容如图 16.2 所示。

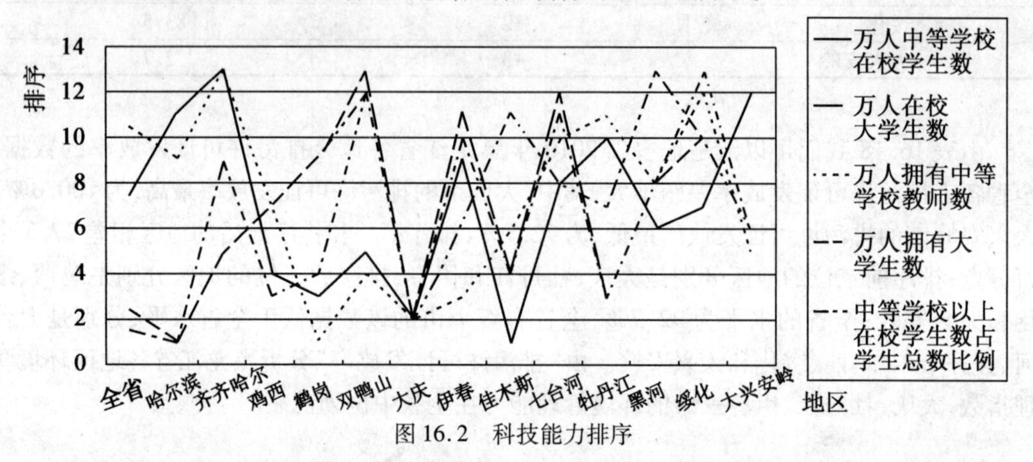

图 16.2　科技能力排序

由图 16.2 我们可以清楚地看出黑龙江省各个地区的区域科技能力分布情况。其中万人拥有科技人员数量最多的地区是大庆、哈尔滨以及伊春等地，万元产值能耗下降率情况最好的地区主要是鹤岗伊春等地。通过对以上数据的综合分析我们可以得出，大庆、伊春、哈尔滨三市在全省中区域科技能力较强。

(3)区域管理能力

下面主要是从财政自给率、人均财政收入情况、政府消费占 GDP 的比例和排污许可证的发放情况对黑龙江省各个地区的区域管理能力进行的综合评价，具体内容如图 16.3 所示。

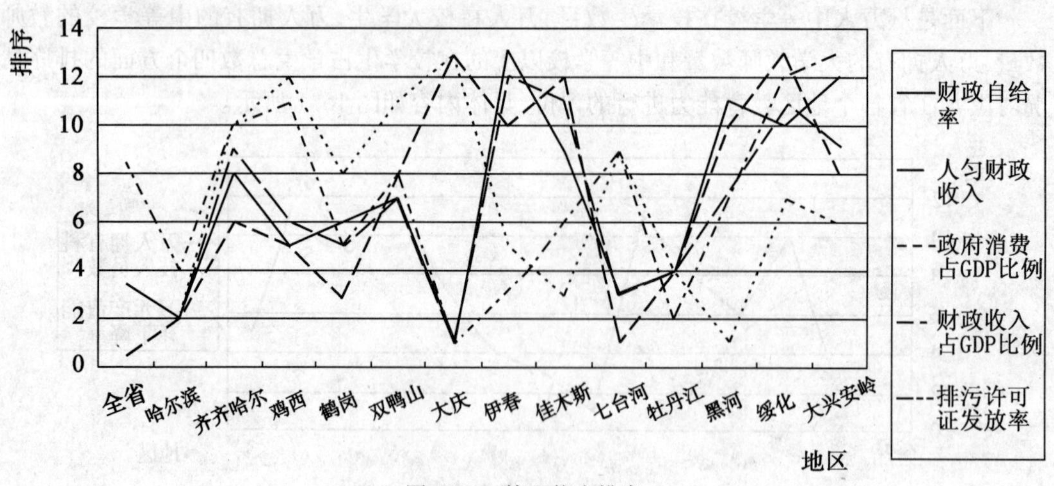

图 16.3　管理能力排序

由图 16.3 我们可以清楚地看出黑龙江省各个地区的区域管理能力情况。其中财政自给率情况最好的是大庆和哈尔滨等地，人均财政收入较高的是哈尔滨和大庆等地，政府消费占 GDP 比例情况较好的地区主要是大庆和和黑等地，其次是哈尔滨。排污许可证发放情况较好的地区主要是大庆、哈尔滨和牡丹江等。根据以上的综合分析我们可以得出，哈尔滨、大庆、牡丹江三市在全省中区域管理能力较强。

综合区域教育能力、区域科技能力和区域管理能力分析可以得出，黑龙江省各地区可持续发展智力支持系统中，哈尔滨和大庆两市优势较大、实力与其他地区相比较强。

16.6 黑龙江省智力支持系统发展建议

1. 教育方面的建议

(1)师资力量的发展

通过上面小节的分析我们不难发现，黑龙江省目前的教育师资力量还是存在一定程度的问题的。主要表现在黑龙江省各个地区教师的数量、教育结构以及教师的知识能力都存在很大的差异，目前主要是哈尔滨等地的师资力量比较雄厚。有关部门应该重视教师的整体发展水平，通过一定的学术交流等方式加强教师的知识积累量，努力搭建黑龙江省的教师交流平台，使得更多的教师能够通过这个平台来互相交流、互相学习，将先进的教育知识带到教学中去，将先进的经验运用到教育教学上。

(2)加大教育经费投入

通过对黑龙江省各个地区的研究我们可以发现，目前黑龙江省的科技论文以及科学技术成果还不是很多，相关的职能部门应该重视科技对于经济以及教育发展的重要的促进作用。黑龙江省在未来的一段时间内应该多投入一些财政经费到教育教学中；整合黑龙江省现在的研究机构的分布结构，将高效和企业作为科学研究的主要单位；抓好黑龙江省的“985”和“211”等重点工程院校，利用它们与更多的国际社会进行技术上的交流，同时通过扩大教育经费的投入，使得更多的职业技术等学校为黑龙江省的发展提供更多的高级技术人才；将企业作为教育科技研究成果的转化机构，加强企业和高校之间的合作，使得更多的科技成果通过高等院校能够研究出来，然后通过与企业的直接合作，使得企业在生产力上得到进一步的增长，同时也让企业成为科学技术的转化者。

(3)缩小城乡之间的教育水平差距

通过一定的促进措施使得黑龙江省的城乡教育水平逐渐缩小，黑龙江省可以通过定期组织乡村教师进行学习交流，将城市的先进的教学方式引进到乡村的教学中，逐渐的改变乡村的教育教学的质量。同时，政府还应该提高乡村教师的待遇，使得更多的具有一定教学经验并且掌握一定的先进的教育方法的教师愿意到教育的基层去工作，定期开展乡村教师的轮流交替的教学方式，使得他们能够到各个地区去教学，学习当地的教学方法，丰富自己的教学经验，同时还能更好地掌握黑龙江省各个地区的教育发展情况，以及各个地区的教育教学方法。

(4)加强各个领域的教育水平

除了针对教育事业的发展做出一定的措施外，我们还必须在教育可持续方面进行多领域的研究和宣传。我们应该在公共场所设立教育可持续发展的宣传栏，使得教育可持续发展在各个地方得到更加广泛的关注和宣传。同时我们要将教育渗透到各个领域,使得各个领域通过科学的、可持续的方法进行发展。

2. 科技能力方面的建议

(1)加大科研院校的建设

从目前黑龙江省的具体科技发展情况来看,我们应该整合黑龙江省的科学研究机构,使得其科学研究能力更强,更加集中。我们要加大黑龙江省的科学研究院以及高等院校的重点实验室等的建设,通过这些科学研究结构,使得科学技术的研究能够得到更加快速的发展,为这些院校提供一定的资金支持和一定的便利条件,使得这些科研机构能够在很大程度上不受限制,使他们能够根据目前的需要研究出适合当前需要的科学技术,然后直接运用到企业中。

(2)加强与地区之间的科技交流

通过对黑龙江省的研究,我们发现黑龙江省在很多的领域存在很大的分布不均匀的现象,为了改变这种现象,我们应该加强地区之间的交流,定期组织地区与地区之间进行参观、考察以及交流等,在地区中建立起典型模范的区域以便更多的地区进行研究和借鉴。通过地区之间的交流,使得更多的科学技术得到宣传。地区之间可以进行科学技术的共同研究以及进行科学技术的分享等活动。

(3)加强科技园区的建设

针对黑龙江省目前科学技术研究不够集中,并且各个地方的科学技术研究还比较薄弱的情况,有关职能部门应该对黑龙江省的具体的经济科学研究结构进行研究和分析,及时有效地建立起科学技术开发园区,使得更多的先进科学集中在一起,使得更多的高级科学技术研究人才能够集合在一起进行科学技术的探讨和研究开发。将科学技术开发园区作为建设科学技术的集散地,有利于科学技术的生产集中,也便于更好地管理和发展。

(4)建立科技交流平台

针对黑龙江省目前的科学技术研究水平低下的情况,政府部门应该及时建立起相关的科学技术交流平台,而这个平台不仅仅代表省内的各种科研机构以及科研人员之间的交流,还代表了黑龙江省和国内其他各个科研机构以及各个地区的先进的科学技术进行交流,同时还代表了黑龙江省与国际社会的相关科研机构进行交流的平台。通过这个平台,将国际国内最新的先进的科学及时地传达给黑龙江省的相关科研机构以及科学技术研究人员。

(5)加强企业的科技运用与科技创新能力

黑龙江省在进行科学技术研究以及成果转化过程中的工作中,首先要承认企业的科技运用与科技创新的能力。要努力将企业与高等院校以及研究结构结合在一起,使得更多的科学研究成果能够直接经过企业的应用而直接运用到实践中去,提高科学技术的转换率。同时黑龙江省的相关的职能部门还应重视企业在生产中的科技创新能力,因为在科学技术运用到实践的过程中,只有企业才能发现这些科学技术存在的问题,而且企业还能根据自己实际情况,将其转化为适合自己生产的科学技术。

3. 区域管理能力方面的建议

(1)加强政府财政收支的平衡管理

黑龙江省要注意财政的收支平衡,要努力实行节约型的财政政策,使得更多的财政经费能够投入到需要发展、需要经费支持的地方。加强节约型办公等可持续发展的战略思想，使政府的各个职能部门都能够树立起可持续发展的思想。

(2)加强政府部门的工作效率

黑龙江省除了在财政上努力做到资源的最优化配置外，还应该加强政府相关职能部门的工作效率，建立起相关的监督制度以及考核的措施，对各个单位和部门进行不定期的考察和比较。对工作效率低下的部门进行批评教育；精简政府部门的结构，使得各个部门负责的工作更加明确和清晰。

从以上评价分析中可以看出，黑龙江省智力支持系统建设成效显著，经济稳步发展，民生得到较大改善，社会不断取得进步。进一步提高我省智力支持系统的能力要采取以第二产业促进第一产业、带动第三产业的策略，进行生产力的布局调整、高消耗能源的落后产业淘汰，增加产业附加值，培育新兴绿色能源产业，实现“在保护环境中适当地开发资源进行加快发展，在发展中让广大人民过上幸福生活”的战略目标。

第17章 国外具有代表性的可持续发展指标体系研究

自1972年人们注意到我们的社会需要可持续地利用资源以后,人们开始陆续研究可持续发展的理论及其评价的相关指标,使得可持续发展得到了广泛的重视。自20世纪80年代以来,在联合国的倡导下,有关可持续发展的理论指标体系以及评价方法从未间断地在被讨论着,从联合国环境与发展大会后又形成了更加凶猛的高潮,各国政府以及各大组织机构都纷纷加入了研究可持续发展的指标体系中。下面我们从众多体系指标中选择一些具有代表意义的指标进行分析。

17.1 联合国可持续发展委员会可持续发展指标体系

17.1.1 联合国可持续发展概述

联合国可持续发展委员会是在1992年的联合国环境与发展大会上成立的,它的主要任务是增进国际组织之间的合作和使政府之间的决策能够合理化,使得其能够对环境的发展起到促进作用,追踪联合国在实施《21世纪议程》过程中在环境和发展方面所取得的重要进展。

其中的DSR模型的框架基础最初是由加拿大政府提出的,后由经合组织OECD和UNEP发展起来的压力-状态一响应概念模型(PSR模型)。PSR概念模型中使用了原因一效应一响应这一思维逻辑来构造指标,主要目的是回答发生了什么、为什么发生、我们将如何做这三个问题。随后联合国可持续发展委员会对此加以扩充,形成了DSR概念模型。

驱使力指标用以表征那些造成发展不可持续的人类的活动和消费模式或经济系统的一些因素;状态指标用以表征可持续发展过程中的各系统的状态;响应指标用以表征人类为促进可持续发展进程采取的对策。

17.1.2 联合国可持续发展指标制定原则

在联合国可持续发展委员会的可持续发展指标计划工作中就已经确定了可持续发展指标的选择原则。

①在尺度和范围上应该是国家级别的,具有一定的深度意义。

②与评价可持续发展过程中的相关目标有一定的关联性。

③指标含义比较简单,容易理解。

④在国家政府的可发展,可执行的能力范围之内。

⑤在概念上是合理的，符合相关要求的。

⑥在数量上应该是有限的，但是应该保持开放并且能够根据未来的需要可以进行适当的修改。

⑦能够全面反映联合国可持续大会上发表的重要理论和合作议题等。

⑧具有国际一致的代表性。

⑨基于已经知道的质量和恰当的建档的现有数据，或者以合理的成本可以获得的数据，并且能够进行定期的更新。

联合国发展委员会可持续发展指标体系框架见表 17.1。

表 17.1　联合国发展委员会可持续发展指标体系框架

分类	驱使力指标	状态指标	响应指标
社会	失业率	人口计算的贫困指数； 贫困差距指数； 基尼指数； 男女平均工资比例；	—
经济	人均 GDP	经环境调整的国内生产净值	—
	在 GDP 中净投资所占份额		
	在 GDP 中进出口总额所占的百分比	在总出口商品中制造业商品所占的份额	
环境	地下水和地面水的年提取量	地下储量	废水处理率
	国内人均耗水量	淡水中飞边大肠杆菌的浓度	水文网密度
		水中的 BOD	
	土地利用的变化	土地状况的变化	分散的地方水平的自然资源管理
	森林采伐强度	森林面积的变化	受管理的森林面积
			受保护的森林面积占总森林面积的百分比
	室温气体的释放	城市周围大气污染物浓度	消减大气污染物的支出
	硫氧化物的释放		
	氯氧化物的释放		
	消耗臭氧层物质的消费		
机构	—	—	可持续发展战略
			结合环境核算和经济核算的计划
			环境影响评价

由表 17.1 我们可以看到联合国可持续发展指标体系的总体情况，这个模型主要介绍了环境受到压力和环境退化之间的因果关系，因此与可持续的环境目标之间有着非常密切的联系。但是这个体系对于社会和经济的指标，这种分类方法不可能得到其所希望的那种预期的效果，即在压力指标和状态指标之间没有逻辑上的必然联系。换句话说，有些指标

是属于压力指标还是状态指标,两者之间的界定不是很明确,也不是很肯定和合理。这就说明该指标体系框架还存在着一定程度的缺陷。另外,这个联合国的指标体系所选择的指标数目过于庞大,过于粗放,没有具体针对的一方面,这些都是联合国指标体系框架需要再做进一步改进和完善的地方。

17.1.3 联合国可持续发展委员会的努力方向

①全球发展议程必须通过本国发展战略来实现,各国应担负起自身责任,采取适合国情的战略和措施,促进实现可持续发展目标,政府的宏观调控和综合规划职能可以发挥关键性作用。

②国际社会应营造良好的国际经济环境,理解发展中国家的困难和合理要求,并在其优先领域提供切实的帮助。水、环境卫生、人类住区问题,目标任务艰巨,影响范围广,惠及人口多,应当成为全球可持续发展的优先领域,给予重点支持。

③加强联合国在可持续发展领域的作用,进一步动员国际社会的政治意愿。联合国千年发展目标以及可持续发展世界首脑会议目标,是各国领导人面向新千年的共同承诺,既是衡量进展的标尺,又对国际社会起到鞭策作用,联合国应紧紧抓住这个目标,敦促各国采取各种手段加以实施。

17.2 联合国统计局可持续发展指标体系

17.2.1 联合国统计局可持续发展概述

联合国统计局可持续发展指标体系是在1994年指出的,其主要包含了三类指标体系,共有50个指标,主要是反映环境问题,涵盖了OECD成员国的主要环境问题。

以1970年加拿大统计学家安史尼·弗雷德提出的压力－状态－响应(PSR)概念模型为框架,分为环境压力指标、环境状态指标和社会响应指标,主要用于跟踪、监测环境变化的趋势。该框架揭示出了人类活动和环境之间的线性关系。OECD部门指标体系着眼于专门部门,包括反映部门环境变化趋势、部门与环境相互作用、经济与政策三个方面的指标,其框架类似于PSR模型。环境核算类指标是与自然资源可持续管理有关的自然资源核算指标,以及环境费用支出指标,如自然资源利用强度、污染减轻的程度与结构等。为便于社会了解以及更广泛地参与公众交流,在环境核心指标的基础上,OECD又遴选出关键环境指标,旨在提高公众环境意识,引导公众和决策部门聚焦关键环境问题。

联合国统计局的彼得巴特尔穆茨对联合国的建立环境统计的框架加以了适当的修改,不再选用环境因素或者环境成分作为指标的依据,而是以《21世纪议程》中的主题章节作为可持续发展进程中应该考虑的主要问题去对指标进行分类,形成一个可持续发展指标体系的框架。

而这个框架的简称就是FISD,它是由FDES发展而来的,并且FDES就是以加拿大的压力－状态－影响体系为基础来进行修改的,所以FISD在指标的分类上特别的像压力－状态－响应的模式,即社会和经济活动对应于压力;而影响、效果和储量以及存量背景条件等都对应于状态；对影响的响应就是我们所说的响应这一方面。

17.2.2　联合国统计局可持续发展指标体系概述

该指标体系由环境问题科学委员会（the Scienticfic Committeeon Porbelmsof Enviornment, SCOPE）创建，是为了克服可持续发展指标体系框架中指标数目过多的问题，而与联合国环境规划署合作，提出的一套高度合并的可持续发展指标体系。SCOPE 所用的方法实质上就是由荷兰住房、城市规划与环境部的艾伯特·阿德里安斯在 1993 年出版的著作《关于环境政策执行情况的指标》中所用到的指标合并的方法。指标体系综合程度高，包括环境、自然资源、自然系统、空气和水污染四个层面，共 25 个指标的高度合并的可持续发展指标体系框架联合国统计局的可持续发展指标体系的框架主要是按照《21 世纪议程》中的问题来进行描述的。主要是围绕着经济问题、社会统计问题、空气问题、土壤问题、水资源、废弃物、人类居住区、自然灾害、其他自然资源 9 个方面来进行描述的，主要将这些类别的问题分为 4 大类，分别是社会经济活动、影响与结果、对影响的响应、存量和背景条件。它的指标数目达到了 88 个，指标数目较多并且较混乱，而且在环境方面的反映指标较多，在社会经济方面的反映指标较少，制度方面没有涉及。

联合国统计局可持续发展指标体系框架见表 17.2。

表 17.2　联合国统计局可持续发展指标体系框架

<table>
<tr><th>《21 世纪议程》章节</th><th>章节详情</th><th>社会经济活动</th><th>影响和效果</th><th>对影响的响应</th><th>储量、存量和背景条件</th></tr>
<tr><td rowspan="6">经济问题</td><td>可持续发展合作和相关的国家政策</td><td>—</td><td>—</td><td>政府税收中的环境税和补贴的份额</td><td>—</td></tr>
<tr><td rowspan="2">消费模式</td><td>人均净 GDP 增长率</td><td>人均 EDP</td><td rowspan="2">—</td><td>人均 GDP</td></tr>
<tr><td>生产和消费模式</td><td>—</td><td>GDP 中创造也具有贡献值</td></tr>
<tr><td>财政资源</td><td>失业率</td><td>—</td><td>自 1992 年以来所未出现和受到的新的或附加的可持续发展</td><td>出口</td></tr>
<tr><td>技术</td><td>在 GDP 中投资所占比例</td><td>—</td><td>—</td><td>生产资本存量</td></tr>
<tr><td>将环境和发展纳入决策中</td><td>—</td><td>—</td><td>环保支出占 GDP 的贡献值</td><td>—</td></tr>
<tr><td rowspan="2">大气和气候</td><td rowspan="2">大气层的保护</td><td>二氧化硫、二氧化碳和氮氧化物的释放</td><td>城市周围的二氧化碳、二氧化硫、氮氧化物</td><td>污染物消减支出</td><td>天气和气候条件</td></tr>
<tr><td>消耗臭氧层物质的消费</td><td>臭氧层的浓度</td><td>—</td><td>—</td></tr>
</table>

续表 17.2

《21 世纪议程》章节	章节详情	社会经济活动	影响和效果	对影响的响应	储量、存量和背景条件
固体废弃物	固体废弃物和污染物	废弃物的处置	受剧毒废物污染的土地面积	废物收集和处理的费用支出	—
	—	工业和市政废弃物的产生	—	市政府废物处置	—
	剧毒和有害废弃物	有害废弃物的产生	—	废物再循环率	—
				本单位 GDP 废物减少率	
机构支持	科学	—	—	可持续发展有关的国际协定的批准	—
	能力建设	—	—	环境影响评价的有无	国家可持续发展委员会
				环境状态、指标和核算的有无	每百人电话的线数
	决策结构	—	—	可支持发展对策的有无	—

从表 17.2 我们可以看出,这个框架体系和联合国的可持续发展委员会提出的可持续发展指标体系一样,也是给出了指标的数目很多并且十分混乱。最为明显的部分就是对于《21 世纪议程》中的社会人口问题,它分成了贫困人口、人口动态与可持续性、教育培训和人群健康 4 个主题,但是这些在相应的表达指标中,有的主题的指标只有存量和背景条件的指标,没有其他的指标,造成了很片面的评价。比如在贫困主题中只有生活在绝对的贫困线之下的人口数量一个变量在体系的指标中,而在教育培训主题中只有响应方面的指标和存量相关的指标,这些指标被安排在一起,缺少一定的逻辑顺序。

17.2.3 联合国可持续发展指标分析

该指标体系由联合国统计局 1994 年创建,是在对联合国的建立环境统计的框架(the Framework for the Development of Environment Statistics, FDES)修改的基础上,提出的一个与 UNCSD 提出的 PSR 指标体系框架结构相类似的 FIDs 模式,共 31 个指标。指标按《21 世纪议程》中的问题——经济问题、社会 - 统计问题、空气 - 气候、土地 - 土壤、水资源、其他资源、废弃物、人类居住区、自然灾害 9 个方面设计了 4 个方面的组织指标:“社会经济活动,事件”对应于压力指标;“影响与结果”以及“存量、背景条件”对应于状态指标;“对影响的响应”对应于响应指标。指标数目达 88 个,与 UNCSD 提出的指标体系一样,FISD 所给出的指标也显得过多,而且对环境方面反映较多,社会经济方面反映较少,制度方面没有涉及,没有很好地考虑到决策者应用上的方便。

通过对联合国发展委员会和联合国统计局的可持续发展指标体系的分析,我们可以知道虽然 PSR 概念模型在应用于环境这一方面的指标可以很好地反映出指标之间的关系,能够很好地表达出我们想要表达的意思,但是当这些指标应用在经济和社会方面的指标就显得没有什么实际的意义可言了。为了减少指标的数目并且能够合理地选取经济和社会方面的指标体系,我们认为合适的可持续发展指标体系应该对环境指标应用的 PSR 模型,而对于社会和经济这两方面的指标则只需要选取能够反映《21 世纪议程》的合理的相关表征的指标就行,这样我们就可以构成一个指标数目较少,并且能够清晰、明确地表达意思的可持续发展指标体系,以便更好地为各国政府服务,为制定与可持续发展的相关事件提供一定的理论支持。

17.2.4　联合国开发计划署(UNDP)人文发展指数(HD)

人文发展指数是以"预期寿命、教育水平和人均 GDP"3 项基础变量所组成的综合指标,并得到了世界各国的赞同,但对指标变量的选择与计算仍有较多的争议。此外,人文发展指数更多地偏重于现状的描述和历史序列的分析,其预测和预报的功能还有待完善。

17.3　联合国环境问题科学委员会可持续发展指标体系

17.3.1　联合国环境问题科学可持续发展概述

为了克服由联合国可持续发展委员会提出的可持续发展指标体系中的指标数目过多的缺陷,联合国环境问题科学委员会与 UNEP 合作,提出了一套高度合并的可持续发展指标体系的构造方法。

17.3.2　联合国环境问题可持续发展指标体系概述

对于环境指标,环境问题科学委员会认为必须和人类的活动相联系,所以提出了人类活动和环境相互作用的相关模型,也就是人类活动和环境存在着的四个相关的相互作用。

①环境为人类社会活动提供了丰富的资源,如矿产、食物、木材等,在这个过程当中,人们消耗着人类继续生产所依赖的资源和生物系统。

②自然资源被用来转化为产品和能量的部分在使用后都将被处理掉,产生的污染和废弃的物品,都会最终被返回到自然环境中去,这里所说的环境就起着纳污的作用。

③自然生态系统提供着人类生产活动所必需的生命支持系统的服务的功能,例如分解废弃的物品以及有毒有害物质,营养物质的循环、氧气的产生、支持各种各样的生命等。

④空气和水的污染所造成的环境条件直接影响着人类的福利,会给人类造成一定程度的威胁。

环境问题科学委员会可持续发展指标体系框架见表 17.3。

表 17.3　环境问题科学委员会可持续发展指标体系框架

经济	社会	环境
经济增长	失业指数	资源净消耗
存款率	贫困指数	混合污染

续表 17.3

经济	社会	环境
收支平衡	居住指数	生态系统风险
国家债务	人力资本	对人类福利的影响

由表 17.3 我们可以看出联合国环境问题科学委员会可持续指标体系框架的具体情况,这个环境问题科学委员会可持续指标主要是对 4 个方面提出的一套包括 25 个指标的指标体系,例如对于第二方面,包括气候变化、臭氧层消耗、酸雨化、富营养化、有毒废物的扩散和需要处置的固体废物 6 个指标,对于每个指标再按照提供的计算方法由其下一层次的数据来进行计算而得到。在分别计算出以上 6 个指标的数值之后,再对 6 个指标进行合并。方法主要是根据这 6 个指标的当前值和今后可持续发展政策所希望达到的目标值之间的差距给予各自的权重,即赋予那些当前值和可持续发展目标值之间的差距较大的指标较大的权重。这需要以人们对可持续发展目标意见上的一致为前提,但显然不同的国家和地区的意见存在一定的差异。

17.4 世界银行提出的可持续发展指标体系

17.4.1 世界银行可持续发展概述

世界银行在英国伦敦大学环境经济学家 D. W. 皮尔斯工作的基础上,提出了以国家财富和真实储蓄率为依据度量各国可持续发展、计算方法和初步的计算结果。

该指标体系公布于 1995 年 9 月 17 日,被称为新国家财富指标,对传统的资本概念进行了创造性的扩展。该指标体系首次将无形资本纳入可持续发展度量要素之内,试图通过测量自然资本、人造资本、人力资本和社会资本等指标来测量国家财富和可持续发展能力随时间的动态变化,丰富了传统意义上的财富概念。但并未提出对社会资本具体的计算方法,由于除人造资本以外的其他三种资本的货币化存在不同程度的困难,使得以单一的货币尺度衡量一个国家财富的方法应用受到限制。世界银行还确定了全球 192 个国家和地区的财富和价值,并为其中 90 个国家和地区建立了 25 年的时间序列。

世界银行 1995 年 9 月提出了以国家财富或者国家人均资本为依据度量各国发展的可持续性的方法。世界银行主要认为可持续性就是当代人给予子孙后代的和我们一样多的甚至更多的人均财富值。世界银行的报告中还认为一个国家的财富除了自然资本、人造资本和人力资源以外,还应该包括社会的资本,也就是说社会赖以正常运转的制度、组织、文化凝聚力和共有信息等,但是该方法并未提出具体的计算社会资本的方法。

在国际组织中,世界银行主要是研究可持续发展的问题的重要成员,它的研究范围涉及可持续发展的方方面面,为在全球实施可持续发展战略做出了巨大的贡献。光就可持续发展指标体系的研究而言,它不仅能够独立地设计出一套可持续发展的指标体系,而且在对 OECD 的可持续发展指标体系分析的研究基础上,通过扩大使这个指标体系能够成为面向世界银行借款人的一份更加综合的重要的问题一览表。

世界银行提出的这个体系指标中,以财富为出发点,这个指标体系对传统的思维提出了挑战,同时也使得财富的概念超越了货币和投资的范畴。它是有史以来第一次以三维立体的方式来表示,而不是采取过去一贯所用的有限和单因素的方式表示,这套指标能够表示出世界各国和地区的真正的财富。

17.4.2　世界银行可持续发展指标体系概述

世界银行对世界 192 个国家的资本存量进行了粗略的计算,由于如何计算社会资本的问题尚未解决,故只计算了自然资本、人力资本和人造资本的量,得出的一个结论就是全世界上述三种资本的构成比例是 20:16:64,其中人力资本是世界总财富中的最大者。这种试图以单一的货币尺度对一个国家的总财富加以度量的方法,在现阶段以致将来很长一段时间内都是难以做到的,这是因为除了生产资本以外,其他三种资本的货币化都存在着不同程度的困难。另外在计算总财富时,如果一个国家大量的不可替代自然资本,如清洁的空气、热带雨林、湿地等受到破坏而存量下降时,替代的有限性就会发挥作用,再加上国际市场上的价格体系能否真正体现自然资源的“财富值”有待于讨论,所以这一方法只能说是给我们提供了一个新的启示,但还不能够用来作为一个可操作的指标体系来评价可持续发展进程。从以上述评可以看出,联合国各机构关于可持续发展指标体系的研究工作现阶段的重点仍停留在指标体系的建立上,还很少应用所建立的指标体系对可持续发展的进程进行评价,这当然会随着人们对于可持续发展概念的内涵和评价标准,对处于不同发展阶段的各国可持续发展进程的认识的逐步提高,特别是对经济、社会和环境之间本质联系的深入把握而逐步得以深化发展。

该指标体系主要是综合了四个方面的要素来判断各个国家和政府的实际财富以及可持续发展能力随着时间的动态变化。这四个方面的要素主要是自然资本、制造资本、人力资本以及社会资本。

①自然资本:包括土地、水、森林以及地下资源的价值等,如石油、煤炭、黄金以及矿石等。

②制造资本:主要包括人们生产活动所使用的机器、工厂、基础设施等。

③人力资本:主要包括以人类为主体所能够反映的价值,如供水系统、公路、铁路等。

④社会资本:主要是指以集体形式出现的家庭和社会的人员组织和机构生产的价值。

17.4.3　世界银行可持续发展指标体系评价

世界银行提出的可持续发展指标体系认为,可持续发展是一种产生和维持所持有财富的过程。这里面所谈及的财富主要是指人类从自然和制造财富延伸到的人力资本和社会资本。它可以是人类的健康、技能、知识以及文化等,这些都会产生和提高人类生产生活的效率。还可以以法律、法规以及有效的市场形式出现的社会资本等。这种方法的使用聚集货币、根据其资本的积累值来进行比较、排序,还通过选取一定数量的指标来对资本进行计量。而且这些指标大都来自于经济和环境中的账户。

按照这个可持续发展的指标体系,世界银行确定了全世界 192 个国家和地区的财富和价值,并为其中的 90 个国家和地区建立了 25 年的发展预测的排序。与此同时,其他银行还认为,这个可持续发展的指标体系比对国家的传统排序要先进很多,并且合理和丰富了很多。主要是因为被绝大多数国家确定财富的首要因素(生产资本)在这个指标体系中,但其占据了国家真正财富的份额不到20%,这就意味着这个组成国家财富的要素还有自然资本、人力资本等。但是,这些因素过去在相当长的时间里被忽视了,后来发现了也在很大程度上没有受到重视。根据报告证实了人力资源的投资是促进国家和地区发展的最重要的投资,也是可持续发展的最基本的条件。

17.5 经济合作与发展组织可持续发展指标体系

17.5.1 经济合作与发展组织可持续发展概述

经济合作与发展组织是在1961年的经济合作与发展组织(OECD)会议上成立的。其主要成员是美国、加拿大、英国、德国、澳大利亚、日本、韩国等在内的29个成员国,他们提出的这个跟环境有关的指标体系在环境研究中一直处于世界的领先地位。从1989年开始,OECD即实施其"OECD环境指标工作计划",该计划的目标是:①跟踪环境进程;②保证在各部门(运输、能源、农业等)的政策形成与实施中考虑环境问题;③主要通过环境核算等保证在经济政策中综合考虑环境问题,并于1991年就提出了其初步环境指标体系(世界上第一套环境指标体系),1994年出版了其核心环境指标体系(OECD,1994),1998年开始发布OECD成员国指标测量结果(OECD,1998;OECD,2001a,2001b)。在环境指标重要性凸显的20世纪90年代,环境指标在OECD国家的环境报告、规划、确定政策目标和优先性、评价环境行为等方面得到了广泛应用。

OECD的环境指标工作计划到目前取得了很多成就,主要是:成员国一致接收了"压力-状态-响应"模型作为指标体系的共同的框架结构;基于政策的相关性、分析的合理性、指标的可测量性等,定义了有关环境的指标体系;为各个成员国进行了指标的测量并且出版了测量的最终结果。

17.5.2 经济合作与发展组织可持续发展指标体系概述

根据多年来的不断努力,经济合作与发展组织的可持续发展指标体系得到了不断的完善,经济合作与发展组织可持续发展体系指标主要包括以下三个方面的指标内容。

(1)经济合作与发展组织的可持续发展指标体系的核心环境指标体系

这个核心的环境指标体系主要包括了约50个指标,涵盖了OECD成员国家反映出来的主要的社会环境问题,以这个模型为框架,分为了环境压力指标、环境状况指标以及社会响应指标三大类,这些指标主要用于跟踪以及监测环境的变化趋势。

(2)经济合作与发展组织的可持续发展部门体系的部门指标体系

这个指标体系主要专注于专业部门,包括能够反映出部门环境变换趋势,部门与环境之间的相互作用,经济与政策等三个大的方面,其框架结构类似于PRS模型。

(3)环境核算类指标

这一部分主要是研究与自然资源可持续管理有关的自然资源核算的指标,以及环境费用支出指标,例如自然资源的利用强度、污染减轻的程度以及结构、污染控制支出等情况。

经济合作与发展组织的可持续发展的具体指标体系见表17.4。

表 17.4　经济合作与发展组织可持续发展指标体系框架

体系	主要分类	指标详情	应用
OECD 指标体系	核心指标	约 40～50 个核心指标	国家改编以适合各国的国情；监测环境进程；评价环境行为；测量可持续发展进程；增加与公众的联系以及通知公众
	部门指标	运输	
		能源	
		农业	
		家庭消费	
		旅游	
	环境核算指标	环境费用支出	
		自然资源利用	
		物质资源利用	
	社会经济和一般性指标	关键环境指标 10～13 个	

为了便于社会更加进一步的了解以及更加广泛地方便公众的交流与讨论，经济合作与发展组织在核心环境指标体系的基础上，又选出了关键环境指标，这个指标的目的主要是提高公众的环境意识，引导公众的决策部门的聚焦关键的环境问题，具体的指标详情见表 17.5。

表 17.5　经济合作与发展组织关键环境指标

环境主题	分类	现有指标	中期指标
污染问题	气候变化	二氧化碳排放强度	温室气体排放指数
	臭氧层	各种臭氧耗减物质表观消费指数	各种臭氧耗减物质表观消费指数，另外再集成一个指数
	空气质量	硫、氮氧化物等排放强度	暴露于污染空气中的人口
	废物产生	城市中废弃物产生强度	总废弃物产生强度
	淡水质量	废水处理效率	向水体污染物的倾倒量
自然资源与资产	淡水资源	水资源利用强度	水资源利用强度，各区域水资源利用强度
	森林资源	森林资源利用强度	森林资源利用强度
	渔业资源	渔业资源利用强度	渔业资源利用强度
	能源资源	能源资源利用强度	能源效率指数
	生物多样性	濒危物种	物种和生境或者生态系统多样性、关键生态系统的面积

从表 17.4 以及表 17.5 我们可以知道，经济合作与发展组织的可持续发展的指标体系主要是针对环境方面的指标，它很详细，比联合国可持续发展委员会的指标体系的概念要明确清晰，并且比较专一。能够比较明确地反映出要表达的意思，对环境方面的评价非常全面。

17.6 瑞士洛桑国际管理开发学院国际竞争力评估指标体系

瑞士洛桑国际管理开发学院从1989年开始出版《世界竞争力年度报告》,对世界上主要国家和地区的国际竞争力进行评估和排序。该年度报告已经成为国际上对某一国家环境如何支撑其竞争力的领导性分析报告。瑞士洛桑国际管理开发学院主要是从1989年才开始出版《世界竞争力年度报告》,这个报告对世界上的主要国家和地区在国际上的竞争力进行了全面的评估和排序。这个年度报告到目前为止已经成为世界上对国家的环境如何支撑其发展的竞争力的领导型分析报告。瑞士洛桑国际管理学院的国际竞争力评估体主要是以国内的经济实力、国际化程度、政府的管理、金融情况、基础建设、管理情况、科学技术以及人力资本八个方面来进行综合评价,主要涉及221个指标。随着评价体系指标的不断变化,现在主要是经济表现、政府效率、企业效率以及基础设施这四个大的方面,其中每一类指标又分为5类指标,一共20类指标,共包括了314个指标。由于该指标体系约1/3指标是主观性指标,因而其评价结果受人为因素影响明显,导致评价结果的波动也较明显。这套指标对世界上49个主要国家和地区的成员国家,19个工业化的国家进行了国际竞争力的研究以及排序。这套指标的具体框架结构见表17.6。

表17.6 国家国际竞争力指标体系框架

经济表现(74)	政府效率(84)	企业效率(66)	基础设施(90)
国内经济(33)	公共财政(11)	管理生产率(11)	基本基础设施(20)
国际贸易(20)	财政政策(14)	劳动力市场(20)	技术基础设施(20)
国际投资(10)	制度框架(22)	财政(19)	科学基础设施(22)
就业(7)	商业立法(24)	管理实践(11)	健康与环境(18)
价格(4)	教育(13)	全球化的影响(5)	价值体系(10)

该指标体系虽然得到了国际社会的公认,但是它也有一定的缺陷,主要是表现在该指标体系有很大一部分的指标是主观指标,因而其评价的结果受到了很大程度的人为因素的影响,导致评价结果的波动性特别大。

17.7 世界保护同盟"可持续晴雨表"评估指标体系

17.7.1 世界保护同盟"可持续晴雨表"指标概述

世界保护同盟与国际开发研究中心在1994年联合,开始支持对可持续发展评估方法的研究,并且在1995年就提出了"可持续性晴雨表"评估指标以及评估的具体方法,这个指标方法主要是用来评估人类与环境的状况以及向可持续发展过程迈进的监测。这个方法最初被人们称为系统评估,现在被称为"可持续性评估",有的人也将其称为"福利评估"。

该方法将人类福利和生态系统福利同等对待。人类福利子系统包括:云南师范大学硕士毕业论文《可持续发展指标体系的评价与创新的可能途径》中的健康与人口、财富、知识与文化、社区、公平等 5 个要素方面计 36 个指标。生态系统包括土地、水资源、空气、物种与基因、资源利用等 5 个要素方面共 51 个指标。这 10 个要素方面的 87 个指标被按同等权重平均而分别集成为人类福利指数、生态系统福利指数、福利指数和福利/压力指数。IUCN"可持续性晴雨表"是一个评估可持续发展的结构化分析程序,该方法提供了测量可持续发展状况的综合方法,可以在国际、国家、区域、地方尺度上应用。但是,这种方法指标的权重化处理取决于研究人员的认识,而且没有科学上共享的标准,计算过程复杂;另外,百分比尺度任意性大,计算中的不确定性明显。

该指标系统的建立主要的理论依据是,可持续发展是人类福利和生态系统福利的结合,并将其表述为生态系统围绕着并且支撑着整个人类的生产生活,正如蛋清环绕并且支撑着蛋黄一样。只有当人类和社会生态系统都表现出和谐的状态,社会才能可持续发展。在这些假设的基础上,指标和方法将人类社会的福利与生态系统的福利等同起来,首先确定了需要测量的人类福利和生态系统福利的主要特征,然后选定这些特征的主要指标,最后将这些指标集合成一个指数,就是我们所说的世界保护同盟可持续性晴雨表评估指标体系。

17.7.2　世界保护同盟"可持续晴雨表"评价方法

现在国际上通用的可持续晴雨表主要是将其评估指标和方法将结果以可视化的图表的形式来进行表示,以人类福利指标作为横坐标,生态系统福利指数作为纵坐标,划分出 5 个不同的区域,用这些区域来反映可持续发展的状况,即可持续发展、基本可持续发展、中等可持续发展、基本不可持续发展以及不可持续发展。具体如图 17.1 所示。图中的人类福利指数和生态系统福利指数相交的交点就是福利指数。

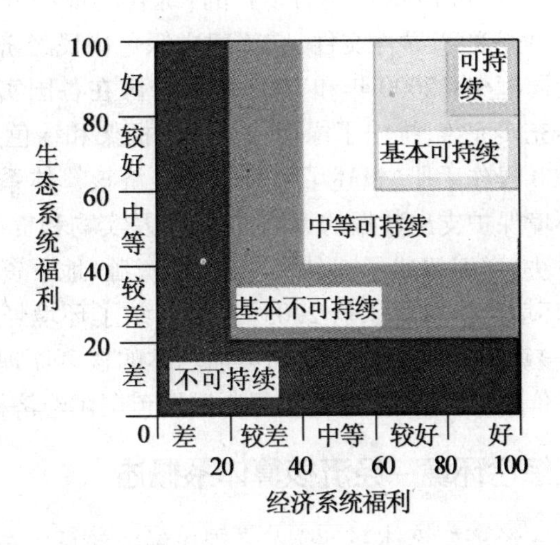

图 17.1　可持续性晴雨表

用这个方法,通过分析和合成这 87 个指标,计算出世界上 180 个国家的可持续性的状况,这是首次对全球可持续性状况进行的评估。这个评估的结果显示,世界上有三分之二的人口生活在较差的人类福利指数的国家,不到六分之一的人口生活在较好的人类福利指数的国家,其中人类福利指数排名前10%的国家的平均人类福利指标指数是处于末尾10%的国家的平均人类福利指标指数的8倍左右。环境在退化,使得全球普遍存在交叉的生态系统福利指数,其中具有差和较差的生态福利指数占据了经济福利系统一半左右,具有中等生态福利指数的国家占43%左右,具有较好的生态福利指数的国家只占9%左右。

17.7.3 世界保护同盟“可持续晴雨表”指标体系评价

可持续性晴雨表指标体系与其他的可持续性评估方法形成的对照主要是:IUCN的可持续性晴雨表评估方法是一个评估可持续发展的结构化分析程序,它等同于对待人类系统和生态系统,即将其概念清楚地表明人类与其生存的环境的相互之间的作用以及相互之间的依赖性。与此同时,这个指标体系还提供了一种测量可持续发展状况的综合方法,并且是一个以用户为中心的评估方法,可以在国家、国家、区域以及地方尺度上进行应用,适合于各种状态下的国家或者地区使用。

这个指标体系及其评估可持续发展的方法的不足之处主要是:指标的权重化处理取决于研究人员而且没有科学上的共享的标准,具有很大的主观性,没有太大的科学依据性,计算过程也比较复杂而且只有当有数字化的目标值或者标准时才可以对其进行相应的计算,另外,在百分比尺度的任意性比较大,计算的不确定性范围很大,结果不是很明显。

17.8 联合国综合环境-经济核算体系

17.8.1 联合国综合环境-经济核算体系的发展

联合国统计署于1989年和1993年先后发布的《综合环境经济核算》(SEEA),是关于绿色国民经济核算比较权威的指导性文件,它为建立绿色国民经济核算、自然资源账户和污染账户提供了一个共同框架。2000年和2003年联合国在各国实践的基础上,对原有绿色核算体系框架进一步充实完善,推出了绿色核算体系框架和绿色GDP核算的最新版本。《综合环境经济核算2000操作手册》概述了综合环境经济核算体系的基本概念,运用含有虚拟数据的表格说明环境保护支出数据的编制方法,以及实物和货币形式的生产资产和非生产资产账户的编制方法,详细阐述了森林资源、土地资源、地下资产、水产资源和空气污染的核算方法。《综合环境经济核算手册2003》系统总结了环境经济核算实践,依托国民经济核算体系,提出了核算中所应用的分类和更加具体的核算原理,系统检验了不同核算内容的可行性及其应用价值,为进一步规范世界各国绿色国民经济核算体系提供了指南。

17.8.2 联合国综合环境-经济核算体系概述

联合国的综合环境-经济核算体系SEEA是国民经济核算体系的卫星账户体系,是可持续发展思路下的产物,主要用于考虑环境因素影响下实施的国民经济核算。

联合国统计局注意到1986年颁发的国民经济核算体系(SNA)存在未考虑自然资源稀缺和环境质量下降两大缺陷,因此于1993年开始开发新型国民经济核算体系——综合环境经济核算体系(SEEA)。联合国综合环境意在从可持续发展的角度出发对GNP/GDP加以改进,即“绿化”(绿色 GNP/GDP)。因此,SEEA 是一个旨在研究经济与环境之间关系的数据系统。综合环境经济核算体系在实施中存在着数据的可获得性等一些实际情况的限制,而且目前该体系仍不完善。尽管如此,SEEA 对当前各国的生态、环境核算体系的设计仍产生决定性的影响。

它的主要内容包括以下三方面:

①环境损耗的评价:在产出和最终消耗中自然资源的使用和耗损的价值;产出和消耗活动所形成的污染对环境质量的影响价值。

②在国民经济核算中的自然资源核算与综合环境 - 经济核算体系的环境价值量核算之间建立起联系,也就是说国民经济核算体系中的自然资源核算包括自然资源所有的储备以及增减的变化,相当于在综合环境 - 经济核算体系中的货币储备和流量的核算。

③综合环境 - 经济核算体系支出的资本不包括人造资本,也不包括非产出经济资本。

④调节环境总量,主要是出于自然资源耗损和环境降级的费用支出的考虑,可以计算出修正后的综合环境 - 经济的各个部分的整体的经济总和。

综合环境 - 经济核算体系的构建主要是从四个方面进行考虑的,分别是:

①阐述了国民经济核算体系中的资产供应与需求账户之间的关系,以便更好地反映出与环境有关的经济活动。

②将那些列入传统核算体系中但是没有明确的流量和存量的指标,归类到非财政资产的核算指标中。

③还表明了原材料、能源平衡的概念以及自然资源的核算方法等。

④把社会生产扩大到了家庭生产的范围中。

联合国的综合环境 - 经济核算体系的详细框架见表 17.7。

表 17.7　联合国环境与经济综合核算体系(SEEA)的基本结构

		经济活动					环境动态
		生产	国外	最终消费	经济资产		非经济自然资产
					生产资产	非生产资产	
期初资产	1				K0p. ec	K0np. ec	
产品供给	2	P	M				
产品使用	3	Ci	X	C	Ig		
固定资产消耗	4	CFC			- CFC		
国内生产净值	5	NDP	X - M	C	I		
非生产资产使用	6	Unp				- Unp. ec	- Unp. env
非生产资产积累	7					Inp. ec	- Inp. env
环境调整指标	8	EDP	X - M	C	Ap. ec	Anp. ec	- Anp. env
资产持有损益	9				Rp. ec	Rnp. ec	
资产外生变化	10				Vp. ec	Vnp. ec	
期末资产	11				K1p. ec	K1np. ec	

K0p. ec 和 K1p. ec :期初和期末生产资产

K0np. ec 和 K1np. ec :期初和期末经济性非生产资产

P :总产出
M 和 X :产品进口和产品出口
Ci :中间消耗
CFC :固定资产消耗
C :总消费
Ig 和 I :总投资和净投资
NDP :国内生产净值
Unp. ec :经济性非生产资产的使用(耗减和降级)
Unp. env :非经济自然资产的使用(耗减和降级)
Unp :全部非生产资产的使用(Unp = Unp. ec + Unp. env)
Inp. env :非经济自然资产向经济资产的转移
Inp. ec :经济性非生产资产的积累(= Inp. env)
Ap. ec :生产资产的净积累(= I)
Anp. ec :经济性非生产资产的净积累(= Inp. ec - Unp. ec)
Anp. env :非经济自然资产的总变化(= Unp. env + Inp. env)
Rp. ec 和 Vp. ec :生产资产的持有损益和外生数量变化
Rnp. ec 和 Vnp. ec :经济性非生产资产的持有损益和外生数量变化
EDP :环境调整后的国内生产净值

事实证明,建立环境核算体系是必需的,人类社会的生产生活需要这类指标来进行核算,环境核算体系一旦建立起来,还可以专门研究服务,这些专门研究的目的就是改善数据的内容,对框架中的特殊部门进行一定程度的分析。选择几种资产帐户,对特定的自然资源进行深入的研究,自然资源的目录不仅仅可以测量资产的存量,还可以测量其中的变动,以及引起变动的经济和非经济的原因。使用综合环境 - 经济核算体系进行核算可以避免与国民经济核算的概念以及程序不相符合,而这正是在国民经济统计服务之外进行的特别研究的最大的缺点。

17.9 英国政府提出的可持续发展指标体系

遵循 1992 年的里约热内卢会议的精神,英国政府于 1994 年发布了可持续发展的指标体系,目的主要是帮助公众、企业、政府组织理解我们现在的发展不是可持续的。可持续发展指标体系的概念依据主要有两点内容:经济的发展要有利于促进现在和未来的生活水平的不断提高;能够保护和提高现在和未来的环境的价值。英国可持续发展指标体系创建于 1994 年,完善于 1995 年,该指标体系框架以目标分解的构思来建立,即在可持续发展的总目标下分解出一般目标,又在每个一般目标下分解出关键目标和问题,根据这些关键目标和问题构建关键指标。英国的可持续发展指标体系由四大目标构成:经济健康发展、保护人类健康和环境;不可再生资源必须优化利用;可再生资源必须可持续利用;人类对环境危害的最小化,包括 21 个专题的 123 个关键指标。英国政府还试图将其统一在环境领域取得普遍认可的“压力 - 状态 - 响应”的 PSR 模型中,将指标渗入模型,以便人们更好地掌握可持续发展机理。但该指标体系涉及的关键指标数目太多，限制了它的使用程度。2005 年 3 月，英国环境部环境统计和信息管理处推出的“英国可持续发展指标体系”是一个结合国家的发展阶段和可持续发展战略，对所选的每一个指标给出具体数据的国家级可持续发展指标体系。该体系由 124 个指标所构成，它结合 1995 年之前 10 年或 20 年的数据对每一个指标所表示的内容给出了随时间变化的曲线图或直方图。该可持续发展指标体系的特点就是以可持续发展定义为基础，结合本国的可持续发展战略形成相应的主题领域和具体的指标。

英国政府提出的可持续发展的主要内容包括以下几方面：

(1) 在环境极限之内生活

尊重这个星球的环境、资源和生物多样性的极限；改善我们的环境，并确保生存所需要的自然资源不受到损害，并在后代子孙手中也是如此。

(2) 确保社会的强大、健康以及公平

现在和未来的社会一定要满足所有人的多样化的要求，能够促进个人的福祉、社会的凝聚力和包容性等，并且能够创造出公平生活的机会。

(3) 实现可持续的经济

构建一个能为所有人创造繁华并且提供很大的机会能够使自己强大，稳定和可持续的经济社会。在这个经济社会里面，环境和社会的成本主要由引起这些成本的人类来进行承担。

(4) 助长良政

在社会的各个层面上进行有效的施政措施，让政策能够很好地体现出来。调动人们的创造力等。

(5) 负责地利用可靠的科技

确保政策的制定和执行建立在强有力的科学的依据之上，但是同时要考虑到科学的不确定性，以及公众的态度和人生观、价值观等。

虽然有近 120 个指标，但是国际社会认为即使用了这么多的指标，对主要趋势的描述仍然还是比较模糊的，对于可持续发展的指标按照“压力 - 状态 - 反应”的概念来进行考虑很适用，但是还不够，还需要做出进一步的修正。

17.10　欧洲的可持续发展指标体系

17.10.1　欧盟结构性指标

2000 年里斯本欧洲会议上提出了一个十年战略，旨在促进欧洲成为世界上最具竞争力、最充满活力、经济持续增长、具有更多和更好的工作机会以及更强的社会凝聚力的区域。议会承认需要依据共同认可的结构性指标体系来评价为实现这些目标所取得的进展，并邀请委员会起草一个年度报告，依据共同认可的结构性指标体系评价有关就业、创新、经济改革和社会凝聚力的状况。2000 年 12 月法国尼斯的欧洲会议，认可了包括综合经济背景、就业、创新和研究、经济改革、社会凝聚力共 5 个主要部分、35 个关键指标的指标体系。2001 年 3 月，斯德哥尔摩欧洲议会认为需要更多领域加入委员会年度综合报告才能全方位照顾可持续发展,因而对35个指标进行了修改,这一修改在后来得到了保留,并提交到2002年3月的巴塞罗那欧洲会议,这次会议所认定的指标体系,建立在42个结构指标的基础上,包括综合经济背景、就业、创新和研究、经济改革、社会凝聚力、环境6个方面。考虑到政治上的优先议题以及有关指标构建的进展,每年都需要对关键性指标列表进行重新评价。指标列表具有较高的稳定性,因为许多指标结构通常具有一定的一致性,但指标结构也需要一定的灵活性,以便在确定了新的优先领域并发现更好的指标时可以对其进行改进。欧洲统计局出版了"向更可持续的欧洲前进的进展测评"报告,该报告包括可持续发展战略的4个支柱——经济、社会、环境和机制。该指标体系包括63个指标,其中,社会指标22个,经济指标21个,环境指标16个,机制方面的指标6个。

这套指标遵循CSD列表中更加面向政策的分类,并提供了欧盟战略所强调的主要问题的初步说明。但对于多数环境变量,数据的可获得性不足,并且,社会指标通常没有达到经济指标的质量标准。

17.10.2 欧洲城市指标特征

欧洲城市选取的指标具有下列特征:能反映发展的关键问题;有助于进行发展进程的比较评价和预测;有助于城市的建设和协调发展;使各层次的决策者能够促进地方的信息公开、权力机构的民主;有助于城市变得更加透明而健康。指标结构:全球质量指标、酸化指标、生态系统毒性指标、城市流动指标或清洁交通指标、废物管理指标、能源消费指标、水消费指标、公害指标、社会公平指标、住房质量指标、城市安全指标、经济城市可持续性指标、绿色指标、公共空间和遗产指标、市民参与指标、独特的可持续性指标。

17.11 波罗的海21世纪议程指标体系

波罗的海21世纪议程的重点是地区合作和环境保护,但是也涵盖经济和社会可持续发展等方面。指标体系的构建以建立指标体系的目标为依据,包括综合经济核心指标、农业核心指标、能源核心指标、渔业核心指标、林业核心指标、工业核心指标、旅游核心指标和交通核心指标。

这套指标体系并没有涵盖可持续发展的所有方面,主要是为波罗的海地区(BSR)的发展方向提供重要信息。

17.12 美国可持续发展指标体系

该指标体系由美国总统可持续发展理事会(PCSD)于1996年创建,由十大目标组成:健康与环境、经济繁荣、平等、保护自然、资源管理、持续发展的社会、公众参与、人口、国际职责、教育等54个指标。其中健康与环境包括空气质量达标程度、饮用水达标程度、有害物质处理率等;经济繁荣包括人均GDP、就业机会、贫困人口、工资水平等;平等包含基尼系数、不同阶层环境负担、受教育的机会、社会保障、平等参与决策的机会等;保护自然包括森林覆盖率、土壤干燥度、水土流失率、污染处理率、温室气体控制度等；资源管理指标包括资源重复利用率、单位产品能耗、海洋资源再生率等；持续发展的社会指标包括城镇绿地面积、婴儿死亡率、城乡收入差距、图书利用率、犯罪率、入网覆盖率等；公众参与包括公民参加民主活动投票百分比、参与决策程度等指标；人口指标有妇女受教育的机会、妇女与男人的工资差、青少年怀孕率比重等；国际职责指标有科研水平、环境援助、国际援助等；教育指标有学生毕业率、参加培训人员比重、信息基础实施完善度等。

17.13　芬兰可持续发展指标体系

1998 年，芬兰建立了一套国家可持续发展指标，以满足在可持续发展政府项目中认识到的本国的特定需求，2000 年，作为“可持续的信号”出版的指标体系涉及大约 83 个指标，包括 3 个选择范围的 20 个关键主题领域：生态、经济和社会文化。

17.14　加拿大关于联系人类/生态系统福利的 NRTEE 方法

加拿大国家环境与经济圆桌会议（NRTEE）的可持续发展监测课题组设计了一种新的、系统的方法和模型来建立指标体系。NRTEE 的指标体系强调评估四个方面的问题：生态系统的状况和完整性；广义上的人类福利和自然、社会、文化与经济等属性的评价；人类和生态系统间的相互作用；以及以上三方面的整合及其相互间的关联。

NRTEE 方法使用了系统的思想和全面的方法来分析可持续发展问题。指标反映了对社会福利的优先选择。关键指标具有较好的代表性，综合了多方面的信息，而且给予社会和人类系统、经济和生态系统同等重视。但是，指标体系的实际应用是不均匀的，涉及的指标多用于衡量和评估社会与生态系统，而对系统之间的关系以及系统以外的信息很少涉及。另外，众多指标转化为一个综合指数的过程有很大的主观性，容易遗失信息，指标数量大，难以做出简单的评价。

17.15　荷兰可持续发展指标体系

荷兰的可持续发展指标体系研究了环境与经济之间的联系，分设两层结构，包括 6 个系统：气候变化、环境酸化、环境富营养化、有毒物质的扩散、固体废弃物的处理和当地环境的破坏。该选择是基于荷兰国际环境规划中的政策优先性，同时也反映了人们对环境状况及其变化对人类健康的影响等方面的日益关注。政策业绩指标中的每个系统都是通过许多指标并对主要指标进行综合后来衡量的。这种综合方法值得特别关注，它的出发点是：认为环境负担不是由某个单独的某种物质造成的，而是由许多事物形成的复合影响造成的。每个指标的权重根据它们同系统之间的相关性的大小来确定。荷兰政策业绩指标通过综合方法得出了简单指数，指数富含信息并且可以用于决策者之间的交流。综合指数也可用于衡量政策目标的实现程度。这种方法在其他部门和社会问题中使用也有很大的潜力。但是,指标的重点集中在环境的负担和压力上;仅使用定量的指标;权重的确定过程只有在科学证明存在某种标准等价物时才是合适的;只有当建立定量化的政策目标后,使用综合的指标才有意义。

17.16 专题指标

一些国家为了减少指标数量,根据环境方面的主要问题建立反映环境变化的小型指标体系,例如北欧国家(如丹麦、芬兰、冰岛、挪威和瑞典)的环境指标包括气候变化、臭氧层损耗、富营养化、酸化、有毒物质污染、城市环境质量、生物多样性、人文和自然景观、废物、人均生活垃圾、森林资源、渔业资源12个专题;荷兰的环境指标包括气候变化、臭氧层破坏、富营养化、酸化、有毒物质的扩散、固体废物的处置、对地区环境的干扰、部门指标8个专题;加拿大的环境指标包括生命支持系统、人体保健和福利、自然资源可持续性、影响因素4个专题;在每个专题下选择2~3个指标。加拿大的指标综合型很强,用集成度很高的系统方法来分类,例如生命支持系统,而其他国家的指标多是根据政策专题来制定的。

17.17 其他可持续发展指标

17.17.1 可持续经济福利指数(SIEW)

近30年来,有关开发衡量国家社会福利方面比GDP更全面的指标研究一直在努力进行。近期有影响的研究是Dayl和Cobb提出的可持续经济福利指数(SIEW)将收入分配、环境破坏、家务劳动以及资源的损耗进行调整并纳入核算之中,试图抓住被国家核算体系所忽略的经济福利方面的问题,它将消费作为起点,在指标的计算中考虑了一些环境和分配问题。虽然SIEW还远不是测量经济福利的一个理想的工具,但在福利测量方面,SIEW的确比GDP更好。因为,CDP根本不是福利测量的工具,而只是一个收入测量工具。

17.17.2 真实进步指标(GPI)

由Cobb等人提出的真实进步指数是建立一种测量经济福利的适当方法。它所涉及的内容主要是对GDP所忽略的经济生活的20多个方面进行经济发展影响评估,以确定这些经济活动的效益和代价,从而较GDP更精确地衡量国家的福利和真实进步。GPI账户是沿着传统核算的轨迹发展起来的,代表了现有许多测量系统的综合。GPI指标已成为衡量经济发展的一种新的方法,并将可能是GDP的一种替代指标。然而,对数据的获取、处理和集成成为GPI的最大限制。

17.17.3 生态系统服务指标体系(Ecoyssetmesvrcies)

Costanza等1997年提出的生态服务系统价值评估指标体系,在将全球生物圈分为16

个生态系统的基础上,把生态系统服务分为 17 种指标类型,开展了对全球生态服务系统价值的定量评估。该研究首次全面揭示了全球生态系统的市场和非市场价值,开创了全面分析地球生态系统对人类的服务价值的先河,掀起了国际经济学界对生态系统服务价值研究的热潮。

17.17.4　能值分析指标

H. Todum 基于生态系统和经济系统的特征以及热力学定律,提出以能量为核心的系统分析法——能值分析。能值分析把生态系统中不同种类、不可比较的能量化成统一标准的能值(通常是太阳能),来衡量和分析生态系统或生态经济系统的运行特征和发展的可持续性。能值分析可以同时衡量人和环境对经济发展的贡献,弥补了传统的货币标准不能衡量自然界对于经济发展贡献的缺陷。但是,对于许多资源或产品使用单一的转换概率是不正确的,再者,该方法缺乏对其他经济可持续性的限制因子的分析。

第18章 国内具有代表性的可持续发展体系研究

18.1 中国21世纪议程

18.1.1 中国21世纪议程产生的背景

在研究中国国内的具有代表性的可持续发展体系指标的时候，我们就不得不先来说《中国21世纪议程》，随着我国科技的不断进步，社会物质财富的逐渐丰富，人类在享受社会的福利的同时，一场人类从未面临过的困难和灾难正在逐渐逼近。人口的逐渐增加，环境问题的日益严重，导致资源的逐渐枯竭。在1992年联合国召开的"环境与发展"世界首脑会议后，联合国对中国为可持续发展所做的贡献给予了高度评价。中国政府根据国内的社会经济状况，提出了促进中国环境与发展的"十大对策"，得到了联合国大会的肯定与支持，中国政府并于1994年3月在多位专家的不懈努力下，编制和出版了《中国21世纪议程——中国21世纪人口、环境与发展的白皮书》。这个议程成为中国日后社会环境发展的指导思想和战略目标。这个议程将中国发展战略作了十分明确的规定，其规定就是"建立可持续发展的经济体系、社会体系和保持与之相适应的可持续利用的资源和环境的基础"。这个战略十分明确地指出中国未来的发展战略是包含社会、经济以及自然三大因素在内的体系。《中国21世纪议程》不单单是中国的成绩，对世界的可持续发展的研究也做出了巨大的贡献，这个体系使中国深刻地认识到只有将经济社会的发展与环境互相协调，才能使得社会平稳快速地发展，才是真正地可持续发展。

18.1.2 《中国21世纪议程》的主要内容

从《中国21世纪议程》的总体结构来看，其主要分为了四大类的内容，这四个内容分别是可持续发展的战略、社会可持续发展、经济可持续发展、资源的合理利用与环境保护。它不但满足了发展的可持续要求，还将社会的各个领域涉及的问题都包含在里面，并且指明了各个领域的发展目标和具体的发展思路，为各类问题的解决提供了坚实的理论基础。

《中国21世纪议程》框架结构见表18.1。

表 18.1 《中国 21 世纪议程》框架结构

议程	主要内容	具体内容
《中国 21 世纪议程》	可持续发展总体战略	战略与对策
		立法与设施
		经济政策
		资金来源与机制
		教育与能力建设
		公众参与
	社会可持续发展	人口、消费、社会服务与利用
		消除贫困
		健康与卫生
		人类住区
		防灾减灾
	经济可持续发展	经济政策
		农业与乡村发展
		工业交通与通信服务业
		能源的生产与消费情况
	生态可持续发展	自然资源的保护状况
		生态多样性的维持状况
		荒漠化的防治情况
		大气治理情况
		固体废弃物的治理

从表 18.1 中我们可以清晰地看到《中国 21 世纪议程》的主要内容及其所包含的主要方法和领域。

第一部分的可持续发展状况主要是考虑到了实施可持续发展战略所面临的困难，主要是从资金的来源以及经济的建设情况等来进行阐述，说明中国的可持续发展主要是从建立健全相关的制度、确保可持续发展拥有充足的资金来源、促进社会经济的发展、努力提高能力建设等。

第二部分主要是研究社会的可持续发展情况，而社会的情况主要是指我们要控制人口的无限增长，主要是要努力提高人口的素质；在新的社会环境下，我们要引导和倡导人们使用节约的方式进行消费；在调整经济结构的情况下，努力发展第三产业；城乡建设和规划的设计要和环境问题做好协调的发展；加强区域的发展能力，尽快建立自然灾害的防治体系。

第三部分的主要研究方向是经济的可持续发展，这部分的主要内容是人类利用合理的政策和手段逐渐发展和丰富可持续发展的体系内容；在工业发展中，努力倡导推行环保节约型能源和生产方式；努力提高科技的创新，开发新的能源或者再生资源等。

第四部分研究资源的合理利用与环境的保护情况，主要就是研究自然环境与人类的协调情况，其主要内容就是综合地开发整治环境问题；完善生物多样性等物种的保护措施；加大治理环境问题的力度，运用新的科技及技术来治理大气污染问题等。

《中国 21 世纪议程》是根据中国的社会、经济以及自然的具体情况，参考中国的国情制定的，具有很强的指导性意义。它不仅仅是中国制定可持续发展战略的依据，同时也是世界在可持续发展战略方面取得的重要成就,为以后研究和发展可持续的相关理论知识提供了一定的参考价值和实践价值。

18.2 国家统计局和中国21世纪议程管理中心的中国可持续发展指标体系

18.2.1 中国可持续发展指标体系的建立原则

(1)必须符合中国的发展目标

中国的可持续发展得到了中国政府的高度重视,在此基础上中国政府提出了很多的政策以及未来的发展目标,这些目标指引着中国的可持续发展的进度,要求中国国民都参与并且在我们制定的指标体系中一定要遵守这些指标的制定目标进行制定,不能偏离这些发展目标而制定。

(2)具有整体规划性

可持续发展要包含社会的各个重要领域,能够反映出当前的经济情况、社会发展情况、人口的增长问题、环境以及资源的保护问题等,使得这些重要领域在制定的指标体系中能够反映出来,能够将各个分开的领域放到一起组成一个系统来进行研究,这样更加全面和具体。

(3)科学性

可持续发展不单单是理论的研究,我们还得将制定的指标体系用到实践中去。这就要求我们制定的指标在概念、数据统计以及后期处理等环节要具有科学性,不能背离可持续发展去单独研究,要将各个指标之间的关系阐述清楚,使得各个指标的内容更加清晰,这也将为我们的数据处理带来很多的便捷。

(4)动态与静态相结合

我们都知道任何事物没有绝对的静止,但是它是相对运动的,而且环境和社会的各个环节都在不断变化,这就需要我们制定的指标除了反映出某个静止状态下的情况,还要能够反映出在不断变化的资源、社会等环节的情况。

(5)不但要定性还要定量

我们要确保我们制定的指标体系能够很清晰地解释,能够被人们理解,每个指标的具体定义都有十分明确的解释,并且指标与指标之间的关系必须十分清楚;除了做到这些,我们还要保证我们制定的指标体系能够对一些因素进行定量的研究,能够反映出真实的情况,对抽象的事物进行具体化,让它能够浅显易懂。

(6)可比较性

我们制定的指标,不但要符合国际的相关要求和规范,还得和国际上的一些指标进行适当的比较,以便我们做出更加进一步的修改,也同时方便其他国家进行研究和引用相关的指标,使得我们是将中国的可持续发展放到国际的舞台在进行研究,使得我们的研究更加具有意义与价值。

(7)注重区域发展问题

中国的社会、资源环境都比较复杂,每个地区的情况是不一样的,这就使得我们制定的指标在一个地方可行，在另一个地方可能就不具有可行性了，这就使得我们制定的指标没有能够普遍采用的可能性了。因此我们在制定可持续发展指标的时候，要确保这类指标能够反映出各个地区的具体情况，并且能将各个地区的情况进行对比，以便找出地区之间的差异，更好地发展社会、经济以及自然之间的关系。

18.2.2　中国可持续发展框架

国际上对于可持续发展指标体系的框架也有相关的规定，很多例子值得我们参考和引用，目前我国在制定可持续发展的主要指标框架时主要采用菜单式的指标框架结构。目前我国在研究可持续发展框架时主要考虑的方面包含六大领域，即经济、社会、人口、资源、环境以及科技教育。而其指标的具体制定主要是参考了《中国 21 世纪议程》的章节内容，然后在此基础上参考国际上关于某个领域的情况，将其先进和实用的指标运用到中国，其次还得根据中国的国情来确定这些指标能否在中国这样复杂的社会环境中运用。

(1)经济领域方面

能够反映出我国的国民经济的发展情况以及经济的总量，主要包含国民生产总值及其增长的速度、我国主要产业产品产量及增长情况、进出口情况等；能够反映我国国民经济结构，主要包含我国的现有的国有制、私有制以及所有制经济结构和第三产业的结构、行业结构及其可能的变化情况、地区发展经济的情况以及地区之间的差异情况；能够反映国民经济的质量和效益，主要包含综合经济效益的情况、供需能力、投资情况、工业发展情况以及能源的耗损情况等；能够反映国民经济发展的动力，主要包含外资的投入情况及所占比例、基础产业在国民经济中的比例、社会的各类人均指标等内容。

(2)资源领域方面

能够反映出我国的水资源现状，主要包含我国的总的水资源量、水资源使用率、水资源回收利用情况等；能够反映出我国的土地资源使用情况，主要包含我国的耕地总量以及社会各个领域的占用土地资源的情况；能够反映我国森林资源的现状，主要包含我国的森林面积总量、蓄积量、覆盖率、栽种率以及森林资源的替代品等相关的指标内容；能够反映海洋资源的现状，主要指我国的海洋海岸线、海洋的面积、海洋中各类鱼类资源的情况以及海洋底部的矿产资源等；能够反映我国现在草原情况的指标，主要包含我国草地的总面积、人均拥有的草地面积、草地资源的利用情况等；能够反映出我国的能源使用情况的指标，主要包含能源的总量、现在能源被开采的量、能源的使用率、能演的分布情况以及新生能源的研究情况等指标。

(3)环境领域方面

能够反映出大气层的变化情况，具体的指标主要包含二氧化碳的排放量、各种废气以及烟尘的排放情况等；能够反映出固体废弃物对环境的污染情况，主要是人类生产和生活产生的生活垃圾以及废物的积累量和处理情况等；能够反映出水资源环境的污染及治理情况，主要表现在河水被污染的程度、废水的排放量以及处理量等情况；能够反映出荒漠化的治理情况，主要表现指标是荒漠化的面积增加率、水土流失率以及水土污染指数等；能够反映出灾害的预防情况等，主要表现在河道的维护情况、每年的自然灾害情况以及受灾面积和受灾人数等方面；能够反映出生物的多样性等方面，主要表现在我国自然保护区的开发情况、各种濒危的生物的保护情况等；能够反映出噪声方面的指标，主要表现在城市对噪声污染的等级限制等指标。

(4)社会领域方面

能够反映出社会的贫困状况，主要表现在贫困人口的数量、贫困人口占总人口的数量以及贫困人口的收入情况等;能够反映出目前的就业、失业等方面的数据,主要表现在居民城镇登记率、失业人的家庭情况、妇女的失业率等;能够反映出城乡居民之间的生活水平,主要是居民的人均消费情况、居民食用食物的种类等;能够反映出卫生情况等指标,主要体现在预期的寿命、婴儿的出生率、每个区域拥有的医生数量、拥有的医院的数量、各种疾病的治疗情况以及发病率等;能够反映出社会的保障情况、主要体现在区域拥有社保数量、各类保险人数、没有任何保险的人数、投保的人数等。

(5)人口领域方面

能够反映出人口的总数量,主要表现在当地人口总数、暂时居住人口数量、常住人口数量、婴儿的出生率、老龄人口的死亡率等;能够反映人口的素质的相关指标,主要表现在婴儿的死亡率、婴儿的残疾率、各类残疾病状的人口数量以及在总人口中所占的比例、科研人员以及大学生在总人口中的比重;能够反映人口的结构情况,主要表现在各个年龄阶段的人口数量、人口老龄化的速度、老年人在总人数的比例、青年人占总人数的比例。

(6)科教领域方面

能够反映出科学发展的情况,主要体现在社会的科教费用的支出情况、与国际社会的科研项目合作情况、各类科技人员占总人数的比例情况;能够反映出教育事业的发展情况,主要表现在社会的失学率、各个地方的大学以及职业技术学校的数量、在校生占人口数量的比重等。

国家统计局和21世纪议程成立的课题组认为中国可持续发展的指标体系中的指标主要分为两大类别的指标,即描述性指标和评价性指标。描述性指标的主要特点是能够反映出某种现象所表现出来的状态;评价性指标主要是描述性指标里的一部分。

中国可持续发展指标体系研究课题组制定的中国可持续发展指标体系一共有描述性指标196个,评价性指标有100个,这些指标分别涵盖了经济、资源、环境、社会、人口以科教,体现了可持续发展的社会-经济-自然之间的本质关系。从这六大方面的指标体系中我们可以清晰地看到中国可持续发展指标体系的框架结构。

经济领域方面的指标体系主要是从经济总量水平、经济的结构、经济的效益情况以及经济的发展能力几个方面制定的指标,经济领域的描述性指标一共有38个,评价性指标有19个。资源领域方面的指标体系主要是从水资源、土地资源、森林资源、海洋资源、草地资源、矿产资源、能源资源以及这几方面的综合利用情况来进行体系指标的制定的,资源领域的描述性指标有51个,评价性指标有20个。

环境领域方面主要是从水的污染、土地的使用情况、大气层的污染情况、废弃物的处理情况、噪声等级的判定、生物物种的多样性保护情况以及自然资源的保护情况等进行体系指标的研究,环境领域的描述性指标有48个,评价性指标有28个。

社会领域方面主要是从贫困的状况、人们就业或者事业的情况、人们的生活质量、卫生条件以及国家建设中给予的社会保障等方面进行制定的指标体系,社会领域的描述性指标有32个,评价性指标有17个。

人口领域方面主要是在人口的数量、人口的组成结构以及人口的本身素质情况等进行指标体系的制定的,人口领域的描述性指标有13个,评价性指标有8个。

科教领域方面主要是从科技教育的资金投入状况以及科技教育事业的发展情况来进行制定的体系指标,科教领域的描述性指标有14个,评价性指标有8个。

18.3　国家计委国土开发与地区经济研究所提出的指标体系

可持续发展体系指标在国际社会上现在很多,但是大多都比较杂乱,很多指标没有进行具体的归类,而我国国家计委国土开发地区经济研究所成立的中国可持续发展指标体系研究课题组将其制定的可持续发展指标分为了两大类型,即外延性指标和内在性指标。外延性指标主要是指自然资源的存量和固有资产的存量指标;内在性指标主要是在时间函数和状态函数方面来表示资源的利用情况等。

可持续发展要求以人为本,将经济、社会和自然资源结合在一起,而中国可持续发展指标体系研究课题组也是考虑了可持续发展的本质,将可持续发展涉及的内容分为四大类,即社会、经济、资源和环境,对这四个方面进行了比较详细的阐述,从指标体系总体看来,这个指标体系中社会发展指标有 20 个,经济方面的发展指标有 15 个,资源方面的指标有 6 个,环境方面的指标有 20 个。最重要的是这套指标体系还运用了 ECCO 方法进行了模拟分析运行。ECCO 模型主要是立足于能源,以能源的度量来进行经济活动的测试,它主要是着眼于经济增长的条件上,把热力学中的相关的概念运用到自然资产的增长中,对可持续发展进行定量的研究。

(1)社会领域方面的指标

这方面的指标主要是从人口情况、社会稳定程度、教育事业发展情况、健康卫生问题以及人们生活质量几个方面来进行研究的。其中人口方面的指标主要包含了总人口、人口增长率、人口年龄构成、人口密度、人口平均寿命、人口政策。社会稳定程度方面的指标主要是从劳动力资源量、就业率、失业率、犯罪率等方面来进行研究的。教育事业方面的指标主要是从成年文盲率、国民受教育程度、科研人员及比率方面来进行研究的。健康卫生情况方面的指标主要是从每万人拥有医生数以及区域拥有的医院数量来进行研究的。生活质量方面的指标主要是从每万人拥有铁路、公路长度、每万人拥有电话数、人均消费水平、人均收入水平等几个方面来进行研究的。该领域一共包含了 20 个相关的指标。

(2)经济领域方面的指标

经济领域方面的指标主要是从经济的增长情况、经济产业结构、工业产值情况以及政策情况方面来进行研究的。其中经济增长方面的指标主要包含 GDP 及变化率、人均 GNP 及变化率。经济产业结构方面的指标主要包含第一、第二、第三产业产值及分别占 GNP 比重,就业结构,环保投资占 GNP 比重,人口城市化水平。工业产值方面的指标主要包含每亿元工业产值能耗、单位 GNP 能耗、单位 GNP 水耗、单位 GNP 木材消耗、单位 GNP 其他资源消耗、单位 GNP 废水排放、单位 GNP 废气排放、能源利用结构。政策方面的指标主要就是经济政策。该领域一共包含了 15 个相关的指标。

(3)资源领域方面的指标

资源领域方面的指标主要分为资源的储量情况和资源的损耗情况。其中资源的储量情况方面的指标主要包含资源储量及变化率、人均资源占有量及消费量。资源的损耗情况方面的指标主要包含资源开发利用程度、资源破坏或退化程度、资源进口量和资源保证程度。

(4)环境领域方面的指标

环境领域方面的指标主要有空气质量、水资源保护情况、森林保护状况、草原保护情况和生物多样性的保护情况。其中空气质量方面的指标主要是从二氧化碳、二氧化硫排放量及变化率,人均二氧化碳、二氧化硫排放量,工业废气排放总量及变化率,废气处理率,城市噪声,城市及工业大气总悬浮微粒浓度年日均值等方面来进行研究的。水资源的保护情况方面的指标主要是从河流、湖泊水质状况,工业污水排放量及变化率,人均污水排放量,污水排放处理率,饮水卫生程度等方面来进行研究的。森林保护方面的指标主要是从森林覆盖率、人均森林面积、水土流失面积及变化率、沙化土地面积及变化率、草原退化面积及变化率等方面来进行研究的。生物多样性方面的指标主要是从自然保护区面积、受保护野生动植物物种数量及变化率等方面来进行研究的。

除社会、经济、资源和环境这四个方面的指标外,中国可持续发展指标体系研究课题组还提出了一些非货币形式的指标,包括经济资产变化、能源的利用情况以及综合方面的情况。其中经济资产的变化方面的指标主要是从人口及变化率,第一、二、三产业资产及变化率,第一、二、三产业产出,第一、二、三产业资产形成率等方面来进行研究的。能源的利用情况主要是从发电站、水力发电站容量及发电量,煤、石油、天然气生产量及变化率,能源需求及能源供给,水资源需求及供给,其他自然资源需求与供给等方面来进行研究的。综合方面的情况主要是从二氧化碳、二氧化硫产出,土地、森林面积及变化率,生活物质水准等方面来进行研究的。

从这套可持续发展的指标结构框架我们可以看出,它研究的方面比较明确,它的指标数目还是比较庞大的,没有专注于某一个方面进行深入的研究,它为中国以后制定可持续发展指标提供了参考,特别值得参考之处就是它运用 ECCO 模型对这套可持续发展体系指标进行了模拟运行。

18.4 中国科学院、国家计委地理研究所提出的指标体系

18.4.1 中国科学院、国家计委地理研究所可持续发展指标体系框架

中国科学院、国家计委地理研究所提出的指标体系是由研究院毛汉英根据山东省的实际情况制定的可持续发展指标体系。这套指标体系充分地为我们展示了在研究可持续发展中不得不面对的问题,那就是必须回答怎样定量地研究可持续发展、怎样建立一套能够度量的可持续发展指标体系。由于可持续发展是动态的,它无时无刻不在受到社会因子、经济因子以及自然因子方面的相互作用,这些作用是相互影响的,具有复杂多变、非线性、开放以及动态等诸多特点。但是这套指标在建立的时候考虑了中国的具体国情,特别是考虑到了山东省的发展现状,从资源、社会以及可持续发展的能力方面综合考虑,指标的建立紧扣可持续发展的思想,从科学性、可行性、完备性、动态性以及层次性方面进行了综合的考虑。

在提出这套指标的时候,山东省作为我国经济发展比较快速的地区,它在可持续发展方面面临的问题主要表现在人口、自然环境、资源问题、经济规模及结构和区域发展不平衡等诸多方面。其中人口方面的问题主要表现在人口数量庞大,占全国总人口的7%左右,并且人们的普遍文化素质不高;在自然环境方面的问题主要表现在环境的形式复杂多样,经济基础比较脆弱,海岸线长,降水不均以及灾害问题比较严重;在资源方面的优势主要表现在山东省拥有丰富的煤炭、石油以及建材等资源,但是山东省的水资源以及土地资源却是制约其发展的重要因素,其人均耕地低于全国的平均水平;在经济发展方面的问题主要

表现在其产业结构的层次不够明显，企业所用的科学技术含量不高，第三产业比较落后，这些都是制约其经济发展的重要因素；在区域发展方面的问题主要表现在其经济政策以及地区的原因，使得经济发展的差距在逐渐增大。

这套指标体系主要是从经济增长、社会进步、资源环境以及可持续发展能力几个方面来进行研究的，其具体框架结构见表 18.2。

表 18.2　中国科学院、国家计委地理研究所可持续发展指标体系

中国科学院、国家计委地理研究所可持续发展指标体系	经济增长	总指数	GDP 年均增长率、工业销售收入年均增长率、农业总产值年均增长率、经济密度
		集约化指数	单位 GDP 的资金投入、单位 GDP 的劳动力投入、单位 GDP 消耗的能源数量、单位 GDP 消耗的原材料数量、单位 GDP 消耗的水资源数量、单位 GDP 产生的污染物数量
		效益指数	三次产业结构、全员社会劳动生产率、工业全员劳动生产率、农业劳动生产率、第三产业劳动生产率、资金利税率、产值利税率、固定资产产值率
	社会进步	人口指数	人口出生率，人口自然增长率，平均预期寿命，大专以上文化程度占总人口比重，九年制义务教育普及率，文盲、半文盲占总人口比重
		生活质量指数	城市化水平，城镇居民人均收入，农民人均收入，人均社会消费品零售总额，人均年末储蓄存款余额，人均生活用电，城镇居民人均居住面积，每万人拥有的公路里程，每万人拥有的商、饮、服务网点数，每百人拥有电话机数，每千人拥有医生数，每千人拥有的病床数，电视人口覆盖率
		社会稳定指数	失业率、通货膨胀率、地区发展差距、粮食安全系数或人均占有粮食、乡村与城镇居民收入差距、每十万人交通事故死亡率、每万人刑事案件发案率
		社会保障指数	失业救济率、医疗保险率、农村社会保险覆盖率、残疾人就业率
	资源环境	资源指数	人均水资源量、人均农业用地面积、人均耕地面积、人均林地面积、森林覆盖率、人均能源及主要矿种储量
		环境污染指数	废气排放总量、废水排放总量、固体废弃物排放总量、二氧化碳排放量、空气中二氧化硫及总悬浮颗粒物浓度
		环境治理指数	工业废气处理率、工业废水处理率、工业固体废弃物处理率、城市污水集中处理率、城市垃圾无害化处理率、城市集中供热率、城市绿化覆盖率、水土保持面积占土地总面积的比重、盐碱地治理率、沙漠化治理率
		生态指数	水土流失占土地总面积比重、盐碱地占耕地总面积比重、沙漠化占土地总面积比重、自然灾害成灾率、自然灾害损失情况
	可持续发展能力	经济能力	经济的外向度、人均财政收入、固定资产投资率、基础设施投资占基建总投资的比重、农田基本建设投资占基建总投资的比重
		智力能力	科技进步对经济增长的贡献率、科研教育经费占 GDP 的比重、国民平均受教育水平、每万名职工拥有的自然科技人员
		资源环境能力	自然资源的储备率、环境保护与治理投资占 GDP 的比重、生态建设投资占 GDP 的比重
		决策管理能力	立法情况、改革情况、计划实施、宏观调控能力

从表 18.2 中我们可以看出这个系统一共包含了 4 个子系统，在子系统的下面包含了

15 主要指标，在主要指标下面还包含了 97 个小的指标，这些指标之间都是相辅相成、互相影响的。

18.4.2 中国科学院、国家计委地理研究所可持续发展指标体系权重确定

在确定了指标体系后，我们最重要的就是要明确每个指标在系统中的权重，这样才能通过计算将可持续发展进行定量研究，将抽象的东西进行形象化以及模型化。在这套系统中研究人员主要采用了层次分析（AHP）的方法来对每个指标的权重进行确定。层次分析法主要是一种将分散的内容进行数量化和集中化，它是利用专家们的经验来进行判断的。首先将我们要研究的问题分成若干个不同的层次，然后通过专家们的判定，通过矩阵的特征向量来确定其权重。其具体的计算判定过程如下所示。

首先假设我们要评价的目标为 A，评价的指标集合为 $B=\{f_1, f_2, \cdots f_{1n}\}$，然后构造出进行判断的矩阵 $F(AB)$：

$$F=\begin{bmatrix} f_{11} & f_{12} & \cdots & f_{1n} \\ \vdots & & & \vdots \\ f_{n1} & f_{n2} & \cdots & f_{nn} \end{bmatrix}$$

其中 f_{ij} 是表示因素 f_i 对因素 f_j 的相对重要性，其中 $(i=1,2,\cdots,n)$，$(j=1,2,\cdots,n)$，f_{ij} 的具体关系见表 18.3。

表 18.3 $F(A\ B)$ 矩阵判断

f_{ij} 取值	具体含义
1	f_i 与 f_j 同等重要
3	f_i 较 f_j 稍微重要
5	f_i 较 f_j 明显重要
7	f_i 较 f_j 强烈重要
9	f_i 较 f_j 极端重要
2,4,6,8	分别介于 1~3、3~5、5~7 及 7~9 之间
$f_{ij}=1/f_{ij}$	表示 j 比 i 不重要程度

根据表 18.3 的判定比较，利用最大特征值以及其对应的特征向量，就能将向量化为归一化的数据，来确定各个指标在系统中的权重。

18.4.3 中国科学院、国家计委地理研究所可持续发展指标体系思考

经济高速发展通常会对环境、自然资源等产生很严重的影响。因此，我们要在时间上使得经济、社会以及资源和可持续发展的能力上进行协调发展，在空间上要逐渐缩小与发达地区的差距，还要缩小地区之间的经济差距。

（1）经济领域的对策

山东省经济的快速发展，使得大量的自然资源，如煤炭、石油以及能源等进行了过度的开发，使得经济的发展以牺牲自然资源和环境为代价。要谋求经济的健康快速发展，我们就必须与环境和自然协调发展，应该适当控制经济的发展，通过一定模型的模拟我们可以确定山东省每年的经济应该是什么样的发展程度，根据这些信息和资源来进行经济发展的调控。

(2)产业结构方面的对策

为了使得经济、自然和环境之间能够协调发展,使得资源的配置达到最优化,我们就必须对全省的经济结构进行分析,了解每个产业的发展潜力,每个行业的发展动力以及所占比重,根据社会的需求适当地调整经济发展的产业结构,使得资源能够最优化配置。

(3)人口方面的对策

山东省是我国人口较多的大省之一,为了缓解城市发展的压力,我们应该适当控制人口增长的速度,加大人口管理的计划意识,将宣传放到第一位,倡导科学的婚姻观。与此同时,我们要努力提高人口的素质,在科技文化素质方面加强宣传,使得人口的质量逐渐提高,为科教强省打好基础。

(4)加强可持续发展能力的建设

要努力在各个领域为可持续发展的道路打好坚实的基础。在环境方面,在发展经济的同时,我们要做到使经济和环境协调发展,不要使对环境的破坏超出了环境的最大容量。在资源方面,我们要努力节约资源,开发新的能源,在满足当代人的发展需要时,我们要保证为下一代人提供充分的资源。在科技教育方面,我们要大力发展科学教学,实施科教兴省的强省战略,提高决策的管理水平,是加强可持续发展能力的关键组成部分,我们要努力发展教育事业,把大学作为与国际项目接轨的渠道,加强大学的科研能力建设;努力提高职业技术学校的培训技术的能力,努力为全省培养更多的高级技术人才,同时也作为各种人才交流的培训平台,为更多的人提供学习交流的机会。

18.5 国家科委提出的实验区可持续发展评价指标体系

18.5.1 国家科委提出的实验区可持续发展评价指标体系框架

1986 年,国家科委与国家计委相关专家,在江苏省进行了反复的调研后,针对我国的经济社会发展过程中的社会问题,利用科学技术的指导,让社会的发展逐渐走向理性化,走向健康平稳的发展之路。主要选择了一些有经济实力,对未来有一定规划的地区和省市进行了社会发展综合实验区,充分发挥科学的力量,利用科学的力量对经济发展的产业、人口问题,资源以及环境等诸多的社会问题进行解决,使社会经济发展的诸多影响因素之间能够互相协调发展。

1997 年 7 月,国家科委中国科学技术促进发展研究中心提出了《国家社会发展综合实验区理论与实践研究报告》,其中对社会发展综合实验区做了比较详细的阐述和讲解,主要是将社会发展综合实验区的可持续发展指标体系分成了不同的层次,分别是目标层次、准则层次以及指标层次。目标方面的内容主要是社会发展综合实验区的可持续发展的未来的战略目标;准则方面主要是说明这是社会发展综合实验区的主要内容;指标层就是具体实施社会发展综合实验区的具体的详细的内容。社会发展综合实验区的具体指标体系框架结构见表 18.4。

表 18.4 社会发展综合实验区指标体系框架结构

目标层	准则层	指标层
社会发展综合实验区	可持续发展前提	生态环境保护与自然资源有效利用,包括的指标有万元国内生产总值大气污染物排放量、万元国内生产总值水污染物排放量、区域环境噪声平均值、万元国内生产总值固体废物排放量、万元工业产值取水量、万元工业产值能源消耗、林木覆盖率、耕地减少率、农村居民人均占有耕地
	可持续发展动力	科技进步与人口素质提高,包括的指标有每万人中专业技术人员比重、专业技术人员中从事科技活动人员比重、每万人省级以上成果数、每万人专利批准授权量、14 岁以上人口平均受教育程度、0 岁婴儿死亡率、人口平均预期寿命、国家法定传染病发病率、农村及村以下医疗网点数比重
	可持续发展手段	经济结构优化与经济效益提高,包括的指标有人均国内生产总值,国内生产总值年增长率,新产品销售收入比重,工业企业人均固定资产,国内生产总值密度,第二、三产业增加值比重,第二、三产业劳动力比重,工业企业全员劳动生产率,对外来技术依赖程度
	可持续发展目标	社会福利水平与生活质量提高,包括的指标有居民人均收入水平、恩格尔系数、城镇人均居住面积、人均公共绿地面积、城镇失业率、劳动者参加社会养老保险人数比重、刑事案件发案率、每百万人非正常死亡人数、城乡居民收入差距
	政府对可持续发展的保障与支持能力	包括的指标有政府财政支出中各项社会性支出占 GDP 比重、地方财政对科技投入强度、地方财政对教育投入强度、环境保护投资强度、建设项目“三同时”执行率

从表 18.4 中我们可以清晰地看出社会发展综合实验区的指标体系框架结构,其中社会发展综合实验区主要包含五个准则层方面的内容,分别是可持续发展的前提、可持续发展的动力、可持续发展的手段、可持续发展的目标、政府对可持续发展的保障与支持能力。社会发展综合实验区总计有 44 个详细的指标。其中可持续发展前提共有 10 个相关的指标,可持续发展的动力共有 10 个相关的指标,可持续发展的手段共有 9 个相关的指标,可持续发展的目标共有 10 个相关的指标,政府对可持续发展的保障与支持能力共有 5 个相关的指标。这些指标的内容涵盖了经济的发展情况、经济的产业结构、科学教育事业的发展情况、自然环境的情况、自然资源的储量以及政府的保障和支持等,总地来说,社会发展综合实验区就是一个涵盖了社会、经济与自然的系统指标,它力求做到人与社会的协调发展。

18.5.2 国家科委提出的实验区分类

社会发展综合实验区是一项十分复杂的工程,它的主要难点在于要根据各个地方的实际情况来进行可持续发展的规划和实施的指标,从不同的领域、不同的方向、不同的环境来研究可持续发展的内容,来研究可持续发展的社会基础和社会障碍。截止到 2010 年,中国已经建立了 37 个国家级社会发展的综合实验区,其中课题研究组还将这些社会发展综合实验区划分为县及中小城市、城区型、城郊型和建制镇。

(1)县及中小城市社会发展综合实验区的主要特点

它们是中国农村经济与社会发展的主体部分所在,能够有效地对其下属的相关地方进行实地的管理,能够做到对资源以及经济的最优化配置。在地域上,由于不同的地方地势和地理资源是不一样的，因此可持续发展的环境是不一样的，这对不同状态下的可持续发展提供了实地的研究基础。它的主要目标就是加大社会的配套改革力度，针对县及中小城市的实际情况，研究经济的发展对城市的污染、劳动力的分配、就业压力和失业情况等，不断改善社会发展的基础条件，为可持续发展创造一个良好的发展环境。

(2)城区型社会发展综合实验区的主要特点

这部分实验区主要是建立在大城市的某一个地方，具有很强的经济优势，它主要是这个城市的一个缩影，所选择的相关指标能够反映出城市发展的整体情况，在经济产业结构上必须合理，在科教文化上必须处于先进的地位，在居民的生活质量上处于十分优越的地位，在经济发展的动力上，具有充足的资源优势，能够带动附近的一些领域不断发展。这方面的实验区发展空间狭小，人口密度较大，主要是服务行业的发展领域，因此要加大第三产业的发展，调整产业发展结构，加大城市综合开发的水平，积极摸索出一条适合城市的可持续发展道路。

(3)城郊社会发展综合实验区的主要特点

主要是位于城市与农村过度的地区，这部分地区主要是为了维持城市的发展，是城市的主要农副产品的基地所在地。我们要加大对这部分地区的技术支持，对这部分地区的资源和环境进行综合利用，建立起城郊高效的农业运行模式和管理模式，为农副产业的发展建立综合的市场平台，研究出适合各个地方运行的市场运作机制。

(4)建制镇社会发展综合实验区的主要特点

这部分实验区主要集中在沿海地区，这部分地区经济发展比较快，人口比较少，经济的发展能力与发展潜力比国家同类地区的发展能力强很多，而且经济发展的产业结构也比较丰富和完善。这部分实验区的主要目的就是要建立以农业为基础的经济发展市场，加大对环境的保护，推行环保的生产园区，加大农村的基础设施建设，增强综合治理的管理能力，为可持续发展的前提和动力打好相关的坚实的基础。

18.6　山东省可持续发展研究中心提出的可持续发展指标体系

山东省可持续发展研究中心根据山东省的实际发展情况提出了可持续发展的相关理论，即“可持续发展的核心是发展，可持续发展的主体是社会发展系统，可持续发展的重要标志是资源的永续利用和生态环境的改善，可持续发展的关键是处理好经济建设与人口、资源、环境的关系，实施可持续发展战略必须转变思想观念和行为规范；可持续发展必须重视能力建设”。在对这些情况进行分析和调研后，山东省将可持续发展指标体系分成 4 个方面的内容进行了研究，在这几方面的下面还包含了很多具体的指标。表 18.5 是山东省可持续发展研究中心提出的中国可持续发展指标体系的基本框架结构。

表 18.5　山东省研究中心可持续发展指标体系框架

系统	子系统	主题层	指标
山东省研究中心可持续发展指标体系	发展水平	人口状况	人口密度、城镇人口比重、人口自然增长率、人口分布差异系数
		资源利用	均耕地面积、水土流失面积比例、耕地增加率、土地生产率区域差异系数、人均水资源量、地表水污染综合指数、水资源增加率、水资源分配区域差异度
		环境保护	指标有废水排放密度、废水排放达标率、工业废气排放增长率、森林覆盖率区域差异系数
		生活质量	居民人均收入、恩格尔系数、居民收入增加率/ GDP 增长率、收入分配区域差异系数
	经济基础	经济水平	人均 GDP、单位 GDP 耗水、GDP 增长率、区域基尼系数
		经济质量	财政收入占 GDP 比重、单位能耗工业增加值、商品出口额增长率/ GDP 增长率、社会全员劳动生产率区域差异系数
	发展能力	教育发展	在校生数量、大专以上文化程度人口比重、教育经费增长率/ GDP 增长率、人均受教育年限区域差异系数
		科技进步	专业技术人员比重、高技术产业比重、研究与开发经费增长率/GDP 增长率、科技贡献率区域差异系数
		防灾减灾	指标有灾害损失占 GDP 比重、重灾人口比例、灾害损失增长率/ GDP 增长率、灾害损失程度区域差异系数
		管理调控	组织建设完善度、发展规划合理性、观念意识更新度、法规建设区域差异性
	满意程度	上访情况	上访人次/ 总人口、越级上访人次/ 上访人次、上访人次增长率、上访比例地域差异系数

从表 18.5 中我们可以知道,山东省可持续发展研究中心的体系指标由 4 个子系统、11 个主题层、48 个指标组成。主要将体系指标分成了 4 个方面的内容,分别是发展水平、经济基础、发展能力以及满意程度,每个内容下面又有小的指标。其中发展水平方面主要是从人口的状况、资源的利用情况、环境保护以及生活质量等进行研究的;经济基础方面主要是从经济的水平以及经济的质量来进行研究的;发展能力方面主要是从教育发展、科技进步、防灾减灾以及管理调控方面来进行研究的;满意程度方面主要是从上访情况来进行研究的。

18.7　北京大学学者的可持续发展体系指标

随着可持续发展研究的不断深入,可持续发展在国际社会上引起了很大的反响,各个国家以及众多的学者都纷纷加入到这个行业中来进行研究,他们研究的方法或者研究的手段都不尽相同。虽然目前关于可持续发展的研究很多,但是真正得到国际社会公认的还为数不多。

张世秋在《可持续发展论》一书中,对国际社会的多个可持续发展的指标体系进行了研究和分析,在此基础上张世秋提出了自己的可持续发展指标体系,在他的理论里可持续发展主要是由社会发展、经济、资源与环境、制度问题这四个方面的内容组成,在每一个大的方面下还有众多小的指标,它们的主要目的就是评价这四个方面的内容是否能够满足可持续发展。除此之外,还给出了具体的压力指标、状态指标以及响应指标。表 18.6 是张世秋提出的可持续发展指标体系的各个指标的数量统计情况。

表 18.6　张世秋可持续发展指标数量统计

	压力指标	状态指标	响应指标	合计
社会发展	14	16	9	39
经济	10	19	6	35
资源环境	28	28	23	79
制度问题	—	3	13	16
合计	52	66	51	169

从表 18.6 中我们可以看出,这套可持续发展指标主要是从社会、经济、自然和政府的政策来进行研究的,它的优点在于,这套指标体系加上了政府的导向作用,在经济社会中,政府的政策导向对事态的发展和影响起着至关重要的作用。该指标体系借鉴了联合国可持续发展委员会可持续发展指标体系的分类方法,将指标分为压力指标、状态指标和响应指标,这样能够更好地理解每个指标所代表的含义,但由于选取的指标过多,指标与指标之间的关系比较复杂,有些指标相关系数过高,出现了重叠计算现象,因此有待进一步对指标进行遴选。

18.8　清华大学 21 世纪发展研究院的可持续发展指标体系

长白山是我国重要的森林保护自然区,它的战略地位不言而喻,它的存在,对我国东北地区的生态环境产生了深远的影响。但是长白山在最近几年的经济发展中,遭受了前所未有的破坏,生物的多样性受到了严重的挑战,植被发生了很大的变化。过度的采伐,使得长白山的森林储存量急剧下降。清华大学 21 世纪可持续发展研究中心根据长白山的实际情况提出了长白山的可持续发展战略以及生态保护的具体方针。

(1)长白山需要实施农林业系统开发

这个主要是要依靠长白山丰富的森林资源,因此维护好长白山的森林覆盖面积及森林储蓄量就是长白山可持续发展的根本。长白山的物种多样性十分丰富,但是由于不断的破坏,其物种的保存在逐年下降,特别是林区严重的资源衰减,经济的发展滞后和人口数量的不断增加,使得长白上的发展面临着巨大的挑战,特别是国有的林区资源接近于毁灭。因此,实施长白山的农林业维护系统就显得迫在眉睫。这个模式在进行设计的时候需要遵守相关的准则:引进国际上先进的林区管理模式和林区经营系统;保护好森林的结构和物种的多样性;改变以前以劳动力为主的经营模式,逐渐将林区的经营走向现代的工业化;开发多种生活生存的经济经营模式,改变以前靠单一的林业资源来维持生活的状态;在开发林业资源的同时,充分地将农业与林业相结合,建立现代化的农林经济示范区。利用丰富的林业资源,在不妨碍林区保护的前提下,可以开发旅游资源。

(2)坚持可持续地开发

对森林资源我们一定要多保护,在不影响经济发展的前提下尽量不要进行过度的采伐,长白山不仅仅只有大地赐予的森林资源,还有丰富的矿产资源,只是现在还没有进行深度的开发,这个地区的矿产资源都是一些优质的天然矿产资源。要保护好矿产资源,不要过度地开发,要让开发与自然环境和可持续发展有效地结合在一起,对矿产资源尽量要多保护少开发。必须认真落实“保护矿产资源,节约、合理利用资源”的方针。目前,长白山虽然矿产资源比较丰富,但是其开采的技术还比较落后,因此,现在还不具备对长白山的矿产资源进行深度的开发利用。

(3)根据林区的具体情况,努力开发旅游资源

在经济发展的时代,不要单独依靠单一的经济发展,要开发多种经济相结合的经济发展模式。而长白山由于其丰富的森林资源,旅游业的开发具有很大的优势,但是在旅游业的开发上我们要注意开发的方式,不要将长白山的旅游业开发成粗放型的,要开发成自然的,倡导生态旅游。从可持续发展旅游的新观点看来,旅游产业中生态环境是重要的生产力,生态环境价值越高,生产率就越高,旅游产业的效益也就越大。

而清华大学21世纪可持续发展研究中心建立的长白山地区的可持续发展的指标体系中,他们在充分参考国际先进的可持续发展指标的基础上,经过考察长白山地区的实际情况,将长白山的可持续发展指标系统主要分成了两大部分,分别为系统发展水平和系统协调水平。系统发展水平主要包含资源开发的潜力、经济的效益、社会生活质量状况以及生态环境质量四个方面的内容;系统协调指标主要包含资源的转换效率、生态环境的治理情况及强度、社会经济发展的相关指标三个方面的内容。这些指标的制定主要是根据长白上天然的林业资源,指标制定的原则主要是在充分保护长白山天然林业资源的同时,结合经济的发展,做到经济和林业资源的充分结合,从而研究出经济-自然-人类协同发展的经济可持续发展模式。

18.9 国内其他可持续发展指标体系的研究

在联合国环境保护大会召开不久后,国家环境保护总局环境工程评估中心根据《中国21世纪议程》的相关指导精神,结合中国目前的环境状况,在《社会主义市场经济下环境统计指标体系与规范化研究》中提出了中国的环境可持续发展指标体系。这个可持续发展指标体系主要研究了五个方面的内容,分别是经济的发展、社会的发展、环境质量的变化及治理状况、自然资源的污染状况及控制情况、环境管理。这五个方面的内容下面还分别有很多的详细的指标对这五方面的内容进行评价,通过这些指标的评价,来对环境的可持续发展情况进行评估。

随着对可持续发展的不断深入的研究,2002年国家环境保护总局编著了我国生态城市建设的可持续发展指标体系,这个指标体系主要是从经济、环境和社会三个方面来进行研究的,它的指标制定比较简单,但是针对性比较强,能够很好地反映出我们进行生态城市建设的标准。这套指标体系突出地说明了生态环境的保护与经济的发展是分不开的,要想建设生态城市就必须将经济、社会和环境三个方面的互相作用、相关关系协调明白。这套指标体系对建设生态城市的指标体系的功能以及结构做了比较详细的说明和阐述,并且考虑到已有的相关指标体系,这套指标体系还对未来的生态建设设定了预测的相关的指标,这在国际社会上的指标体系中还很少见。

李健斌制定的可持续发展指标体系主要包含了生态资源、环境污染、社会压力、经济压力、制度响应、都市可持续发展 6 个方面的内容,共选出了 42 个相关的评价性指标,对我国台湾地区进行了研究,建立了台湾发展的可持续发展指标体系。

刘海清对海南省的实际情况进行了研究,在充分考虑已有指标体系的基础上建立了海南省的可持续发展指标体系。在这个指标体系中,主要是将海南省区分为经济、社会和资源环境系统 3 个层次,共 77 个指标,建立了海南省可持续发展指标体系。通过计算发现,海南省仅比云南省强一些,处于可持续发展能力较弱的状态。

由于篇幅有限,在此就只列举了国内比较有影响力得到大家公认的可持续发展指标体系,但是还有很多中国可持续发展指标体系,他们也在不同的地方有着相应的影响力,如下面适当地列举了一部分可持续发展指标体系:南京大学城市与资源科学系提出的工业企业可持续发展评价指标体系;江苏省经济信息中心提出的区域可持续发展的评估指标体系;山西大学曹利军和北京师范大学王华东提出的区域可持续发展评价指标体系;武汉城市建设学院提出的城市可持续发展指标体系;中国科学院、国家发展计划委员会地理研究所提出的区域农业可持续发展指标体系;中国科学院地理研究所的刘燕华提出的脆弱生态区可持续发展指标体系;中国科学院自然资源综合考察委员会的周海林提出的资源型城市可持续发展评价指标体系等。

18.10　中国可持续发展指标体系的思考

经过对国内外先进的指标体系的研究,我们不难发现中国的可持续发展指标的特点以及中国可持续发展指标体系存在的一些问题和未来的发展方向等诸多的问题。经过研究我们首先可以发现,不管是国外的还是国内的可持续发展指标在进行研究时都是千差万别,各不相同,但是他们在进行指标体系的制定时都尊重了可持续发展的社会 - 经济 - 自然的相关理念。从众多的指标中我们可以发现,这些可持续发展的指标体系主要可以分为侧重于经济发展的指标体系、侧重于社会发展的指标体系、侧重于生态环境建设的指标体系、侧重于以人为本的发展的指标体系和侧重于可持续发展思想方面的指标体系。

在这些经验的基础上,中国以后的可持续发展指标体系应该注意以下问题:

(1)正确区分社会发展和可持续发展之间的关系

社会的发展包含的方面很广,而可持续发展包括的方面也非常广,它可以是某一个方面的可持续发展,也可以是某一个大类的综合可持续发展。而单独地将社会的发展和可持续发展等同起来是错误的,社会的发展是离不开可持续发展的,两者之间有着千丝万缕的联系,又有着很大区别,不能简单地将两者等同起来。

(2)处理好可持续发展中的经济、社会、资源以及环境之间的关系

不要为了一时的经济利益而以牺牲环境和自然资源为代价,这样只会使经济的发展受到更加严重的损害。在进行指标体系的制定时,不要偏重于经济指标的体现,而忽略了环境和自然资源在可持续发展中的重要作用。

(3)指标体系不宜过多

有的学者在进行可持续发展指标体系的研究时认为指标越多越能反映出要体现的意

义。其实相反,指标体系如果过多,我们在进行可持续评价的时候考虑的方面也就越多,但是我们对于每个方面可能只是简单地考虑了一下,没有进行深入的研究,这可能就适得其反,往往只对很表面的东西进行了评价,没有对发展的内在的东西进行深入的研究。

(4)不要过于注重发展水平的评价

很多的学者在进行可持续发展指标体系制定时,想到的主要是怎样反映可持续发展水平的评价,水平只能反映当时的发展情况,我们要从长远的角度来进行评价。我们在进行可持续发展水平的评价的同时,要注重对可持续发展能力的评价,只有可持续发展具有充足的发展能力,才能真正地使可持续发展长久下去。

(5)指标不宜过大

在制定可持续发展指标体系时,我们的指标体系不要过于庞大,这有两方面的原因,一方面表现在体系指标过大,对某些方面的研究不够深入,可能只是进行了表面上的研究;另一方面表现在指标体系过大导致我们对数据的收集工作过于复杂,可能因为疏忽而造成遗漏或者错误,这将会给可持续发展最后的评价带来很大的影响,而且指标体系过大,我们也不便操作,计算过程也比较复杂。

第19章　可持续发展的经济学考虑

19.1　资源配置

经济活动是以满足人的需求为目的的,这一目的决定了经济活动追求在一定资源上的最大产出。而在所有文明所形成的有差异的生产关系中,无论人类的生产力发展达到何种程度,都面临着不可克服的制度性"稀缺"问题。为尽量缓解这一问题,合理的资源配置是其中的必要手段。因此,资源配置是可持续经济发展的主要内容。

19.1.1　资源配置的基本要求

1.经济增长与环境保护相统一

在传统的经济发展方式下,我们过分注重所谓"经济增长"而忽视生态环境,使其遭到严重破坏,生态系统变得日益脆弱,目前已经出现了一系列严重的生态问题。部分生物的灭绝,使我们已经不得不开始担心生命之网的不稳定:在"蝴蝶效应"作用下,我们不知道生态系统会往哪个方向变化,当人类的活动已经超出生态系统的承载能力时,整个星球可能面临毁灭。所以,可持续发展的资源配置要求经济增长与环境保护相统一。

经济增长意味着要消耗更多的自然资源,这看似与生态环境的保护相矛盾,但是,经济增长与环境保护之间既存在矛盾,又存在统一性——生态环境的保护要以经济发展为基础。经济增长可以为环境保护提供不断增强的资金供给能力,保证人们的温饱和基本安全,从而解决因贫困而产生的环境破坏问题。因为在基本温饱得不到基本满足的基础上,在生态环境与当前生存方面,后者的效用更大,人们不仅不会保护,而且会以破坏自己所生存的生态环境来维持生存。这是目前在我国和许多发展中国家正在发生着的事情,对生态环境来说,贫困有时是比经济增长更大的威胁。不过,如果在经济发展的早期能更恰当地平均环境与经济增长之间的关系,那么各国在此过程中付出的代价就要小得多,人民得到的福利就会更大,事后付出的成本也会更小。

实践证明,除了完善环境立法和加强生态文明观的建设,每个国家只有将其一定比例的国内生产总值用于生态环境的保护与恢复,才可以在一定范围内兼顾到经济增长与生态环境改善。西方发达国家自20世纪60至70年代以来就已经这么做,并取得了不错的效果。原因在于,生态财富与经济财富之间存在着一定的替代关系,当生态环境被破坏到一定程度后,通过财富的投资和生态系统的自我更新,可以使生态环境在一定范围内得到修复,这也正是环境保护产业发展的必要性。

2.代内公平与代际公平相统一

在传统经济学上,公平指的是分配结果的相对公平;而在可持续发展经济学中,它是机会公平与结果公平的统一。可持续发展的资源配置要求代内公平与代际公平相统一。

代内公平，指在当代人中，必须做到在各方面，尤其是在资源的使用和产品的分配等方面机会与结果的相对公平。在当今社会，一个普遍且突出的问题，就是在资源的占有、使用和产品的分配等各方面都存在着巨大的差异，如发达国家以不到20%的人口，却使用了世界70%以上的各种资源，尤其是美国，不到世界人口的5%，却使用了世界能源的25%以上；而占世界人口70%以上的广大发展中国家的人民，却只使用不到世界能源供给的30%。国家内部，各阶层之间、不同地区之间的人们在资源使用和产品分配上也存在着巨大的差别，如我国目前的基尼系数已经超过0.45，我国成为世界上产品分配最不公平的国家之一。

代际公平，是指不同代人民之间在资源占有与使用等各方面的相对公平。在可持续发展经济学中，它主要指当代人追求福利不能以牺牲后代人的利益为代价，最起码应该保证后代人享有的福利不低于当代人的福利。因为人类的福利是建立在对资源的利用上的，而不可再生资源是有限的，可再生资源的生产率是与不可再生资源的存量呈正相关的，所以如何更公平地在不同代人之间分配资源就成为实现代际公平的关键。而与代内公平不同，后代人无法与当代人坐在同一桌上来为自己争取更多的利益，后代人的福利，实际上是由当代人的伦理道德所决定的。而道德是一种制度，制度是由当代人根据自己的利益判断来指定的，在此基础上，后代人的福利是缺乏保证的。在这种情况下，如何界定资源的代际公平就非常困难。从理论上讲，除非当代人只使用可再生资源，并把对它们的使用严格限制在可更新的范围内，否则都将违反代际公平原则。但由于技术进步和资本积累能有效提高资源的使用价值，如各种不可再生的矿物资源；让人类准确认识许多目前还未加以合理利用的资源，尤其是动植物资源对人类的真实价值。因此一般认为，只要技术进步和资本积累对人类福利的促进作用大于资源减少对人类福利的阻碍作用，就实现了资源使用上的代际公平。但同时，如何评价资源消耗与技术进步之间的替代关系，在实际上的实施会遇到很大的困难。首先，许多资源的存量具有很强的不可逆性，如果我们对该资源的准确认识晚于对该资源的过度消耗，那么当该资源的存量下降到一定程度时，再先进的技术也无法避免它们的耗尽；再者，技术进步具有很大的不确定性，一些被当代人视为有利的技术进步，很可能会对人类的持续生存造成重大的不利影响，如为提高农产品产量和增强抗病虫能力的转基因技术及生物工程，就可能具有这种结果；最后，如何评价资源消耗与技术进步之间的替代关系，具有不同伦理价值的人们的观点具有很大差别。例如发达国家的人们，认为一些发展中国家采取过度的生态消耗换取经济发展的做法是得不偿失的，而后者却认为这种做法是理想的。

实际上，资源的代际公平问题并不完全是我们传统理解的资源的存量和可再生性，真正核心的是生态环境的可持续性。就绝对的可用资源来说，人类能够通过科学技术的进步来解决资源的绝对稀缺，如提高资源的利用效率，或者是用新的丰裕的资源来替代短缺的资源等，例如煤炭对木柴的取代、石油和天然气对煤炭的取代等；然而在生态环境方面，已显脆弱的全球生态环境仍然面临着巨大的压力，加上生态系统的变化具有非常强的时滞性和不确定性，事实上，人类已经生存在一个藏满定时炸弹的生态环境中，许多极其严重的问题已经暴露出来，如物种灭绝，但人类目前还无法确定是否潜在着更大的威胁。正如前面所说的，在“蝴蝶效应”作用下，我们不知道生态系统会往哪个方向变化。因此，要实现代际公平,不仅要保证资源的可持续性,而且必须保证生态环境的可持续性。

代内公平与代际公平是矛盾的统一体。一方面,代内公平是代际公平的基础,没有代内公平作保证,代际公平是不可能实现的,因为在缺乏代内公平的社会里,人们在生产与生活中,为了获取私人利益,可能会不顾一切地破坏生态环境和过度消耗资源,代际公平就无从谈起;另一方面,只有在代际公平的约束下,才能真正有效地解决代内公平问题,因为只有在以追求人类持续生存和发展的道德和制度约束下,同代人之间才可能同舟共济。代内公平与代际公平的统一是实现人类社会经济的可持续发展目标的保证。同时,因为可持续发展要求保证人类持续生存,并且以不损害后代人利益为前提的,所以代际公平是矛盾的主要方面,代内公平是矛盾的次要方面。

在解决代内公平和代际公平的问题上,由于不同国家间国情各异,所以各国应该根据自身的现实需要协调代内公平和代际公平的关系。对于发展中国家,贫困问题和环境恶化问题都极为突出,二者相互作用导致的循环恶化使发展中国家处于一个十分艰难的处境,这时代内公平优先是发展中国家保护自身利益的最好选择;而发达国家自近代产业革命以来,在国民生产总值及人均值、科技水平、文化水平等方面都处于国际社会的前列,基本上已经率先完成了现代化,正开始或即将开始走向另一个发展阶段,因此代际公平优先是保护他们自身利益的最佳手段。

同时要说明的是,虽然可持续发展公平的核心内容是代际公平,但当代人的福利无疑是人类持续福利中的一个重要组成部分,甚至是其中最重要的,因为如前面所说的,没有代内公平作保证,代际公平是不可能实现的。因此,当二者存在尖锐矛盾时,应在考虑代际公平的条件下优先解决代内公平问题。

3. 三种资本相互促进与生态资本优先增长

资本是一个社会生态环境状况和社会生产力发展成果积累的社会表现形式,按照不同的性质,我们将资本划分为物质资本、生态资本和知识资本。

要实现可持续发展的资源配置,促进经济的可持续发展,不仅要求资本总量的增长,也要求资本结构的改善。因为即使不同资本间具有一定的替代性,但这种替代性是有一定的范围的,超过这个范围,不仅替代资本边际效率会下降,而且整个资本边际效率也会下降。比如当生态资本的存量下降到一定程度,使其已经不能维持生态系统的正常运转和生态资源的供给时,哪怕再多的物质资本和知识资本都难以保证人类社会经济的可持续发展,这导致的结果将不仅仅是可持续经济发展目标无法实现,整个经济体系也可能面临崩溃。这就是为什么可持续发展思想在20世纪中后期,世界经济技术迅速发展并达到空前规模的情况下被提出并被不同发展水平的国家所接受。因此,实现经济的可持续发展要求三种资本保持相对均衡的状态,每种资本的存量与增长都能满足一定程度下其他两种资本对它的要求。

目前的形势要求生态资本在相当一段时间内优先增长。因为,自工业革命以来,人类社会长期通过牺牲生态资本的方式来换取物质资本的积累和经济增长,以致于物质资本和资本总量都达到空前规模的时候,生态资本的存量却下降到一个危险的程度。一方面,长此以往的结果是,在一定条件下,生态资本跟不上其他两种资本,导致一定的资源优化配置得不到本应得到的效益;另一方面,在系统的作用下,每种资本的生产率或边际生产率都取决于其他两种资本的存量,生态资本存量减少到一定程度,必然会出现物质资本与知识资本边际效率递减的趋势。综上所述,生态资本的存量过低将在一定程度上阻碍经济发展。因此,可持续发展经济学要求我们不仅要保护好生态环境,而且必须投入一定量的物质资本和知识资本来换取生态资本的积累,就像长期以来人类社会以生态资本换取物质资本和知识资本的累计一样,这是实现三种资本相互促进的必要条件,是实现可持续发展的资源配置的重要举措,也是实现经济可持续发展的客观要求。

4. 四种文明的相互协调和共同发展

人是物质、精神、社会与生态四性的有机统一,而这四性相对应地产生了四种文明,即物质文明、精神文明、社会文明与生态文明。人类文明是四种文明的有机统一,任何一种文明,若脱离其他三种文明的支撑,都不可能实现持续发展的目标,比如物质文明,如果没有精神文明、制度文明与生态文明的支持,就会在道德沦丧和生态环境的毁灭中消失,历史上两河文明和古丝绸之路文明的消亡就是真实的例子。可持续发展思想提出的一个重要原因,就是生态文明的发展远远落后于其他三种文明,就像生态资本存量远远低于其他两种资本的原因是物质资本在相当一段时间内以牺牲生态资本为代价来换取自己的增长一样,生态文明落后的结果也是其他三种文明,尤其是物质文明在相当一段时间内以牺牲生态文明为代价来换取自己发展的一种结果,这种行为最终导致的后果是不仅严重阻碍可持续发展目标的实现,而且将阻碍其他几种文明的进步。所以说,要实现可持续发展的目标,在可持续发展的资源配置上,就必须做到兼顾四种文明的协调发展。

经济发展的最高目标就是促进人类的幸福,在四种文明里对应了四种需要:物质需要、精神需要、社会需要和生态需要。人类文明的实现,不仅要求相对应性质产品需求的满足,而且要求其他产品需求的满足。比如人的精神需要,若没有在物质需要满足的前提下,是不可能得到真正实现的,这和代内公平是代际公平的保证是一样的道理。众所周知,当前人类的物质需要和狭义精神需要已经得到空前满足,但是因为生态需要得不到基本满足,物质财富与精神财富的大量增长并没有使人类幸福感大大增加,就像许多人更愿意生活在郊区,面对环境被严重污染的城市,他们渴望返璞归真。原因在于,生态资本由于生态环境被严重破坏而日益短缺,这种短缺的结果导致了严重的个人痛苦和社会问题,也使得其他三种需要消费增加所产生的边际效用不断下降。综上所述,与三种资本及四种文明间的关系一样,四种需要中,若有一种需要得不到基本满足,不仅人类会因为该需要没有得到充分满足而降低幸福感,其他三种需要消费增加所产生的边际效用也会不断下降。所以说,使四种需要的满足保持相对均衡和协调增长,是实现人类幸福、促进文明发展的重要条件。

为更好地促进四种文明和四种需要相互协调发展,使整个社会经济实现可持续发展,还要求生态创新、技术创新、制度创新三种创新相互促进与协调发展。在社会生产系统中,生态创新是前提,技术创新是手段,制度创新是保证,只有做到三种创新的统一,整个社会经济才可能实现可持续发展。而在目前,生态创新落后于其他两种创新,在某种意义上,这也是促使资源严重缺乏、生态环境被严重破坏的因素之一。

19.1.2 与传统经济学的资源配置差异

1. 资源与产出的内涵不同

在传统经济学中,资源的本质是生产要素,大气、生态环境、社会资本等都被排除在资源的范围外；而可持续发展经济学中的资源，是一切影响人类当前与长久福利的因素，不仅包括传统经济学上的资源，而且包含被经济学视为外部性的那部分因素。

资源的内涵不同，成本的范畴也就不同，一定产出基础上的效益也就不同。一般来说，可持续发展经济学在一定产出基础上的成本是大于传统经济学的。

同样地，资源的内涵不同，对于产出的评价也就不同。传统经济学上，产出指的是生产者向社会提供有形的物资产出和无形的服务产出；而可持续发展经济学中的产出，不仅包括传统经济学的那些可市场化的内容，而且包含那些不能市场化，但会影响人类利益的各种外部影响，如植树造林所产生的水土保持、净化空气、景观改善等效益。

总地来说，传统经济学对资源和产出的定义，使之不能客观、全面地分析一定量资源配置对人类福利的影响；而可持续发展经济学将那些被传统经济学作为外部性的内容，如大气、生态环境等，纳入资源和产出的定义，在确定一定量资源配置对人类福利的影响上更加实际。

2. 资源配置的衡量标准不同

(1)时间范围不同

传统经济学是从当代人的利益角度来考虑资源配置效果好坏的；而可持续发展经济学对资源配置的时间考察，是从考虑人类的长久利益出发的，以保证人类持续生存，并且以不损害后代人的利益为前提的，当代人福利的最大化并不代表人类福利的最大化。因此，一些虽然会增加当代人福利，但会损害后代人利益，并且后者的损害大于前者的利益时，从可持续发展经济学的角度看来，这是不经济的；而从传统经济学的角度看来，它却是可取的。

可持续发展经济学是不以损害后代人利益为前提的。但不可再生资源的量是一定的，而可再生资源的生产率，又是与不可再生资源的存量呈正相关的，因此，只要当代人的经济活动使用了资源，就一定会损害后代人的利益。但是，这并不意味着我们不能使用资源，而是我们应该尽可能地弥补这种损害，弥补的主要手段是技术进步与资本积累。

(2)价格体系不同

传统经济学中，判断资源配置优劣性的标准，是现行的市场价格，最多是所谓影子价格。这种判断标准只考虑资源及其利用的直接影响；而可持续发展经济学在判断资源配置优劣性时的标准是可持续影子价格，这种价格是抽象化的，它不仅要考虑资源及其利用的直接影响，还要考虑某些在传统经济学中被忽视却又在人类福利中起重大作用的影响，如对自然环境和社会环境的影响等。因此，与传统经济学相比，可持续发展经济学更能反应资源配置对社会实际福利的影响。

(3)资源配置的目标不同

虽然从形式上看，可持续发展经济学同传统经济学一样，都是为了实现人类福利的最大化，但两者由于哲学基础和伦理价值不同，在对待什么才是人类最大福利这个问题上，观点迥异：传统经济学的资源配置的目标，是取得当代人的最大福利，其忽视了产品分配关系对人类福利的影响，对资源配置中的外部影响也缺乏考虑；而可持续发展经济学的目标与传统经济学不同，前面谈到的资源配置的四个基本要求都说明了这一点：一方面，可持续发展经济学的目标是取得人类作为一个物种持续生存和发展的最大福利，为了这个目标，它有时甚至往往要求适当牺牲部分当代人的利益；另一方面，在如何取得当代人的最大福利方面,可持续发展经济学与传统经济学之间也存在重大区别。

传统经济学往往以一定资源耗费基础上的最大产出作为当代人最大福利的标志,其中并不特别考虑产品分配对社会福利的影响。与此不同,可持续发展经济学则不仅要考虑一定资源耗费基础上的产出,而且必须考虑到产品分配状况对社会福利的影响。在实际中,产品分配对社会福利的影响是非常明显的,这种情况说明,在一定资源耗费基础上,并不一定是总产出越大越好,还取决于实际的产品分配状况。如在一种能够达到最大产出的生产方式的基础上,少数富人得到其中的大部分,而社会大多数人只得到其中的少部分,那么该基础上的社会福利就会很低。

印度2004年春天进行的选举的结果就反映了这一点。以瓦杰帕依为首的人民党政府,在6年多的执政期间,无论是在发展经济、改善人民生活方面,还是在外交、军事等方面都取得了杰出的成绩,尤其是经济发展方面取得了非常杰出的成绩,大选前人们普遍认为执政党会取得压倒性胜利,然而结果却是人民党联盟失去了选举,其原因就在于改革的成果没有平等地惠及全体人民,受惠的只是少部分人,虽然广大中下层人民的绝对福利也有所改善,但比起那些少数精英来说,他们的相对福利却是极大地恶化了,所以广大人民最终抛弃了原来的执政党。这种情况正说明了社会福利是与产品分配密切相关的。

在实际中,产品分配状况不仅影响到当代人的社会福利,而且影响后代人的社会福利。因此可持续发展的基本前提条件之一,就是产品分配的公平与公正,只有在公平与公正的基础上,人类社会的可持续发展才有可能实现,从而实现人类社会的最大福利,所以说,产品分配决定了后代人的福利。在一个产品分配不公平的社会,不仅会阻碍资本积累,而且会导致生态环境的不断恶化和资源的严重浪费,从而严重影响后代人的社会福利。

19.1.3 资源配置优化

与传统的资源优化配置要求不同,可持续发展的资源优化配置不仅要求产出的最大化,而且要求实现全社会消费利益最大化。而全社会消费利益最大化的具体要求是实现代际公平与代内公平。

1. 实现代际公平

可持续发展的核心问题之一,就是要实现资源和生态环境的永续利用,即在不同代人之间合理地分配资源,不仅必须保证每一代人的福利有所改善,而且必须保证后代人的福利不低于当代人的福利。然而资源是有限的,而经济增长必然要消耗有限的资源,只要有消耗,就必然会损害后代人的利益。假设通过技术进步和资本累计的替代可以完全解决资源短缺问题,那么要实现经济的可持续发展,要求以下不等式必须成立:

$$\alpha A > \beta B$$

式中 A——资本与技术存量;

α——资本与技术存量的增长速度;

B——现有资源的存量;

β——资源的消耗速度。

资源永续利用的目的是实现人类福利的最大化。要实现人类福利的最大化,就必须保证代际公平和代内公平。但前面说到,后代人并不能与当代人同坐在一张桌上来讨论双方的利益分配,它们的利益只能由当代人的伦理道德决定。在不同时点上,如果当代人对一定存量的资源给予较高的贴现率,则意味着人们认为对当代人的利益要大于后代人的利益,一定时间后人们的利益将是不值得当代人重视的;给予较低的贴现率,则意味着当代人比较关注后代人的利益;给予一个负的贴现率,则表示当代人认为后代人的利益要大于当代人的利益。

下面我们对一定资源在不同时间给人们的福利(在此用效用表示)进行研究,各时间的效用以某个给定的贴现率折算为现值,假设资源存量是一定的,同时资本积累与技术进步保持相对稳定的速度,这样可以得到以下方程:

$$z = \sum_{t=0}^{\infty} Z_t$$

$$U = \sum_{t=0}^{\infty} \{u_1[Z_1(1+\alpha)(1+i)^{-1} + u_2[Z_2(1+\alpha)^2(1+i)^{-2}] + \wedge u_t[Z_t(1+\alpha)^t(1+i)^{-t}]\} u_{t+1}[Z_{t+1}(1+\alpha)(1+i)^{-t+1}] \geqslant u_t[Z_t(1+\alpha)(1+i)^{-t}]$$

式中　Z——资源总量;

Z_t——在各时点上消耗的资源量;

U——在一个无限序列中人类得到的总效用;

u_t——各时序点人们从一定量资源消耗中得到的效用;

t——时间序列;

i——贴现率。

对该方程组求 U 的最大值,就可得到一定资源基础上的福利最大化。

假设资本积累与技术进步的速度 α 不变,那么资源如何在不同代人之间分配就由 i 的大小决定。因为 i 的大小是由当代人的伦理道德决定的,且它的大小决定了不同代人之间在资源使用上的不同权利及其结果,由此可见,i 的值不影响当代人的福利,对不同代人之间的利益却影响重大,即伦理道德在代际公平与否的问题上起很重要的作用。因此,可持续经济发展的资源配置要求人们在进行经济活动时,考虑到不可再生资源利用的不可逆性,尤其要考虑生态环境的脆弱性,重视它们对后代人利益的影响。

2. 实现代内公平

因为经济发展的主要目的是实现人的最大幸福,而人类在一定产品基础上能得到多大的福利或幸福,是与产品的分配结果密切相关的。代际公平是实现人类作为一个物种来说的最大福利的保证,而代内公平是代际公平的前提条件。

产品的分配结果对社会福利所产生的影响,取决于某产品在不同阶段、阶层或群体之间分配所产生的效用的福利评价。货币的边际效用递减规律在不同阶层的人身上的作用效果是不同的。这一特点说明,虽然在理论上,产品分配的绝对公平能够达到福利的最大化,但实际上,过度公平则会严重阻碍社会效率的提高,而效率则决定着动态的福利,因此,要在一定产品基础上实现社会的最大福利,同时又保持一定的社会效率,那么产品分配的公平就不能是绝对的,而应该是相对的。

我们知道,如同代际公平的实现程度是由当代人的伦理道德所决定的,代内公平的实现程度也是由在当代社会中占主导地位的伦理道德所决定的。不同的是,当代人能够坐在同一谈判桌上来争取自己的利益要求。显然,不同国家或不同区域之间的生产力发展水平存在巨大的差异,这导致它们在资源的使用效率上也十分不同,要做到资源利用和产品分配的相对公平,就要求在国家与区域间进行大量的资源转移,即发达国家必须向发展中国家进行大量的财政转移。虽然从短期看,该过程会严重损害发达国家的利益,但从长期看,发达国家向发展中国家的财政资源转移促进了代内公平的实现,推进了可持续发展的进程,因而是符合它们的长期利益的。

19.2 资源节约

工业革命以来,人类以过度的资源消耗为代价换取了经济的快速增长,这种方法的确在较短的时间内极大地提高了人们的物质生活水平,但同时,由于资源的有限性,资源的存量已经下降到了一个危险的水平,由此可见,这种方式是与可持续发展相违背的。针对目前的状况,为了实现经济的可持续发展,资源的节约是其中的必要条件之一。

19.2.1 节约资源的客观必然性

首先,从统计学的角度看,长期保持一个大于零的指数增长,结果是无限大的。资本主义产生以来,经济保持持续性的指数式增长速度使当代经济规模已经达到空前程度,但同时,也使资源被过度消耗。据估计,按照目前的资源消耗速度,大部分主要资源将在近几十年内消耗殆尽;其次,可再生资源一方面被大量消耗,另一方面由于生态环境的恶化,其生产率低下,因此可再生资源的供给量也呈显著的下降趋势,比如,由于被不合理地利用和被污染,水资源的短缺正成为限制经济发展的最主要因素,甚至成为许多地区爆发冲突和战争的主要诱因;然而,经济的规模越大,意味着经济活动会在更大程度上进行资源消耗,这是现有的资源存量难以满足的;同时,资源的过度消耗还造成了极其严重的环境问题,比如每开采 1 kg 铂,仅仅是在开采阶段,就会产生 300 多 t 的废弃物,在生产加工阶段更会产生巨大的对环境严重有害的废弃物。因此,资源的节约是实现可持续发展的保证。

节约资源,在我国显得更为迫切。一方面,我国人均资源占有量低,目前却正处于工业化的初、中级阶段,人均资源消耗量会随着工业化过程的深化而快速提高,因此资源的供给赶不上资源的消耗。巨大的需求与有限的国内资源供给之间的矛盾,使我国对国际资源市场产生了巨大的依赖,如我国目前的石油进口量已占石油消耗量的40%。而随着我国经济的继续增长,资源的对外依赖程度会继续提高,这必将对我国的国家安全构成重大的潜在隐患。另一方面,在资源的利用上,由于技术水平低,资源的利用率也极其低下,如我国单位产值能耗为世界平均水平的2.3倍,主要用能产品单位能耗比国外先进水平高40%。客观地讲,改革开放以来,我国在资源节约上取得了明显进展,如能源的消耗一直低于经济增长率;但同时要看到的是,我国能源节约与资源综合利用方面还存在一系列问题,因此,节约资源,无论是对于提高我国的经济竞争力还是对于生态环境的保护,都具有十分重要的作用。为此,我国政府在“国家能源十二五规划(2011—2015)”中分析了能源科技的发展形势,以加快转变能源发展方式为主线,以增强自主创新能力为着力点,规划能源新技术的研发和应用,用无限的科技力量解决有限能源和资源的约束。

19.2.2　循环经济原理

循环经济就是将上一生产过程或工序所产生的,还能重复利用的废弃物,转变为下一生产的投入品,以使资源得到最充分的利用,同时尽可能少地产生或不产生对环境有害的废弃物的经济。在生产过程中,采用循环经济方式,可以极大地提高资源的利用效率,减少环境污染,因此循环经济是目前日益被人们重视的一种生产方式。如在工业生产中,当水在生产过程中被各种化学产品和重金属污染后,经过特殊工艺将这些化学产品和重金属分离出来,不仅能够使水得到洁净从而重新投入使用,而且能够回收具有经济价值的化学产品与重金属。

从系统论的角度看,人类社会不过是自然巨系统中的一个子系统,人类社会的生存与发展必须与系统内其他部分进行物质和能量的交换,同时,人类在再生产过程中所产生的各种废弃物也通过自然系统吸纳,并通过生态系统的循环运动最终会反馈到人类社会中来,因此,人类的社会生产也就是自身与整个生态系统的循环过程。为延长自然系统对人类社会的资源供给时间,实现人类社会的可持续发展目标,就必须尽量减少对自然系统排放的废弃物,其中,有效地提高资源的利用效率是实现此目标的重要手段,而实行循环经济方式是提高资源的利用效率的有效手段之一。因此,循环经济是以系统理论和生态经济理论为基础的一种生产方式。

与可持续经济的基本要求相一致,实行循环经济,不仅要综合考虑传统经济所重视的经济、社会和科学技术等因素,还必须重视传统经济所忽视的资源、环境、生态因素,只有综合考虑这六个因素,统筹规划,才能取得最大的符合可持续发展要求的经济效益、生态效益和社会效益。因此,循环经济要求在进行经济活动时,必须将包括生态环境成本在内的各种成本与效益因素纳入整个系统核算中,给予生态环境成本足够的评价,核算出该经济活动的实际成本。

实行循环经济,还必须在再生产过程中实行产品生产的再使用原则和废弃物的再循环原则,以可再生资源来替代不可再生资源。产品生产的再使用原则,指产品在保证服务的前提下,在尽可能多的场合和尽可能长的时间内得到有效利用。废弃物的再循环原则,指在生产过程中、产品使用中及事后对废弃物的处理,都实行清洁生产,最大限度地减少废弃物的排放,力争做到排放的无害化和资源化,实现资源的再循环。另外,实行循环经济要求在技术条件允许的条件下,要尽可能地利用可再生资源,以可再生资源来替代不可再生资源。工业革命以来的农业违背了以上三点要求,因此对农村生态环境造成了严重破坏。为了实现农业的可持续发展,我们必须由目前的石化农业“返回”到高技术支持下的生态农业。这种情况也同样适用于其他产业和整个社会。

循环经济是一种清洁生产方式。在循环经济的生产过程中,各种废弃物都将被最大可能地利用,将该生产对环境的损害程度降到最低;同时循环经济还要求尽可能地减少生产过程中各种有害物质的排放,以保护工作人员的人身安全等。清洁生产是当前的一种世界潮流。在资源短缺和生态环境恶化的形势下,循环经济在全球范围内越来越得到重视。比如,西方许多国家通过立法,要求企业回收其生产的而被人们废弃的产品,并且对其中的有用资源加以再利用。而我国也正日益重视这方面的工作,目前合理利用资源原则已经写进我国的宪法;一个遍布全国、网络纵横的再生资源回收加工体系已初步形成。同时再生资源回收利用已取得显著的经济和社会效益。

不过要看到的是,我国在资源的循环利用方面还存在许多问题,与国外的先进水平更是存在巨大的差距。针对这种情况,我国国民经济和社会发展"十五"规划纲要提出,"十五"时期,要大力推进资源综合利用技术研究开发,加强废弃物回收利用,加快废弃物处理的产业化,推动经济增长方式由粗放型向集约型转变,同时达到治理污染、改善环境的目的,同时提出,为实现这个目标,要加快制定相关法律法规,实施依法管理;我国还制定了《新能源和可再生能源产业发展"十五"规划》,提出大力开发利用新能源,以优化能源结构,改善环境。这在促进经济社会可持续发展,尤其对解决边疆、海岛、偏远地区以及少数民族地区的用能问题,起到重要的作用。

在市场经济条件下,要形成全社会性的符合生态经济要求的循环经济生产方式,就必须使它所产生的经济效益高于传统的生产方式。同时,也要求经济发展达到一定程度,如人民生活水平达到较高程度,温饱得到解决,人们对生活数量的追求转向对质量的追求,从而注重生态环境的质量,这是目前的经济状况所不能达到的。但随着经济发展水平的提高,在经济发展与资源供给和生态环境保护之间的矛盾的日益加强的情况下,循环经济生产方式会得到越来越广泛的重视,其在社会经济中的重要性也会日益加强。

19.3 资源代换

资源代换又叫资源替换或资源替代,也就是在经济发展过程中,一些资源被另一些资源替代。

资源节约虽然是实现可持续发展要求的重要内容之一,但它的实质只是延缓资源耗竭,经济活动仍然需要不断地消耗资源,资源总有被耗竭的一天。要做到经济可持续发展,最主要的还是实现资源的代换,也就是不断地以丰裕的而未被人类利用或充分利用的资源来替代短缺的资源,以保证经济的发展。所以说,资源代换是实现可持续发展的重要保证,经济发展的过程也就是资源代换的过程。

19.3.1 资源代换的内容

资源代换既包括经济发展过程中不同经济资源的代换,如石油替代煤炭等,也包括不同生产要素之间的替代等。

人类社会的再生产过程,实际上就是不同生产要素之间的替代过程。在同一生产过程中,同一物体可能同时是不同生产要素的组成;在不同的生产过程中,同一物体也可能是不同生产要素的组成。

不同质量要素之间的替代,也是资源代换的重要内容,也就是资源的质量代换。在市场经济中,资源的代换基本遵循经济效率更高的资源代换效率较低的资源,"物竞天择,适者生存"就是典型的例子。随着生活水平的提高,人们从对产品数量的追求转向对产品质量的追求,即开始追求产品的高品位消费。这一现象和过程,促进了资源的质量代换,造成生产方式开始发生变化,即建立在高技术基础上的规模小、种类多、质量好的生产方式,将逐渐取代以标准化为基础的、大批量生产的生产方式。

在当代,经济发展的一个最基本的特征,就是以劳动和劳动积累来替代自然资源,这一现象使得一些国家能够做到经济发展与生态环境保护的相对协调。其中,追求高科技以代替高提高资源利用率,从而减少资源消耗就是典型例子。

以可再生资源来替代不可再生资源,是人类经济发展的一个重要方面,更是实现可持续发展的基本要求。众所周知,工业革命以前,人类主要利用可再生资源来满足需要,这种情况下,虽然社会经济发展速度较慢,但却保证了人类社会的持续发展;而工业革命以后,人类主要以不可再生资源来满足自己的需求,这虽然使社会的经济在较短时间内得到飞速发展,造成不可再生资源在极短的时间内被大量消耗,一些重要资源甚至已被耗尽,同时也导致生态环境被严重破坏,使人类面临空前的生态灾难。为了缓解资源的短缺,使生态环境得到一定程度的改善,资源替换是必要的。一方面,无论人类如何提高资源的效率,不可再生资源总是会随着人类的利用而逐渐减少,要实现社会经济的可持续发展,只有不断以可再生资源来替代不可再生资源;另一方面,一般说来,无论是可再生资源的利用还是其产品的废弃物,不仅不会对生态环境造成严重伤害,而且是自然环境良性循环的一个重要条件,比如农作物残留物的回田,是保持土壤有机质及土地肥力的重要因素。因此,利用可再生资源是保护环境的重要条件。而当今科学技术的发展和人类累积的巨额财富,为实现这种转换提高了必需的物质和技术条件,例如用酒精取代汽油的技术已经相当成熟,所以只要人类有足够的认识和行动的勇气和毅力,人类社会发展的前途就是光明的。除了太阳能、风能、生物质能等,严格地说,人类劳动和劳动力、科学技术、社会资本等,也属于可再生资源的范畴。在可持续经济发展的资源代换中,要用可再生的人力资源,尤其是智力资源来代换自然资源,以取得人类福利的最大化。

在自然资源方面,比较典型的则是以价值低的资源来替代价值高的资源,这与以可再生资源来替代不可再生资源相一致,因为一般来说,在市场供求规律作用下,价值较低的资源一般都是较丰裕的资源,价值较高的资源则是相对短缺的资源。

产业结构的更迭也同样是资源代换的重要内容之一。我们知道,产业结构基本遵循由低级向高级,由物质生产向非物质生产逐渐转换的趋势,这个过程同样是不同性质资源代换的过程,是以丰裕资源代换稀缺资源、高级资源代换低级资源、有形和无形的可再生资源代换不可再生资源的一种过程。人类的生产活动由物质生产为主转向非物质生产为主,不仅是实现可持续发展和保护生态环境的重要基础,而且是人类社会逐步进步的过程。

在一定量生产要素的基础上,不能维持一种循环不断的再生产,要保持再生产的正常进行,就必须不断地向系统内注入新的能量与所需物质。这些能量与所需物质,一方面来自于自然资源如水能、各种矿物资源等;另一方面为技术进步所产生的新资源对现有资源的替代。

19.3.2　资源代换

人类的经济发展史,就是一部资源代换的历史,只是不同时代下的资源代换内容不完全一样。

我们知道,工业革命以来的资源代换,基本上是以地球上不可再生资源来替代可再生资源,并且强度非常大,以至许多重要的资源被人类在近 200 年左右的时间内就消耗殆尽。近几十年来,随着许多新兴工业化国家的崛起,这种趋势得到了特别的加强。对不可再生资源的争夺,成为当今世界各国政治的重要内容之一,同时也成为引发世界政治格局不稳定的重要因素。这些情况说明,这样的资源代换过程,显然无法保持人类社会经济的可持续发展。可持续经济发展的资源代换,就是要改变这种状况,使资源代换能够做到永续利用,以实现人类的最大幸福。

一般来说,可持续发展的资源代换必须遵循以下原则。

1. 可再生资源代换不可再生资源

以可再生资源代换不可再生资源,是人类在实现可持续发展目标方面最重要的资源代换内容。因为在技术进步中,人类虽然可以通过丰裕的不可再生资源来代换原有而显得短缺的不可再生资源,但地球上的资源总是有限的,而人类的生产活动需要不断消耗资源,所以不可再生资源总有被用尽的一天,因此只有发展能无限代换的可再生资源,才能与人类社会发展相适应。同时,不可再生资源的使用都不可避免地会造成环境不同程度的损害,可再生资源在这方面则要比不可再生资源好得多。

2. 人造资本来代换不可再生资源

随着资源的日益短缺,资源的价格不断提高。为降低资源使用的成本,各国和各厂商都在不断地进行技术创新,试图通过人造资本的投入来降低资源的使用成本。在这方面,人类取得的成就比较明显,比如 20 世纪 70 年代的石油危机以来,人类社会加强提高石油利用效率的研究与开发,目前,以产值衡量的石油利用效率提高了 1 倍以上。

以人造资本或通过投资来改善生态环境,也是可持续发展过程资源代换的一项重要内容。生态环境的改善,是提高可再生资源生产率的重要条件。因为,可再生资源的生产率同时取决于不可再生资源的存量和质量,以及可再生资源的存量和质量。而由于人类的长期过量利用和破坏,现有的不可再生资源存量和可再生资源存量都是人类有史以来最低的,因此可再生资源的生产率也处于历史的最低点,远远满足不了人类不断增长的需要,所以,要提高可再生资源的生产率,就必须使不可再生资源和可再生资源的存量增加并提高质量,这一点对于不可再生资源我们是无法做到的,因此我们主要从可再生资源入手。这就要求人类在加强对可再生资源的保护和有计划利用的同时,不断通过人造资本和人类劳动等投入来置换它们,使它们的存量和质量恢复到一个较好的水平。当前可再生自然资源的存量已经下降到一个危险的水平,为此各国都加强了以人造资本来替代可再生自然资源的力度,同时采取一系列保护生态环境的措施,比如绝大多数国家都加强了这方面的政府与企业投入。

3. 智力资源代换自然资源

人类的文明史就是智力资源在经济发展过程中不断加强的过程,传统的经济发展却只是掠夺自然资源,而没有以智力资源代换自然资源,甚至利用智力资源来加强对自然资源的掠夺,使人类面临空前严峻的资源短缺。可持续经济发展的资源代换要求用智力资源来代换自然资源。首先,通过技术发展来提高自然资源的利用效率,以尽可能少的资源生产出尽可能多的产品,循环经济生产方式就是如此;其次,通过生态创新,不断地以可再生资源取代不可再生资源,例如太阳能热水器和太阳能发电;第三,人类社会的可持续发展,一定要进行消费模式的转换,将人类的消费重心由物质消费转换到精神消费。

4. 高效率资源代换低效率资源

以高效率资源代换低效率资源,在实质上,是人类智力资源代换自然资源的一种具体体现。它包括不同效率自然资源的代换,也包括不同性质资本和不同质量人力资源间的代换。人类社会的进步,在很大程度上是通过更高效率的资源替代低效率资源而实现的,如人力资源间的代换趋势为高级劳动力对低级劳动力的替代。高效率资源对低效率资源的替代,可以提高资源的整体利用效率,不仅可以在一定的资源条件的基础上生产更多产品,而且可以大大减少资源使用过程中废弃物的排放。

19.4　生态环境的保护与利用

从严格的意义上讲,生态环境也是资源的一个重要组成部分,是人类福利的重要源泉,同时,人类又是生活在生态环境中的,因此,保护生态环境是实现人类社会可持续发展的重要要求之一。

19.4.1　对经济发展的影响

随着经济的发展,各种生态环境问题的暴露,在人们的思想观念和政策方面,有越来越多的国家、政府和人们,比起以牺牲生态环境来换取经济增长的态度,更倾向于生态环境的保护与建设。

经济发展过程中的内生变量,也称经济因素,指人类社会把该因素作为一种具有市场价格的经济资源来看待并将它纳入经济核算体系;而经济发展过程中的外生变量,也称非经济因素,也并非意味着它对经济发展不重要,而只是它没有被当成一种具有市场价格的经济资源来看待,也没有被纳入经济核算体系。

经济学的发展过程,也是资源概念不断拓展的过程。从古典经济学时仅仅局限于劳动与资本,发展到如今,技术进步及人力资本和知识也成为经济增长过程中的内生性因素。令人遗憾的是,在西方主流经济学中,仍然没有将生态环境作为经济要素或经济系统中的内生变量;倒是非主流经济学,自"二战"以来就认识到生态环境对经济增长的重要性,在此期间产生的环境经济学和生态经济学,都从不同方面阐述了生态环境对经济发展的重要性,并认为它们和资本等其他因素一样,是经济增长的重要因素。比如罗马俱乐部在 1972 年发表的《增长的极限》一书中强调了自然资源和生态环境对经济发展的重要性,在全世界引起了巨大反响。在可持续发展经济学产生之后,生态环境才被视为经济系统的内生变量而被纳入经济分析过程,但传统的主流经济学在目前仍然没有将生态环境纳入经济分析过程,更没有将其作为决定经济增长的内生变量来对待。不过,当今世界各国,尤其是西方发达国家,普遍推行的国民经济绿色经济核算,可以被视为生态环境越来越被作为经济增长过程中的内生变量的一种体现。

在经济发展的历史中,生态环境在很长一段时间内被人类社会视为外生因素,人类对自然资源和生态环境的过度利用,严重超过了它们的自然更新能力,导致生态环境严重恶化,而反过来也严重阻碍人类社会经济发展,比如两河流域文明的消亡、古丝绸之路的泯灭等就是典型的例子。如果说,在工业革命之前,由于生产力还比较落后,人类对自然的作用程度比较有限,还没有从根本上全面性地改变自然环境;那么工业革命以来,由于利用或攫取资源和改变生态环境的技术的飞速进步,使为了满足自己无止境的物质需求欲望的人们,在缺少外部对自然资源利用约束的情况下,对生态环境采取了掠夺式的利用。这直接导致工业革命以来,生态环境与社会发展之间的矛盾日益突出。

生态环境在我国也经历了从非资源到资源的过程。改革开放前,生态环境在我国的并不被作为一种决定经济增长的重要内生性资源来看待,这也是它被用来大量替代其他经济资源而遭到严重破坏的主要原因之一;在它被严重破坏从而影响到经济发展与人民生活时,人们才开始重视生态环境对经济增长的影响。比如在改革开放初期,十一届四中全会通过《中共中央关于加快农业发展若干问题的决定》,提出要注意保持生态平衡,同时在我国产生了以研究生态环境与经济发展关系为主要内容的生态经济学。

虽然早期的生态经济学强调生态环境对经济发展的重要性,却并未明确指出它是经济发展过程中的一个内生变量,分析事仍将生态环境视为经济发展过程中的一个外生变量。

从理论进程上看,在我国最先指出生态环境是经济发展过程中的内生变量的是刘思华先生。他在《当代中国的绿色道路》一书中,在论述现代生产力发展的生态环境条件时提出了“生态环境内因论”。1999 年,他在“全国生态环境建设与可持续发展学术研讨会”上进一步指出:第二次世界大战后,尤其 20 世纪 80 年代以来,生态环境与经济社会发展正在形成一种新型的关系,经济发展的模式、道路方向和发展趋势是,将生态环境作为经济发展过程中的内生变量看待。这极大地拓展了经济学的研究领域,并且它能解释许多传统经济学所说明不了的问题。

随着资源的日益短缺和生态环境状况的日益恶化,将生态环境作为内生因素已经成为了一种世界性潮流。虽然各国经济发展水平生态环境及自然资源状况之间的主要矛盾不同,但这种趋势在各国都是明显的。

19.4.2 在经济发展中的地位

1. 作用日益强化

从人类生产的发展过程看,一种要素或资源在经济发展中的重要性,并不完全取决于它在生产过程中的实际作用,比如生态环境历来都是人类生存和发展的基础。

这说明,在经济发展过程中,一种要素是否被人们所重视,是以它的短缺程度和人们在观念上对它的需要程度或重要性来衡量的。随着人类的经济发展达到空前繁荣,物质资本的短缺程度下降,而生态资本却因人们长期对它们的不合理使用而变得日益稀缺,同时其质量也跟不上人们的要求。在这种需求与供给不均衡的矛盾中,生态环境作为一种经济资源的重要性日益突出,这种情况必然会反映在人们的观念和市场价格中。比如,有越来越多的人认为生态环境是一种重要的经济资源,那些地处生态环境良好的地区的房地产的价格,要远远高于生态环境差的地区的房地产价格。此时人们才意识到,传统的以牺牲生态环境来换取经济发展的方式,可能是得不偿失的。

2. 对生态环境利用方式不同产生的利益差异是促使人类认识改变的主要原因

虽然人类过去为了自己的利益,对大自然造成了毁灭性的破坏,但要看到的是,人类可能在一定程度上高于其他生物。因为人类在一定程度上能够认识自然规律,在事后认识到自己行为的不足,并通过一定的制度来加以克服。这一特点,使人类在前所未有的生存与经济发展危机面前,认识到良好的生态环境和丰富的生态资源是人类生存和发展的基础,以牺牲生态环境来获取一时的经济发展是不明智的行为。所以从这点看,人类并不是完全不可救药的。但是因为生态环境具有非常强的不可逆性和不可预见性,所以目前人类对生态环境的被严重破坏会对整个生命系统产生什么影响,还是无法知晓的,因此我们目前能做的只有保护现有的生态环境,并尽量弥补过去对生态环境所造成的毁灭性的破坏。

实际上,人类对生态环境的态度的改变,并不是因为人类从此由贪婪变为慷慨,同于一切物种,人类的利己本性是不会改变的。人类之所以要改变对生态环境的态度,是因为人类只是生态系统的一个组成部分,而生态系统中各种生命的生存与发展,是依赖于其他生命的存在与发展的,这些动植物如果大量地非正常灭绝,人类就会因生态系统平衡被破坏而危及自身的生存,与此同时,各种生物的存在,还具有潜在的巨大商业经济价值,这也就意味着,目前,为了人类的长期利益,保护好生态环境的力度必须比对它们的破坏度更大。

随着物质财富与生态财富在人们福利中重要性和它们稀缺程度的改变,导致人们对它们的主观评价发生改变,从而在人们对生态环境的市场评价和政策变化中反映出来。在物质财富短缺而生态财富丰富时,人们把大量的林地和湿地开辟为耕地,由此使生物的多样性遭到严重破坏;而在今天,粮食的相对经济价值下降,而林地和湿地的相对经济价值上升,因此在许多地区,尤其是经济发达地区出现了退耕还林和退耕还湿地的现象。

虽然质量良好的资源水平和优美的生态环境都是人们所向往的,但它们对于人们的重要性,是与人们的生活水平呈正相关的。当个人生存尚未得到完全解决时,生态环境的价值是体现不出来的,也就是这个原因导致了过去人们以主观价值低的生态环境去换取主观和市场价值高的物质产品。因此,在某种程度上,贫困是生态环境的最大威胁。一个地区越贫困,该地区的生态环境越恶劣——这两者间会形成一种恶性循环,所以解决贫困是保护生态环境最有效的途径。

在可持续发展经济学产生之后,生态环境被视为经济系统的内生变量而被纳入经济分析过程。虽然传统的主流经济学在目前仍然没有将生态环境纳入经济分析过程,更没有将其作为决定经济增长的内生变量来对待,不过,当今世界各国,尤其是西方发达国家,普遍推行的国民经济绿色经济核算,同时,生态环境和自然资源市场价格的提高,说明了生态环境对经济发展和人民生活重要性的加强,相对于不断丰裕的人造资本来说,它们对经济发展制约作用的加强,这可以被视为生态环境越来越被作为经济增长过程中的内生变量的一种体现。

因此,在考察一项生产活动的效果好坏时,就应该从该活动的整个再生产过程,包括产品的消费及其残余对生态环境的影响的全过程去分析。这也就意味着,在可持续经济发展中,我们以下列公式的形式来表述。

一定社会生产活动所形成的社会价值总量 = 传统价值中所有个体生产或所得价值量的总和 +
该生产活动所产生的对生态环境价值的贡献价值 -
该过程造成的生态环境价值损耗 -
社会对此过程造成的残余物处理过程中的支出

这也就是说,在可持续发展中的资源配置优化标准,不是看一定量生产是否给当事人带来最大的经济利益,而是看它能否给社会整体带来最大福利,同时,不是看该活动是否能给当代人带来最大福利,而是看它能否给全人类带来最大福利。

3. 必须在分配过程中得到补偿

生态环境既然有价值并且会在再生产过程中被耗费,那么它就必须在价值的分配过程中得到必要的补偿,这是现实人类最大福利和社会生产力发展的需要。

在传统的价值分配理论指导下,即使人们都认识到了生态环境的重要性,但由于传统价值论不把它作为经济发展过程中的内生变量来看待,因此也没有考虑它的耗费和补偿。人们从生态环境中得到的价值量,远远超过了他们对生态环境的价值生产做出的补偿,甚至超出了生态环境自我更新能力的范围。如果不对其加以补偿,不仅经济发展难以持续,甚至人类的生存也难以保证。而长久以来对生态环境补偿的缺失意味着,在生产及消费过程中,必须适度地对待和利用它们,而且在分配过程中,必须对它们的耗费进行更多的补偿,以保证它们的简单再生产,同时必须对它们进行价值积累,使它们能进行进一步再生产,以保证经济的可持续发展和人们福利的不断提高,从而实现人类的最大福利。

4. 得到补偿的体现

实际上,人类已经开始对生态环境进行补偿,主要体现在以下几个方面。

(1)通过市场价格和政府政策等实现

虽然公共性生态环境和自然资源的价值难以严格地被市场价格化,从而目前没有一个国家对一定量公共生态环境或生态资源指定市场价格,如一定量空气的价格等。但是各国,尤其是经济发达的国家,都对这些资源制定了一种变相的市场价格,即对它们制定了不同程度的保护标准,包括对各种污染物的排放数量及浓度,征收程度不等的各种税费,对那些严重超标的生产方式或废弃物的排放严格禁止等。这方面的限制、税收及其范围和程度随着生态环境的日益恶化和人们环保意识的日益加强而不断扩大和提高。

政府和社会各界对生态环境和资源的投资力度不断加强。实际上,生态环境和公共性自然资源日益被作为经济资源看待,已成为经济发展过程中的内生变量。当今生产、投资、消费等活动是否符合环境保护的要求,日益成为指导人们行为的准则。环境成为一种消费对象,并被越来越多的人所认可和接受。所以说,生态环境资源像其他经济资源一样,已进入人们的生产与生活消费的经济核算之中。

(2)环境保护与生态建设产业的兴起

这也是生态环境内生化的重要标志。随着生态环境和公共性自然资源被作为经济资源对待,一个保护、恢复和增加它们数量与提高其质量的产业也已兴起,并在国民经济中占有越来越高的比重,成为许多国家经济中新的增长点之一。

环境保护与生态建设产业,从现有的国民经济核算体系来看,是对国民经济总量的贡献,但从国民经济福利或生产力来看,则大部分是对生态环境资源消耗的补偿。

这说明,看一个社会在一定时期内是否取得经济净增长,不能以传统核算方式来计量,而必须根据社会财富总量的变化,即必须根据物质资本、生态环境资本和人民福利的变化三者之和的变化来判断。只有当财富总量增加了,同时能保证生产力的持续能力不被破坏时,才能讲这种经济得到增长。

随着生态环境和公共自然资源的资源化程度的不断加强，原来那种以环境来换取经济利益的做法变得得不偿失，而在生产中保护生态环境和自然资源的做法，则不仅在经济上变得有利可图，而且能取得良好的社会效益。如水泥生产企业，从环境保护投资中得到的副产品收入，甚至超过这方面的支出；而由于相关政府部门在这一方面已制定了某些政策，因此一些企业，如果不进行一定的投资使其生产过程或废弃物排放符合环保要求，就会被强行关闭。因此，环境保护支出的效益会日益明显。

随着我国生态环境的恶化和生态资源的短缺，生态环境对经济发展和人民福利的制约作用日益加强，我国人民已充分认识到保护生态环境的重要性。改革开放初期，十一届四中上通过的《中共中央关于加快农业发展若干问题的决定》中，明确提出抓农业生产要注意保持生态平衡；1983年中央在第二次全国环境保护会议上，宣布了环境保护是我国的一项基本国策，并提出经济建设、城乡建设和环境建设同步规划、同步实施、同步发展，实现经济效益、社会效益和环境效益统一的战略方针；2012年11月，中国共产党第十八次代表大会提出建设“生态文明”和“美丽中国”的观点和任务，进一步充实“科学发展观”的内涵。

19.4.3　可持续利用要求

如果没有相应的法律和制度的保证，在生态经济基本矛盾的作用下，要做到生态环境的可持续利用是难以实现的。

1. 构建生态文明观

国家和社会必须有意识地大力推行爱护环境，建立起以生态文明为核心的能科学地反映人与自然和谐发展的伦理价值，以取代传统的人与自然对立的伦理道德，这是实现生态环境可持续利用的最基本保证。人的行动是由人的意识中最深层次的伦理道德支配的，因此，建立起以生态文明为核心的伦理价值，是实现生态环境可持续的最基本保证。

2. 加强生态环境保护的立法

为实现生态环境可持续利用，必须建立科学的生态文明观。然而，在市场生态经济基本矛盾的作用下，科学的生态文明并不能很容易地自发建立。由于生态环境的公共性及利用它所产生的利益的个人性之间的矛盾，如果生态文明的道德约束没有建立在一定强制力的基础上，人们必然会以牺牲公共性生态环境为代价来获取个人利益，这种情况在我国就表现得很明显，比如乱扔垃圾和随地吐痰现象等，说明了我国生态伦理道德的缺失。如果仅仅依靠缺乏强制力的宣传教育，在较短时间内，难以建立起普遍性和科学性相统一的生态文明，因此需要社会中心通过带有一定强制力的灌输来保证生态伦理的建立。新加坡就是通过实行具有强制色彩的制度，比如在公共场合吐痰要被罚以重金甚至禁闭等，从而在较短时间内建立起较高程度的社会文明。所以，我国要想在较短的时间内建立起与可持续发展要求相适应的生态伦理，也必须实行具有强制力的措施。为此必须大力加强生态文明立法，加强生态文明教育，以培养起国人深层次的生态伦理道德，比如强制规定从幼儿园起的各级教育都必须对学生进行生态文明教育。

在加强伦理道德建设的同时，还必须大力加强生态环境保护立法的工作，对真正保护生态环境的行为进行嘉奖；严惩破坏生态环境的行为。实践证明，完善生态环境保护的立法并且严格执法，对一个国家的环境状况影响重大。

明确生态环境利用与保护方面的产权也是生态环境立法的内容之一。产权的界定，是人的行为符合规范的必要条件。生态环境方面的产权内容既包括所有权，也包括使用权和利用的行为方式等，因此不等于人们在这方面的法律所有权，比如某片森林，它的主人并不能够随意地处理它，必须符合法律规定的利用方式等。也就是说，在国家面前，没有严格的私有产权，没有绝对意义上的私有制，一切私有制都具有程度不等的公有制性质。所以说，要实现生态环境的可持续发展利用，就必须建立起明晰的生态产权制度。

产权制度要在生态环境保护上发挥作用，产权的规模应当达到一定程度，在物种保护等方面尤为如此。这就是经典的"外部经济内部化"的观点。比如在农业生产中，要做到保护环境和生物多样性，在病虫害的防治上，就必须利用"生物防治技术"，如利用青蛙等益虫来防止害虫，而青蛙等益虫具有在一定区域范围内的流动性，同时它们本身有一定的市场价值。如果农户的农田面积很小，则人们不仅没有保护它们利益的动力，而且可能会捕捉它们以获得直接的经济价值，这样就无法达到生态防治的效果。这种情况在林业、江河湖泊和海洋生态环境的保护上同样存在。因此，产权规模程度对于生态环境保护十分必要。为使我国的农业生态环境得到根本好转，除了要延长产权的时间外（产权时间短必然会造成资源利用上的短期行为），还必须不断地扩大每个农户的产权规模，以实现外部影响的内部化。

4. 建立补偿机制

被消耗或破坏的生态环境，必须得到价值上的足够补偿，并且补偿的量不能小于被人类消耗的生态环境的价值量，否则，生态环境的价值存量就会下降，其再生产能力就会受到损害，它的可持续利用也就没有可能。

我国目前在这方面做得是非常不够的。建国几十年来，我们基本上一直是以生态环境和自然资源的过量损耗来换取经济增长的，虽然改革开放以来加强了对生态环境保护的力度，但仍然没有从根本上改变这种趋势。生态环境问题带来的一系列问题造成的损失也是极为惊人的，比如仅水污染一项，给我国造成的经济损失就达到数千亿元。我国每年的环境损失值在同年的国内生产总值中占有不小比例，但其实，只要我们花比损失值少得多的钱就可以避免这种状况。

以上说明，我国环境保护投资总额占同期投资规模的比重太小，为了更好的经济效益和生态效益，我国应当适当增加这方面的投资。一般认为，约3%的国民生产总值投资到生态环境保护中，就可以做到保持生态环境的相当稳定；约5%则可以使生态环境在经济发展过程中得到改善。因此，加强对生态环境的补偿，建立起有效的补偿机制是实现生态环境可持续利用的必然要求。

5. 重视市场机制

市场生态经济的存在，在对于生态环境保护方面存在严重的不良影响的同时，对有效利用生态环境和自然资源方面也发挥着积极作用。在一些方面，通过市场机制的作用来保护生态环境，有时会比人们有意识行为的效果更好，比如在非洲对一些野生动物的保护，通过商业性的旅游开发，同时兼顾到了当地居民的利益，对当地生态环境的保护效果好于单纯的行政保护。所以说，在保护生态环境方面，应该重视市场机制的作用。

6. 加强科学技术在可持续利用方面的作用

虽然历史上的绝大部分技术进步都是破坏生态环境的，但生态环境的保护却离不开科学技术的进步。因为通过技术进步和生态创新，能在一定程度上缓解资源的短缺问题，或者达到其他保护环境的目的，比如净化污水。因此，加强科学技术在生态环境保护和可持续利用方面的作用是实现生态环境可持续发展的必然要求之一。

19.5　公平与效率

要做到人类社会的可持续发展，就必须做到公平与效率的相对统一。因为，没有公平，生态环境的保护和资源的永续利用就没有可能，可持续发展就不可能实现；没有效率，则经济增长的目标就没有保证，人类的福利改善也就没有可能，可持续发展就会因此失去动力而落空，所以，要实现人类社会的可持续发展目标，就必须做到公平与效率的相对统一。

19.5.1　公平与效率的含义

对公平与效率内涵的确定，是分析公平与效率之间关系的前提条件，但对公平与效率关系的分析，最困难的又莫过于对公平与效率内容或含义的定义。因为这两个概念都是带有强烈规范性的范畴，所以对它们内涵的定义也是极其困难的。

1. 公平

现代公平观包含两层含义：经济公平和社会公平。经济公平指社会公平、公正原则在经济活动中各方面的公平；社会公平指社会公平、公正原则在财富的分配与占有方面的体现。可持续发展中的公平与传统公平观念一样，也包括经济公平和社会公平，但有所不同的是，它不仅强调代内公平，而且强调代际公平。

在实际中，由于人们所处地位和文化背景不同，对公平的理解往往不同。总地来说，人们对公平的理解可以分为两类：一类是人们之间收入的平均化或分配结果的公平；另一类是人们之间均等地享有维持生存和争取福利的竞争机会的权利。传统经济学中的公平指分配结果的公平；而可持续发展经济学中的公平，不仅要求结果的公平，同时要求机会的公平。结果的公平必须以机会的公平为前提，因为如果没有机会的公平，结果的公平是无从谈起的。

“公平”的具体标准是什么？从不同角度看，得到的结论不同。比如对于绝对平均分配结果，理论上它是公平的，但对于不同特征的人来说，并非如此，比如在一个企业中，不同员工对企业的贡献有大有小，如果每个员工的所得都是一样的，那么对于那些为企业付出了更多的员工来说，显然是不公平的。这说明，公平是相对的，同一事件在不同的公平衡量标准下的公平评价也不同。人们看待事件公平与否，一般都是从自己的利益角度出发的。显然，社会的不同阶级、集团和不同劳动能力的人对公平的衡量标准都是不同的，因此不存在被所有人共同认可的“公平”结论。

2. 效率

“效率”的一般意义是投入与产出的比较，因此用产出与投入的比值大小来表示效率的高低。

效率分为生产效率、经济效率、生态效率与社会效率。生产效率就是以物理量衡量的投入与产出之比;经济效率就是以价值衡量的投入与产出之比;生态效率,是指生物或非生物在物质与能量转换与利用方面的利用效率,它又分为个体生态效率、群体生态效率与生态系统效率三类。人类进行的生态创新的主要目的,就是使人工生态系统的生态效率超过自然生态系统的效率,实现更高层次的人与自然的和谐境界;社会效率,就是社会在发展问题与解决问题中的效率,社会效率的高低,是判断一个社会体制和制度优劣的重要标志。显然,四种效率中,除了生态效率可以进行直接比较,其他三种效率是不容易得到的。

和不同人对于“公平”的衡量标准不同一样,不同人对于“效率”的衡量标准差别也很大,其中一个原因是,如前面提到的,货币的边际效用递减规律在不同阶层的人身上的作用效果是不同的,因此不同人对产品分配结果的评价是不同的,这个原因同样致使人们对于“效率”的衡量标准不同。

可持续发展经济学中对效率的考虑,不仅包括生产过程中的效率,而且包括交换、分配与消费中的效率,以及时序中的效率,即要反映一定量资源在不同代人之间的效率。

19.5.2 公平与效率的一般关系

任何一个社会的伦理价值和制度安排,从本质上讲,都是以实现两者间的最佳统一为目标的。任何社会动荡的出现,都是由于两者间的实际关系与该社会的传统道德标准偏差较大,所以,一切社会追求的目标都是通过协调使得公平和效率与本社会伦理价值相一致。因此,要实现经济的可持续发展,更加要协调好公平与效率的关系。

在公平与效率的关系上,马克思主义经济学和现代西方主流经济学对此的看法存在巨大差异。与传统社会主义的观点相同,马克思也认为公平能促进效率;现代西方经济学则认为公平与效率是呈反比的,目前我国有不少学者也持这种看法。实际上,这两种观点都有一定的合理性,但又都是片面的。

不同条件下的公平与效率的关系是不同的,当生产效率主要依赖于集体劳动时,如在流水线上,任一环节上人们的劳动速度赶不上流水线要求的速度,都会降低集体劳动的效率。在这种条件下,就必须在分配中做到分配结果的相对公平化,而不是过度奖励效率高的工人,这是在这些生产方式下取得最大效率的必要条件。但当生产效率主要依赖于劳动者个人的生产时,如科技发明等,分配结果的依据是个人的劳动付出量,个人的努力大小是与自身利益密切相关的,理论上的“不公平”会促使劳动者提高劳动生产率,而如果实行较大程度趋向公平的分配结果,在生产过程中会出现部分劳动者不劳而获的现象,促使劳动者在生产中失去劳动积极性,从而降低企业的效率。

外部生存环境也是决定公平与效率关系的重要因素。这一因素对效率的影响主要表现在,假设个人离开集体后的社会生存能力很差,那么这种社会内部的分配结果则直接取决于集体利益对个体劳动的依赖程度。当集体效率对所有人的共同努力的依赖程度较低时,集体对劳动个体的分配结果大多不公平化,在这种分配关系下,一些人的相对福利尽管很低,但却高于自己离开群体时的福利,这会迫使他不得不接受已有的分配关系,并为该群体做出自己的必要贡献,比如在奴隶制庄园和封建庄园内部分配结果的公平程度极差;当集体效率严重依赖所有人的共同努力时,集体对个体分配结果的公平程度将趋向公平。

过于公平或过于不公平，都会导致不同方面效率的低下。在许多方面，公平与效率的关系是不完全相等的。比如在资本积累方面，公平与效率之间在一定范围内成正比，但超过一定范围则成反比。因为当分配结果很不公平时，一方面，社会不稳定致使积累资本等没有社会保障，人们因此失去这方面的积极性；另一方面，社会底层的人民因此失去进取心，同时高收入者减少劳动时间等，这会造成社会资源的严重浪费，损害效率。而若分配结果过于公平会使一切人失去进取心，在每个方面都挣搭便车，因此导致效率低下。

公平与效率在一定范围内正相关，超过一定范围则呈负相关，这种特点说明，人们可以在一定范围内在公平与效率之间进行相对抉择，以取得一定条件下的最大福利。比如在生产力发展水平较低时，经济发展对劳动力的质量要求较低，对资本的需求大，劳动力供应相对过剩，这时社会提高效率的主要手段是提高资本积累，因此应该在分配上适度加深不公平程度，这时，实行计划经济也是提高效率比较可行的选择。而当生产力发展到较高水平时，社会的资本积累已达到相当程度，对资本的需求相对降低，经济增长的动力主要依靠人力资本积累和人的创造力的发挥来实现，这时就必须以增加社会分配的公平程度作为提高生产效率的手段。所以说，不同的生产力发展阶段达到高效率所需要的公平程度是不一样的。

19.5.3　公平与效率关系的要求

可持续经济发展要求的公平与效率的关系，并不是一般经济学意义上的公平与效率关系。虽然一切社会的管理核心都是追求公平与效率相统一，但在实践中，人们往往根据社会经济发展的需要在两者之间进行相对抉择。从资本主义的实践看，资本主义是以效率为优先取向的，而这种价值选择在一定程度上脱离了“公平与公正”，导致了资本主义经济发展的不可持续性。与资本主义的价值选择不同，可持续经济发展的价值取向是以公平优先而兼顾效率的。当前社会面临的问题并不是效率的低下，而是公平的缺失。当今世界存在的一切主要问题，可以说都与严重的不公平有关，比如各地发生的社会动荡甚至武装冲突。因此，在公平与效率上，更关注公平应该是可持续发展战略中的优先选择。可持续发展是当今社会最为重视的问题之一，而“公平、公正与共同参与原则”则是可持续发展思想的核心之一。当今社会存在着极其严重的不公平现象是人类社会经济不可持续发展的主要原因。为实现可持续发展的目标，社会关注的重心，必须由“效率”转移到“公平”上来。

前面谈到，公平与效率之间在一定范围内成正比，超过一定范围则成反比。我国的经济发展就是典型的例子。过去依据当时的国情制定的“让一部分人先富，先富带动后富”的政策使我们近年来的经济快速发展，但同时也导致了我国的贫富差距急剧扩大，2010年，新华社两位研究员更判断我国的基尼系数实际上已超过了0.5。据世界银行的测算，欧洲与日本的基尼系数也不过为0.24～0.36。目前，现实中的贫富差距和利益分配矛盾，早已令中低收入居民普遍感到不满。这也导致我国目前的公平状况对应着一个较低的效率位置，因此当前的主要且迫切的任务之一是提高对“公平”的关注度，大力提高社会的公平程度，促进效率的提高。

代际公平是生态环境和自然资源的可持续利用的保证，而代内公平是代际公平的基础。当前，代内公平现象在全球内普遍得不到保证。比如发展中国家还在谋求生存的同时，发达国家却在奢侈地消费过度的物质产品。而发展中国家为了生存在大量地开发自然资源的同时，由于生态环境具有全球性，发达国家同样不能置身事外。因此，针对目前的社会状况,“公平优先”是必然选择。

将分配结果由目前较大程度的不公平向公平方向运动,可明显地改善社会的福利状况或效率。原因正如前面所说的,同一产品对不同集团存在着边际效用递减的倾向,因此,同样的财富,从高收入者转移给低收入者,效用将明显提高,这有利于改善社会的福利状况或效率。

公平与效率是相统一的。因为没有一定的效率做基础,公平也是没有保证的;而公平的最终目标就是提高效率。因此,要做到公平与效率的统一,同时根据社会经济矛盾的主要方面来对公平与效率的位置据情况而抉择。当前阶段的可持续经济发展对公平的强调,就是这种相机抉择的具体应用。

参 考 文 献

[1]史培军,邹名. 从区域安全建设到风险管理体系的形成——从第一届世界风险大会看灾害与风险研究的现状与发展趋势[J]. 地球科学进展,2005,20(2):173-179.

[2]中国21世纪议程管理中心,中国科学院地理科学与资源研究所. 可持续发展指标体系的理论与实践[M]. 北京:社会科学文献出版社,2004.

[3]黑龙江省统计局. 黑龙江统计年鉴(2006—2011)[M]. 北京:中国统计出版社,2012.

[4]黑龙江省统计局. 黑龙江年鉴(2006—2011)[M]. 哈尔滨:黑龙江年鉴社,2012.

[5]中国科学院可持续发展战略研究组. 2004 中国可持续发展战略报告[M]. 北京:科学出版社,2004.

[6]黄宁生. 广东可持续发展进程 2007[M]. 广东:广东科技出版社,2009.

[7]J R SICHE. Sustainability of nations by indices: Comparative study between environmental sustainability index, ecological footprint and the energy performance indices [D]. Ecological Economics, 2008.

[8]MOHAMED M MOSTAFA. A Bayesian approach to analyzing the ecological footprint of 140 nations [D]. Ecological Indicators, 2010.

[9]上海社会科学院生态经济与可持续发展研究中心. 上海可持续发展研究报告 2006—2007:基于生态足迹的可持续发展专题研究[M]. 上海:学林出版社,2007.

[10]中国科学院可持续发展研究组. 1999 中国可持续发展战略报告[M]. 北京:科学出版社,1999.

[11]毛汉英. 山东省可持续发展指标体系初步研究[J]. 地理研究,1996,15(4):16-23.

[12]吴隆杰. 基于生态足迹指数的中国可持续发展动态评估[J]. 中国农业大学学报,2005(10):94-99.

[13]张志强. 中国西部12省(区市)的生态足迹[J]. 地理学报,2001,56(5):599-610.

[14]WWCKERNAGE M, MONFREDA C, MORAN D, et al. National Footprint and Biocapacity Accounts 2005: The Underlying Calculation Method [D]. Oakland, USA: Global Footprint Network, 2005.

[15]中国科学院可持续发展研究组. 2011 中国可持续发展战略报告[M]. 北京:科学出版社,2011.

[16]张卫民. 基于熵值法的城市可持续发展评价模型[J]. 厦门大学学报(哲学社会科学版),2004,2:107-115.

[17]SIMON LIGHTFOOT, JON BURCHELL. Green hope or greenwash? The actions of the European Union ac the World Summit on sustainable development [J]. Global Environmental Change, 2004(14):337-344.

[18]G H HUANG, X S QIN. An optimisation – based environmental decision support system for sustainable development in a rural area in China [J]. Civil Engineering and Environmental Systems, 2009, 26(1):65-69.

[19]牛文元.中国水资源管理战略思考[J].水利水电技术,2004,4:34-36.

[20] MARI ELIZABETE, B SEIFFERT, CARLOS LOCH. Systemic thinking in environmental management:support for sustainable development[J]. Journal of Cleaner, 2005, 13(12): 1197-1202.

[21]杨多贵,牛文元.系统学开创可持续发展理论与实践研究的新方向[J].系统辩证学学报,2001,9(1):20-23.

[22]李立辉.广东省可持续发展指标体系及评测方法[M].成都:西南财经大学出版社,2002.

[23]戴全厚.小流域生态经济系统可持续发展评价[J].地理学报,2005,60(2):119-218.

[24]徐中民,程国栋,邱国玉.可持续性评价的mlPACTS等式[J].地理学报,2005, 60(2): 198-208.

[25]DAMJAN KRAJNC, PETER GLAVIC. A Sustainable Develpoment indicator Design Process for Manitoba Hydro. Department of Civil Engineering[D]. Manitoba: The University of Manitoba Winnipeg, 2002.

[26]PETER HARDI, JUANITA AMA. Issues in analyzing data and indicators for sustainable development. Ecological Modelling, 2000, 567(130): 59-65.

[27]温宗国.真实发展指标的方法学研究及其应用[J].中国软科学,2004,(8):145-151.

[28]杜斌.可持续经济福利指数衡量城市可持续性的应用研究[J].环境保护,2004,8:51-54.

[29]刘宪,何自力.经济集约化增长的一般均衡分析[J].南开经济研究,2005,2:49-55.

[30]刘春,朱俊林.武汉城市可持续发展的综合评价[J].湖北大学学报,2004,26(1):264-269.

[31]崔宇明,张爱婷,常云昆.西部地区经济增长集约化程度的统计分析[J].决策与统计,2007,1:79-80.

[32]陈东景.中国工业水资源消耗强度变化的结构份额和效率份额研究[J].中国人口资源与环境,2008.18(3):211-214.

[33]杨应迪,程建圣,秦汝祥.基于主观赋值法评价的数据处理对比分析研究[J].矿业安全与环保,2008,4:63-65.

[34]常建娥,蒋太立.层次分析法确定权重的研究[J].武汉理工大学学报(信息与管理工程版),2007,29(1):153-156.

[35]牛文元.城市可持续发展:全球与中国 [J].中国名城,2008,6:02-40.

[36]段颖.黑龙江省农业生态环境现状分析[J].环境科学与管理,2010,35(9):35-38.

[37]郭存芝.城市可持续发展能力及其影响因素的实证[J].中国人口资源与环境.2010,3:143-148.

[38]MATHIS WAEKEMAGEL, CHAD MONFREDA, DIANA DEUMLING. Ecological footprints of Nations (November 2002 Update) [M]. Washington: Redefining Progress, 2002.